U0796899

全国一级建造师执业资格考试
创/新/教/材

机电工程管理与实务

全国一级建造师执业资格考试用书编写组　组编

编写组成员

主　编　王　菲　吴春霞
主　审　毋祎祎
参　编　杨帅飞　李惊宇　贾小静　柴泽江
　　　　杨海霞　戴梦婷　鲁　婷　张怡晴

哈尔滨工程大学出版社
Harbin Engineering University Press

内容简介

本书主要根据考试大纲要求，从机电工程施工的实践出发，在紧扣法规、标准及规范的基础上，针对常用的机电工程施工技术和项目管理相关知识进行了编写，旨在加强考生对理论知识的掌握，提高考生解决工程管理与施工难题的能力。全书通过图文并茂的形式，坚持“与工程实践相结合，与考试命题规律相结合，与考生反馈意见相结合”的编写原则，对考试内容进行解读，并精心编写了具有代表性的“专家解读”和“典型例题”模块，旨在帮助考生更好地理解和掌握知识点，使考生能在有限的时间内科学、有效地备考。

图书在版编目(CIP)数据

机电工程管理与实务 / 全国一级建造师执业资格考试用书编写组组编. — 哈尔滨 : 哈尔滨工程大学出版社，2023.2(2023.5 重印)
全国一级建造师执业资格考试创新教材
ISBN 978-7-5661-3811-8

Ⅰ. ①机… Ⅱ. ①全… Ⅲ. ①机电工程 - 工程管理 - 资格考试 - 自学参考资料 Ⅳ. ①TH

中国国家版本馆 CIP 数据核字(2023)第 022798 号

机电工程管理与实务
JIDIAN GONGCHENG GUANLI YU SHIWU

选题策划 李惊宇
责任编辑 张 彦
封面设计 天 一

出版发行 哈尔滨工程大学出版社
社　　址 哈尔滨市南岗区南通大街 145 号
邮政编码 150001
发行电话 0451-82519328
传　　真 0451-82519699
经　　销 新华书店
印　　刷 河南黎阳印务有限公司
开　　本 787 mm×1 092 mm 1/16
印　　张 25
字　　数 640 千字
版　　次 2023 年 2 月第 1 版
印　　次 2023 年 5 月第 2 次印刷
定　　价 68.00 元
http://www.hrbeupress.com
E-mail:heupress@hrbeu.edu.cn

前言

Preface

为提高工程建设从业人员的专业素养和管理能力，我国建立和完善了建造师执业制度。虽然国务院相继取消了许多执业资格许可和认定事项，但是基于建设工程领域的特殊性以及专业人才不可替代的重要性，建造师执业资格考试不仅不会被取消，而且越来越受到政府机关和社会各界的重视。

为了满足广大考生的应试复习要求，便于考生明悉现行考试考情，并能在较短的时间内科学、有效地掌握知识要点，更好地备战全国一级建造师执业资格考试，全国一级建造师执业资格考试用书编写组的成员通力合作，编写了本系列图书。

本系列图书所包含的科目（共八个）

《建设工程法规及相关知识》

《建设工程项目管理》

《建设工程经济》

《建筑工程管理与实务》

《市政公用工程管理与实务》

《机电工程管理与实务》

《公路工程管理与实务》

《水利水电工程管理与实务》

前三个科目为全国一级建造师执业资格考试的公共科目，后五个科目为专业科目。

图书特色

全国一级建造师执业资格考试用书编写组的成员认真研究考试要求，结合现行法律法规、国家标准及行业规范，准确把控和解读历年考试命题点，以创新的形式整合知识体系，编写了本系列图书。

另外，全书采用双色印刷，并结合“组织结构图 + 表格总结对比 + 专家解读 + 典型例题”等多种形式，有针对性而又不失详尽地解读核心考点，给考生提供多层级、新视角的全新解读，帮助考生复习备考。同时，编写组对本系列图书中的难点、重点、易考点进行解读，使考生易懂、易学、易掌握。

增值服务

为方便考生复习备考，我们特向购买本系列图书的考生提供两大特色服务，让考生在进行本系列图书学习的同时可以通过观看视频、线上做题（天一网校 APP）等方式，实现线上线下有效备考。

增值服务一 视频课程。本系列图书编写组诚邀多名具有丰富实践和教学经验的老师，精心录制备考视频，帮助考生全面、系统地学习。

增值服务二 电子题库。本系列图书编写组结合历年真题考查形式及风格，精心挑选了一些常考点、易错点、重难点习题组成电子题库，以方便考生在学习内容的同时进行习题练习与巩固，提升学习效果。

您可以通过扫描图书封面处二维码（刮开获得激活码），根据提示输入激活码，获取视频课程和电子题库。

本系列图书的不足之处，恳请广大读者予以指正。

如有与本书相关的问题及建议，欢迎您致电 4006597013 或者通过 QQ：1400594158 与我们联系，我们将以更加优质、便捷的方式为您提供多层次的服务。

扫描二维码
获取天一网校APP

全国一级建造师执业资格考试用书编写组

目 录

Contents

第一章　机电工程技术

第一节　机电工程常用材料及工程设备

模块一　机电工程常用材料

机电工程常用材料包括建设工程材料和电气材料。建设工程材料一般按化学成分划分为金属材料、非金属材料和复合材料三大类。

一、金属材料的种类、性能和用途

金属材料是指金属元素或以金属元素为主构成的具有金属特性的材料的统称。金属材料通常分为黑色金属、有色金属两大类。此外,还有结构金属材料、功能金属材料等特种金属材料。金属材料的性能包括工艺性能和使用性能,使用性能又包括机械、物理、化学方面的性能。

(一)黑色金属材料的种类、性能和用途

黑色金属又称钢铁材料,主要指铁、锰、铬及其合金,如生铁、钢、铁合金、铸铁等。

1. 生铁

根据《生铁　定义与分类》,生铁是指碳的质量分数超过2%,并且其他元素的含量不超过规范规定的极限值的铁碳合金。生铁在熔融条件下可进一步处理成钢或者铸铁。

2. 钢

钢是指以铁为主要元素,含碳量一般在0.02%~2.11%的铁碳合金,偶尔也会为增强某方面性能而添加其他元素。钢按化学成分可以分为碳素钢(非合金钢)和合金钢。

碳素钢是指含有少量锰、硅、硫、磷和氧等杂质元素的钢。按钢的质量和用途的不同,碳素钢的分类如表1-1所示。

表1-1　碳素钢的分类

名称	内容
碳素结构钢	碳素结构钢常用的牌号有Q235,可满足一般工程结构及普通零件的性能要求,多用于焊接、铆接、栓接工程结构用热轧钢板、钢带、型钢和钢棒
优质碳素钢	优质碳素钢常用的牌号有50,相对于碳素结构钢,其硫、磷杂质含量较低,可满足一般工程结构及普通零件的性能要求,多用于公称直径或厚度不大于250 mm热轧和锻制优质碳素结构钢棒材

（续表）

名称	内容
碳素工具钢	碳素工具钢常用的牌号有T10，多用于制作刃具、模具、量具，例如锉刀、切削刀具、钻头等
易切削结构钢	易切削结构钢是指因添加较高含量的硫、铅、锡、钙及其他易切削元素而具有良好的切削加工性能的结构钢。其按使用加工方法不同分为压力加工用钢（UP）和切削加工用钢（UC），多用于制作螺栓、螺母、轴等
一般工程用铸造碳钢	一般工程用铸造碳钢是指用于一般工程的各种铸造碳钢件。常用的铸造碳钢件牌号有ZG 200－400、ZG 230－450等

合金钢是指在碳素钢的基础上，为改善钢的性能，在冶炼时加入一些合金元素（如铬、镍、硅、钼、钨、钒、钛、硼等）而炼成的钢。按其合金元素的总含量，合金钢可以分为低合金钢（合金元素含量低于5%）、中合金钢（合金元素含量5%～10%）、高合金钢（合金元素含量10%以上）。机电工程中常用的合金钢有下列几种：

（1）低合金高强度结构钢。在普通碳素钢（含碳量不大于0.2%）的基础上，少量添加一种或数种合金元素（含量不大于5%），如硅、锰、钒、钛、铌等形成的钢材为低合金高强度结构钢。加入合金元素可使钢的强度、耐腐蚀性、耐磨性、焊接性能、加工性能、低温冲击韧性等得到显著改善和提高。其多用于制造钢板、钢带、型钢、无缝钢管等。

（2）低合金耐热钢。合金元素的总含量在5%以下的合金耐热钢统称为低合金耐热钢。用于焊接结构的低合金耐热钢，为改善其焊接性，含碳量应控制在0.2%以内。

（3）结构合金钢。结构合金钢按照用途可以分为建筑及工程用结构合金钢和机械制造用结构合金钢。建筑及工程用结构合金钢主要用于建筑、桥梁、铁路、船舶、锅炉或其他工程上制造金属结构件，合金元素总含量低，使用量比较大。机械制造用结构合金钢主要用于制造各种机器及机械零件，一般会经过调质处理、表面硬化处理后使用，以提高其使用性能（以强韧性为主）和工艺性能（以可焊性、淬透性为主），这类钢基本上都是优质钢或高级优质钢，主要类型有结构合金钢和合金弹簧钢。

（4）轴承钢。轴承钢是用来制造滚动轴承中的滚动体（滚珠、滚柱、滚针）及内、外滚道的专用钢种。此外，轴承钢也可做形状复杂的工具、冷冲模具、精密量具及要求硬度高、耐磨性高的结构零件。

（5）高速工具钢。高速工具钢是指高碳高合金工具钢。钢中含有能形成高硬度碳化物的合金元素，如钨、钼、铬、钒等，主要用于制造高速切削刀具，如丝锥、钻头、立铣刀等。

（6）耐热钢。耐热钢是指在高温下具有良好的化学稳定性或较高强度的钢。耐热钢包括抗氧化钢和热强钢两类。抗氧化钢又称不起皮钢。热强钢是指在高温下具有良好的抗氧化性能并具有较高的高温强度的钢。耐热钢主要用于在高温下长期使用的零件，有时还应具备组织稳定性高、导热性好、工艺性（加工性、焊接性等）好等特点。

（7）不锈钢。不锈耐酸钢俗称不锈钢，是指以不锈、耐蚀性为主要特性，且铬含量至少为10.5%，碳含量最大不超过1.2%的钢。不锈耐酸钢可分为不锈钢和耐酸钢，能抵抗大气腐蚀的钢称为不锈钢，能抵抗化学介质（如酸类）腐蚀的钢称为耐酸钢。

（8）特殊钢。特殊钢是指用特殊方法生产，具有特殊物理性能、化学性能和力学性能的钢。特殊钢主要包括高电阻钢、磁钢（包括硬磁钢和软磁钢）、抗磁钢等。

3. 铁合金

铁合金是指铁与一种或几种金属或非金属元素组成的合金。我国将铁合金产品按功用不同分为普通铁合金和特种铁合金两大类。

4. 铸铁

含碳量大于2.11%的铁碳合金称为铸铁。铸铁中含有较高含量的碳(大部分甚至全部以游离状态石墨形式存在)、硅、锰、磷、硫等元素,具有良好的铸造性、耐磨性、切削加工性、减振性等。但其强度、塑性及韧性较差,不能用于锻造。铸铁价格低廉、生产工艺简单、成品率高,在机械、石油、化工、建筑等工业中应用广泛。常见的铸铁分类如表1-2所示。

表1-2　常见的铸铁分类

分类方式	名称	内容
按碳存在的形式分类	灰口铸铁	灰口铸铁是指全部或大部分碳以石墨形式存在的铁碳合金,其断口呈灰色,有一定的力学性能和良好的可加工性,在工业上应用最为普遍
	白口铸铁	白口铸铁是指组织中完全没有或几乎没有石墨的一种铁碳合金,其中碳全部以渗碳体形式存在,断口呈白亮色。白口铸铁硬且脆,不能进行切削加工,工业上很少直接应用其来制造机械零件,多用于炼钢原料及可锻铸铁的原料
	麻口铸铁	麻口铸铁是指碳以石墨和渗碳体的混合形式存在,断口呈灰白相间的麻点状的铁碳合金
按是否添加金属元素分类	普通铸铁	普通铸铁是指不含任何合金元素的铸铁,一般常用的灰铸铁、可锻铸铁和球墨铸铁等都属于这一类铸铁
	合金铸铁	在普通铸铁内加入一些合金元素,以提高铸铁某些特殊性能的高级铸铁称为合金铸铁,如各种耐腐蚀、耐热、耐磨的特殊性能铸铁
按石墨形态不同分类	灰铸铁	断面呈暗灰色,碳主要以片状石墨形式出现的铸铁称为灰铸铁。其具有一定的强度、硬度,良好的减振性和耐磨性,较高的导热性和抗热疲劳性,同时还具有良好的铸造性及可加工性,生产工艺简单,成本低
	球墨铸铁	大部分或全部石墨呈球状的铸铁称为球墨铸铁。由于石墨呈球形,应力大为减小,因此其力学性能比灰铸铁高得多,也比可锻铸铁好,其综合机械性能接近于钢,已成功地用于铸造一些受力复杂,强度、韧性、耐磨性要求较高的零件,其生产工艺简单,应用较为广泛
	蠕墨铸铁	大部分石墨呈蠕虫状的铸铁称为蠕墨铸铁。蠕墨铸铁是高碳、低硫、低磷的铁液加入蠕化剂(镁钛合金、镁钙合金、稀土等),经蠕化处理后获得的高强度铸铁,其铸造性、导热性能等方面要比球墨铸铁好。蠕墨铸铁主要用于承受循环载荷且要求组织致密、强度较高、形状复杂的工件,如汽缸盖、进排气管、液压件和钢锭模等
	可锻铸铁	由白口铸铁经过石墨化或氧化脱碳处理而获得的韧性相对较高的铸铁称为可锻铸铁。其具有较高的强度、塑性和冲击韧性,所以可以代替部分碳钢。可锻铸铁实际并不可以锻造,只不过具有一定的塑性,多用于制造管接头和低压阀门等形状复杂、承受冲击和振动荷载的零件,也可用于制造耐磨零件

(二)有色金属材料的种类、性能和用途

有色金属有狭义与广义之分。狭义的有色金属通常指除铁、锰、铬及其合金以外金属的统称,也称非铁金属。广义的有色金属是指除黑色金属以外的所有金属,包括有色合金。有色合金可以提高有色金属的性能,例如强度、硬度、电阻比、电阻温度、机械性能等。

1. 铜及铜合金

纯铜又称紫铜,通常由电解法制得,也称电解铜。纯铜具有良好的塑性、导电性和耐腐蚀性。中国紫铜材料按成分可分为普通紫铜(T1,T2,T3,T4)、无氧铜(TU1,TU2 和高纯、真空无氧铜)、脱氧铜(TUP,TUMn)、添加少量合金元素的特种铜(砷铜、碲铜、银铜)四类。普通紫铜 T2 为特硬材料。

铜合金是指以纯铜为基体加入一种或几种其他元素所构成的合金。铜合金一般分为黄铜(铜 - 锌合金)、青铜、白铜(铜 - 镍合金)三大类。

(1)黄铜(铜 - 锌合金)。以铜为基体金属,主要由铜和锌组成的合金,称为黄铜。黄铜中可含有或不含有其他合金元素。不含其他合金元素的黄铜称简单黄铜(或称普通黄铜);含有其他合金元素的黄铜称复杂黄铜(或称特殊黄铜),或依据第二合金元素命名,如镍黄铜、铅黄铜、锡黄铜、铝黄铜、锰黄铜、铁黄铜、硅黄铜等。复杂黄铜由于添加了各种合金元素,其强度、硬度、机械性能以及耐化学腐蚀性能有了一定的提高。

黄铜中铜的质量分数一般为 62% ~68%,以字母 H 表示。其导电性能比纯铜差,但强度、塑性、耐磨性和耐腐蚀性能均比纯铜高,可用于制造耐压设备、棒材、条材等。采用黄铜制造的无缝铜管,适用于火力发电、舰艇船舶、海上石油、机械、化工等工业部门制造热交换器、冷凝器以及低温管路和海底运输管路。

典型例题

【单选题】制造热交换器常用的材料是(   )。

A. 紫铜　　B. 白铜

C. 青铜　　D. 黄铜

D。【解析】采用黄铜制造的无缝铜管,适用于火力发电、舰艇船舶、海上石油、机械、化工等工业部门制造热交换器、冷凝器以及低温管路和海底运输管路。

(2)青铜。以铜为基体金属,除锌和镍以外其他元素为主添加元素的合金,称为青铜。根据主添加元素不同,可分为锡青铜(或称铜锡合金,包括铜锡、铜锡磷、铜锡铅合金等)、铝青铜(或称铜铝合金)、铬青铜(或称铜铬合金)、锰青铜(或称铜锰合金)、铍青铜(或称铜铍合金)等。青铜中可含有或不含有除主添加元素外的其他合金元素。当含有其他合金元素时,主添加元素含量应占优势,超过其他任一合金元素。

硅青铜中,镍含量可大于硅含量,但不应大于 5%。

锡青铜中,当锡含量在 3% 以上时,锌含量可等于或大于锡含量,但不应大于 10%。锡青铜具有良好的铸造性、机械性、耐腐蚀性、减磨性、抗磁性和低温韧性,主要用于制造弹性元件、耐磨零件、抗磁及耐腐蚀零件,如弹簧、轴承、齿轮、蜗轮、垫圈等。

铝青铜的强度、硬度、耐磨性、耐热性、耐腐蚀性都高于黄铜和锡青铜,主要用于制造齿轮、轴承、摩擦片、蜗轮、螺旋桨等。

(3)白铜(铜-镍合金)。以铜为基体金属,主要由铜和镍组成的合金,称为白铜。白铜中可含有或不含有其他合金元素。不含其他合金元素的白铜称简单白铜;含有其他合金元素的白铜称复杂白铜,或依据第二合金元素命名,如铁白铜、锰白铜、铝白铜、锌白铜等。当含有其他合金元素时,镍含量应占优势,超过其他任一合金元素。但当镍含量小于4.0%时,锰含量可以超过镍含量。白铜通常也可分为结构白铜和电工白铜(锰白铜),以字母B表示。结构白铜机械性能、耐腐蚀性好,主要用于在高温强腐蚀介质中工作的零件;电工白铜热电性能好,主要用于电阻元件、热电偶及其他精密电测仪器零件。

2. 锌及锌合金

锌是一种浅灰色金属,具有良好的压延性、耐磨性和抗腐性。熔融的锌(即热镀锌法)能与铁形成一层均匀细密的碱式碳酸锌氧化膜保护层,可使钢铁免受腐蚀。此外,锌还具有良好的抗电磁场性、非磁性,以及自身与其他金属碰撞不会发生火花的性能。锌主要用于制作电池、屏蔽材料以及防爆器材等。

锌因其铸造性和机械性能好,故能与多种金属制成物理与化学性能更加优良的合金。锌合金是以锌为基体加入其他元素(例如铝、铜、镁、镉、铅、钛等)组成的合金。锌合金的熔点较低、流动性好、易熔焊和钎焊及塑性加工,但蠕变强度低,易发生自然时效引起尺寸变化。加入铜、铝元素可以提高其强度、硬度和抗蠕变性能。锌合金按制造工艺可分为铸造锌合金和变形锌合金,主要用于压铸或压力加工各种零部件等。

链接

铜和锌都属于重金属。重金属是指密度较大的金属,常见的重金属还有镍、铅、锡、锑、钴、汞、镉、铋等。

3. 铝及铝合金

纯铝按铝含量分类,可分为高纯铝、工业高纯铝、工业纯铝(重熔用铝锭)等。纯铝具有良好的导热性、导电性,但强度较低。

铝合金按生产方式分类,可分为铸造铝合金和变形铝合金。其中,铸造铝合金是指主要通过浇铸或压铸等方式生产铸件产品的铝合金。变形铝合金是指以压力加工方法生产的铝合金加工产品(板、带、箔、管、棒、型、线和锻件)及其所用的铸锭和坯料。

铝合金除具有铝的基本特性外,其铸造性、塑性加工、耐腐蚀性、可焊性能较好,而且具有较高的强度,超硬铝合金的强度可达600 MPa,普通硬铝合金的抗拉强度也达200~450 MPa。它的比刚度远高于钢,比强度接近高合金钢,因此在机械制造、电气工程中得到广泛的运用。

链接

铝属于轻金属。轻金属是指密度较小的金属,常见的轻金属还有镁、钾、钠、钙、锶、钡等。

4. 钛及钛合金

金属钛是一种性能优异、用途广泛的金属材料。钛适用于制造航空、航天、舰船的承力件,化学和海洋工业的耐蚀件,医疗器械和人民日常生活用品等。例如,工业纯钛可制成板、棒、丝、管材和锻件、铸件等。钛及其合金耐热性好，可在540 ℃以下的环境中使用。

二、非金属材料的种类、性能和用途

非金属材料是指由非金属元素构成的材料，大致可分为无机非金属材料和有机高分子材料两类。

（一）无机非金属材料的种类、性能和用途

无机非金属材料是除有机高分子材料和金属材料以外的所有材料的统称，通常可分为传统无机非金属材料和新型无机非金属材料。

传统无机非金属材料的特点是耐压强度高、硬度大、耐高温、抗腐蚀，主要指以硅酸盐为主要成分的材料，如水泥、玻璃、陶瓷等。

新型无机非金属材料能承受高温、强度高，具有电学和光学特性，且具有生物功能。常见的有光导纤维、发光材料等。

（二）有机高分子材料的种类、性能和用途

有机高分子材料分为传统有机高分子材料和新型有机高分子材料。

1. 传统有机高分子材料

传统有机高分子材料有橡胶、塑料、纤维、胶黏剂、涂料等。

（1）橡胶。橡胶一般由生胶（未加配合剂的橡胶称为生胶）、配合剂（硫化剂、硫化促进剂、活化剂等）和骨架材料（增强材料）组成。

根据来源的不同，橡胶可以分为天然橡胶与合成橡胶。天然橡胶的弹性大、定伸强度高、抗撕裂性和电绝缘性优良、耐磨性和耐旱性良好、加工性佳、易与其他材料黏合，在综合性能方面优于多数合成橡胶。其可用于制作轮胎、胶鞋、胶管、胶带、电线电缆的绝缘层和护套以及其他通用制品，特别适用于制造扭振消除器、发动机减振器、机器支座、橡胶－金属悬挂元件、膜片、模压制品。合成橡胶是指由人工合成的橡胶，性能不及天然橡胶全面，但也具备高弹性的性能。

根据用途和用量的不同，橡胶可以分为通用橡胶和特种橡胶。通用橡胶的品种有乳聚丁苯橡胶、溶聚丁苯橡胶、顺丁橡胶、异戊橡胶、氯丁橡胶、乙丙橡胶和丁基橡胶等，它们主要用来制造各种轮胎和一般橡胶制品。特种橡胶具有耐高温、耐油、耐臭氧、耐老化和高气密性等特点，其品种有硅橡胶、各种氟橡胶、聚硫橡胶、氯醇橡胶、丁腈橡胶、聚丙烯酸酯橡胶、聚氨酯橡胶等。

（2）塑料。塑料是以树脂（或在加工过程中用单体直接聚合）为主要成分，以增塑剂、填充剂、润滑剂、稳定剂、固化剂、着色剂等添加剂为辅助成分，在一定温度和压力的作用下形成的能流动成型的高分子有机材料。

塑料根据物理化学性能可分为热塑性塑料和热固性塑料。热塑性塑料是指在塑料整个特征温度范围内，能反复加热软化和反复冷却硬化，且在软化状态采用模塑、挤塑或二次成型通过流动能反复模塑为制品的塑料。其微观结构为链状结构，具有加工成型简便、机械性能高的优点，但耐热性和刚性较差。热固性塑料是指通过加热或其他方法，如辐射、催化等，固化成基本不溶、不熔状态的塑料。其微观结构为网状结构，加热后不易变形，机械性能差，加工成型就不会受热熔化。

常见塑料的分类如表 1-3 所示。

表 1-3　常见塑料的分类

项目	名称	优点	缺点	用途
热塑性塑料	聚乙烯（PE）	无毒，易染色，耐冲击、耐蚀性、电绝缘性高	热膨胀系数高、不易贴合、耐温性差	低密度聚乙烯适于制作薄膜、软管、塑料瓶、管材等制品，如用于输送生活用水的塑料自来水管即是采用低密度聚乙烯制作的；高密度聚乙烯适于制作耐腐蚀零件、绝缘零件、管材等制品，中高密度聚乙烯管用于输送煤气
	聚氯乙烯（PVC）	不易燃性，高强度，耐气候变化性，优良的几何稳定性，成本低	流动性差、耐温性差	硬聚氯乙烯常用来制作化工、纺织等工业的排污、气、液输送管和热水管；软聚氯乙烯塑料常用来制作输送常温水的管，也用来制成薄膜，用于工业包装等
	聚苯乙烯（PS）	透明，可染色，良好的几何稳定性、热稳定性、电绝缘特性	碎裂性高、抗溶剂性差、耐温性差	电气用品外壳、透明容器
	聚丙烯（PP）	强度、刚性、硬度、绝热性、弹性均优于聚乙烯，可在 100 ℃使用。具有良好的耐蚀性、高频绝缘性，不受湿度影响	低温变脆、不耐磨、易老化	适于制作一般机械零件、耐腐蚀和绝缘零件、管材。聚丙烯管材用于流体输送。管道使用寿命约 50 年，经常使用的设计压力级别为 0.4 MPa、0.6 MPa、0.8 MPa
	泡沫塑料	质轻、隔热、吸音、减振	易燃、燃烧后产生有毒气体，材料强度差	适于外墙和屋面保温，冷库中保冷
热固性塑料	酚醛塑料	可塑性和成型工艺性良好。适宜于压塑成型	抗冲击强度小	适于制作文教用品、电气的绝缘构件
	环氧塑料	强度高、电绝缘性优良、化学稳定性和耐有机溶剂性好，对许多材料的黏结力强	性能受填料品种和用量的影响	适于制作电气绝缘漆、塑料模具、电子仪表装置、飞机漆

(3)纤维。纤维是指长径比很大，并具有一定柔韧性的纤细物质。纤维可分为天然纤维和化学纤维。

天然纤维是自然界存在的，可以直接取得的纤维，根据其来源分成植物纤维、动物纤维和矿物纤维三类。化学纤维是经过化学处理加工而制成的纤维，可分为人造纤维（再生纤维）和合成纤维。

(4)胶黏剂。胶黏剂是以高分子化合物为主体的一类胶黏材料，也称高分子黏合剂，按其来源分为天然高分子胶黏剂和合成高分子胶黏剂。俗称的万能胶是指环氧树脂胶黏剂，其具有黏合性好、黏结强度高、收缩率低、尺寸稳定、电性能优良、耐化学介质、配制容易、工艺简单、毒性低、危害小、不污染环境等优点，对多种材料都具有良好的胶黏能力，兼具密封、绝缘、防漏、紧固、防腐、装饰等多种功能，应用最为广泛。其他胶黏剂还有酚醛树脂胶黏剂、聚氨酯胶黏剂、硅橡胶胶黏剂等。

(5)涂料。涂料是可以用不同的施工工艺涂覆在物件表面，形成薄薄的涂膜，干燥、固化后，牢牢地粘贴在物体的表面，起到保护物体、增加美感及其他特殊的作用，构成连续的涂膜的物质。涂料具有保护作用、装饰作用、特殊作用。涂料根据成膜物质可分为天然树脂涂料、合成树脂涂料和油脂涂料。

链接

涂料的主要用途之一便是用于钢管内层的防腐，如与钢管复合而成的涂塑钢管。涂塑钢管是指以钢管为基管，以塑料粉末为涂层材料，通过吸涂、喷涂等涂塑工艺在其内表面熔融涂敷塑料层、在其外表面熔融涂敷塑料层或用另外工艺在外表面涂敷上其他材料防腐层的钢塑复合管材。涂塑钢管具有塑料和钢管的特性，不易变形、耐腐蚀性较好、摩擦阻力较小，适用于给排水、海水、油、气体等介质的输送。

2. 新型有机高分子材料

新型有机高分子材料是一类由一种或几种分子或分子团(结构单元或单体)以共价键结合成具有多个重复单体单元的大分子而形成的材料。新型有机高分子材料主要有功能高分子材料和高分子基复合材料。

三、复合材料的种类、性能和用途

复合材料是指由两种或两种以上物理和化学性质不同的物质组合而成的一种多相固体材料。复合材料可由非金属或金属等几类不同材料通过复合工艺组合而成，能够成为具有各组分材料的主要特性及因复合效应产生的其他特性的新型材料。在机电工程中应用比较广泛的复合材料有下列几种。

(一)金属基复合材料

金属基复合材料是指以金属或合金为基体，以纤维、晶须、颗粒等为增强体复合而成的复合材料，具有比强度和比模量高、优良的可设计性和尺寸稳定性、耐疲劳性和耐热性好等优点，广泛应用于航空航天、汽车等行业。金属基复合材料按基体材料可以分为铝基复合材料、钛基复合材料、镁基复合材料、锌基复合材料、铜基复合材料、铅基复合材料、银基复合材料、铁基复合材料；按增强体可以分为连续纤维增强金属基复合材料、短纤维增强金属基复合材料、颗粒增强金属基复合材料、晶须增强金属基复合材料、层状金属基复合材料；按用途可以分为金属基结构复合材料、金属基功能复合材料、金属基智能复合材料。

链接

层状金属基复合材料是指将两种或两种以上经优化设计和选择的金属层板通过一定的工艺手段相互完全黏结在一起组成的层板复合材料。

历年考试中会考查层状金属基复合材料的种类，具体包括铝钢、钛钢、铜钢、镍基不锈钢、钛基不锈钢、不锈钢碳钢等复合材料。

层状金属基复合材料可以组合的形式灵活多样，能制作不同性质的材料，可以耐腐蚀、耐高温，具备良好的导热导电性，制造成本低，在航空航天、食品医药、石油化工等行业应用较多。

（二）非金属及其复合材料

机电工程中，非金属及其复合材料也是常见的一种材料，主要用于制作空调系统的风管。非金属及其复合风管的类型及其适用范围，具体如表 1-4 所示。

表 1-4 非金属及其复合风管的类型及其适用范围

类型	空调系统			酸碱环境	洁净空调系统	防排烟系统	湿度	
	低压	中压	高压				<90%	>90%
硬聚氯乙烯风管	—	—	—	√	√	—	—	—
酚醛复合风管	√	√	—	—	—	—	√	√
聚氨酯复合风管	√	√	√	—	√	—	√	√
玻璃纤维复合风管	√	—	—	—	—	—	√	—

提示

非金属及其复合风管的类型及其适用范围的考查频率较高，需要重点关注。

（三）钢塑复合管

钢塑复合管是指以钢管为基管，在其内表面或外表面或内外表面黏结上塑料防腐层的钢塑复合管。其具有较好的强度和刚度、耐腐蚀性能好，价廉、施工方便，管内壁较为光滑、阻力小且不积垢等优点，适用于输送生活饮用水、冷热水、消防用水、排水、空调用水、中低压燃气、压缩空气等介质。

（四）铝塑复合管

铝塑复合管是一种嵌入金属层为铝合金管，内外层为共挤聚乙烯塑料，各层间通过热熔黏合剂形成胶黏层的复合管。其具有价廉、施工方便、寿命长、质量轻、隔热保温性能佳及良好的电磁屏蔽作用等优点，适用于冷热水输配系统，工作温度不高于规定值的冷水、燃气、压缩空气和特种流体输配系统。

四、常用电气材料的种类、性能和用途

机电工程施工中，常用电气材料主要包括导线材料和安装材料。导线材料主要有导线、电缆和母线槽等；安装材料主要有绝缘材料、固结材料、管材及其支持材料。

（一）导线材料

1. 导线

导线是指有或无外包绝缘的柔性圆柱形导体，其长度远大于其截面尺寸。导线可分为裸导线和绝缘导线。裸导线即无外包绝缘的导线。绝缘导线是在金属导线（如铜、铝）外面加上绝缘层构成的。

裸导线主要用于室外架空线路。常见的裸导线分类如表 1-5 所示。

表 1-5　常见的裸导线分类

分类方式	内容
裸单线	裸单线主要用于电线、电缆的导电线芯或直接用于架空的通信广播线等。常用的有 TY 型硬圆铜线、TR 型软圆铜线、LY 型硬圆铝线、LR 型软圆铝线
裸绞线	常用的裸绞线有三种，分别是铜制绞线、铝制绞线和钢芯铝制绞线。裸绞线是架空输电线路中使用最广泛的架空导线
型线	型线为特殊外形或大截面的导体线材，即横截面形状不是圆形的。常见的型线有硬扁铜线、硬扁铝线、软铜母线、硬铜带、软铜带、梯形铜带和铝电车线

常见的绝缘导线可分为下列三类：

（1）漆包线。漆包线由导线和绝缘漆两部分组成，裸线经退火软化后，再经过多次涂漆烘焙制成。电动机、变压器、继电器、接触器和电工仪表等设备中的线圈通常是由漆包线绕制而成的。

（2）普通绝缘导线。普通绝缘导线由金属芯线和绝缘层组成。普通绝缘导线根据绝缘层不同可分为塑料（聚氯乙烯）绝缘导线和橡皮绝缘导线；根据芯线材料不同可分为铜芯绝缘导线和铝芯绝缘导线；根据芯线的数量不同可分为单股绝缘导线和多股绝缘导线；根据导线的形式不同可分为绝缘双绞线和绝缘平行线。

（3）护套绝缘导线。护套绝缘导线是在普通绝缘导线的基础上再外加一个绝缘护套构成的导线。

常用的绝缘导线及其用途如表 1-6 所示。

表 1-6　常用的绝缘导线及其用途

名称	型号		用途
	铜芯	铝芯	
橡皮绝缘电线	BX	BLX	固定敷设于室内（明敷、暗敷或者穿管），也可用于室外或用作设备内部安装线
氯丁橡皮绝缘电线	BXF	BLXF	同 BX 型，耐气候性好，适用于室外
橡皮绝缘软电线	BXR	—	同 BX 型，仅用于安装时要求柔软的场合
橡皮绝缘和护套电线	BXHF	BLXHF	同 BX 型，用于较潮湿的场合或用作室外进户线
聚氯乙烯绝缘电线	BV	BLV	同 BX 型，但耐湿性和耐气候性较好
聚氯乙烯绝缘软电线	BVR	—	同 BV 型，仅用于安装时要求柔软的场合
聚氯乙烯绝缘和护套电线	BVV	BLVV	同 BV 型，用于潮湿和机械防护要求较高的场合，可直接埋在土壤中
聚氯乙烯绝缘软线	RV	—	用作各种移动电器、移动灯具及吊灯的电源连接导线，也可用作内部安装线
聚氯乙烯绝缘平行软线	RVB	—	同 RV 型
聚氯乙烯绝缘绞型软线	RVS	—	同 RV 型

2. 电缆

电缆是由一根或多根相互绝缘的导体和外包绝缘保护层制成,将电力或信息从一处传输到另一处的导线。电缆按用途可分为电力电缆、控制电缆、通信电缆等。

(1)电力电缆。电力电缆是用于传输和分配电能的电缆,主要用于输电线路密集的发电厂和变电站,位于市区的变电站和配电所。

根据功能特点和使用场所不同,电力电缆可分为阻燃电缆和耐火电缆。

①阻燃电缆,是指具有规定阻燃性能(如阻燃特性、烟密度、烟气毒性、耐腐蚀性)的电缆。无卤低烟阻燃电缆容易吸收空气中的水分而发生潮解,从而导致绝缘电阻大幅下降。无卤低烟阻燃电缆不含 Cl,At,Br,F,I 等卤族元素,在受热燃烧时,只会产生淡淡的水雾且不含任何有毒烟雾,其腐蚀性能也比较低。

②耐火电缆,是指具有规定的耐火性能(如线路完整性、烟密度、烟气毒性、耐腐蚀性)的电缆,主要使用在应急电源至用户消防设备、火灾报警设备、通风排烟设备、疏散灯、紧急电源插座、紧急用电梯等供电回路。在民用建筑中,耐火电缆作为消防用电设备的配电线路,应满足火灾时连续供电的要求。设计应按照消防设备火灾时的连续供电时间,电缆的耐火时间、耐火温度、耐受电压,线路损耗等因素综合确定。耐火电缆应具有不低于 B_1 级的难燃性能。耐火电缆的接头是薄弱环节,易发生故障。如果将其设置在电缆桥架内,发生短路故障和导体接触不良时,可能危及其他电缆安全运行。因此,耐火电缆在电缆桥架内不宜有接头。当施工时确实有接头存在时,接头的性能和功能要求应与本体一致。多根单芯耐火电缆敷设时,应采用减少涡流影响的排列方式。耐火电缆在穿过墙、楼板时,应采取防止机械损伤措施和防火封堵措施。

链接

铜芯铜护套氧化镁绝缘防火电缆(简称氧化镁电缆),是一种外层采用无缝铜管护套、中间充填氧化镁晶体粉作绝缘材料、以单股铜棒作为导体的新型电缆。

典型例题

【单选题】无卤低烟阻燃电缆在消防灭火时的缺点是(　　)。

A. 发出有毒烟雾　　B. 产生烟尘较多

C. 腐蚀性能较高　　D. 绝缘电阻下降

D。【解析】无卤低烟阻燃电缆容易吸收空气中的水分而发生潮解,从而导致绝缘电阻大幅下降。

常见的电力电缆及其使用范围如表 1-7 所示。

表 1-7　常见的电力电缆及其使用范围

名称	型号		使用范围
	铜芯	铝芯	
交联聚乙烯绝缘聚氯乙烯护套电力电缆	YJV	YJLV	固定敷设在空中、室内、电缆沟、隧道或者地下
交联聚乙烯绝缘聚乙烯护套电力电缆	YJY	YJLY	固定敷设在室内、电缆沟、隧道或者地下

（续表）

名称	型号		使用范围
	铜芯	铝芯	
交联聚乙烯绝缘钢带铠装聚氯乙烯护套电力电缆	YJV_{22}	$YJLV_{22}$	固定敷设在有外界压力作用的场所
交联聚乙烯绝缘钢带铠装聚乙烯护套电力电缆	YJV_{23}	$YJLV_{23}$	固定敷设在常有外力作用的场所
交联聚乙烯绝缘细钢丝铠装聚氯乙烯护套电力电缆	YJV_{32}	$YJLV_{32}$	固定敷设在要求能承受拉力的场所
交联聚乙烯绝缘细钢丝铠装聚乙烯护套电力电缆	YJV_{33}	$YJLV_{33}$	固定敷设在要求能承受拉力的场所
交联聚乙烯绝缘粗钢丝铠装聚氯乙烯护套电力电缆	YJV_{42}	$YJLV_{42}$	固定敷设在水下、竖井或要求能承受拉力的场所
交联聚乙烯绝缘粗钢丝铠装聚乙烯护套电力电缆	YJV_{43}	$YJLV_{43}$	固定敷设在要求能承受较大拉力的场所

(2)控制电缆。从控制中心连接到各系统传递信号或控制操作功能的电缆统称为控制电缆。控制电缆常用于电气控制系统和配电装置内，固定敷设。一般控制电路中负荷间断电流不大，因此芯线截面较小，一般不超过 10 mm^2（电力电缆主要是输送电力的，一般都是大截面），线芯多采用铜导体。控制电缆的芯线主要采用同心式绞合，也有部分控制电缆采用对绞式。

(3)通信电缆。通信电缆是由多根互相绝缘的导线或导体绞成的缆芯和保护缆芯不受潮与机械损害的外层护套所构成的电缆。通信电缆有架空、直埋、管道和水底等多种敷设方式。通信电缆按结构分为对称、同轴和综合电缆；按功能分为野战和永备电缆（地下、海底电缆）。通信电缆传输频带较宽，通信容量较大，受外界干扰小，但不易检修。通信电缆可传输电话、电报、数据和图像等。

3. 母线槽

母线槽由外壳、导体、绝缘材料和紧固部件等附件构成。母线槽的金属封闭外壳能够保护母线免受机械损伤或动物伤害。母线槽布线可适用于干燥和无腐蚀性气体的室内场所。母线槽不宜敷设在腐蚀气体管道和热力管道的上方及腐蚀性液体管道下方。当不能满足上述要求时，应采取防腐、隔热措施。

母线槽的分类如表 1-8 所示。

表 1-8　母线槽的分类

分类方式	名称	内容
按绝缘方式分类	空气式插接母线槽（BMC）	其具有绝缘质量轻、结构简单、价格便宜等特点。由于母线之间接头用铜片软接过渡，潮湿环境下接头之间容易产生氧化，造成接头与母线接触不良，使触头容易发热，故在南方极少使用
	密集绝缘插接母线槽（CMC）	其防潮、散热效果较差，排列紧凑，通大电流时易发生噪声，且受外壳板材限制，只能生产不大于 3 m 的水平段

（续表）

分类方式	名称	内容
按绝缘方式分类	高强度封闭式母线槽（CFW）	其工艺制造不受板材限制，外壳做成瓦沟形式，使母线机械强度增加，母线水平段可生产至 13 m 长；母线间通风良好，因此其防潮和散热性能较好，比较适应南方气候；同时由于线之间间距较大，则磁振荡噪声较小；在规格相同的情况下，高强度封闭式母线槽的导体截面比密集绝缘插接母线槽的导体截面大
按防火能力分类	普通母线槽	母线槽与变压器、柴油发电机等大型有振动的设备连接应采用柔性连接
	耐火母线槽	耐火母线槽按绝缘结构分为空气绝缘耐火母线槽和密集绝缘耐火母线槽。耐火母线槽的耐火时间有 60 min、90 min、120 min、180 min、240 min

链接

垂直竖井内或大容量母线槽，宜选用体积小、散热好的密集绝缘插接母线槽；在车间流水线上，用作小容量配电时，宜选择空气式插接母线槽，因为空气式插接母线槽的配线出口十分方便。

（二）安装材料

1. 绝缘材料

绝缘材料的主要作用是隔离带电的导电体或不同电位的导电体，使电流按设定的方向流动。绝缘材料的特点如下：具有良好的介电性能，较高的绝缘电阻和耐压强度；不发生漏电、爬电或击穿等事故；耐热性良好，在长期受热状态下性能无显著变化；良好的导热、耐潮和防霉性能；较高的机械强度，且便于工艺加工。

根据物理状态不同分类，绝缘材料可分为气体、液体、固体绝缘材料三大类。

（1）气体绝缘材料。常温常压下，干燥的气体具有良好的绝缘性能，在一些特殊场合，干燥气体还同时具有灭弧、冷却散热和保护等作用。气体绝缘材料有空气、氮气、六氟化硫（SF_6）、二氧化硫等。

（2）液体绝缘材料。液体绝缘材料是指常温下为液态的绝缘材料，又称绝缘油。在电气设备中，液体绝缘材料主要起绝缘、传热、浸渍和填充等作用。液体绝缘材料主要有矿物绝缘油、合成绝缘油（硅油、十二烷基苯、聚异丁烯、异丙基联苯、二芳基乙烷等）两类。一般来说，液体绝缘材料的绝缘性能比气体的要好，很多电气设备都用绝缘油介质来绝缘，例如油浸式变压器、少油断路器等。

（3）固体绝缘材料。固体绝缘材料是指用以隔绝不同导电体的固体。一般还要求固体绝缘材料兼具支撑作用。常见的固体绝缘材料有绝缘漆、绝缘胶、云母制品、层压制品、绝缘树脂等。

2. 固结材料

常用的固结材料除一般常见的圆钉、扁头钉、自攻螺丝、铝铆钉及各种螺丝钉外，还有直接固结于硬质基体上所采用的水泥钉、射钉、塑料胀管和膨胀螺栓。

3. 管材及其支持材料

常用的管材有金属管、塑料管等，金属管有厚壁钢管、薄壁钢管、金属波纹管等，塑料管有 PVC 塑料管、半硬塑料管等。管材支持材料主要有 U 形管卡、鞍形管卡、塑料管卡等。

模块二　机电工程常用工程设备

一、通用设备的分类和性能

根据《建设工程分类标准》，通用设备是指通用性强、用途较广泛的设备。机电工程中的通用设备包括切削设备、锻压设备、铸造设备、输送设备、风机设备、泵设备、压缩机设备和其他机械设备。

（一）切削设备

根据《建设工程分类标准》，机电工程中的切削设备包括切削机床，超声波加工机床，电加工、数控机床，金属材料试验机械，木工机械，跑车带锯机及其他机床。

金属切削机床的分类方法较多，一般分为普通机床、精密机床和高精度机床；按工件大小和机床自重又可分为中小型机床、大型机床、重型机床和超重型机床。

金属切削机床的性能参数有主轴转数、进给量、主传动功率、进给传动功率、空行程功率等。

（二）锻压设备

根据《建设工程分类标准》，机电工程中的锻压设备包括机械压力机、液压机、自动锻压机、锻锤、剪切机、弯曲校正机、锻造水压机等。

机械压力机的性能参数有公称压力、公称压力行程、滑块行程、行程次数、空气压力、主电机功率、压力机质量等。

（三）铸造设备

根据《建设工程分类标准》，机电工程中的铸造设备包括砂处理设备、造型设备、造芯设备、落砂设备、清理设备、金属型铸造设备、材料准备设备、抛丸清理设备、铸铁平台等。

铸造设备的性能参数有收缩率、流动性参数、抗热裂性参数、拔模斜度等。

（四）输送设备

输送设备是指以连续、均匀、稳定或间歇的输送方式，沿着一定的路线来装卸和搬运散料或成件货物的一种效率较高的装卸搬运机械。

根据《建设工程分类标准》，机电工程中的输送设备包括斗式提升机、刮板输送机、板（裙）式输送机、悬挂输送机、固定式胶带输送机、气力输送设备、卸矿车、皮带秤等。

输送设备的主要参数有输送量及速度、驱动功率、输送线路、部件尺寸及特征等。

输送设备通常按有无牵引件（链、绳、带）分为两类，如表 1-9 所示。

表 1-9　输送设备的类型

设备类型	工作原理和特点	代表设备
有挠性牵引件的输送设备	利用挠性牵引件传递运动和力，并且依靠挠性牵引件把物料运到各工序要求的部位上。输送设备与物品一起运动	斗式提升机、悬挂输送机、链板输送机、刮板输送机、带式输送机、埋刮板输送机、小车输送机、气力输送设备
无挠性牵引件的输送设备	利用工作件的旋转运动或往复运动，使货物向一定方向输送。输送设备与物品分别运动	滚柱输送机、螺旋输送机、气力输送机

典型例题

【多选题】下列输送机中，具有挠性牵引件的有(　　)。

A. 带式输送机　　B. 刮板输送机

C. 悬挂输送机　　D. 小车输送机

E. 螺旋输送机

ABCD。【解析】具有挠性牵引件的输送设备除了选项 A，B，C，D 中的内容外，还包括斗式提升机、链板输送机、埋刮板输送机、气力输送设备等。选项 E 属于无挠性牵引件的输送设备。

(五) 风机设备

根据《建设工程分类标准》，机电工程中的风机设备包括离心式通风机、离心式引风机、轴流通风机、回转式鼓风机、离心式鼓风机等。

风机设备按作用原理可分为速度式风机和容积式风机。

专家解读

速度式风机有离心式、轴流式、混流式等类型。

容积式风机是用改变气体容积的方法压缩及输送气体的机械，常见的类型有罗茨式鼓风机、回转式鼓风机。

风机设备按气流运动方向可分为离心式风机、轴流式风机和混流式风机。

风机设备按排气压强不同可分为压气机、通风机、鼓风机。

风机设备的主要性能参数有压力(包含全压、动压、静压)、流量、转速、功率。另外，风机效率、噪声和振动也是风机的常用指标。流量即风量，是指在标准空气状态下，单位时间内通过风机的空气体积流量。效率指有效功率和轴功率之比。

(六) 泵设备

根据《建设工程分类标准》，机电工程中的泵设备包括离心式泵、旋涡泵、电动往复泵、柱塞泵、蒸汽往复泵、计量泵、螺杆泵、齿轮油泵、真空泵、屏蔽泵、简易移动潜水泵等。

泵设备可进行下列分类：

(1) 按作用于液体的原理可分为叶片式泵、容积式泵。叶片式泵利用泵内的叶片在旋转时产生的离心力作用将流体吸入和压出。容积式泵利用泵的活塞或转子在往复或旋转运动中产生挤压作用将流体吸入和压出。

(2)按流体吸入叶轮的方式可分为单吸式泵、双吸式泵。

(3)按级数可分为单级泵、多级泵。

(4)按泵体形式可分为蜗壳式泵、筒形泵。

(5)按主轴安放情况可分为卧式泵、立式泵、斜式泵。

链接

泵设备的分类方法有很多,除上述分类外,泵设备按泵速分为低速泵、中速泵、高速泵;按泵的排出压力分为低压泵、中压泵、高压泵、超高压泵;按输送介质分为清水泵、油泵、杂质泵、泥浆泵、乳化液泵。

泵设备常用的性能参数如表 1-10 所示。

表 1-10　泵设备常用的性能参数

序号	性能参数	内容
1	扬程(H)	扬程是指单位质量流体通过泵所获得的能量,即单位质量流体从泵进口处到泵出口处能量的增值。对于常用的水泵来说,扬程可以理解为水泵能够扬水的高度,单位为 m
2	流量(Q)	流量是指泵在单位时间内输送流体的数量,常用的单位有 L/s,m^3/s 和 m^3/h
3	必需气蚀余量(NPSHR)	必需气蚀余量是流体由泵吸入口至压力最低处的压力降低值,是临界的气蚀余量,与泵结构本身有关
4	效率(η)	效率是指泵的有效功率与轴功率之比值
5	转速(n)	转速是指泵叶轮的转动速度,通常以每分钟转动的次数来表示,常用单位为 r/min
6	轴功率(p)	泵轴得自原动机所传递过来的功率称为轴功率。水泵铭牌上为轴功率,即额定功率

专家解读

泵设备的各个性能参数之间相互关联和影响,可以通过对泵进行试验,分别测得和算出参数值,并画成曲线来表示,这些曲线称为泵的特性曲线。每一台泵都有特定的特性曲线,由泵制造厂提供,供使用部门选泵和操作时参考。特性曲线的作用是泵的任意的流量点,都可以在曲线上找出一组与其相对的扬程、轴功率、效率和必需气蚀余量,这一组参数称为工作状态,简称工况或工况点。最高效率点的工况称为最佳工况点。制造厂所提供的特性曲线是以清水作为工作介质测定的,当输送其他流体时,要考虑流体黏度的影响。当输送流体的黏度大于实验条件下水的黏度时,泵体内的能量损失增大,泵的流量减小,扬程和效率下降,轴功率增大。

(七)压缩机设备

加压或输送气体的机械称为压缩机。根据《建设工程分类标准》,机电工程中的压缩机设备包括活塞式压缩机、回转式螺杆压缩机、离心式压缩机(电动机驱动)等。

压缩机的总分类如图 1-1 所示。

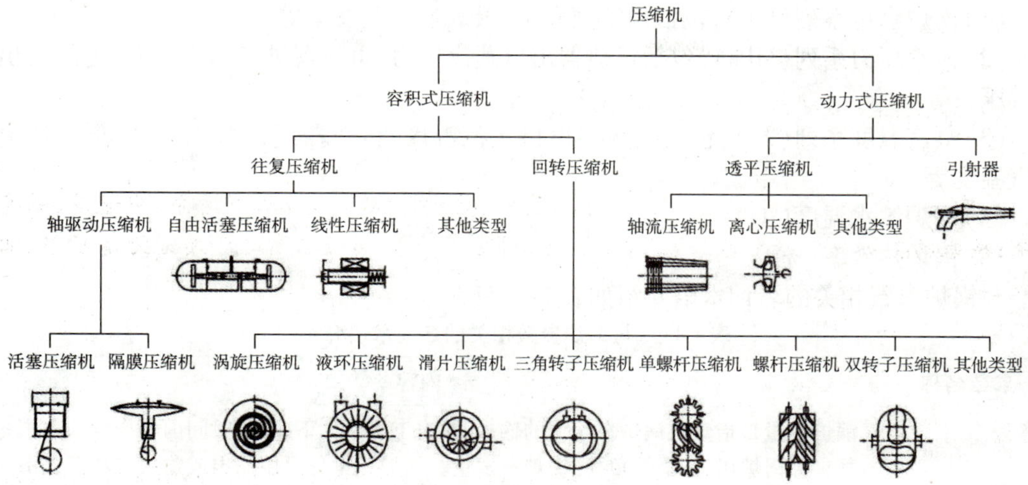

图 1-1　压缩机的总分类

专家解读

容积式压缩机是通过改变工作腔容积的大小来提高气体压力的压缩机。动力式压缩机是通过提高气体运动速度，将其动能转换为压力能来提高气体压力的压缩机。

压缩机设备的技术参数主要有：

(1)性能参数，表征压缩机主要性能的参数有压力(包括吸气压力和排气压力)、流量、工作效率、功率、容积等。

(2)结构参数，表征压缩机结构特点的参数有活塞力、行程、转速、列数、各级缸径、外形尺寸等。

二、专用设备的分类和性能

根据《建设工程分类标准》，专用设备是指专门针对某一种或一类对象或产品实现一项或几项功能的设备。机电工程中的专用设备按专业分类，可分为火力发电设备、水力发电设备、核电设备、矿业设备、轻工设备、纺织设备、石油化工设备、冶金设备、建材设备、其他专用设备。专用设备通常用于单一品种产品大规模大批量生产加工，因此可以实现高效生产。

(一)火力发电设备

火力发电是中国乃至全世界目前最主要的发电方式，约占世界发电总量 70% 以上。火力发电设备主要包括锅炉设备和汽轮机设备。火力发电常用的考核指标包括发电量、发电煤耗、供电煤耗、供热煤耗、全厂热效率、锅炉效率、汽轮机热耗、主蒸汽温度和压力等。

1. 锅炉设备

锅炉是指利用各种燃料、电或者其他能源，将所盛装的液体加热到一定的参数，并通过对外输出介质的形式提供热能的设备。锅炉本体是指由锅筒、受热面及其集箱和连接管道，炉膛、燃烧器和空气预热器(包括烟道和风道)，构架(包括平台和扶梯)，炉墙和除渣设备等组成的整体。

锅炉的主要技术参数包括锅炉容量、蒸汽压力、蒸汽温度和给水温度。主要有：

(1)锅炉容量系列(t/h)，包括额定蒸发量、最大连续蒸发量等。

(2)蒸汽压力系列(MPa)，包括过热器出口蒸汽压力、再热器进口蒸汽压力、再热器出口蒸汽压力等。

(3)蒸汽温度系列(℃)，包括过热器出口蒸汽温度、再热器进口蒸汽温度、再热器出口蒸汽温度等。

(4)锅炉给水温度(℃)。

(5)锅炉热效率(%)。

与锅炉参数相关的名词术语介绍如表 1-11 所示。

表 1-11　与锅炉参数相关的名词术语介绍

参数名称	内容
锅炉容量	锅炉容量是指蒸汽锅炉在给定的输入、输出工质条件下，单位时间内所产生的蒸汽量。其也称锅炉出力、锅炉负荷、锅炉蒸发量。锅炉容量也可用输出或输入热功率表示
锅炉额定负荷	锅炉额定负荷是指蒸汽锅炉在额定蒸汽参数、额定给水温度、使用设计燃料时设计所规定的蒸发量，又称锅炉额定蒸发量。有时锅炉额定负荷也用热功率表示
锅炉最大连续蒸发量	锅炉最大连续蒸发量是指锅炉在额定蒸汽参数、额定给水温度，并使用设计燃料能安全连续产生的最大蒸发量。其又称锅炉最大连续出力
额定蒸汽压力	额定蒸汽压力是指蒸汽锅炉在规定的给水压力和负荷范围内长期连续运行时应予保证的出口蒸汽压力
额定蒸汽温度	额定蒸汽温度是指蒸汽锅炉在规定的负荷范围、额定蒸汽压力和额定给水温度下长期连续运行应予保证的出口蒸汽温度
给水温度	给水温度是指蒸汽锅炉给水进口处的温度
受热面蒸发率	受热面蒸发率是指蒸发受热面单位面积上每小时的产汽量
锅炉热效率	锅炉热效率是指单位时间内锅炉有效利用热量与所消耗燃料的输入热量的百分比(正平衡热效率)

链接

锅炉受热面蒸发率是指蒸发受热面单位面积上每小时的产汽量，是反映锅炉工作强度的指标。

评价锅炉可靠性的主要指标包括容量系数、出力系数(或称为可用系数)、运行可用率、等效可用率(或称为等效可用系数)、强迫停运率。

常见锅炉的分类如表 1-12 所示。

表 1-12　常见锅炉的分类

分类方式	锅炉名称
按《特种目录》规定分类	承压蒸汽锅炉、承压热水锅炉、有机热载体锅炉(包括有机热载体气相炉、有机热载体液相炉)
按锅炉位置分类	室内锅炉、露天锅炉、半露天锅炉

（续表）

分类方式	锅炉名称
按出厂形式分类	整装锅炉、组装锅炉
按锅炉出口工质压力分类	超临界压力锅炉（22.1 MPa）、亚临界压力锅炉（16.7 MPa）、超高压锅炉（13.7 MPa）、高压锅炉（9.81 MPa）、中压锅炉（3.83 MPa）、低压锅炉（出口蒸汽压力不大于2.45 MPa）

专家解读

设计正常水位容积大于或者等于30 L，且额定蒸汽压力大于或者等于0.1 MPa（表压）的承压蒸汽锅炉；出口水压大于或者等于0.1 MPa（表压），且额定功率大于或者等于0.1 MW的承压热水锅炉；额定功率大于或者等于0.1 MW的有机热载体锅炉都属于特种设备。

2. 汽轮机设备

汽轮机是指使蒸汽膨胀变热能为机械能的具有叶片的旋转式动力机械，其主要技术参数包括功率、转速、进气量、主汽压力、主汽温度、排气压力、汽耗等。

（二）水力发电设备

机电工程中的水力发电设备包括水轮发电机组、抽水蓄能机组、水泵机组、启闭机、水力机械辅助设备、其他设备等。

（三）核电设备

机电工程中的核电设备包括压水堆设备、重水堆设备、高温气冷堆设备、石墨型设备、动力型设备、试验反应堆设备、其他设备等。

（四）矿业设备

机电工程中的矿业设备包括提升机房，采煤机、掘进机设备，井口、井筒装备及井底车场设备，井下输送设备，空压机、井下通风、排水、排泥设备等。

（五）轻工设备

机电工程中的轻工设备包括制浆造纸机械、制糖机械、制盐机械、日化机械、食品饮料机械、日用硅酸盐机械、烟草机械、皮革机械、日用机械及家电机械、化纤机械、纺丝机、织布机、其他设备等。

（六）纺织设备

机电工程中的纺织设备包括棉纺织设备、麻纺织设备、印染设备、粘胶纤维设备、毛纺织设备等。

（七）石油化工设备

石油化工设备分为静设备和动设备两大类。

1. 石油化工静设备

石油化工静设备是指石油化工生产过程中，主要由静止状态的外壳组成的容器来完成工艺过程和存储功能的设备。石油化工静设备所包括的种类多、覆盖的范围广，分类的方法也很多。常见的分类方式如表1-13所示。

表 1-13　石油化工静设备的分类

分类方式	内容
形状	圆筒形容器、球形容器、椭圆形容器和矩形容器
材料	钢制容器、非铁金属容器和非金属容器
安装方式	卧式容器和立式容器
制造方法	焊接、铸造、锻造容器
工作壁温	常温设备、中温设备、高温设备和低温设备
生产工艺过程中的作用	反应容器、换热容器、分离容器、储存容器
承压	压力容器、常压容器

下面主要介绍反应容器、换热容器、分离容器、储存容器和压力容器：

(1)反应容器。反应容器是用于完成介质化学反应的容器。按结构形式，反应容器可分为管式反应容器、釜式反应容器、塔式反应容器和喷射反应容器。按反应连续性，反应容器可分为间歇式、连续式和半连续式三类。按催化剂流动方式，反应容器可分为固定床反应器和流化床反应器。按反应过程中的换热状况，反应容器可分为等温反应容器、绝热反应容器和非等温非绝热反应容器。

(2)换热容器。换热容器是指用于完成介质的热量交换的容器，如管壳式余热锅炉、热交换器、冷却器、冷凝器、蒸发器、空冷式换热器和加热器等。

(3)分离容器。分离容器是指用于完成介质的流体压力平衡缓冲和气体净化分离的容器，如分离器、过滤器、集油器、缓冲器、洗涤器、吸收塔、干燥塔和汽提塔等。

(4)储存容器。储存容器是指用于储存或盛装气体、液体、液化气体和固体粒状松散物料等介质的容器，可分类为圆筒形容器、球形储罐、立式圆筒形储罐、气柜、料仓和矩形容器等。

圆筒形容器分为卧式容器和立式容器。

球形储罐主要用于储存容量较大且有一定压力的介质，如液氨、液化石油气、乙烯、天然气、城市煤气和压缩空气等。

立式圆筒形储罐按其罐顶结构可分类为固定顶储罐和浮顶储罐两类。固定顶储罐按罐顶的形式可分为锥顶储罐、拱顶储罐和网壳顶储罐；锥顶储罐按罐顶形式可分为自支撑锥顶和支撑锥顶两种。浮顶储罐按浮顶的形式可分为浮顶储罐（通常称外浮顶罐）和内浮顶储罐。浮顶储罐的浮顶是一个漂浮在储液面上的浮动顶盖，浮顶随储液液面上下浮动。内浮顶储罐是在固定顶储罐内部再加上一个浮动顶盖（通常称为内浮盘）。

气柜按结构形式可分为低压湿式气柜和干式储气柜。低压湿式气柜可按气柜的导轨形式和活动塔节节数分类；干式储气柜可分为曼式气柜（油密封）和威金斯型气柜（橡胶密封膜密封）。

料仓主要用于储存固体粒状松散物料，主要有钢制料仓和铝制料仓两类。

(5)压力容器。压力容器属于特种设备。根据《特种设备目录》，压力容器是指盛装气体或者液体，承载一定压力的密闭设备，其范围规定为最高工作压力大于或者等于 0.1 MPa（表压）的气体、液化气体和最高工作温度高于或者等于标准沸点的液体、容积大于或者等于 30 L 且内直径（非圆形截面指截面内边界最大几何尺寸）大于或者等于 150 mm 的固定式容器和移动式容器;盛装公称工作压力大于或者等于 0.2 MPa(表压),且压力与容积的乘积大于或者等于 1.0 MPa · L 的气体、液化气体和标准沸点等于或者低于 60 ℃液体的气瓶;氧舱。

链接

根据《特种设备目录》,压力容器划分为固定式压力容器、移动式压力容器、气瓶和氧舱。根据《固定式压力容器安全技术监察规程》,固定式压力容器的分类应当根据介质特征,按照要求选择分类图,再根据设计压力 P(单位 MPa)和容积 V(单位 m^3),标出坐标点,确定压力容器类别(Ⅰ类压力容器、Ⅱ类压力容器、Ⅲ类压力容器)。固定式压力容器按照在生产工艺过程中的作用原理,划分为反应压力容器(代号 R)、换热压力容器(代号 E)、分离压力容器(代号 S)、储存压力容器(代号 C,其中球罐代号 B)。

按容器的承压方式,压力容器可分为内压容器、外压容器和真空容器。根据压力等级,内压容器可分为低压容器、中压容器、高压容器和超高压容器,压力等级范围如表 1-14 所示。

表 1-14　内压容器分类及其压力等级范围　(单位:MPa)

分类方式	代号	压力等级范围
低压容器	L	$0.1 \leqslant P < 1.6$
中压容器	M	$1.6 \leqslant P < 10.0$
高压容器	H	$10.0 \leqslant P < 100.0$
超高压容器	U	$P \geqslant 100.0$

链接

根据《建设工程分类标准》,机电工程中的静置设备包括反应设备、塔设备、换热设备、分离设备、储存容器、其他设备等。

2. 石油化工动设备

石油化工动设备是指在石油化工生产装置中具有转动机构的工艺设备。常见的石油化工动设备主要有泵、压缩机、风机等。

(八)冶金设备

机电工程中的冶金设备包括烧结设备、炼焦及化学回收设备、耐火材料设备、炼铁设备、炼钢设备、轧钢设备、制氧设备、鼓风设备、煤气发生设备、其他设备等。

(九)建材设备

机电工程中的建材设备包括水泥设备、玻璃设备、陶瓷设备、耐火材料设备、新型建筑材料设备、无机非金属材料及制品设备、其他设备等。

(十)其他专用设备

随着技术的发展和节能环保要求的提高,目前发展和推广利用的专用设备主要包括风力发电设备、光伏发电设备、太阳能光热发电设备。

1. 风力发电设备

风力发电设备就是将风力所带的机械能转换为电能的设备。风力发电机组包括风力机和发电机两大部分,风力机将风能转换为机械能,发电机将机械能转换为电能。选用风力发电机组时应考虑额定功率和叶轮直径这两个较为重要的参数。

常见的风力发电机组的分类如下：

(1)按照桨叶数量分为单叶片、双叶片、三叶片和多叶片风力发电机组。

(2)按照风机接受风的方向分为上风向型和下风向型风力发电机组。

(3)按照风机旋转主轴的方向分为水平轴式和垂直轴式风力发电机组。

(4)按照功率传递的机械连接方式分为双馈式和直驱式风力发电机组。

(5)按照风叶的可调性分为定桨距和变桨距风力发电机组。

双馈式风力发电机组由叶轮(叶片、轮毂)、机舱、塔筒三大部分组成。机舱是风电机组最可能实现由机械能转换为电能的系统，它包括的子系统有机舱座、发电机系统、偏航系统、齿轮变速系统、制动系统、水冷/油冷系统、传动系统、控制与安全系统等。其工作原理是，叶轮通过多级齿轮增速箱驱动发电机，将齿轮箱传输到发电机主轴的机械能转化为电能，通过发电机定子、转子传送给电网。

直驱式风力发电机组是一种由风力直接驱动的发电机，也称为无齿轮风力发电机组。这种发电机组采用多级电机和叶轮直接连接进行驱动，省去了齿轮箱这一传统部件，主要由塔筒、叶轮、机舱、发电机(与轮毂直接连接)、测风系统、电控系统、防雷保护系统组成。其结构相对简单、维护成本更低。

链接

定桨距风电机组的叶片与轮毂连接是固定的，叶片的迎风角度不能改变。变桨距风电机组的叶片可以沿自身的轴心线旋转，其迎风角可在一定范围内变化，可以更加合理地捕获风能。

典型例题

【单选题】下列系统中，不属于直驱式风力发电机组成系统的是(　　)。

A. 变速系统　　B. 防雷系统

C. 测风系统　　D. 电控系统

A。**【解析】**直驱式风力发电机组中没有齿轮箱这一部件，因此不包含以齿轮为主的变速系统。

2. 光伏发电设备

光伏发电设备是指利用太阳电池的光生伏特效应，将太阳辐射能直接转换成电能的发电设备。与火力发电系统相比，光伏发电系统具有取之不尽、用之不竭，安全可靠、无污染、无噪声、无公害，不受地域资源分布限制，可利用建筑屋面，建设周期短，修建时无需输电线路，使用时无需消耗燃料等优点。但使用光伏板需占用较大面积，且光伏板制造不环保，发电效率受环境、气候条件影响大，发电成本高。

光伏发电系统的主要技术参数为发电功率。

光伏发电系统采用何种类型与建筑物的自身条件有直接的关系。光伏发电系统按是否接入公共电网可分为并网光伏发电系统和独立光伏发电系统。

(1)并网光伏发电系统。并网光伏发电就是太阳能组件产生的直流电经过并网逆变器转换成符合市电电网要求的交流电之后直接接入公共电网。其主要由太阳能电池组件、并网逆变器、变压器、公共电网和监控系统组成。并网光伏发电系统按接入并网点的不同可分为用户侧光伏发电系统和电网侧光伏发电系统。并网光伏发电系统适用于当地已存在公共电网的区域,并网光伏发电系统可将发出的电力直接送入公共电网,也可就地送入用户侧的供电系统,由用户直接消纳,不足部分再由公共电网作为补充。

(2)独立光伏发电系统。独立光伏发电系统也称离网光伏发电系统,一般应用于远离公共电网覆盖的区域,如山区、岛屿等边远地区,其安装容量(包括储能设备)需满足用电力负荷的需求。独立光伏发电系统主要由太阳能电池组件、控制器、蓄电池组成,若要为交流负载供电,还需要配置交流逆变器。

3. 太阳能光热发电设备

光热发电也称聚焦型太阳能热发电,即通过大量反射镜以聚焦方式将太阳能直射光聚集起来,加热工质并产生高温高压蒸汽,以此驱动汽轮机发电。太阳能光热发电站通常由集热系统、发电系统和储热系统三个主要系统组成。

光热发电系统利用太阳光的热量进行发电。在发电的同时,可以将多余的热能储存在储能容器中,在晚间或阴雨天时释放,能保证 24 h 连续稳定发电。光伏发电系统则是利用太阳能电池板吸收太阳光中的可见光形成光电子,产生电流发电,但这种发电方式易受天气影响,电力输出波动性大,易对电网产生冲击。与光伏发电系统相比,光热发电系统在连续发电、储能容量、储能成本、稳定性、安全性、环保性及寿命等方面具有优势。但其受地理位置、季节、气候等因素影响较大,集热所需场地要求平整度高且占地面积较大。

根据聚光方式的不同,光热发电系统可进一步分为点聚焦和线聚焦两大系统。其中,点聚焦系统主要包括塔式光热发电系统和碟式光热发电系统;线聚焦系统主要包括槽式光热发电系统和线性菲涅尔式光热发电系统。其中,塔式光热发电系统效率高、规模大。

三、电气工程设备的分类和性能

根据《建设工程分类标准》,电气工程可分为工业电气工程和建筑电气工程,下面主要学习工业电气工程设备。

(一)变压器

变压器是一种静止的电器设备,指转移电能而不改变其交流电源频率的静止的电能转换器。其主要作用是用于交流电输送时的电压或电流变换。

1. 变压器的结构及工作原理

变压器主要由铁心、绕组、绝缘以及辅助设备组成。铁心是变压器的磁路通道,多用两侧涂油、喷漆使片与片之间互相绝缘的,厚度为0.35~0.50 mm的硅钢片叠成。绕组是变压器的电路部分,由一定匝数的气包线绕制而成。与电源相连的绕组称作初级绕组,也称作一次绕组。与负载相连的绕组称作次级绕组,也称作二次绕组,或者副边绕组。

变压器是变换交流电压、交流电流和阻抗的设备,当初级线圈中通有交流电流时,铁心(或磁芯)中便产生交流磁通,从而使次级线圈中感应出电压(或电流),以达到转换电压(或电流)的作用。

2. 变压器的主要性能参数

变压器的种类很多,用途各不相同,其性能主要由变压器的各种参数决定。常见的变压器的性能参数有电压比、额定容量、额定功率、额定电压、工作频率、效率等。

3. 变压器的分类

变压器可按下列方式进行分类：

(1)按冷却介质不同，变压器可分为油浸式变压器、干式变压器、充气式变压器、充胶式变压器和填砂式变压器等。

(2)按冷却方式不同，变压器可分为干式(自冷)变压器、油浸(自冷)变压器、氟化物(蒸发冷却)变压器。

(二)配电装置

配电装置包括高压断路器、真空接触器、高压开关柜、互感器、电抗器、继电器等。

1. 高压断路器

高压断路器属于开关电器的一种，是指能接通、承载以及分断正常电路条件下的电流，而且在规定的异常电路(诸如短路电流)下，也能接通、承载一定时间和分断电流的机械开关电器。高压断路器是电力系统中的重要设备之一，其主要功能是控制输送电力负荷，保护和安全隔离电力设备及电力系统。

高压断路器具有灭弧的特性。根据灭弧介质的不同，高压断路器可以分为采用绝缘油作为灭弧介质的高压油断路器，采用高真空作为绝缘和灭弧介质的高压真空断路器，采用六氟化硫气体作为绝缘和灭弧介质的六氟化硫(SF_6)断路器。

典型例题

【单选题】SF_6断路器的灭弧介质和绝缘介质分别是(　　)。

A. 气体和液体　　B. 气体和气体

C. 液体和液体　　D. 液体和真空

B。【解析】SF_6断路器主要采用SF_6气体作为绝缘和灭弧介质。

2. 真空接触器

接触器属于控制电器的一种，用来自动接通或断开大电流电路。它可以频繁地接通或分断交直流电路，并可实现远距离控制。其主要控制对象是电动机，也可用于电热设备、电焊机、电容器组等其他负载。

3. 高压开关柜

高压开关柜是指用于电力系统发电、输电、配电、电能转换和消耗中起通断、控制或保护等作用的设备，由柜体和断路器两大部分组成，柜体由壳体、电器元件(包括绝缘件)、各种机构、二次端子及连线等组成。

4. 互感器

互感器是按比例变换电压或电流的设备。互感器的功能是将高电压或大电流按比例变换成标准低电压(100 V)或标准小电流(5 A或1 A，均指额定值)，以便实现测量仪表、保护设备及自动控制设备的标准化、小型化。互感器还可用以隔离高电压系统与仪表和人员，以保证人身和设备的安全。

提示

互感器不可以直接测量电流。

5. 电抗器

电抗器属于限流电器的一种，是依靠线圈的感抗阻碍电流变化的电器。其可以在电路发生短路时通过提高阻抗而限制短路电流，在一定程度上维持了母线电压水平的稳定，保证了非故障线路上的用户电气设备的正常运行。

6. 继电器

继电器属于控制电器的一种，是当输入量（激励量）的变化达到规定要求时，在电气输出电路中使被控量发生预定的阶跃变化的一种电器。继电器在电气安装工程中，有着广泛的应用，起着自动控制、调节、检测和保护电路的作用。

（三）电动机

电动机是一种将动能转化为机械能的设备，按工作电源可划分为直流电动机和交流电动机，详细分类如图 1-2 所示。

- 按照电源类型分类
  - 直流电动机
  - 交流电动机
    - 同步电动机
      - 永磁同步电动机
      - 磁阻同步电动机
      - 磁滞同步电动机
    - 异步电动机
      - 交流换向器电动机
        - 单相串励电动机
        - 交直流两用电动机
        - 排斥电动机
      - 感应电动机

图 1-2　电动机分类

直流电动机是依靠直流工作电压运行的电动机，具有良好的启动特性和调速特性，转矩比较大，维修比较便宜。但直流电动机制造比较贵，与异步电动机相比，直流电动机结构复杂，使用维护不方便。

交流异步电动机是领先交流电压运行的电动机，具有结构简单，制造、使用和维护方便，运行可靠以及质量较小，成本较低等优点。但由于异步电动机的转速与其旋转磁场转速有一定的转差关系，其调速性能较差（交流换向器电动机除外）。

第二节　机电工程专业技术

模块一　工程测量技术

一、工程测量的内容

根据《工程测量通用规范》，工程测量是指建设工程规划、设计、施工和使用中的测量活动，包括控制测量、现状测量、工程放样、变形监测以及相应的信息管理服务等。

机电工程中，工程测量的主要工作内容包括：

（1）设备安装前，进行测量放线，设备基础检查验收。

（2）各施工工序完成之后，应按测量技术标准进行测量质量控制，主要目的是检查工程各部位是否达到设计要求及使用标准的实际位置和高程。

(3)设备安装完毕后，为避免出现位移和沉降的影响，进行变形观测。同时做好变化记录和资料整理，作为检验工程质量的相关证据留存。

(4)交工验收阶段的测量检测。

(5)进行工程竣工测量并提交测量技术成果书。

通过上述工作内容，主要实现下列两个目的：

(1)安装定位。将机电安装工程中的设备、钢结构、管线等，按照设计图纸尺寸和位置通过测量手段设置到现场实际位置。

(2)变形监测。对监测对象的形状或位置变化进行监测，确定监测对象随时间的变化特征，并进行变形分析。变形监测包括沉降观测和倾斜观测两种。

二、工程测量仪器

(一)方向测量类仪器

1. 经纬仪

经纬仪是测量水平角和竖直角的测绘仪器。经纬仪包括基座、水平度盘和照准部三个部分。基座用来支撑整个仪器，水平度盘用来计量角度，照准部由望远镜、竖直度盘、水准管及读数装置等组成。

经纬仪包括光学经纬仪、电子经纬仪、激光经纬仪、陀螺经纬仪、矿山经纬仪等。其中，光学经纬仪的水平度盘和竖直度盘均由光学玻璃制成，用于测量纵、横轴线和垂直度的控制测量等；激光经纬仪是将激光器发射的激光束导入经纬仪的望远镜筒内，使其沿视准轴方向射出，可以此激光束为准进行定线、定位和测设角度、坡度，以及大型构件装配的划线放样等。

2. 激光准直仪

激光准直仪装有激光发射器，利用激光束方向性好、发散角小、亮度高、红色可见等优点，形成一条鲜明的准直线，作为定向定位的依据。其主要用于建筑物、矿井、电梯竖井等的准直测量。激光准直仪也可以用于像风力发电塔这样的高塔体、高塔架在安装过程中同心度的测量控制。

3. 激光导向仪

激光导向仪是以激光光束作为准线控制施工机械(如掘进机)前进方向的仪器，由激光发射系统和光电接收靶组成。作业时在施工中线或其平行线上安装激光导向仪，在施工机械上安装光电接收靶，当其运动偏离激光准线时，该接收靶能够自动跟踪、校正施工机械的运动方向，并使其沿着激光束准线的方向前进。

(二)长度测量类仪器

1. 测距仪

相对带尺而言直接测量距离的仪器统称测距仪。如早期的视距经纬仪、视差法测距仪(尺)，现代的电磁波测距仪都是测距仪。

测距仪包括电磁波测距仪、红外测距仪、激光测距仪等。其中，电磁波测距仪是采用电磁波为载波的测量距离的仪器，按测距原理可分为脉冲法测距仪和相位法测距仪，采用相位法测距的仪器测程短、精度高，常用于工程测量。

2. 伸缩仪和激光干涉仪

伸缩仪主要用于固体潮、地震预测中的地壳形变和某些工程中水平距离相对变化的观测。一般分为棒状伸缩仪、弦线伸缩仪和激光干涉伸缩仪三类。

激光干涉仪是以气体激光器的工作波长作为长度基准(尺子),按光的干涉原理,用相位的变化度量长度和位移。

(三)高差测量类仪器

1. 水准仪

水准仪是根据水准测量原理测量地面两点间高差的仪器,主要由望远镜、水准器(或补偿器)和基座等部件组成。水准仪广泛应用于控制、地形和施工放样等测量工作。

链接

常用于设备安装标高控制的测量仪器是水准仪。此外,水准仪还常用于设备基础沉降观测和标高基准点的测设。

水准仪包括自动安平水准仪、数字水准仪、激光水准仪等。其中,自动安平水准仪是在一定的竖轴倾斜范围内,通过补偿器自动安平望远镜视准轴的水准仪;数字水准仪是应用数字影像技术测求条码水准标尺读数的水准仪;激光水准仪是带有激光指向装置的水准仪。

2. 激光扫平仪

激光扫平仪是一种用于建筑施工的多功能激光测量仪器,其铅直光束通过五棱镜转为水平光束,微电机带动五棱镜旋转,水平光束扫描,给出激光水平面。其适用于提升施工的滑模平台、网形屋架的水平控制和大面积混凝土楼板支模、灌筑及抄平工作,精确方便、省力省工。

3. 倾斜仪

倾斜仪是用来测量被观测体随时间的倾斜变化及铅垂线随时间变化的仪器。仪器中感应倾斜变量的检测器是摆,有铅垂摆、水平摆、交叉摆及水准器、连通管等多种形式。摆分为摆基座和摆体两部分,一旦摆基座出现倾斜,或铅垂线发生变化,就会引起摆体的角位移,仪器的量测系统就将这一角位移检测和记录下来。

(四)三维测量类仪器

1. 接收机

GNSS 测量型接收机是指接收全球导航卫星系统(GNSS)卫星信号,主要用于测量地面点空间位置的仪器。

单频 GNSS 接收机是指只能接收一个(L1)载波信号,测定载波相位观测值进行定位的 GNSS 接收机。双频 GNSS 接收机是指可以同时接收两个(L1、L2)载波信号的 GNSS 接收机。

2. 全站仪

全站仪即全站型电子速测仪的简称,是指同时具有测量水平角、竖直角、距离以及数据处理和存储等功能的测绘仪器。全站仪主要由电子测角系统、电子测距系统、数据存储系统、自动补偿设备,以及进行计算、产生指令的微处理机等组成。全站仪是测量结果能自动显示,并能与外围设备交换信息的多功能三维坐标测量仪器。目前商家推出各种类型的全站仪较多,新型的全站仪正向智能化方向发展。

三、工程测量的原则、程序和特点

（一）基本原则

工程测量在布局上是“由整体到局部”，在测量次序上是“先控制后细部”，在测量精度上是“从高级到低级”。这就是工程测量应遵循的基本原则。

（二）基本程序

工程测量贯穿于整个施工过程。机电工程测量的基本程序是首先确定永久基准点和基准线，再划定纵横中心线，然后设置标高基准点和沉降观测点，点位设置好之后再进行安装过程的测量及控制，最后进行实测记录。

提示

机电工程测量的基本程序的记忆口诀如下：集（确定永久基准点和线）中（划定纵横中心线）高（设置标高基准点）官（设置沉降观测点）的果（安装过程的测量及控制）实（实测记录）。

（三）基本特点

与常规工程测量相比，机电工程测量具有下列显著的特点：

（1）机电工程项目工期长、施工过程复杂，且现场测量工作受施工环境条件变化和人为因素（施工损坏监测点等）的影响或制约大，测量标志容易遭到破坏，影响测量工作的正常开展。为了减小上述影响，保证测量工作正常开展，测量标志必须埋设在不易被损坏的位置。

（2）机电工程的测量精度要求高于土建工程，少数安装设备的标高点、中心线要求必须无偏差。

（3）工程测量工序与工程施工工序紧密相关，施工过程中两者应密切配合，只有了解施工工序内容和现场情况的变化，才能保证测量工作的高效、高质量开展。

（4）机电工程的测量应随施工随测量，贯穿于工程施工全过程。

提示

历年考试会考查机电工程测量的基本特点。

四、工程测量的要求与方法

（一）总体要求

根据《工程测量标准》，工程测量的总体要求如下：

（1）工程测量应做到技术先进、经济合理，使工程测量成果满足质量可靠、安全适用的原则。

（2）工程测量使用的计量器具，应加强使用管理、制定相应的规章制度、按规定周期进行检定。使用的软件，应通过测试或验证。

（3）对工程中所引用的测量成果资料，应进行检核。对工程中所引用的测量成果资料进行严格的检核，是工程测量作业的一项必要环节和重要工作内容。

（4）各类工程的测量工作，应符合国家现行有关标准的规定。

（二）平面控制测量

平面控制网可按精度划分为等与级两种规格，由高向低依次宜为二、三、四等和一、二、三级。平面控制网的建立，可采用卫星定位测量、导线测量、三角形网测量等方法。

卫星定位测量可用于二、三、四等和一、二级控制网的建立；导线测量可用于三、四等和一、二、三级控制网的建立；三角形网测量可用于二、三、四等和一、二级控制网的建立。

平面控制网的布设应符合下列规定：

(1)首级控制网的布设应因地制宜且兼顾网的拓展；当与国家坐标系统联测时，还应统筹联测方案。

(2)首级控制网的等级应根据工程规模、控制网的用途和精度要求确定。

(3)加密控制网可越级布设或同等级扩展。

链接

建筑物施工平面控制网的建立应符合下列规定：控制点应选在相互通视的稳固地段，便于观测、保存、施工放样的地方；控制网加密的指示桩宜选在建筑物行列线或主要设备中心线方向上；主要的控制网点和主要设备中心线端点应埋设固定标桩。

施工中，高程控制点标石不能保存时，应将控制点高程引测至稳固的建（构）筑物上，引测的精度不应低于原控制点的精度等级。

（三）高程控制测量

高程控制测量是指确定高程控制点高程值的技术。高程是指地面点至高程基准面的铅垂距离。高程测量的方法包括水准测量、三角高程测量、电磁波测距三角高程测量、流体静力水准测量、气压高程测量、卫星定位高程测量等。

1. 一般规定

测区的高程系统宜采用1985国家高程基准。在已有高程控制网的地区测量时，可沿用原有的高程系统；小测区不具备联测条件时，也可采用假定高程系统。

专家解读

1985国家高程基准是指采用青岛水准原点和根据青岛验潮站1952年到1979年的验潮数据确定的黄海平均海水面所定义的高程基准。也就是说黄海平均海水面的海拔高度为“绝对±0.000”，此为绝对高程。与绝对高程相对应的是相对高程，如钢结构厂房中钢构件的安装标高是相对于厂房地面计算得到的，因此为相对高程。

高程控制点间的距离，一般地区应为1～3 km，工业厂区、城镇建筑区宜小于1 km。一个测区至少应有3个高程控制点。

2. 水准测量

水准测量是指用水准仪和水准尺测定两点间高差的方法。水准测量的原理是根据水准仪提供的水平面，在距水准仪相等的两立尺点上，沿铅垂线所截取的长度之差，即为该两点间的高差。水准测量原理示意图如图1-3所示。

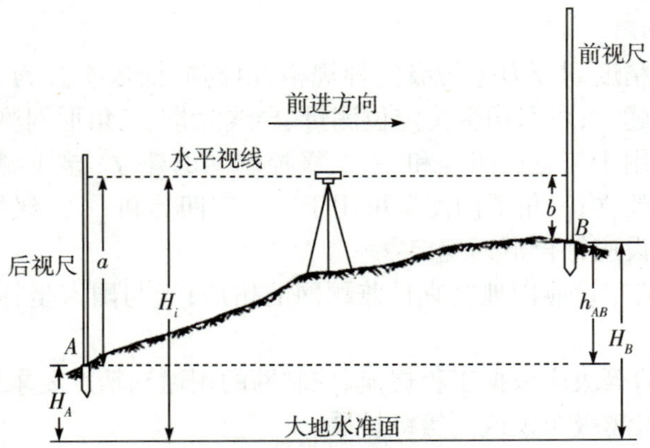

图 1-3　水准测量原理示意图

根据水准测量测得的高差，再结合已知点的高程，即推求未知点的高程。具体方法如下：

（1）高差法。计算式：$H_B = H_A + (a - b)$。高差法用于高程的联标测量，用来完成测绘任务。

（2）仪高法。计算式：$H_B = (H_A + a) - b$。仪高法用于地面上定位点的高程放样。

水准测量是高程测量的主要方法，主要用于建立各等级的高程控制网、建（构）筑物或地面的沉降观测及施工测量等工作。

水准点的布设与埋石应符合下列规定：

（1）点位应选在稳固地段或稳定的建筑物上，并应方便寻找、保存和引测；采用数字水仪作业时，水准路线还应避开电磁场的干扰。

（2）宜采用水准标石，也可采用墙水准点；标志及标石的埋设应符合规定。

（3）埋设完成后，二、三等点应绘制点之记，四等及以下控制点可根据工程需要确定，必要时还应设置指示桩。

水准观测应在标石埋设稳定后进行。水准观测宜采用数字水准仪和条形码水准尺作业，也可采用光学水准仪和线条式因瓦尺或黑红面水准尺作业。

两次观测高差较差超限时应重测。重测后，二等水准应选取两次异向观测的合格结果，其他等级应将重测结果与原测结果分别比较，较差不超过限值时，应取两次测量结果的平均数。

3. 三角高程测量

三角高程测量是指通过两点间的距离和垂直角（或天顶距），利用三角公式推求其高差，确定待定点高程的技术和方法。

三角高程测量包括经纬仪三角高程测量和电磁波测距三角高程测量两种，此方法适宜在山区和丘陵地区应用。目前经纬仪三角高程测量方法已很少使用。电磁波测距三角高程测量是在电磁波测距仪出现之后确定地面点高程的一种方法，和传统的经纬仪三角高程测量的主要区别之一是直接测定了两点间的距离。电磁波测距三角高程测量分为中点单觇法和直反觇法两种，中点单觇法在削弱大气垂直折光影响有显著的优势。

三角高程测量需要的测量仪器有经纬仪、全站仪和测距仪。采用三角高程测量方法测量时，影响测量精度的因素有垂直角误差、大气垂直折光误差、仪器高误差、视标高误差和距离误差。

典型例题

【多选题】采用三角高程测量方法测量时,影响测量精度的因素有(   )。

A. 垂直角误差　　B. 大气垂直折光误差
C. 仪器高误差　　D. 大气压力变化误差
E. 视标高误差

ABCE。【解析】解析参见上文。

4. 流体静力水准测量

静力水准测量目前有连通管式静力水准和压力式静力水准两种装置。目前在用的静力水准测量系统多为连通管式静力水准,其利用相连容器中静止液面在重力作用下保持同一水平这一特征来测量各监测点间的高差。各监测点间的液体通过管路连通,俗称连通管法,其特点是各个容器中的液体是连通的,存在液体流动和交换。压力式静力水准系统是近年才出现的,其容器间的液体被金属膜片分断,不存在液体间的相互交换,通过压力传感器测量金属膜片压力差的变化可计算监测点间的高差。

静力水准测量具有结构简单、精度高、稳定性好、无须通视等特点,易于实现自动化沉降测量。静力水准测量系统一般采用在监测点上固定安装的方式,在轨道交通、大坝、大型建筑底板等建筑结构的差异沉降观测中有较广泛的应用。在大型设备安装的沉降观测中,也可使用。

5. 气压高程测量

地球外层空间的大气受着地面上各种物理要素(如气压、热、重力、湿度等)的作用,因而在不同高程的地面点上,产生了不同的大气压力,这种压力在总的趋向上来说是随着地面点高程的增高而逐渐变小的。由此衍生出了气压高程测量方法。气压高程测量是指用气压计,依据大气压力随高程变化的规律,进行高程测量的一种方法。

气压高程测量的特点如下:

(1)测量方法简便。

(2)不需要点与点之间通视,也不需要点与点之间有较平缓的地势就可直接测定二点的高差,或点的高程。

(3)一般来说,它也不受高程限制。

(4)测量精度低于水准测量和三角高程测量。

气压高程测量是一种方便、迅速又经济的高程测量方法,主要用于高差较大的丘陵地和山区的勘测工作。通常用空盒气压计和水银气压计,前者便于携带,多用于野外作业,后者常用于固定测站或检验前者。

6. 卫星定位高程测量

卫星定位测量是指利用两台或两台以上卫星定位接收机同时接收多颗导航定位卫星信号,确定地面点相对位置的技术。GPS 测量是卫星定位测量的一种,特指利用美国全球导航卫星定位系统所进行的测量。

卫星定位高程测量可适用于五等高程测量。若需采用卫星定位技术进行更高等级的高程测量,特别是较大区域范围的高程测量或跨河高程传递,则应进行专项设计与论证,并应符合高程精度的相关要求。

卫星定位高程测量作业宜与平面控制测量一起进行。

（四）线路测量

线路的平面控制宜采用卫星定位测量或导线测量方法，并应沿线路布设。线路的高程控制宜采用水准测量、电磁波测距三角高程测量或卫星定位高程测量方法，并应沿线路布设。

1. 架空索道测量

架空索道的平面控制测量可采用卫星定位测量方法，也可采用导线测量方法。

架空索道的起点、终点、转点和方向点的高程测量，可采用图根水准测量或图根电磁波测距三角高程测量的方法。

2. 架空输电线路测量

定线测量应符合下列规定：

（1）定线测量可采用直接定线或间接定线。直接定线可采用RTK法、全站仪水平角测量或正倒镜分中法；间接定线可采用全站仪导线法。

（2）定线桩之间距离测量和高差测量可采用RTK或全站仪两测回观测，全站仪还可采用对向观测各一测回或同向变换棱镜高度观测两测回。

（3）当边长超过400 m时，全站仪测距应进行大气折光系数改正和地球曲率改正。

在定位过程中，应进行下列校测：有危险影响的中线、边线、横断面等；主要交叉跨越的位置、高程、交叉角等；线路的直线偏离度和转角度数等；检查主要地物是否遗漏，若有遗漏应补测。

长距离输电线路钢（铁）塔架基础施工测量应符合下列要求：

（1）应根据沿途实际情况以及起点、转折点和终点测设钢（铁）塔架基础中心桩。应根据中心桩采用十字线法或平行线法测定控制桩，即在中心桩位置沿中线和中线垂直方向打四个定位桩或在中心桩一侧测设一条与中心线相平行的轴线，以此来测定控制桩。

（2）可采用钢尺量距的矩形法、等腰三角形法。钢尺量距应往返进行，丈量长度适宜于20～80 m，当丈量长度小于20 m或大于80 m时，应适当提高测量精度。

（3）一段架空线路的测量视距长度不宜超过400 m。当长度超过400 m时，全站仪测距应进行大气折光系数改正和地球曲率改正。

（4）大跨越档距之间测量，通常采用电磁波测距法或解析法测量。在一般情况下，采用电磁波测距法或解析法就能满足测距相对误差的要求。

（五）地下管线测量

地下管线分为地下管道和地下电缆两类，不包括地下人防巷道。地下管道有给水、排水、燃气、热力和工业管道，其中排水管道再分为雨水、污水及雨污合流管道；工业管道主要包括油管、化工管、通风管、压缩空气、氧气、氮气、氯气和二氧化碳等管道；地下电缆有电力和电信，其中电信包括电话、广播、有线电视和各种光缆等。

地下管线测量的内容宜包括查明地下管线的种类、平面位置、走向、埋深或高程、规格、性质、材质等，编绘地下管线图应根据需要建立地下管线信息管理系统。

地下管线探查时，管线点的位置应设置在管线的起止点、转折点、分支点、变径处、变坡处、交叉点、变材点、出（入）地口、附属设施中心点等特征点上。起止点、转折点在管道中心定位测量中被称为管道的主点。

提示

管道的主点的考查频率较高，需要重点关注。

地下管道施工测量应注意下列几点要求：

（1）各种地下管线应在回填土前测出起点、终点、交点和井位的坐标及管顶高程。

（2）地下管线细部点坐标和高程测算完成后，应编制打印管线成果表，宜包括管线点号、种类、规格、材质、权属单位、埋深及管线点的坐标、高程等，并绘制地下管线竣工成果图。

（六）机械设备安装测量

设备安装测量，主要指大型设备的整体安装测量，以校核和测定设备基础中心线和基础标高为主要测量内容。

1. 单体设备安装测量

单机设备应根据建筑结构的主要柱基中心线，按设计图纸提供的坐标位置，测量出设备基础中心线，并应将纵横中心线固定在中心标板上或用墨线划在基础上，作为安装基准线。中心标板可以埋设在基础表面、跨越沟道的凹下处、基础边缘等位置。在设备基础附近方便测量的地方引测土建施工提供的标高基准点作为基础，在设备基础上埋设铆钉等金属件作为设备安装标高基准点。中心标板和设备安装标高基准点可以在浇筑基础混凝土时配合土建施工同时埋设，也可以在基础上预留孔洞后期埋设。

设备安装测量的主要技术要求应符合下列规定：

（1）设备基础竣工中心线应进行复测，两次测量的较差不应大于 5 mm。

（2）对于埋设有中心标板的设备基础，中心线应由竣工中心线引测，同一中心标点的偏差不应超过 ±1 mm；纵横中心线应进行正交度的检查，并应调整横向中心线；同一设备基准中心线的平行偏差或同一生产系统的中心线的直线度应小于 ±1 mm。

（3）每组设备基础应设立临时标高控制点。普通设备基础的标高偏差应小于 ±2 mm，与传动装置有联系的设备基础的相邻两标高控制点标高偏差应小于 ±1 mm。

2. 大型连续生产设备安装设备

设备安装前应确定纵向和横向基准线（中心线）和基准点（标高点）作为设备定位的依据。

平面安装基准线一般都是直线，根据两点决定一直线法则，只要定出两个基准中心点，就构成一条基准线。平面安装基准线最少不少于纵横两条。

链接

设备安装基准线是要根据施工图纸，按建筑物的定位轴线来确定设备的纵横中心线。平面安装基准线采用经纬仪和检定钢尺进行测定，经纬仪是测量仪器，钢尺是工具。

设备标高基准点一般有两种：

（1）简单的标高基准点作为独立设备安装基准点。可在设备基础或附近墙、柱上适当部位处分别用油漆画上标记，然后根据附近水准点（或其他标高起点）用水准仪测出各标记具体数值，并标明在标记附近。

（2）预埋标高基准点。在连续生产线上安装设备时，应用钢制预埋标高基准点，可用铆钉牢固地埋设在基础表面（应在靠近基础边缘处，不能在设备下面）。

设备标高基准点埋设位置距离被测设备上有关测点越近越好，并且应在容易测量的地方。相邻安装基准点高差的误差应在 0.5 mm 以内。

在连续生产的设备基础，沉降观测采用二等水准测量方法。对于埋设在基础上的基准点，在埋设之后就开始第一次观测，随后在设备安装期间应连续进行。连续生产线上的安装基准点应进行定期观测（一般每周观测一次），独立设备的基准点，沉降观测由安装工艺设计确定。

模块二 起重技术

一、起重机械的分类和基本参数

（一）起重机械的分类

根据《起重机械分类》，起重机械按其功能和结构特点分轻小型起重设备、起重机、升降机、工作平台、机械式停车设备五类，如图1-4所示。

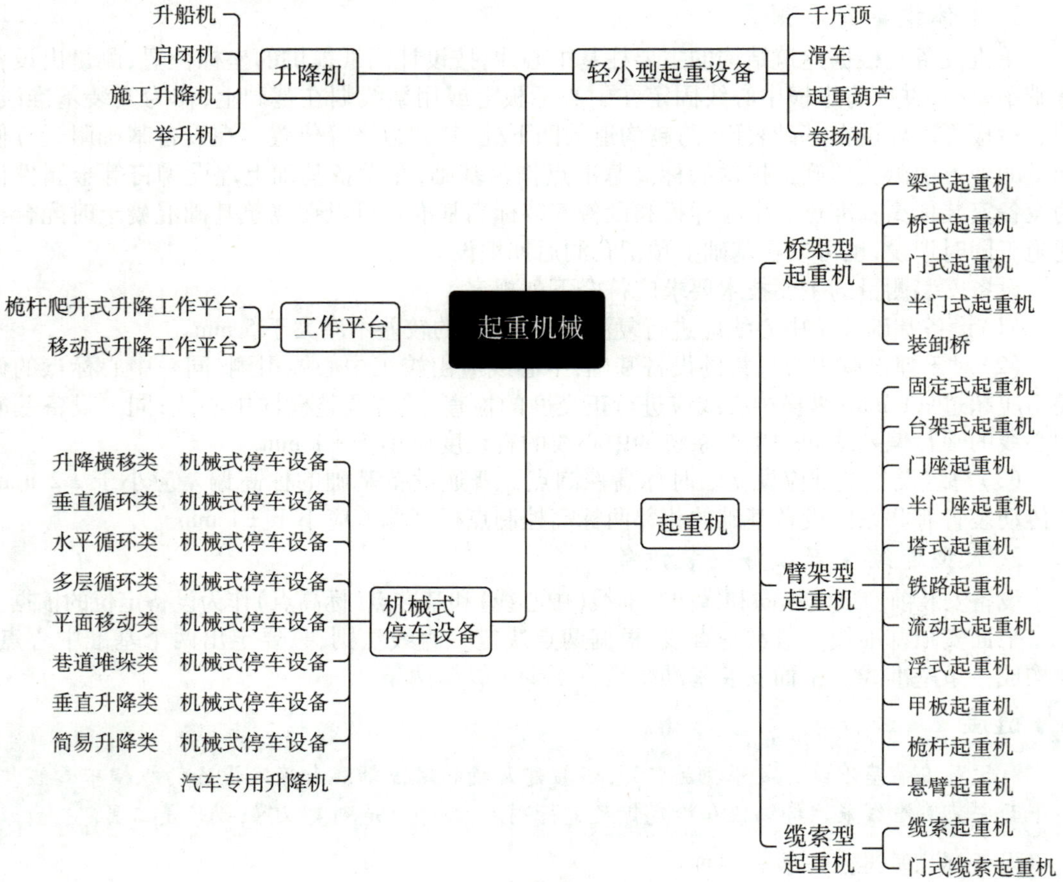

图1-4 起重机械的分类

（二）起重机械的基本参数

此处主要介绍起重机的基本参数。

1. 额定起重量

额定起重量是指在正常工作条件下，对于给定的起重机类型和载荷位置，起重机设计能起升的最大净起重量。

链接

当采用双机抬吊时，宜选用同类型或性能相近的起重机，负载分配应合理，单机载荷不得超过额定起重量的80%。若是采用两台流动式起重机抬吊，则其单机载荷不得超过额定起重量的75%。

2. 最大工作半径

最大工作半径即最大工作幅度，是指起重机回转中心与吊钩中心之间的最大水平距离。

3. 最大起升高度

最大起升高度是指起重机支承面至取物装置最高工作位置之间的垂直距离。起重机的起升高度应满足：$H \geqslant h_1 + h_2 + h_3 + h_4$，如图1-5所示。式中，$H$为起重机的起升高度；$h_1$为从停机面算起至安装支座表面的高度(m)；$h_2$为安装间隙(不小于0.2 m)；$h_3$为构件吊起后底面至绑扎点的距离(m)；$h_4$为索具高度(m)，自绑扎点至吊钩中心距离。

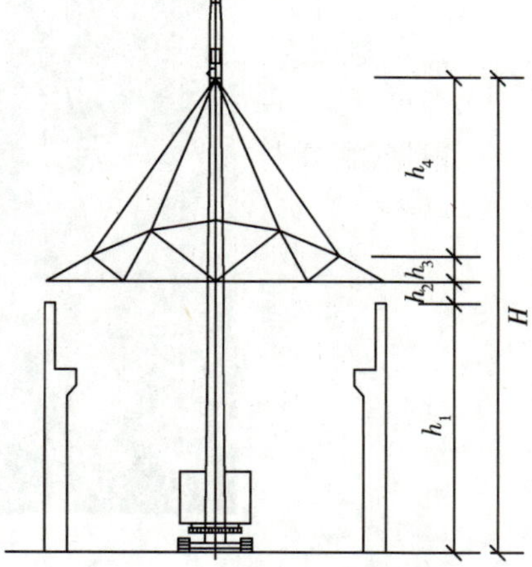

图1-5　起升高度

4. 吊装荷载

吊装荷载是指设备、吊钩组件、吊索、吊具及其他附件等质量的总和。其中，设备的质量应包含加固、吊耳等结构的质量。对于某些类型的起重机，从起重臂架头部垂下的起升钢丝绳的质量也包括在吊装荷载内。

起重机计算荷载的一般公式为$Q_j = K_1 \times K_2 \times Q$，式中，$Q_j$为计算荷载；$K_1$为动荷载系数；$K_2$为不均衡荷载系数；$Q$为分配到一台起重机的吊装荷载。

专家解读

动载荷随起重机的提升速度的增大而增加，在计算吊装荷载时应考虑动荷载系数。吊车起升速度在5 m/s以下时，动载系数宜取1.05～1.15，吊车起升速度在超过5～10 m/s时，宜取1.2～1.3。通常为方便计算，动载系数取1.1。

在吊物实际重心位置偏离设计计算重心位置产生不均衡荷载的情况下，以及吊物多吊点和多台吊车协作作业中出现不同步产生不均衡荷载的情况下，需要考虑不均衡系数的影响。不均衡系数一般取1.1～1.25。

二、常用起重机及起重机的选用

(一) 桥式起重机

桥式起重机是横架于车间、仓库和料场上空进行物料吊运的起重设备。由于它的两端坐落在高大的水泥柱或者金属支架上，形状似桥，所以又称“天车”或者“行车”。其吊装方式多为单机吊装和双机抬吊。桥式起重机的吊装能力一般为3～1 000 t，跨度3～150 m。其优点是工作范围大、生产效率高；缺点是操作难度大、吊运过程复杂且危险。

(二) 塔式起重机

塔式起重机是指工作状态时其臂架位于保持基本垂直的塔身的顶部，由动力驱动的回转臂架型起重机。塔式起重机主要由塔身、起重臂、塔帽、平衡臂四大部分组成。其吊装方式多为单机吊装和双机抬吊。塔式起重机的吊装能力一般为3～100 t，臂长40～80 m。其优点包括机动性好、转移迅速、可靠性及可维修性好，运行费用较低；缺点包括机体较大、拆装费时费力，转移费用较高，短期使用不经济，起重量较小，使用时对基础的要求较高，只能在固定地点使用等。塔式起重机多用于高层建筑工地的材料、构件、设备的吊装。塔式起重机示意图如图 1-6 所示。

图 1-6 塔式起重机示意图

(三)流动式起重机

流动式起重机是最常用的一种起重机械。流动式起重机是指可以配置立柱(塔柱),能在带载或不带载情况下沿无轨路面运行,且依靠自重保持稳定的臂架型起重机。流动式起重机一般由动力装置、工作机构(行驶机构)、金属结构、传动与控制系统组成。

1. 流动式起重机的特性

流动式起重机具有机动性好、行驶方便、适用范围广等优点,但在施工时受施工现场的道路和场地的限制,要求道路和场地具有足够的承载能力,且运行费用较高。流动式起重机多用于吊装周期短的质量大的设备和材料的吊装。

专家解读

流动式起重机要求道路和场地具有足够的承载能力,即站位及行走地基的地耐力值应满足起重机吊装作业承载要求。

设备吊装作业地面应参考项目所在地地质资料,依据吊装区域地面实际地耐力检测结果,当地耐力不能满足时应采取地基处理措施。设备吊装常用的地基处理方法有碾压法、换填法、强夯法(强夯置换法)、桩基法等。常用的地耐力检测方法有浅层平板测试仪法和压重法。

常见的流动式起重机有两种,如表 1-15 所示。

表 1-15 常见的流动式起重机

类型	内容
汽车式起重机	汽车式起重机为轮式起重机中最常用的一种。其吊装方式灵活,多为单机吊装、双机抬吊、多机吊装等。汽车式起重机(液压式伸缩臂)的吊装能力一般为 8～1 200 t,跨度 27～120 m,采用通用或专用汽车底盘,可按汽车原有的速度行驶,能快速转移(速度可达 60 km/h)。其具有吊装速度快、效率高、工作性能灵活、转移快等优点,但缺点是吊重时必须有支腿,不能载荷行驶,不适合松软或泥泞地面作业,也不可 360°全回转吊装。汽车式起重机多用于流动性较大的施工单位或临时分散的工地,以及露天装卸作业

（续表）

类型	内容
履带式起重机	履带式起重机的吊装能力一般为 30～4 000 t，跨度 39～190 m。其具有操作灵活、爬坡能力大、越野性能好、行驶方便、能 360°全回转等优点，对地耐力要求不高，臂杆也可以接长或更换。但其行驶速度相对于汽车式起重机慢，行驶时对道路破坏性大，在转移距离较长时需用平板拖车装运。因此，履带式起重机多用于比较固定、地面及道路条件较差的工业厂房施工

2. 流动式起重机的选用及要求

流动式起重机的选择应满足其特性曲线的要求，同时满足起重量、起重高度、工作半径的要求，同时起重臂的最小杆长应满足跨越障碍物进行起吊时的操作要求。

专家解读

反映流动式起重机的起重能力（Q）随臂长、工作幅度（R）的变化而变化的规律和反映流动式起重机的最大起升高度（H）随臂长、幅度变化而变化的规律的曲线称为起重机的特性曲线。目前一些大型起重机上，为了更方便，其特性曲线往往被量化成表格形式，称为特性曲线表。每台起重机都有其自身的特性曲线，不能换用，即使起重机型号相同也不允许换用。它是选用流动式起重机的依据。

规定起重机在各种工作状态下允许吊装荷载的曲线，称为起重量特性曲线，它考虑了起重机的整体抗倾覆能力、起重臂的稳定性和各种机构的承载能力等因素。

流动式起重机的选用，一般遵循下列步骤：确定流动式起重机的站车位置→确定流动式起重机的臂长→确定流动式起重机的额定起重量→比较额定起重量与计算荷载→计算吊装安全距离。若流动式起重机的额定起重量大于计算荷载，且吊装安全距离也符合要求，则流动式起重机选择合格。

不同步骤需考虑的因素也不同，具体如下：

（1）确定流动式起重机的站车位置，需考虑的因素有现场情况、被吊装构件或设备的位置。

（2）确定流动式起重机的臂长，需考虑的因素有设备尺寸、设备就位高度、吊索高度、流动式起重机工作幅度。

（3）确定流动式起重机的额定起重量，需考虑的因素有流动式起重机的工作幅度、流动式起重机的臂长。

（四）桅杆起重机

桅杆起重机是指其臂架铰接在上下两端均有支承的垂直桅杆下部的回转起重机。桅杆式起重机由桅杆本体、起升系统、稳定系统、动力系统组成。桅杆本体包括桅杆、基座及其附件。起升系统主要由滑轮组、导向轮和钢丝绳等组成。稳定系统主要包括缆风绳、地锚等。动力系统主要是电动卷扬机，也有采用液压装置的。桅杆起重机具有制作简单、装拆方便、起重量大、受地形限制小、运行费用少等优点；也具有服务半径小、移动较困难、需要拉设较多的缆风绳等缺点。桅杆起重机多用于其他起重机械无法做到的一些特殊结构和设备的安装。

三、常用起重设备的使用要求

（一）滑轮组的使用要求

滑轮是一种结构简单、携带方便的起重工具。由滑轮联合成的滑轮组，配合卷扬机、起重桅杆和其他起重机械，广泛应用于起重吊装作业中。滑轮组由一定数量的定滑轮、动滑轮及绳索组成，其规格和形式种类很多，H 系列滑轮组多用于起重吊装作业中。

滑轮组的穿绳方法是十分重要的，如穿绳方法错误，滑轮架就有可能歪斜，工作也不平稳。常用的穿绳方法包括顺穿法（普通穿法），适用于 3 对以下；花穿法，适用于 4 ~ 6 对；双跑头顺穿法，适用于 7 对以上。

在实际吊装作业中，由于钢丝绳有一定刚性，滑轮轴承也存在摩擦阻力。因此，滑轮组的跑绳拉力与摩擦阻力等因素有关。滑轮组跑绳的固定端拉力最小，拉出端拉力最大。

（二）卷扬机的使用要求

建筑卷扬机是指在建筑和安装工程中使用的由电动机通过传动装置驱动带有钢丝绳的卷筒来实现载荷移动的机械设备。

卷扬机按形式分为单卷筒卷扬机、双卷筒卷扬机，按速度分为快速卷扬机（额定速度大于 25 m/min 的卷扬机）、慢速卷扬机（额定速度小于或等于 25 m/min 的卷扬机），按动力方式分为手动卷扬机、电动卷扬机、液压卷扬机。手动卷扬机不得用于大型构件吊装，大型构件的吊装应采用电动卷扬机。

卷扬机的选用一般需考虑容绳量、工作速度、额定牵引拉力等技术参数。容绳量是指卷筒允许容纳的钢丝绳工作长度最大值。工作速度是指卷筒卷入钢丝绳的速度。额定牵引拉力是指卷扬机牵引的能力，决定钢丝绳牵引速度的快慢。

链接

卷扬机对于不同直径钢丝绳的容绳量不是相同的，都是有规定标准值的。实际使用过程中，如果钢丝绳直径与规定标准值的直径不同，应对容绳量进行计算和校核。

典型例题

【单选题】关于卷扬机卷筒容绳量的说法，正确的是（　　）。

A. 卷筒允许容纳的钢丝绳工作长度最大值

B. 卷筒允许容纳的钢丝绳最多缠绕匝数

C. 卷筒允许使用的钢丝绳直径范围

D. 卷筒允许缠绕的钢丝绳最大长度

A。【解析】卷扬机的容绳量是指卷筒允许容纳的钢丝绳工作长度最大值。卷扬机的容绳量是卷扬机选用应考虑的技术参数之一。

（三）液压提升装置的使用要求

液压提升系统宜采用柔性钢绞线承重，由提升油缸、泵站、传感检测及计算机控制系统组成。

提升油缸宜用穿芯式油缸，内置一束钢绞线承载，由上锚具油缸、下锚具油缸和主油缸三部分组成。锚具夹片规格应与钢绞线的规格相对应。

液压泵站是独立的液压装置，它是由泵装置、集成块或阀组合、油箱、电气控制箱组合而成的。液压泵站配置应满足提升速度和提升能力的要求。

四、起重吊具的分类和使用要求

（一）起重吊具的分类

根据《起重吊具　分类》，起重吊具是指在起重机械作业中，用于吊运物品的装置。起重吊具的分类如表 1-16 所示。

表 1-16　起重吊具的分类

分类方式	名称	定义
按照与起重机械的连接方式	可分吊具	能够方便地从起重机械上拆下的起重吊具
	固定吊具	能吊挂净起重量，并永久固定在起重挠性件下端的起重吊具
按照取物方式	夹持类起重吊具	通过吊具夹持部分对被吊物品侧面施加正压力，由正压力的作用效果克服被吊物品重力的起重吊具
	吊挂类起重吊具	通过悬挂方式支撑被吊物品，且被吊物品质心位于吊具与被吊物品受力面下方的起重吊具
	托叉类起重吊具	通过货叉叉取载荷或通过托架支撑载荷，且载荷支撑点在货叉或托架上
	吸附类起重吊具	通过真空负压或磁力吸持被吊物品的起重吊具
	抓斗	依靠斗瓣的闭合和张开，抓取和卸出物料的起重吊具
	上述种类的组合	—

提示

起重吊具按照取物方式分类的记忆诀窍如下：持（夹持类）叉（托叉类）吊（吊挂类）抓（抓斗）戏（吸附类）子（上述种类的组合）。

（二）吊耳的分类和使用要求

吊耳是指安装在设备上用于提升设备的吊点结构。设备吊耳应包括吊盖式吊耳、管轴式吊耳和板式吊耳。设备吊耳宜与设备制造同步完成。吊耳的结构形式应根据设备的特点及吊装工艺确定，反应器类设备主吊耳宜选用吊盖式吊耳，塔类设备主吊耳宜选用管轴式吊耳。立式设备溜尾吊耳宜选用板式吊耳。

（三）吊索的分类和使用要求

吊索是指用于连接设备与吊钩、承载设施等起吊装置的柔性元件。吊索主要用于悬挂重物到起重机的吊钩上，也常用于固定绞磨、卷扬机、起重滑车，或拴绑其他物体。而吊索端部，经常连接着各种吊索附件。常用的吊索附件有套环、吊钩和卡环等几种。吊索根据不同的使用要求，可以用白棕绳、起重链条或钢丝绳等做成。起重工作中使用的吊索，一般用钢丝绳做成。

钢丝绳是指至少由两层钢丝围绕一个中心或多个股围绕一个绳芯螺旋捻制而成的结

构，分为多股钢丝绳和单捻钢丝绳。钢丝的公称抗拉强度值分别为 1 570 MPa、1 670 MPa、1 770 MPa、1 870 MPa、1 960 MPa。

钢丝绳的安全系数等于实测的合格钢丝拉断力总和与其所承受的最大静拉力（包括绳端载荷和钢丝绳自重所引起的静拉力）之比。钢丝绳的使用安全系数应符合下列规定：

(1) 作拖拉绳时，应大于或等于 3.5。

(2) 作卷扬机走绳时，应大于或等于 5。

(3) 作捆绑绳扣使用时，应大于或等于 6。

(4) 作系挂绳扣时，应大于或等于 5。

(5) 作载人吊篮时，应大于或等于 14。

链接

起重机吊装作业所使用的钢丝绳是由高碳丝制成的。安全系数是 4.5 的 6×19 钢丝绳宜做缆风绳。

（四）平衡梁的分类和使用要求

平衡梁又称铁扁担。吊装作业中，平衡梁可用于缩短吊索的高度，减小动滑轮的起吊高度，平衡或分配吊点的载荷，减轻设备起吊时所承受的水平方向的压力和保持被吊物的平衡状态，避免设备损坏。平衡梁可分为板孔式平衡梁、滑轮式平衡梁、支撑式平衡梁、桁架式平衡梁等。

五、吊装方法与吊装方案

（一）吊装方法及要求

1. 吊装方法

常见的吊装方法包括起重机吊装、桅杆系统吊装、液压提升吊装、利用构筑物吊装等。起重机吊装前边已经介绍，此处不再说明。

(1) 桅杆系统吊装。桅杆系统由桅杆本体、提升系统（由系挂在桅杆顶部的滑轮组和主牵引卷扬机组成）、牵引溜尾系统（由牵引后溜卷扬机、滑轮组、尾排组成）、缆风系统、拖排滚杠系统等组成。常见的桅杆形式有单桅杆、双桅杆、门式桅杆等。常见的吊装方法有单桅杆滑移提升法、双桅杆滑移提升法、无锚点推举法、扳转法等。

(2) 液压提升吊装。集群液压千斤顶整体提升（滑移）吊装法是一种新型大型构件起重的方法。其特点为“液压千斤顶（提升油缸）多点联合吊装、钢绞线悬挂承重、计算机同步控制”。该方法分为上拔式和爬升式两种方式，适用于电视塔钢桅杆天线的整体提升、体育馆、游泳馆、飞机库、剧院、候车室等大型公用工程的网架、屋盖等构件的整体提升和大型龙门起重机主梁提升等。例如上海东方明珠电视塔钢桅杆、上海大剧院屋盖等工程都是通过该方法实现的。

专家解读

采用液压提升吊装的构件特点如下：采用上拔式液压提升方法适宜整体吊装的构件有投影面积大、质量重的构件和提升高度相对较低的构件；采用爬升式液压提升方法适宜整体吊装的构件有投影面积一般、提升高度高、质量较轻的构件。

(3)利用构筑物吊装。在稠密条件与狭窄的场地以及生产装置的间隙内进行吊装作业时,常常可以利用周围的设备、钢结构、建筑物等作为吊装点,配合滑轮组、固定缆风绳、卷扬机等使用。但采用该方法时,必须编制专门吊装方案,取得有关部门和设计人员的同意,并进行核算,保证设备、钢结构或建筑物的强度、刚度和稳定性等符合要求,必要时,还须采取加固措施。

2. 桅杆系统吊装要求

此处主要介绍桅杆系统吊装中的桅杆和地锚。桅杆和地锚的稳定关乎着桅杆系统的稳定,进而影响吊装稳定性。

(1)桅杆。桅杆是指立式或倾斜使用的格构式、管式、实体的结构柱体,并用拖拉绳保持其稳定性。桅杆可由方木或圆木制成,亦可用角钢桁架或钢管做成。在大型设备吊装中常用金属桁架桅杆。

桅杆吊装一般规定如下:

①桅杆应具有下列技术文件:制造质量证明书、设计技术文件及制造图、荷载试验报告、使用说明书。

②桅杆的使用应执行使用说明书的规定,桅杆的杆节宜编号。

③桅杆组装应执行使用说明书的规定,桅杆组装的直线度应小于其长度的1/1 000,且总偏差不应超过20 mm。

④桅杆杆节间的连接螺栓紧固时,应逐次对称交叉进行,且应满足规定的力矩值。

⑤桅杆应定期检查维护,使用前应进行下列项目的检查:主肢及连接螺栓变形、锈蚀情况;结构的焊缝;转动部分的磨损情况。

⑥桅杆基础应根据桅杆荷载及桅杆竖立位置的地质条件及周围地下情况设计。当采用钢筋混凝土基础形式时,宜由施工单位提出基础方位、荷载、承载面积等技术条件,应由设计单位将桅杆基础与设备基础同时设计,并应同时施工。

⑦桅杆的安装位置应准确定位。

⑧采用倾斜桅杆吊装法吊装设备时,其倾斜角度不得超过15°。

⑨牵引与制动用地锚位置应与基础中心线在同一直线上。

⑩当两套起吊索、吊具共同作用于一个吊点时,应加平衡装置并进行受力平衡监测。

⑪滑移尾排宜采用可改善设备裙部的受力状态及保持设备运行中稳定的回转机构。

⑫吊装过程中,应对桅杆结构的直线度进行监测。

⑬直立单桅杆顶部拖拉绳的设置数量宜为6~8根,门式桅杆顶部拖拉绳的设置数量不得少于6根。

⑭对倾斜吊装的桅杆应加设主后背绳,主后背绳的设置数量不得少于2根。

⑮拖拉绳与地面的夹角宜为30°,最大不得超过45°。

⑯拖拉绳应有防止滑轮组受力后产生扭转的措施。

⑰需要移动的桅杆应设置备用拖拉绳。

链接

桅杆未按说明书规定使用的,应对桅杆稳定性进行校核。稳定性校核依据包括桅杆设计计算书的方法、计算公式、参数。

(2)地锚。地锚又称地龙或锚锭,其作用是固定缆风绳、导向滑轮、绞磨、卷扬机或溜绳等,并将力传给地基。

地锚应符合下列要求:

①地锚结构形式应根据受力条件和施工地区的地质条件设计和选用。

②每个地锚均应编号,埋入式地锚应以绳扣出土点为基准在吊装施工方案中给出坐标,并应在埋设及回填后进行复核。

③埋入式地锚基坑的前方,拖拉绳受力方向坑深2.5倍的范围内,不得有地沟、线缆、地下管道等。

④地锚的制作和设置应按吊装施工方案的规定进行。埋入式地锚在回填时,应使用净土分层夯实或压实,回填高度应高出基坑周围地面400 mm以上,且不得浸水,并应做好隐蔽工程记录。

⑤埋入式地锚设置后,受力绳扣应进行预拉紧。

⑥地锚应设置许用工作拉力标志。

⑦利用混凝土柱或钢柱脚作为地锚使用时,受力方向应水平,受力点应设在柱子根部,并应根据受力大小核算柱子相关部位的强度。

⑧利用混凝土柱或钢柱脚作为地锚使用时,柱子的棱角应予以保护。

⑨主地锚需经拉力试验符合设计要求后再使用。

链接

地锚有多种类型。全埋式地锚(埋入式地锚)是指将地锚埋入一定深度的坑内,其上部应覆盖一定厚度的坚实土层,前部常设有挡墙构件,可承受较大荷载,主要用于重型吊装。压式地锚(半埋式地锚)是指地锚部分埋入坑内,其上部加以足够的重物,使其处于稳定工作状态。活动式地锚(积木式地锚)是指地锚全部露在地面上不固定于某一定位点而依靠重物使锚锭临时固定,并处于稳定的工作状态。活动式地锚的最大特点是转移方便。

3. 吊装工艺要求

机电工程吊装作业中的被吊物多数为混凝土结构的构件、钢结构的构件、石油化工大型设备等。

混凝土结构吊装应符合下列要求:

(1)吊点设置和构件绑扎应符合下列规定:当构件无设计吊环(点)时,应通过计算确定绑扎点的位置。绑扎方法应可靠,且摘钩应简便安全。当绑扎竖直吊升的构件时,绑扎点位置应略高于构件重心。当绑扎水平吊升的构件时,绑扎点应按设计规定设置;无规定时,最外吊点应在距构件两端1/6~1/5构件全长处进行对称绑扎。

(2)多跨单层厂房宜先吊主跨,后吊辅助跨;先吊高跨,后吊低跨。多层厂房宜先吊中间,后吊两侧,再吊角部,且应对称进行。

(3)装配式大板结构吊装应符合下列规定:吊装大板时,宜从中间开始向两端进行,并应按先横墙后纵墙,先内墙后外墙,最后隔断墙的顺序逐间封闭吊装。大板宜随吊随校正。就位后偏差过大时,应将大板重新吊起就位。

钢结构吊装应符合下列要求:

(1)吊装程序应符合施工组织设计的规定。缆风绳或溜绳的设置应明确,对不规则构件的吊装,其吊点位置,捆绑、安装、校正和固定方法应明确。

(2)高层钢结构吊装包括钢柱吊装、钢梁吊装、剪力墙吊装。

具体吊装要求如下:

①钢柱吊装应符合下列规定:在安装前,应在钢柱上将登高扶梯和操作挂篮或平台等固定好。起吊时,柱根部不得着地拖拉。吊装时,柱应垂直,严禁碰撞已安装好的构件。就位时,应待临时固定可靠后方可脱钩。

②钢梁吊装应符合下列规定:吊装前应按规定装好扶手杆和扶手安全绳。吊装应采用两点吊。水平桁架的吊点位置,应保证起吊后桁架水平,并应加设安全绳。梁校正完毕,应及时进行临时固定。

③剪力墙吊装应符合下列规定:当先吊装框架后吊装墙板时,临时搁置应采取可靠的支撑措施。墙板与上部框架梁组合后吊装时,就位后应立即进行侧面和底部的连接。

(3)钢屋架吊装应符合下列规定:应根据确定的绑扎点对钢屋架的吊装进行验算,不满足时应进行临时加固。屋架吊装就位后,应在校正和可靠的临时固定后方可摘钩,并按设计要求进行永久固定。

(4)轻型门式刚架可采用一点绑扎,但吊点应通过构件重心,中型和重型门式刚架应采用两点或三点绑扎。

(5)网架吊装应符合下列规定:吊装方法应根据网架受力和构造特点,在保证质量、安全、进度的要求下,结合当地施工技术条件综合确定。吊装方法选定后,应分别对网架施工阶段吊点的反力、杆件内力和挠度、支承柱的稳定性和风荷载作用下网架的水平推力等项进行验算,必要时应采取加固措施。验算荷载应包括吊装阶段结构自重和各种施工荷载。吊装阶段的动力系数应为:提升或顶升时,取1.1;拔杆吊装时,取1.2;履带式或汽车式起重机吊装时,取1.3。

石油化工大型设备采用吊车吊装时,应符合下列规定:

(1)一般要求。

①设备吊装质量不得大于吊车在该工况下的额定起重量。设备与吊臂之间的安全距离宜大于500 mm。

②立式设备吊装时,吊梁上部吊索与水平夹角宜大于等于60°。

③吊装前应确定设备重心,并应符合下列规定:立式设备吊点位置应设置在重心以上,且宜采用管轴式吊耳形式;卧式设备吊点应对称设置在重心两侧,且宜采用兜捆形式。

④设备吊装时应设置警戒区,无关人员不得入内。

(2)吊装方法。

①吊车吊装可采用直接提升法、单主机抬吊递送法、双主机抬吊递送法、扳转法等方法。

②直接提升法应符合下列要求:吊装前应确定设备重心位置,根据重心位置合理设置吊点位置及数量,吊装过程应保持设备平衡。卧式设备吊装时吊车吊点间距宜大于设备长度的1/3,宜使用吊梁吊装。采用兜捆方式吊装时,应对索具与设备的边缘棱角接触部位进行保护,并对设备进行保护。

(二)吊装方案

吊装方案选用时,应进行技术可行性论证分析、成本分析、安全性分析、进度分析,并根据具体情况综合做出选择。施工单位可根据技术装备、技术素质、现场环境等方面的条件,从标准中选择适用工艺,在有计算依据并采取有效安全措施的情况下,确定吊装方案,做到安全可靠、技术先进、经济适用、符合工程进度要求。

1. 吊装方案的编制、审批和交底

大型设备吊装应编制吊装方案,并应按规定进行审批。方案变更应编制补充方案并按原审批程序进行审批。对风险较大的设备吊装工程,必要时可邀请有关专家对吊装方案进行审查。吊装方案应由专业吊装技术人员负责编制,并应按文件管理程序审核和批准,同时应报送监理和建设单位确认。

吊装作业前应由吊装方案编制人向所有相关作业人员进行吊装方案交底并记录,作业人员应熟知吊装方案、指挥信号、安全技术要求及应急措施。

吊装方案、吊装计算书及修改或补充方案、方案交底记录和方案实施的过程记录均应存档。

提示

吊装工程属于危险性较大的分部分项工程,编制的吊装专项施工方案应按照危大工程专项方案进行审批和管理。

2. 吊装方案的编制依据

吊装方案主要编制依据应包括下列内容:

(1)标准规范。

(2)吊装规划。

(3)工程技术资料,应包括下列内容:设备制造技术文件;工程地质资料;设备及工艺管道平、立面布置图;地下工程布置图;架空电缆布置图;梯子平台、保温等相关专业施工图;设计审查会文件。

(4)现场施工条件。

(5)设备到货计划。

3. 吊装方案的编制内容

吊装方案应包括下列主要内容:

(1)编制说明及依据。

(2)工程概况,应包括下列内容:工程特点、设备参数表。

(3)吊装工艺设计,应包括下列内容:设备吊装工艺要求;吊装参数表;吊装机具安装拆除工艺要求;设备支、吊点位置及结构设计图和局部加固图;吊装平、立面布置图;地锚施工图;吊装作业区域地基处理措施;地下工程和架空电缆施工规定;吊装机具材料汇总表;吊装进度计划;相关专业交叉作业计划。

(4)吊装组织体系。

(5)安全保证体系及措施。

(6)吊装工作危险性分析表或健康、安全、环境危害分析。

(7)质量保证体系及措施。

(8)吊装应急预案。

(9)吊装计算书。

链接

设备吊装工艺设计中,吊装参数表上主要内容包括吊装总质量、被吊设备总质量和规格尺寸、重心标高、吊点方位及标高等。

4. 吊装方案的编制注意事项

吊装方案应根据工程特点、起重机性能及现场条件等具体情况进行优化。

起重机吊装工艺计算宜包括下列内容：主起重机和辅助起重机受力分配计算；吊装安全距离核算；吊耳强度核算；吊索、吊具安全系数核算。

六、吊装过程的稳定性分析

设备、构件吊装在工作状态下或者非工作状态下抵抗失稳、保持稳定的能力称为稳定性。起重吊装作业失稳主要有起重机械失稳、吊装系统失稳、吊装设备及构件失稳三种情况。

(1)起重机械失稳是指起重机械在起重过程中由于一些原因导致的起重机械自身稳定性存在问题。

(2)吊装系统失稳是指在多台起重机组成的吊装系统中因为协调不统一导致系统稳定性存在问题，或者桅杆吊装系统内部存在稳定性问题。

(3)吊装设备及构件失稳即被吊物的稳定性存在问题。

起重吊装作业失稳原因及预防措施如表 1-17 所示。

表 1-17 起重吊装作业失稳原因及预防措施

失稳情况	失稳原因	预防措施
起重机失稳	(1)超载。 (2)支腿不牢固、不稳定。 (3)起重臂的仰角超过额定值。 (4)机械故障	(1)严禁超载使用。 (2)作业前应将支腿全部伸出，并应支垫牢固(用道木和钢板支垫)。 (3)工作时起重臂的仰角不得超过其额定值；当无相应资料时，最大仰角不得超过 78°，最小仰角不得小于 45°。 (4)起重机在每班开始作业时，应进行严格检查，先试吊，确认制动器灵敏可靠后，方可进行作业，作业时不得擅自离岗和保养机车
吊装系统失稳	(1)所有起重机不能做到同步。 (2)吊装荷载分配不合理。 (3)多头指挥、协调出现失误。 (4)桅杆系统中，缆风绳和地锚出现倾斜、松动、损坏等失稳现象	(1)选用的起重机的吊装能力、型号规格应尽量相同，所有起重机应同步作业。 (2)尽量根据起重机吊装能力合理分配吊装荷载。 (3)多头指挥要协调一致。 (4)缆风绳和地锚应经设计确定，其设置形式、锚固体构造应符合国家现行相关标准和产品说明书的要求，设置后应检查合格。在整个吊装过程中，应派专人看守
吊装设备及构件失稳	(1)实际吊装受力与设计受力不一致。 (2)吊装设备及构件整体刚度偏小	(1)对于细长、大面积设备及构件，采用多吊点吊装方式。 (2)对于薄壁板式设备及构件，需要预先加固加强，然后进行吊装。 (3)对于型钢结构、网架结构的削弱或突变的薄弱部位或杆件，采用加固、加大截面方式，加强整体刚度

模块三 焊接技术

一、焊接材料与焊接设备及方法

（一）焊接材料概述

1. 焊接材料的相关概念

焊接材料是指焊接时所消耗材料（包括焊条、焊丝、焊剂、气体等）的通称。

焊条是指涂有药皮的供手弧焊用的熔化电极。

焊丝是指焊接时作为填充金属或同时作为导电的金属丝。

焊剂是指焊接时，能够熔化形成熔渣和气体，对熔化金属起保护和冶金处理作用的一种物质。用于埋弧焊的为埋弧焊剂。用于钎焊时有硬钎焊剂和软钎焊剂。

保护气体是指焊接过程中用于保护金属熔滴、熔池及焊缝区的气体，它使高温金属免受外界气体的侵害。

专家解读

合格的焊接材料是获得良好焊接质量的基本前提，其化学成分和力学性能是影响焊接性的重要指标，因此焊接材料的质量要求必须符合国家现行相关标准的规定。

2. 焊条

焊条由药皮和焊芯两部分组成。焊条中压涂在焊芯表面上的涂料称为药皮，其主要作用是机械保护作用、冶金处理作用和改善焊接工艺性能。被药皮包覆的金属芯是焊芯，其主要作用是导电，在焊条端部形成电弧，同时焊芯靠电弧热熔化后，冷却形成具有一定成分的熔敷金属。

焊条根据熔渣酸碱性可分为酸性焊条和碱性焊条。

(1)酸性焊条适用于一般低碳钢和强度较低的低结构合金钢的焊接，是应用最广的焊条。焊接时焊条电弧稳定，可采用直流、交流两种电源施焊。其焊缝成形较好，熔深较浅，脱渣比较方便，焊接工艺性较好，但焊缝的抗裂性较差，抗冲击能力一般。

(2)碱性焊条主要用于重要结构（如锅炉、压力容器和结构合金钢等）的焊接。在焊接过程中由于药皮中加入的氟化物影响电弧的稳定性，一般只采用直流电作为电源。其焊接工艺性较差，但焊缝的抗裂性、抗冲击性能较好。

3. 焊丝

焊丝在焊接过程中起传导电流、填充金属、过渡合金的作用，自保护药芯焊丝在焊接过程中还起保护、脱氧和去氮作用。

焊丝根据结构形式分为药芯焊丝和实芯焊丝，也可根据焊接方法分为埋弧焊焊丝、电渣焊焊丝、CO_2气体保护焊焊丝、钨极氩弧焊焊丝、熔化极气体保护焊焊丝、自保护焊焊丝、堆焊焊丝、气焊焊丝等。

4. 焊剂

焊剂是一种颗粒状物质，在焊接过程中能够熔化形成熔渣和气体，对熔化金属起保护和冶金处理作用，主要用于埋弧焊和钎焊。

焊剂根据生产工艺可分为熔炼焊剂、烧结焊剂和黏结焊剂。

5. 保护气体

电弧焊过程中，大气中的氧气（O_2）或其他气体会侵入电弧和熔池，与高温熔化的金属发生反应，从而产生焊接缺陷，影响焊缝的质量。保护气体的性能会对焊接速度、焊缝熔深、焊缝成形、焊接烟尘、电弧稳定性等产生相应影响。保护气体的主要功能是保护待焊金属免受其他气体和杂质的污染，保障焊接产品的质量。

（二）焊接材料的选用

1. 焊接材料的选用原则

焊接材料的选用，应满足下列基本原则：

（1）应满足焊接接头使用性能的要求。

（2）应满足焊接接头制造工艺及焊接工艺性的要求。

（3）应满足经济合理性的要求。

链接

钢结构焊接材料的选配原则：根据设计要求，除保证焊接接头强度、塑性不低于钢材标准规定的下限值以外，还应保证焊接接头的冲击韧性不低于母材标准规定的冲击韧性下限值。

2. 焊条的选用

焊条的选用须在确保焊接结构安全、可行性的前提下，根据被焊材料的化学成分、力学性能、板厚及接头形式、焊接结构特点、受力状态、结构使用条件对焊缝性能的要求、焊接施工条件和技术经济效益等综合考查后，有针对性地选用焊条，必要时还需进行焊接性试验。

使用焊条时，宜优先采用酸性焊条，亦可采用碱性焊条。酸性焊条抗锈性、抗污性、氧化性较强，故适用于受力不大、油污难以清理的焊件。因酸性焊条在焊接时烟尘少，故也适用于通风条件或空间狭小的场合（也可使用低尘焊条）。

链接

高层民用建筑钢结构工程中，厚板的焊接，特别是当低结构合金钢的板厚大于25 mm时或结构复杂的焊件，应采用碱性低氢焊条，若采用酸性焊条，会使焊缝金属大量吸收氢，甚至引起焊缝开裂。

负温度下钢构件焊接选用的焊条和焊丝，在符合设计强度要求的前提下，应选择屈服强度较低、冲击韧性较好的低氢型焊条，重要部位应采用高韧性超低氢型焊条。

整体结构复杂、刚性大的焊件，应选用抗裂性好、韧性好、塑性高、氢致裂纹倾向低的焊条。

3. 焊丝的选用

焊丝的选用应综合考虑母材的化学成分、力学性能和使用条件等因素。

熔化极气体保护电弧焊和钨极惰性气体保护电弧焊可用热强钢实心焊丝和填充丝。

熔化极气体保护和自保护电弧焊可用不锈钢药芯焊丝，钨极惰性气体保护焊可用不锈钢药芯填充焊丝。

4. 保护气体的选用

保护气体须根据被焊金属性质、接头质量要求及焊接工艺方法等因素选用。

在单一气体的基础上加入一定比例的某些气体形成混合气体，在焊接及切割过程中具有一系列的优点，可以改变电弧形态、提高电弧能量、改善焊弧成形及力学性能、提高焊接生产率。焊接时，用纯 CO_2 作保护气体，电弧稳定性较差，熔滴呈非轴向过渡，飞溅大，焊缝成形较差。用纯 Ar 焊接低合金钢时，阴极斑点飘移大，也易造成电弧不稳。向 Ar 中加入少量氧化性气体，如 O_2 和 CO_2 等，可显著提高电弧稳定性，使熔滴细化，增加过渡效率，有利于改善焊缝成形和提高抗气孔能力。例如，对于低碳钢、低合金高强度钢、不锈钢和耐热钢等，焊接时宜选用活性气体（如 CO_2、$Ar+CO_2$ 或 $Ar+O_2$）保护，以细化过渡熔滴，克服电弧阴极斑点飘移及焊道边缘咬边等缺陷。有时也可采用惰性气体保护。但对于氧化性强的保护气体，需匹配高锰高硅焊丝，而对于富 Ar 混合气体，则应匹配低硅焊丝。

（三）焊接设备及方法

焊接设备是焊接时供给焊接能源、实施焊接操作的装置的总称，包括焊接电源、行走机构、送丝机构和装夹移动工件的辅助装置等。不同焊接方法需要不同的与之相适应的焊接设备。

焊接方法是制定焊接结构制造工艺方案时首先考虑的工艺要素。焊接方法的选择取决于焊件材料、对接头质量的要求、焊接工作量、焊件结构外形和壁厚、焊接生产的经济性，以及企业的焊接设备和工艺装备条件等因素。

1. 焊条电弧焊

焊条电弧焊是最常用的一类焊接方法，所用到的焊接设备为电弧焊机。焊条电弧焊机是供给焊接电弧燃烧的电源，根据焊接电流性质的不同，分为交流弧焊机和直流弧焊机两大类。

焊条电弧焊的特点如下：

（1）焊条电弧焊所需的设备（一般由电源、焊钳、焊接电缆、地线夹钳组成）简单，价格低廉，操作灵活方便。

（2）适应性强。

（3）生产效率低，焊接质量不够稳定，对焊工操作技术要求较高，劳动条件较差。

2. CO_2 气体保护焊

CO_2 气体保护焊操作简单，适合自动焊和全方位焊接。焊接时抗风能力差，适合室内作业。CO_2 气体易生产，因此 CO_2 气体保护焊成本低，广泛应用于各大小企业。这种焊接方法目前已成为黑色金属材料最重要焊接方法之一。

半自动 CO_2 气体保护焊设备主要由焊接电源、供气系统、送丝机构和焊枪等组成。

3. 钨极惰性气体保护焊

钨极惰性气体保护焊是指在惰性气体的保护下，利用钨电极与工件间产生的电弧热熔化母材和填充焊丝（如果使用填充焊丝）的一种焊接方法。

钨极惰性气体保护电弧焊具有下列优点：

（1）电弧稳定、能量集中保护效果好、操作灵活、焊接质量高。

（2）焊接时，所需预热温度较低，因此适用于除铅、锌以外的大多数金属。几乎所有的铜及铜合金均宜采用此种焊接方法。

（3）焊接熔池易控制，焊接热输入能精确控制，焊接热影响区比较小，焊缝成形美观。焊接过程无烟尘。

（4）焊缝表面光洁、无飞溅物和熔渣。

(5)适用于各种焊接位置。

钨极惰性气体保护焊的焊接设备按自动化程度可以分为手工和自动两种类型。手工焊接设备包括焊接电源、控制系统、引弧装置、稳弧装置(交流焊接设备用)、焊枪、遥控器、供气系统和供水系统等部分。

4. 药芯焊丝自保护焊

药芯焊丝自保护焊是指不需外加气体或焊剂保护,仅依靠焊丝药芯在高温时反应形成的熔渣和气体保护焊接区进行焊接的方法。

5. 埋弧焊

埋弧焊多用于焊接平焊、长直焊缝、大直径焊缝,不适合薄板、曲线焊缝。

埋弧焊的焊接设备主要是埋弧焊机。典型的埋弧焊机包括埋弧焊电源、控制系统、机械系统(送丝机构、机头调节机构、行走小车、导电嘴、焊丝盘及焊剂漏斗)、辅助装备(焊接夹具、工件变位机、焊缝成形装置及焊剂回收装置等)。

6. 电渣焊

电渣焊是一种用于垂直或接近垂直位置的厚(25~300 mm)材料的高效单道焊接工艺。

电渣焊设备主要由电源、机体(或机头)、成形滑块及控制部分组成。电渣焊的焊接效率高,容易操作,电渣焊枪根据预设电流自动提升,因此一个操作工同时能操控两台以上的机器。

典型例题

【多选题】钨极手工氩弧焊与其他焊接方法相比较,优点有(　　)。

A. 适用焊接位置多　　B. 焊接熔池易控制

C. 热影响区比较小　　D. 焊接线能量较小

E. 受风力影响最小

BC。【解析】与其他焊接方法相比,钨极手工氩弧焊的优点是适用于各种位置的焊接,焊接熔池易控制,热影响区比较小,焊缝成形美观。但是,由于钨极手工氩弧焊焊接线能量大,且受风力影响较大,因此室外施焊时需要采取防风措施。

二、焊接工艺评定

(一)焊接工艺

焊接工艺是指焊接过程中的焊前准备、焊接材料、焊接设备、焊接方法、焊接顺序、焊接操作的最佳选择以及焊后处理等的方法和过程。

1. 焊接环境的准备

焊接的环境温度应符合焊件焊接所需的温度,并不得影响焊工的操作技能。

焊接时的风速应符合下列规定:

(1)焊条电弧焊、自保护药芯焊丝电弧焊和气焊不应大于 8 m/s。

(2)钨极惰性气体保护电弧焊和熔化极气体保护电弧焊不应大于 2 m/s。

焊接电弧 1 m 范围内的相对湿度应符合规定:铝及铝合金的焊接不得大于 80%;其他材料的焊接不得大于 90%。

在雨、雪天气施焊时,应采取防护措施。

2. 焊接顺序

焊接顺序是指焊件上各焊接接头和焊缝的焊接次序。焊接时应采用合理的焊接顺序，并应减少焊接变形和应力。

高层民用建筑钢结构构件接头的现场焊接时，应首先确定构件接头的焊接顺序。构件接头的焊接顺序，平面上应从中部对称地向四周扩展，竖向可采用有利于工序协调、方便施工、保证焊接质量的顺序。当需要通过焊接收缩微调柱顶垂直偏差值时，可适当调整平面方向接头焊接顺序。其次绘制构件焊接顺序图。构件的焊接顺序图应根据接头的焊接顺序绘制，并应列出顺序编号，注明焊接工艺参数。最后按规定顺序进行现场焊接。电焊工应严格按分配的焊接顺序施焊，不得自行变更。

立式圆筒形钢制焊接储罐的焊接顺序应符合下列规定：

(1)罐底的焊接，应采用收缩变形最小的焊接工艺及焊接顺序，且焊接顺序宜符合下列规定：

①中幅板焊接时，先焊短焊缝，后焊长焊缝；初层焊道宜采用分段退焊或跳焊法。

②罐底环形边缘板焊接时，宜先完成靠外缘至少 300 mm 的焊缝，在罐底与罐壁连接的角焊缝焊完后且边缘板与中幅板之间的收缩缝焊接前，完成剩余边缘板的对接焊缝和中幅板的对接焊缝。

③罐底与罐壁连接的角焊缝，宜在底圈壁板纵缝焊接完毕后，由数对焊工均匀分布，分别从罐内、外沿同一方向分段焊接，宜先焊罐内侧角焊缝，后焊罐外侧角焊缝。初层焊道宜采用分段退焊或跳焊法。

(2)罐壁的焊接顺序宜符合下列规定：

①宜先焊纵向焊缝，后焊环向焊缝。当焊完相邻两圈壁板的纵向焊缝后，再焊其间的环向焊缝；采用不对称坡口时，应先焊大坡口侧，后焊小坡口侧。

②纵向焊缝采用气体保护焊时，宜自下向上焊接。环向焊缝采用埋弧自动焊时，焊机宜均匀分布，并沿同一方向施焊；采用焊条电弧焊时，焊工宜均匀分布并沿同一方向施焊。

(3)固定顶顶板焊接时，宜先焊内侧焊缝，后焊外侧焊缝。径向的长焊缝宜采用隔缝对称施焊方法，并由中心向外分段退焊。

3. 焊后处理

后热是指焊接后立即对焊件的全部(或局部)进行加热或保温，使其缓冷的工艺措施。

焊后热处理是指焊后，为改善焊接接头的组织和性能或消除残余应力而进行的热处理。对易产生焊接延迟裂纹的钢材，焊后应立即进行焊后热处理。当不能立即进行焊后热处理时，应在焊后立即均匀加热至 200～350 ℃，并进行保温缓冷。保温时间应根据后热温度和焊缝金属的厚度确定，不应小于 30 min。其加热范围不应小于焊前预热的范围。

(二)焊接工艺评定

焊接工艺评定是指为验证所拟定的焊件焊接工艺的正确性而进行的试验过程和结果评价。焊接工艺评定报告(PQR)是指记录评定焊接工艺过程中有关试验数据及结果的文件。焊接工艺规程是指根据焊接工艺评定报告，并结合实践经验而制定的直接指导焊接生产的技术细则文件，它包括对焊接接头、母材、焊接材料、焊接位置、预热、电特性、操作技术等内容进行详细的规定，以保证焊接质量的再现性。

在掌握材料的焊接性能后，必须在工程焊接前进行焊接工艺评定。

专家解读

焊接工艺能否保证工程焊接质量很关键。焊接工艺正确与否，需要通过焊接工艺评定进行验证。焊接工艺评定一是为验证所拟定的焊件焊接工艺的正确性，二是评价施焊单位施焊焊缝的使用性能符合设计要求的能力。

焊接工艺评定的基本原则是：

(1)应以金属材料的焊接性能为基础，并在产品焊接前完成。

(2)应在一个单位所建立的焊接质量管理体系内完成。换言之，每个施焊单位应自行组织并完成焊接工艺评定工作。任何施焊单位不允许将焊接工艺评定的关键工作(如焊接工艺预规程的编制、试件焊接等)委托另一个单位完成。试件和试样的加工、无损检测和理化性能试验等可委托其他检测试验机构完成，但施焊单位应对整个工艺评定工作及试验结果负全部责任。

(3)评定试件由本单位技能熟练的焊工使用本单位的焊接设备施焊，既可证明施焊单位的焊接技术能力和工装水平，又能排除焊工技能因素的影响。

(4)不允许"照抄"或"输入"外单位的焊接工艺评定。

(5)焊接工艺预规程应由具有一定专业知识和相当实践经验的焊接技术人员拟定。

焊接工艺评定过程中应做好记录，评定完成后应提交焊接工艺评定报告，焊接工艺评定报告应由焊接技术负责人审核。

工程产品施焊前，应根据焊接工艺评定报告编制焊接工艺规程，用于指导焊工施焊和焊后热处理工作。一个焊接工艺规程可依据一个或多个焊接工艺评定报告编制，一个焊接工艺评定报告可用于编制多个焊接工艺规程。

焊接工艺规程必须由施焊单位自行编制，不得沿用其他企业的焊接工艺规程，也不得委托其他单位编制用以指导本单位焊接施工的焊接工艺规程。现场编制焊接工艺规程时，应以焊接工艺评定报告为依据，还要综合考虑设计文件和相关标准要求、产品使用和施工条件等情况。

当某个焊接工艺因素(重要因素、补加重要因素和次要因素中的任何一个因素)的变化超出标准规定的评定范围时，均需重新编制焊接工艺规程，并应有相对应的焊接工艺评定报告作为支持性文件。

三、焊接应力与焊接变形

焊接应力是指焊接过程中焊件内产生的应力。焊接变形是指焊接过程中焊件产生的变形。

(一)焊接应力与焊接变形产生的原因

焊接应力与变形产生的原因有下列几种：

(1)焊件的不均匀受热。焊接时，焊缝及邻近的金属被加热到很高的温度，然后在快速冷却过程中，各点处温度不同，冷却速度也不同。在热胀冷缩和塑性变形的影响下，必将产生内应力、变形或裂纹。

(2)焊缝金属的收缩。焊缝金属由液态冷却为固态时，其体积要收缩，会产生收缩应力。另外，一条焊缝是逐步形成的，焊缝中先结晶的部分要阻止后结晶部分的收缩，也会产生一定的应力。

(3)金属组织的变化。焊接过程中伴随金相组织转变(金属各种组织比容的不同),所出现的体积变化将产生新的内应力,冷却以后,如果相变产物仍旧保留下来,那么在焊件中就产生了组织应力和变形。

(4)焊件的刚性和拘束。焊件的刚性是指焊件抵抗变形的能力。有些焊件虽然自身的刚性小,但周围用刚性大的物体给予加固,即增加了对焊件的拘束。焊件的刚性和拘束越大,焊接变形就越小、焊接应力则越大。反之,焊件的刚性和拘束越小,焊接变形就越大,焊接应力则越小。

(二)焊接应力与焊接变形的分类

焊接应力按应力在焊件内的空间位置分为一维空间应力、二维空间应力、三维空间应力;按产生应力的原因分为热应力、相变应力、塑变应力;按应力存在的时间分为焊接瞬时应力、焊接残余应力。

焊接变形按变形存在的时间分为焊接瞬时变形、焊接残余变形。按板平面内外分类如下:

(1)板平面内的变形,包括横向收缩、纵向收缩、回转变形。

(2)板平面外的变形,包括横向弯曲变形(角变形)、纵向弯曲变形、波浪变形、扭曲变形。

(三)焊接应力的控制与消除

本部分主要以焊接残余应力为主介绍焊接应力的控制与消除。

1. 焊接应力的控制

焊接应力是可以通过结构设计和焊接工艺措施等进行控制的。

(1)设计措施。具体如下:

①尽量减少结构上焊缝的数量和焊缝尺寸。

②避免焊缝过分集中,焊缝间应保持足够的距离。

③采用刚性较小的接头形式。

(2)工艺措施。具体如下:

①采用合理的焊接顺序。其原则是减少拘束,尽量使每条焊缝能自由地收缩。多种焊缝时,应先焊收缩量大的焊缝;长焊缝宜从中间向两头焊,避免从两头向中间焊。

②降低焊缝的拘束度。如焊前对平板或镶板的边缘适当翻边。

③锤击焊缝。利用圆头小锤锤击焊缝,使焊缝金属延展,抵消一些焊缝区的收缩,以降低焊接应力。此法在焊接强度高、塑性差的材料时应用十分有效,但要掌握锤击时机、锤击力大小和锤击次数。

提示

锤击焊缝应在焊后进行。

④加热减应区。焊接时加热那些阻碍焊接区自由伸缩的部位(称为减应区),使之与焊接区同时膨胀和同时收缩,达到减少焊接应力的作用,此法称为加热减应区法。

⑤碾压法。碾压法又称滚压法,是焊后用窄滚轮碾压焊缝和近缝区表达,使被碾压部位产生塑性延伸变形,以达到调节和消除焊接应力与变形的目的。此法适用于薄板对接焊缝。

⑥采用合理的焊接参数。如焊接时采用较小的焊接线能量。

⑦焊接前对构件进行整体预热。

2. 焊接应力的消除

消除焊接应力的方法包括：

(1)整体高温回火。整体高温回火又称去应力退火。将整个焊件加热到一定温度，然后保温一段时间，最后缓慢冷却。

(2)局部高温回火。局部高温回火是只对焊缝及其附近的局部区域进行加热。焊后局部热处理能在一定程度上控制应力状态，如降低局部应力峰值。

提示

整体高温回火、局部高温回火均属于焊后热处理。

(3)机械拉伸法。

(4)温差拉伸法。温差拉伸法又称低温消除应力法。此法消除应力的原理在本质上仍属于机械拉伸法。区别在于此法不是整体加载，而是局部造成温差，产生一个拉伸作用力。

(5)振动法。振动法又称振动时效法或振动消除应力法。

(6)爆炸法。爆炸消除焊接应力方法已在国内压力容器、化工反应塔、管道、水工结构和箱形梁等结构中得到应用。

(四)焊接变形的预防与控制

本部分主要以焊接残余变形为主介绍焊接变形的预防与控制。

1. 设计措施

设计措施包括：

(1)选择合理的焊缝形状和尺寸。选择最小的焊缝尺寸；选择合理的坡口形式。

(2)减少焊缝的数量。

(3)合理安排焊缝位置。合理的设计应尽量把焊缝安排在结构截面的中性轴上或靠近中性轴。

2. 工艺措施

工艺措施包括：

(1)反变形法。焊前使焊件具有一个与焊后变形方向相反、大小相当的变形，以便恰好能抵消焊接时产生的变形，这种方法称为反变形法。

(2)刚性固定法。焊件被夹紧，处于不能自由变形的条件下施焊，这样可减小焊后变形。

(3)选择合理的焊接方法和焊接参数。能量集中(即热源集中)和热输入较低(即焊接线能量较低)的焊接方法，可有效地降低焊接变形。用 CO_2 气体保护焊焊接中厚钢板的变形比用气焊和焊条电弧焊小得多。焊接热输入是影响变形量的关键因素，当焊接方法确定后，可通过调节焊接参数来控制热输入。尽量采用小的焊接热输入(即采用小的焊接线能量输入)。

(4)选择合理的装配和焊接顺序。

链接

此外，还可以采用预留收缩余量法来控制焊接变形。

四、焊接检验

焊接检验是指按照规定的技术要求，对焊接试件采用物理或化学手段，借助相应的设备器材对检测对象的内部及表面的结构、性质及状态进行检查和测试，并对结果进行分析和评价。焊接检验根据时间发生的顺序可分为焊接前检验、焊接中检验、焊接后检验。

（一）焊接前检验

工程使用的母材及焊接材料，使用前应按规定进行检查和验收；焊接前应对焊接、热处理和工装设备进行检查、校准，并符合相关规范规定；焊接前应检查焊接工艺文件，并符合相关规范规定；焊接前应检查焊工资格，并符合相关规范规定；焊接前应对焊接环境进行监控，并符合相关规范规定。

组对前应对焊件的主要结构尺寸与形状、坡口形式和尺寸、坡口表面进行检查，其质量应符合设计文件、焊接工艺文件及规范的有关规定；组对后应检查组对构件焊缝的形状、位置、错边量、角变形、组对间隙、搭接接头的搭接量和贴合、带垫板对接接头的贴合等，其质量应符合设计文件、焊接工艺文件及规范的有关规定。

专家解读

焊件组对前应检查各零部件的主要结构尺寸，包括主要结构尺寸的校核性检查，以保证由零部件组焊成构件的几何精度。

焊接前应检查坡口及坡口两侧的清理质量。清理宽度及清理后的表面质量应符合规范及焊接工艺文件的规定。

焊接前应检查焊接材料的干燥及清洗质量，其质量应符合规范及焊接工艺文件的规定。

对有焊前预热规定的焊件，焊接前应检查预热温度并记录，预热温度及预热区域宽度应符合设计文件、焊接工艺文件及规范的有关规定。

在全部焊前准备工作都已做完，经检查符合规定要求时，方可开始焊接工作。焊工和焊接检查人员，对于不符合规定的接头有拒绝施焊的权利，但有义务确认焊接准备的工作质量，不能马虎了事。这就是通常把“组对后、焊接前检查”确定为质量控制点的理由。

（二）焊接中检验

定位焊缝焊完后，应清除渣皮进行检查，其质量应符合规范及焊接工艺文件的规定。对发现的缺陷清除后，再进行焊接。对有冲击韧性要求的焊缝，施焊时应测量焊接线能量并记录，焊接线能量应符合设计文件和焊接工艺文件的规定。

专家解读

焊接中应对定位焊缝的质量进行检查。定位焊缝过短、过薄，使定位焊缝在焊接过程中易被撕裂，定位焊道上存在缺陷可能性较大，这些缺陷在焊接过程中常常不能全部熔化，而保留在新的焊道中形成根部缺陷，因此对定位焊应清除渣皮进行检查。

与焊接线能量有关的因素包括预热温度、层间温度、焊接电流、电弧电压、焊接速度、焊接位置和焊条直径等。而与焊接线能量直接有关的因素是焊接电流、电弧电压和焊接速度，当电流、电压最大而速度最小时，线能量最大。焊接线能量与焊接电流、焊接电压成正比，与焊接速度成反比。

多层焊每层焊完后，应立即对层间进行清理，并应进行外观检查，清除缺陷后，再进行下一层的焊接。

（三）焊接后检验

焊接后检验主要是对焊缝的质量进行检验，一般可分为外观检查和无损检测。

1. 外观检查

除设计文件和焊接工艺文件有特殊要求的焊缝外，焊缝应在焊完后立即去除渣皮、飞溅物，清理干净焊缝表面，并应进行焊缝外观检查。

焊接后的外观检查主要包括焊件形状尺寸检验以及焊缝表面缺陷检验两部分。

常见的焊缝外观缺陷有裂纹、气孔、夹渣、咬边、焊瘤、未焊满、未焊透、未熔合等，除此之外还要检查焊缝的余高、焊脚及焊肉的大小是否符合标准要求。

2. 无损检测

除设计文件和焊接工艺文件另有规定外，焊缝无损检测应在该焊缝焊接完成并经外观检查合格后进行。

无损检测是指在不损坏检测对象的前提下，以物理或化学方法为手段，借助相应的设备器材，按照规定的技术要求，对检测对象的内部及表面的结构、性质或状态进行检查和测试，并对结果进行分析和评价。无损检测方法有超声检测、射线检测、磁粉检测、渗透检测、涡流检测、目视检测、泄漏检测、声发射检测、衍射时差法超声检测、X 射线数字成像检测、漏磁检测、脉冲涡流检测等。

链接

一般对于材料的检验可分为破坏性检验和非破坏性检验。破坏性检验是指试件在检验过程中形态发生变化，使用功能或性能遭到一定程度破坏的检验形式或者方法。例如，拉伸试验、弯曲试验、冲击试验、硬度试验、压扁试验、落锤试验、撕破检验、金相检验、光谱分析等。非破坏性检验则主要是指无损检测，广义上的非破坏性检验还包括外观检查、耐压试验和泄漏试验。

常用的无损检测方法包括：

（1）超声检测，缩写为 UT，是利用超声波技术进行检测工作的，主要利用超声波的强穿透性和较好的方向性，收集超声波在不同介质中的反射，干涉波转化为电子数字信号于屏幕上，实现无损探伤。

（2）射线检测，缩写为 RT，是利用射线在穿透物体的同时将和物质发生复杂的物理和化学作用，引起透射射线强度的变化，来判断工件中是否存在缺陷以及缺陷的位置、大小的技术。

（3）磁粉检测，缩写为 MT，是通过对检测材料内部施加磁场使其磁化，然后在工件表面撒上磁粉观察磁粉分布变化进而达到对材料缺陷分析判断的方法。

（4）渗透检测，缩写为 PT，是利用基于液体的毛细现象和固体染料在一定条件下的发光现象，对检测工件表面缺陷进行分析判断的方法。

（5）涡流检测，缩写为 ET，是利用激磁线圈使导电材料结构内部产生涡流电，用探测线圈测涡流电变化量，获得材料缺陷信息的方法。

仅能检测表面开口缺陷的无损检测方法有目视检测、渗透检测。

能检测表面开口和近表面缺陷的无损检测方法有磁粉检测、涡流检测。

可检测被检工件中任何位置缺陷的无损检测方法有射线检测、X 射线数字成像检测、超声检测、衍射时差法超声检测(TOFD)。

第三节　工业机电工程安装技术

模块一　机械设备安装技术

机械设备安装工程应从设备开箱起至设备空负荷试运转为止的施工及验收,对必须带负荷才能进行试运转的机械设备,可至负荷试运转。

一、基本规定

在机械设备安装工程施工中,应按工程设计进行施工,不得擅自修改工程设计,施工过程中发现设计文件和图纸有差错时,应及时提出意见和建议,且应按原设计单位修改变更后的工程设计施工。

安装的机械设备、零部件和主要材料,必须符合工程设计和其产品标准的规定,并应有合格证明。

机械设备安装工程中采用的各种计量和检测器具、仪器、仪表和设备,必须符合国家现行有关标准的规定;其精度等级应满足被检测项目的精度要求。

机械设备安装工程施工中,应对工程质量进行检验和记录。对于隐蔽工程,应在工程隐蔽前进行检验并做出记录,合格后方可继续安装。工程验收时,应以有关记录为依据进行验收和必要的抽检工作。

机械设备的安装,一般应按下列程序进行:

(1)进行设备开箱与清点。在设备交付现场安装前,对机械设备逐一清点、登记和检查。

(2)基础放线(设备定位)。划定设备安装的基准线和基准点。

(3)设备基础检查验收。对设备基础的外观、位置、尺寸、强度等进行检验,对于重型设备的基础,还应进行预压试验。

(4)设置垫铁。在基础上方设置垫铁。

(5)设备吊装及安装调整。将设备吊装至设计位置,并进行精度检测和调整。

(6)设备固定。对于就位好的设备,采用机械、灌浆等方法进行固定。

(7)零部件的拆卸、清洗与装配。对于解体设备,应进行零部件的拆卸、清洗与装配,以保证后续设备正常运行。

(8)润滑与设备加油。对设备进行润滑与加油,以保证设备的正常运行。

(9)试运转与调试。设备安装完成后,应进行设备的试运转,检查设备是否存在问题。

(10)设备安装验收。进行设备安装工程的工程验收。

二、施工条件

(一)一般条件

机械设备安装工程施工前,应具备相关工程设计图样和技术文件。

安装工程施工现场,应符合下列要求:

（1）临时建筑、运输道路、水源、电源、蒸汽、压缩空气和照明等，应能满足机械设备安装工程的需要。

（2）安装过程中，宜避免与建筑或其他作业交叉进行。

（3）厂房内的恒温、恒湿应达到设计要求后，再安装有恒温、恒湿要求的机械设备。

（4）应有防尘、防雨和排污的措施。

（5）应设置消防设施。

（6）应符合卫生和环境保护的要求。

对大型、复杂的机械设备安装工程，施工前应编制安装工程的施工组织设计或施工方案。

（二）设备开箱检查和保管

机械设备开箱时，应有建设单位人员参加，并应按下列项目进行检查和记录：箱号、箱数及包装情况；机械设备名称、型号和规格；随机技术文件及专用工具；机械设备有无缺损件，表面有无损坏和锈蚀；其他需要记录的事项。

提示

参与开箱检验的人员应当包括建设单位、监理单位、施工单位的相关人员。

（三）设备基础

设备基础是指支承设备或机器，将其各种作用传递至地基上并满足设备或机器安装、生产操作和维修要求的结构物。

设备基础分类如表 1-18 所示。

表 1-18　设备基础分类

分类方式	设备基础名称	内容
按用料成分不同分类	素混凝土基础	基础全部用混凝土浇筑，不需要配置钢筋，如振动很小、质量较小的小型设备基础等可以用素混凝土来做基础
	钢筋混凝土基础	基础用混凝土浇筑，而且在其中放有绑扎成一定形状的钢筋骨架和钢筋网，以加强基础的强度和刚性，是应用最广泛的一种基础
	垫层基础	—
按结构形式不同分类	大块式设备基础	采用混凝土或钢筋混凝土大块实体构成的设备基础
	墙式设备基础	采用钢筋混凝土墙体作为主要支承结构的设备基础
	框架式设备基础	采用钢筋混凝土框架结构的设备基础
	筏板式设备基础	采用钢筋混凝土筏式底板的设备基础
	坑式设备基础	具有钢筋混凝土底板和外围挡土壁形似地坑的设备基础
	箱体设备基础	由钢筋混凝土筏式底板、板式或梁板式顶板、挡土侧墙及必要的纵、横内隔墙和支柱在设备基础内部或外围构成所需的地下空间、形似箱体的基础
按使用功能不同分类	减振基础	为减少动荷载对动力机器及附近的精密仪表和厂房的有害影响，采取减振措施的基础
	绝热层基础	基础底部设有隔热、保温功能结构的基础
按基础深度不同分类	浅基础	包括扩展基础、联合基础、独立基础
	深基础	包括桩基础、沉井基础

典型例题

【单选题】下列设备基础中,属于按使用功能划分的是(　　)。

A. 垫层基础　　B. 联合基础

C. 减振基础　　D. 箱式基础

C。【解析】设备基础按其使用功能可划分为减振基础和绝热层基础。

机械设备安装前,其基础、地坪和相关建筑结构应符合下列要求:机械设备基础位置和尺寸检查项目包括坐标位置、不同平面的标高、平面外形尺寸、凸台上平面外形尺寸、凹穴尺寸、平面的水平度、垂直度、预埋地脚螺栓(标高、中心距)、预埋地脚螺栓孔(中心线位置、深度、孔壁垂直度)、预埋活动地脚螺栓锚板(标高、中心线位置、水平度)。检查坐标、中心线位置时,应沿纵、横两个方向测量,并取其中的最大值。预埋地脚螺栓的标高,应在其顶部测量;其中心距应在根部和顶部测量。基础或地坪有防震隔离要求时,应按工程设计要求施工完毕。基础有预压和沉降观测要求时,应经预压合格,并应有预压和沉降观测的记录。

链接

设备基础应符合下列规定:基础位置、外形尺寸、标高、平整度、预留孔洞应符合设计及设备安装要求,并应有复验记录;设备基础外形尺寸应符合要求;基础表面应无裂纹、空洞、掉角、露筋等缺陷;基础表面和地脚螺栓预留孔中的油污、碎石、泥土、积水等均应清除干净;预留地脚螺栓孔内应无露筋、凹凸等缺陷,地脚螺栓孔应垂直,孔深度应符合要求;放置垫铁的基础表面应平整,中心标板和标高基准点埋设、纵横中心线和标高的标记及基准点的编号应清晰、正确。

设备基础按设计设置沉降观测点,能反映设备基础的准确沉降情况,便于施工和生产过程中进行沉降观测。在安装过程中进行基础沉降观测,可及时反馈沉降信息,避免因沉降原因造成质量问题。

三、放线、就位、找正和调平

机械设备就位前,应按施工图和相关建筑物的轴线、边缘线、标高线,划定安装的基准线。

专家解读

基准线和基准点是设备安装的基准,设备的平面位置和标高依据基准线和基准点定位,基准线和基准点是不能出错的。测量人员应进行测量,投点放线,并应完成测量工作。

基准线和基准点有永久性基准线、基准点和一般性基准线、基准点之分,永久性的需长期保存,除用于安装外,还要交付生产单位使用,一般性的限于安装使用。基准线(中心标板)和基准点的设置位置应方便使用,有可靠的保护设施。测量放线、投点应在埋设中心标板和基准点的混凝土强度达到要求后进行,投点标记应明显清晰。

生产线的纵、横向中心和生产线上的主体设备的中心线均应埋设永久性的中心线标板,主体设备旁应埋设永久性标高基准点,使安装施工和今后的维修均有可靠的基准。

机械设备找正、调平的定位基准的面、线或点确定后，其找正、调平应在确定的测量位置上进行检验，且应做好标记，复检时应在原来的测量位置。

四、地脚螺栓、垫铁和灌浆

（一）地脚螺栓

机械设备安装中，常用的地脚螺栓可分为固定地脚螺栓、活动地脚螺栓、胀锚地脚螺栓和粘接地脚螺栓。

固定地脚螺栓适用于固定没有强烈振动和冲击的设备。活动地脚螺栓适用于固定有强烈振动和冲击的重型机械设备。胀锚地脚螺栓往往用于固定静置的简单设备或辅助设备。粘接地脚螺栓用法与胀锚地脚螺栓相同。

安装预留孔中的地脚螺栓，应符合下列要求：

（1）地脚螺栓在安放前，应将预留孔中的杂物清理干净。

（2）地脚螺栓在预留孔中应垂直。

（3）地脚螺栓任一部分与孔壁的间距不宜小于 15 mm；地脚螺栓底端不应碰孔底。

（4）地脚螺栓上的油污和氧化皮等应清除干净，螺纹部分应涂上油脂。

（5）螺母与垫圈、垫圈与设备底座间的接触均应紧密。

（6）拧紧螺母后，螺栓应露出螺母，其露出的长度宜为 2 ~ 3 个螺距。

（7）应在预留孔中的混凝土达到设计强度的 75% 以上后拧紧地脚螺栓，各螺栓的拧紧力应均匀。

安装胀锚螺栓应符合下列要求：

（1）胀锚螺栓的中心线至基础或构件边缘的距离不应小于胀锚螺栓的公称直径的 7 倍；胀锚螺栓的底端至基础底面的距离不应小于胀锚螺栓的公称直径的 3 倍，且不应小于 30 mm；相邻两胀锚螺栓的中心距不应小于胀锚螺栓的公称直径的 10 倍。

（2）胀锚螺栓的钻孔直径和深度，应符合选用的胀锚螺栓的要求，且应防止与基础或构件中的钢筋、预埋管和电缆等埋设物相碰。

（3）胀锚螺栓不应采用预留孔。

（4）安装胀锚螺栓的基础混凝土的抗压强度不应小于 10 MPa。

（5）混凝土或钢筋混凝土结构有裂缝的部位和容易产生裂缝的部位不应使用胀锚螺栓。

（二）垫铁

在机械设备底座和基础表面间放置垫铁，可以通过找正使设备达到所要求的标高、水平，也可以使设备的全部负荷力（设备自重、工作荷载、螺栓紧固力等）能通过垫铁均匀地传递到基础上。

垫铁的种类很多，机械设备安装要求的垫铁也各不相同。机械设备安装工程中常用斜垫铁、平垫铁、成对斜垫铁、螺栓调整垫铁、调整螺钉、减振垫铁等。常采用的垫铁施工方法为坐浆法和压浆法。

当机械设备的载荷由垫铁组承受时，垫铁组的安放应符合下列要求：

（1）每个地脚螺栓的旁边应至少有一组垫铁。

（2）垫铁组在能放稳和不影响灌浆的条件下，应放在靠近地脚螺栓和底座主要受力部位下方。

（3）相邻两垫铁组间的距离，宜为 500 ~ 1 000 mm。

（4）设备底座有接缝处的两侧，应各安放一组垫铁。

(5)每一垫铁组的面积,应符合规范要求。

(6)地脚螺栓拧紧时,在垫铁组上产生的载荷应符合规范要求。

垫铁组的使用,应符合下列要求:

(1)承受载荷的垫铁组,应使用成对斜垫铁。

(2)承受重负荷或有连续振动的设备,宜使用平垫铁。

(3)每一垫铁组的块数不宜超过5块。

(4)放置平垫铁时,厚的宜放在下面,薄的宜放在中间。

(5)垫铁的厚度不宜小于2 mm。

(6)除铸铁垫铁外,各垫铁相互间应用定位焊焊牢。

每一垫铁组应放置整齐平稳,并接触良好。机械设备调平后,每组垫铁均应压紧,并应用手锤逐组轻击听音检查。

机械设备调平后,垫铁端面应露出设备底面外缘;平垫铁宜露出10~30 mm;斜垫铁宜露出10~50 mm。垫铁组伸入设备底座底面的长度应超过设备地脚螺栓的中心。

安装在金属结构上的设备调平后,其垫铁均应与金属结构用定位焊焊牢。

(三)灌浆

灌浆是指在设备安装中对预留地脚螺栓孔、机械设备底座与基础之间的空隙用灌浆材料进行灌注,使设备在基础上固定的施工作业。

预留地脚螺栓孔或机械设备底座与基础之间的灌浆,其配制、性能和养护应符合国家现行标准的有关规定。

预留地脚螺栓孔灌浆前,灌浆处应清洗洁净;灌浆宜采用细碎石混凝土,其强度应比基础或地坪的混凝土强度高一级;灌浆时应捣实,不应使地脚螺栓歪斜和影响机械设备的安装精度。

专家解读

设备灌浆分两次进行。在设备初步就位后,应先对预留孔洞及地脚螺栓进行灌注,待设备完成找正后,再对基础表面和设备底座底面之间的空隙进行灌注,所以设备安装灌浆也称二次灌浆。

五、设备吊装与安装调整

(一)设备吊装

一般设备可采用钢丝绳绑扎于设备吊耳处进行吊装;无吊耳的钢构类设备及较精密设备应采用吊装软索进行吊装,无吊耳设备的吊点选择应征得设备制造商的同意。

吊装设备应根据设备质量、吊装高度和现场环境选择适合的起重机械和吊点。需特殊措施吊装时,应编制专项作业方案,内容应有吊装方法、载荷分配、自制辅助吊具的强度计算、操作程序、安全措施等。

专家解读

设备吊装前应编制专项方案或作业指导书,经现场监理单位审核后施工;超过一定规模危险性较大的大型设备吊装方案应进行专家论证。

（二）设备安装调整

设备安装调整应符合技术文件和规范的要求的精度。例如，以底座的垂直加工面定位轧机底座的中心位置便于控制底座部件之间的平行度，在机架安装后也便于复查检测，但在此之前需检查该垂直加工面与上平面的垂直度，这一指标应由底座机械加工给予保证。同轴度是由制造厂保证的，在组装时应注意按规定装配完整，以保证其装配精度。

影响设备安装精度的因素如表1-19所示。

表1-19 影响设备安装精度的因素

影响因素	影响内容
基础的影响	设备基础存在强度不足、沉降不均匀和抗振性不足等一些缺陷，对安装精度存在严重的影响
灌浆和垫铁的影响	垫铁本身的质量（表面不平整、有毛刺，尺寸误差大）、垫铁的接触质量（垫铁不平稳、接触不好、未焊牢）、二次灌浆质量（不密实、强度达不到）存在一些问题，严重影响设备安装精度
地脚螺栓的影响	地脚螺栓的位置、标高、垂直度和紧固力矩直接影响设备安装精度
设备制造和装配的影响	设备制造的加工精度；散装或解体设备的装配精度，包括各零部件之间的相互位置精度（如平行度、水平度、铅垂度）、相对运动精度（传动精度、圆周运动精度、直线运动精度）、配合面之间相互配合精度
测量的影响	测量仪器的检测精度、检测基准的加工精度、安装基准的实际偏差、测量方法的合理性、测量人员的技能水平等都会影响设备安装精度
安装环境的影响	环境的因素也在安装过程中有着至关重要的影响，环境温度及湿度等参数的变化会造成测量精度及基础标高等改变，也会对设备本身尺寸造成影响，尤其是大型、精密设备
应力的影响	材料内部存在一种不受任何外力作用的应力即为内应力，可能会使结构材料的刚度和稳定性降低致使设备产生变形而影响设备安装精度
操作的影响	操作者应具有相应的操作技能、技术水平和责任心，并根据正确的工艺标准进行装配和安装，否则将会产生较大的操作误差，进而影响设备安装精度

专家解读

测量方法不合理时容易出现较大的误差，包括形状误差和位置误差。形状误差有圆柱度、平面度、直线度及圆度等。位置误差有平行度、垂直度、对称度、倾斜度、同轴度等。

机械设备安装精度的控制要从多方面进行，一般按影响精度的因素从人、机、料、法、环几个方面进行控制。

机械设备安装精度的偏差，宜符合下列要求：能补偿受力或温度变化后所引起的偏差；能补偿使用过程中磨损所引起的偏差；不增加功率损耗；使转动平稳；有利于提高工件的加工精度。

链接

设备安装精度控制中，采用修配法对补偿件进行补充加工的目的是抵消过大的安装积累误差。

六、装配

(一)基本规定

机械设备装配前，应对需要装配的零部件配合尺寸、相关精度、配合面、滑动面进行复查和清洗洁净，并应将零件、部件和设备表面涂上润滑油，同时应按照标记及装配顺序进行装配。

链接

装配工作的基本顺序与拆卸工作的基本顺序相反，即先拆下的零件后装配。装配工作基本是按照组合件装配、部件装配、总装配的顺序进行的。

机械设备清洗的零件、部件应按装配或拆卸的程序进行摆放，并妥善地保护；清理出的油污、杂物及废清洗剂，不得随地乱倒，应按环保有关规定妥善处理。

机械设备零、部件经清洗后，应立即进行干燥处理，并应采取防锈措施。

(二)连接与紧固

连接与紧固要求如表1-20所示。

表1-20 连接与紧固要求

项目	要求
螺栓或螺钉连接紧固	(1)螺栓紧固时，宜采用呆扳手，不得使用打击法和超过螺栓的许用应力。 (2)多只螺栓或螺钉连接同一装配件紧固时，各螺栓或螺钉应交叉、对称和均匀地拧紧。当有定位销时应从靠近该销的螺栓或螺钉开始均匀拧紧。 (3)螺栓紧固时有预紧力要求时，可采用下列方法控制：可利用专用力矩扳手；可控制螺栓紧固后的长度；大直径的螺栓可采用液压拉伸法进行紧固；大直径的螺栓亦可采用加热伸长法控制螺栓紧固；采用螺母转角法紧固
高强度螺栓的装配	(1)不得使用高强度螺栓兼做临时螺栓。 (2)安装高强度螺栓时，不得强行穿入螺栓孔；当不能自由穿入时，该孔应用铰刀修整，铰孔前应将四周螺栓全部拧紧，修整后孔的最大直径应小于螺栓直径的1.2倍。 (3)高强度螺栓的初拧、复拧和终拧应在同一天内完成
具有过盈的配合件装配	(1)冷装法：即常温装配法，在常温下装配时，应将配合面清洗洁净，并涂一薄层不含二硫化钼添加剂的润滑油；装入时用力应均匀，不得直接打击装配件。 (2)压装法：纵向过盈连接的装配，宜采用压装法。 (3)温差法：横向过盈连接的装配，宜采用温差法

专家解读

螺栓紧固有预紧力要求时的控制方法：利用专用力矩扳手即定力矩法；控制螺栓紧固后的长度即测量伸长法。

（三）联轴器、离合器、制动器装配

联轴器装配时，两轴心径向位移和两轴线倾斜的测量，应符合下列要求：

（1）将两个半联轴器暂时互相连接，应在圆周上画出对准线或装设专用工具，其测量工具可采用塞尺直接测量、塞尺和专用工具测量或百分表和专用工具测量。

（2）将两个半联轴器一起转动，应每转90°测量一次，并记录5个位置的径向位移测量值和位于同一直径两端测点的轴向测量值。

当测量联轴器端面间隙时，应使两轴的轴向窜动至端面间隙为最小的位置上，再测量其端面间隙值。

湿式多片摩擦离合器、干式单片摩擦离合器、圆锥离合器、牙嵌式离合器、超越离合器、磁粉离合器等的装配应符合相关要求。

盘式制动器、瓦块式制动器、带式制动器、磁粉制动器等的装配应符合相关要求。

（四）滑动轴承装配

厚壁轴瓦的装配，应符合下列要求：上、下轴瓦的接合面应接触良好。未拧紧螺栓时，应用0.05 mm的塞尺从外侧检查，任何部位塞入深度均不应大于接合面宽度的1/3。动压轴承的顶间隙宜按规范的规定调整。单侧间隙应为顶间隙的1/2～2/3。

轴颈与轴瓦的侧间隙可用塞尺检查，侧间隙值应符合随机技术文件的规定；轴颈与轴瓦的顶间隙可用压铅法检查，铅丝直径不宜大于顶间隙的3倍。

（五）滚动轴承装配

采用压装法装配时，压入力应通过专用工具或在固定圈上垫以软金属棒、金属套传递，不得通过轴承的滚动体和保持架传递压入力；采用温差法装配时，应均匀地改变轴承的温度，轴承的加热温度不应高于120 ℃，冷却温度不应低于－80 ℃。

轴承外圈与轴承座孔或箱体孔的配合，应符合随机技术文件规定，无规定时，剖分式轴承座或开式箱体的剖分接合面应无间隙；轴承外圈与轴承座孔在对称于中心线120°范围内、与轴承盖孔在对称于中心线的90°范围内应均匀接触，且用0.03 mm的塞尺检查时，塞尺不得塞入轴承外圈宽度的1/3；轴承外圈与轴承座孔或开式轴承座及轴承盖的各半圆孔间不得有卡住现象。

轴承与轴肩或轴承座档肩应靠紧，圆锥滚子轴承和向心推力球轴承与轴肩的间隙不应大于0.05 mm，其他轴承与轴肩的间隙不应大于0.10 mm。轴承盖和垫圈必须平整，并应均匀地紧贴在轴承外圈上。当随机技术文件有间隙规定时，应按规定留出间隙。

滚动轴承装配后应转动灵活。当轴承采用润滑脂润滑时，应在轴承约1/2空腔内加注符合规定的润滑脂；采用稀油润滑的轴承，不应加注润滑脂。

（六）传动带、链条、齿轮和密封件装配

装配时所使用的传动带，其材质、性能、类型和规格尺寸必须与设计规定的技术要求相符合，严禁随意改变和替换。

链条与链轮装配前应清洗洁净，主动链轮与被动链轮的轮齿几何中心线应重合。

齿轮和蜗轮装配时，其基准面端面与轴肩或定位套端面应靠紧贴合，且用0.05 mm塞尺检查不应塞入；基准端面与轴线的垂直度应符合传动要求。

相互啮合的圆柱齿轮副的轴向错位，应符合下列规定：

（1）齿宽小于等于100 mm时，轴向错位应小于等于齿宽的5%。

(2)齿宽大于100 mm时,轴向错位应小于等于5 mm。

齿轮与齿轮、蜗杆与蜗轮装配后应盘动检查,其转动应平稳、灵活、无异常声响。

用压铅法检查齿轮啮合间隙时,铅条直径不宜超过间隙的3倍,铅条的长度不应小于5个齿距,沿齿宽方向应均匀放置不少于2根铅条。

用着色法检查传动齿轮啮合的接触斑点,应符合下列要求:

(1)应将颜色涂在小齿轮或蜗杆上,在轻微制动下,用小齿轮驱动大齿轮,使大齿轮转动3~4转。

(2)圆柱齿轮和蜗轮的接触斑点,应趋于齿侧面中部;圆锥齿轮的接触斑点,应趋于齿侧面的中部并接近小端;齿顶和齿端棱边不应有接触。

(3)接触斑点的百分率,应符合相关规定,宜采用透明胶带取样,并贴在坐标纸上保存、备查。

(4)可逆转的齿轮副,齿的两面均应检查。

密封胶使用以及填料密封、成形密封和机械密封装配应符合相关要求。

提示

"装配"小节,历年考试中经常会以选择题、案例题的形式进行考查。

典型例题

【单选题】关于机械设备典型零部件装配的要求的说法,正确的是(　　)。

A. 齿轮装配时,圆柱齿轮和涡轮的接触斑点应趋于齿侧面顶部

B. 联轴器装配时,应将两个半联轴器每转180°测量一次

C. 滑动轴承装配时,轴颈与轴瓦的侧间隙可用塞尺检查

D. 采用温差法装配滚动轴承时,加热温度不应高于150 ℃

C。**【解析】**圆柱齿轮和涡轮的接触斑点,应趋于齿侧面中部。故选项A错误。联轴器装配时,将两个半联轴器一起转动,应每转90°测量一次。故选项B错误。采用温差法装配滚动轴承时,轴承的加热温度不应高于120 ℃。故选项D错误。

七、液压、气动和润滑管道的安装

(一)管道安装

管子不应直接焊在支架上。不锈钢管道与支架间应垫入不锈钢的垫片、不含氯离子的塑料或橡胶垫片;安装时,不应用铁质工具直接敲击不锈钢管道。

管子与机械设备连接时,不应使机械设备承受附加外力,并不应使异物进入设备或部件内。

润滑脂系统的给油器或分配器至润滑点间的管路中,在安装前应充满润滑脂,管内不应有空隙。

(二)管道的酸洗、冲洗与吹扫

液压、润滑管道的除锈,应采用酸洗法。管道的酸洗,应在管道配置完成,且已具备冲洗条件后进行。

油库或液压站内的管道,宜采用槽式酸洗法;从油库或液压站至使用点或工作缸的管道,宜采用循环酸洗法。

液压、润滑系统的管道经酸洗投入使用后，应采用工作介质或相当于工作介质的液体进行冲洗。管道冲洗后的清洁度等级，应符合设计或随机技术文件的规定。

气动系统管道安装后，应采用干燥的压缩空气进行吹扫。各种阀门及辅助元件不应投入吹扫，气缸和气动马达的接口，应进行封闭。

（三）管道的压力试验与涂漆

管道的压力试验应在管路冲洗合格后进行。液压系统压力试验时，应将系统内的泵、伺服阀、比例阀、压力传感器、压力继电器和蓄能器脱开。

管道涂防锈漆前，应除净管道外壁的铁锈、焊渣、油垢及水分等。管道涂层应均匀、完整，无损坏和漏涂。涂层应附着牢固，并应无剥落、皱纹、气泡、针孔等缺陷。

八、润滑

机械设备良好的运行状态与润滑、加油密不可分。机械设备润滑的方式一般有分散润滑和集中润滑两种。分散润滑常用于润滑分散的或个别部件的润滑点。集中润滑常用于变速箱、进给箱、整台或成套机械设备及自动化生产线的润滑。

链接

机械设备经过润滑不仅可以减少摩擦和表面破坏，还能降低温度，从而提高设备的使用性能并延长设备的使用寿命。

九、试运转

（一）试运转的条件

机械设备的试运转，应具备下列条件：

（1）机械设备及其附属装置、管线等均已安装完毕。

（2）机械设备的安装水平已调整至允许的范围。

（3）与安装有关的“几何精度”经检验合格。

（4）试运转需要的动力、介质、材料、机具、检验仪器，应符合“试运转”的要求。

（5）润滑、液压、冷却、水、气（汽）和电气等系统，应符合系统单独调试和主机联合调试的要求。

（6）对人身或机械设备可能造成损伤的部位，相应的安全设施和安全防护装置应设置完善。

（7）对大型、复杂和精密设备，编制的试运转方案或试运转操作规程，应经有关技术主管批准和同意。

（8）试运转机械设备周围的环境应清扫干净，不得产生粉尘和较大的噪声。

（二）系统调试

系统调试主要包括：电气和操作控制系统调试；润滑系统调试；液压系统调试；气动、冷却系统调试；加热系统调试。

（三）机械设备动作试验

机械设备的动作试验，应在其润滑、液压、气（汽）动、加热、冷却和电气等系统单独模拟调试合格后方可进行。机械设备的安全、保护、防护装置的功能试验，应符合随机技术文件的规定。

（四）试运转主要内容

1. 单机试运转

设备单机试运转的时间应符合产品技术文件规定或设计文件的要求。单机试运转所采用的介质，应根据设计文件及实际条件决定。若无特殊规定，宜以水、空气或氮气为介质。

设备试运转宜先手动或机械转动设备，并应确认无卡阻后再电动运行，同时应按先点动、后连续，先低速、后中速和高速的原则进行。

2. 无负荷联动试运转

无负荷联动试运转是试生产前的模拟试运行，应在设备单机试运转合格后进行。无负荷联动试运转的目的，一方面是检查各设备之间电气联锁控制的效果；另一方面是再次检查设备性能及其安装质量，以便更好地满足生产要求。

3. 负荷联动试运转

负荷联动试运转应在无负荷联动试运转合格后进行。负荷联动试运转应按生产工艺流程进行模拟生产，并应确认正常后再投料运行。停机前应先停料，不得存料停机及带料负荷启动。设备负荷联动试运转中，主要考核的内容有是否满足设计和相关规范要求，设备安装质量和性能，生产工艺和生产能力能否满足生产的要求。

十、工程验收

机械设备安装工程试运转合格、且具备有关资料后，应及时办理工程交工验收手续。

模块二　电气工程安装技术

一、配电装置的安装技术要求

现在配电装置多以成套供货。成套配电装置一般有高压开关柜、低压开关柜、预装式变电站、组合开关等。它们运行在电网中起着接受和分配电能作用，同时对电气设备起着控制和保护作用。

（一）成套配电装置入场

配电装置到达施工现场后，应在规定的期限内进行验收检查，并应符合下列规定：

（1）包装及密封应良好。

（2）配电装置的材质、规格、型号应符合设计文件的规定，柜体几何尺寸及公差应符合设计文件的规定。

（3）配电装置检查应无损伤、无腐蚀、无受潮。附件、备件、专用工具的供应范围和数量应符合合同要求。

（4）柜内接线螺栓完好，绝缘瓷瓶、引线瓷瓶应无损伤和裂纹，表面应清洁。接地线规格、接地电阻值应符合设计要求。

（5）主要设备的装箱清单、产品质量合格证、性能检测报告及产品说明书、技术文件等随机文件、附件应齐全。检查确认无误后，形成记录。

提示

柜内的关键部件应有产品制造许可证的复印件。

除上述规定外，成套配电柜设备还应具备下列基本要求：

(1)柜体的安装位置，应留有一定的空间，以保证能顺利地安装或拆卸。柜体布置应整齐、美观、合理。柜内设备与盘面应保持安全距离。柜内出线母排应考虑安装接地线的位置。

(2)配电装置应装设防止电气误操作闭锁装置。防止电气误操作闭锁装置宜采用机械闭锁，成套开关柜应采用机械闭锁装置。屋内间隔式配电装置，尚应装设防止误入带电间隔的设施。

(3)机械联锁装置不允许采用钢丝，防止钢丝断裂后造成短路，失去机械联锁功能。

(4)配电装置应具有良好的通风和压力释放条件。如设有百叶窗或其他开口时，应有防止漏、渗水或小动物进入的措施。

(5)配电装置内母线相序和极性的排列应一致，母线应有区别相序和极性的色标。交、直流母线，应尽量做到长度一致。

(6)柜体内应配置吊环。

(二)配电装置柜体和电器元件的安装要求

安装时，应按施工图的布置，将配电柜按照顺序逐一就位在基础型钢上，之后进行找平和找正。单独配电柜进行柜面和侧面的垂直度的调整可用加垫铁的方法解决，但不可超过三片，并焊接牢固。成列配电柜各台就位后，应对柜的水平度、垂直度及盘面偏差进行调整，垂直度允许偏差不应大于0.15%，相互间接缝不应大于2 mm，成列盘面偏差不应大于5 mm。

基础型钢应不少于两处接地，保持其导电良好、连接牢固。型钢在安装后应检查垂直度、水平度、位置偏差及不平行度等，应全部符合要求。

挂墙式的可采用膨胀螺栓固定在墙上，但空心砖或砌块墙上要预埋燕尾螺栓或采用对拉螺栓进行固定。

每台配电柜单独与基础型钢连接，可采用铜线将柜内 PE 排与接地螺栓可靠联结，并必须加弹簧垫圈进行防松处理。每扇柜门应分别用铜编织线与 PE 排可靠联结。

盘、柜、台、箱的接地应牢固可靠；装有电器的可开启的门，应以裸铜软线与接地的金属构架可靠连接，成套柜应装有供检修用的接地装置。

柜体安装完毕后，还应全面复测一次，并做好柜体的安装记录，并将各设备擦拭干净。

电器元件质量良好，型号、规格应符合设计要求，外观应完好，且附件全，排列整齐，固定牢固，密封良好。各电器应能单独拆装更换而不影响其他电器及导线束的固定。

发热元件宜装在散热良好的地方，两发热元件之间的连接应采用耐热导线。熔断器的熔体规格、断路器的整定值应符合设计要求。

信号回路的信号灯、光字牌、电铃、事故电钟等应显示准确、可靠。

柜内装置性设备或其他有接地要求的电器，其外壳应可靠接地。

切换连接片应接触良好，相邻连接片间应有足够的安全距离，切换时不应碰及相邻的连接片。对于一端带电的切换连接片，应使在连接片断开情况下，活动端不带电。

(三)配电装置的整定

配电装置在正式投入运营前，应进行整定，整定项目包括过电流保护整定、过负荷告警整定、过电压保护整定、零序过电流保护整定、三相一次重合闸整定。

过电流保护整定、过负荷告警整定、零序过电流保护整定主要针对电流元件和时间元件，方向元件也应进行零序过电流保护整定。过电压保护整定主要针对过电压的范围和保护时间。三相一次重合闸整定主要针对重合闸的同期角和延时。

典型例题

【单选题】在配电装置的整定中，三相一次重合闸需整定的内容是(　　)。

A. 方向元件整定　　B. 过电压整定

C. 保护时间整定　　D. 同期角整定

D。【解析】在配电装置的整定中，三相一次重合闸需整定的内容是同期角整定和延时整定。过电流保护整定的内容是电流元件整定和时间元件整定。

二、电器设备的安装技术要求

(一)电动机安装技术要求

1. 准备工作

电动机安装时的检查应符合下列规定：

(1)安装前外观应完好，附件、备件应齐全、无损伤，绕组绝缘电阻值应满足产品技术文件要求。

链接

因受潮引起的绝缘电阻不符合要求时，应对电动机进行干燥，干燥方法应包括：自然空转风冷法或通热风干燥法；直流电干燥法；灯泡干燥法；电炉烘烤法；短路干燥法。

在整个干燥过程中，必须要有专人值班。电动机干燥过程中应定时测量绕组温度、绝缘电阻，并测量铁心和绕组的温度(最高温度控制在70～80 ℃)，并做好记录。温度应缓慢上升，升温速率应满足产品技术文件要求，可为每小时升5～8 ℃。测量温度时，不允许使用水银温度计，水银是液态金属，测量时，一旦温度计损坏，水银溅到电机线圈内将使线圈短路，有损坏电机的危险，并且水银是导体，在电磁场中会产生涡流损耗，引起测量误差。测量温度可使用电阻温度计、温差热电偶、酒精温度计。刚开始时应每15～30 min记录一次，以后1～2 h必须记录一次。当绝缘电阻值、吸收比或极化指数满足产品技术文件要求，且测量数值在同一温度下历时5 h稳定不变时，可认为干燥合格。

(2)定子和转子分箱装运的电动机，其铁心、转子的表面及轴颈的保护层应完整，并应无损伤和锈蚀现象。

(3)盘动转子应灵活，不得有碰卡声。

(4)润滑脂应无变色、变质及变硬等现象，其性能应符合电动机的工作条件。

(5)可测量空气间隙的电动机，其气隙的不均匀度应满足产品技术文件要求，当无要求时，各点气隙与平均气隙的差值不大于平均气隙的5%。

(6)电动机接线盒内的空间应满足电缆曲绕压接的需要，引出线鼻子焊接或压接应良好，编号应齐全，接线端子支持强度应能承受电缆弯曲产生的应力，电缆在接线盒内不应受外力挤压和磨损，裸露带电部分的电气间隙应满足产品技术文件要求。

(7)应检查绕线式电动机的电刷提升装置，动作顺序应满足产品技术文件要求。

(8)电动机接线盒密封性能应满足电机防护等级要求。

(9)电动机过电压保护器、加热器及测温元件检查，应满足产品技术文件要求。

当电动机有下列情况之一时，应抽转子检查：

(1)出厂日期超过制造厂保证期限。

(2)外观检查或电气试验，质量可疑时。

(3)开启式电动机端部检查可疑时。

(4)试运转时有异常情况。

2. 电动机安装及试运行

电动机安装时，应符合下列要求：

(1)电动机的基础、地脚螺栓孔的位置、尺寸和质量均应符合设计和土建工程的要求。

(2)电动机外壳上的油漆应完好，并应标明旋转方向和编号。

(3)电动机外壳应有良好的接地。如果电动机的外壳和基础框架保持可靠的接触，则可将基础框架接地，但基础框架的接地线应明显，便于检查。

(4)电动机转向应正确。

(5)电动机轴心与机壳中心应保持一致；电动机支座下的调整垫片不应超过三块。

(6)安装面应平整，与基础或平台应接触良好。

电动机安装在设计位置后，应进行电源的接线。电动机所用电源为三相电，三相电源是由频率相同、振幅相等而相位依次相差120°的三个正弦电源以一定方式连接向外供电的系统，一般的接线方式有星形(Y)接法和三角形(△)接法两种，如图1-7所示。星形接法有助于降低绕组承受电压，降低绝缘等级；三角形接法有助于提高电机功率，但其启动电流和绕组承受电压均较大，使得绝缘等级增大。因此，小功率电机大部分采用星形接法，大功率电机采用三角形接法。

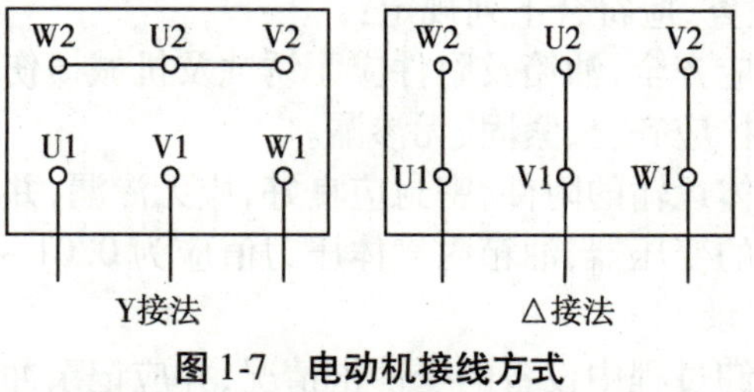

图1-7　电动机接线方式

电动机安装完成后，应进行电动机试运行。电动机试运行前应当检查下列内容：

(1)对于新投入使用或停用3个月以上的电动机试运行前，应用500 V兆欧表测量绕组的绝缘电阻。对于380 V的异步电动机，绝缘电阻应不低于0.5 MΩ。如达不到，应查明原因并进行处理。如为受潮引起，应进行干燥处理。

(2)检查电动机铭牌参数是否与电源电压及实际使用条件相符合。

(3)检查并清洁电动机，如有必要，应解体并清扫内部污垢、铁锈；检查轴承内是否有适量、合格的润滑脂；风叶等是否完好。

(4)检查电动机安装是否牢固，地脚螺栓是否拧紧。

(5)检查电动机保护接地(接零)是否良好。

(6)检查电源线是否完好，连接是否牢固。

(7)检查电动机与传动机构的联轴器是否安装良好，电动机传动皮带的张力是否合适。

(8)检查电动机电源开关、启动设备、控制装置是否合适、完好，保险丝选择是否合适，热继电器调整是否合适。断路器、短路脱扣器和热脱扣器整定是否正确。

(9)检查电动机接线盒内的接线是否正确、牢固,接线板绝缘是否良好,有无导线毛头裸露,接线盒是否固定好,密封圈是否垫好,在多尘、潮湿的场所尤为注意。

(10)对于绕线型电动机,还应检查滑环、电刷等。

链接

检查电动机保护接地时,接地线(铜芯)的截面面积应不小于4 mm^2,且应有防松弹簧垫圈。另外,电动机试运行前还需通电检查电动机的转向是否正确,如果发现转向错误,则应将电动机接线盒侧或电源侧任意两条电源线进行对调。

交流电动机应先进行空载试运行,空载试运时间宜为2 h以上直至电动机轴承温度稳定为止;直流电动机空载运转时间不宜小于30 min。交流电动机带负荷启动次数应满足产品技术文件要求。

单机试运行中应对电动机进行下列检查:

(1)电动机、风扇的旋转方向及运行声音。

(2)换向器、集电环及电刷的运行状况。

(3)启动电流、启动时间、空载电流。

(4)电动机各部温度。

(5)电动机振动。

(6)轴承状况及润滑脂量。

(二)变压器安装技术要求

1. 准备工作

变压器到货的交接检查,应符合下列规定:

(1)变压器所有附件应齐全,油箱及附件应无锈蚀及机械损伤,密封应良好。

(2)油箱盖的连接螺栓应齐全、紧固、无渗漏。

(3)注油或充干燥气体运输的附件,密封应良好,应无渗漏,并应有监视压力表。

(4)充干燥气体运输的变压器,油箱内气体压力值应为0.01~0.03 MPa,现场应办理交接签证并移交监测压力记录。

(5)应检查运输及装卸过程中设备的受冲击情况,并应记录冲击值、办理交接签证手续。

2. 变压器装卸及就位

变压器的装卸除应符合满足产品技术文件的要求外,还应符合下列规定:

(1)变压器可用滚杠滚动及卷扬机拖运的运输方式。

(2)利用机械牵引变压器时,牵引着力点应在设备的重心以下并符合制造厂规定;运输过程中,设备倾斜角度不应超过15°。

(3)变压器的装卸应使用产品设计的专用受力点,并应采取防滑和防倒措施;牵引速度不应超过2 m/min。

变压器搬运时,用木箱或纸箱将高低压绝缘瓷瓶罩住进行保护,使其不受损伤。

变压器就位应符合下列规定:

(1)利用千斤顶升降大型变压器时,应将千斤顶放在千斤顶支架部位,升降操作应使各点均匀受力,并应及时垫好垫铁。

(2)装有滚轮的变压器,其滚轮转动应灵活。

(3)装有气体继电器的变压器,除制造厂规定不需设置安装坡度外,应使其顶盖沿气体继电器气流方向有1%~1.5%的升高坡度;当与封闭母线连接时,其套管中心线应与封闭母线中心线相符。

吊装油浸式变压器应利用油箱体吊钩,不得用变压器顶盖上盘的吊环吊装整台变压器;吊装干式变压器,可利用变压器上部钢横梁主吊环吊装。

专家解读

变压器吊装时,应避免误吊不合理吊点而损坏变压器结构。比如油浸式变压器顶盖上的吊环是为吊芯用的,如果用作吊整体,会使顶盖上盘法兰变形,导致漏油。

室内变压器就位应符合下列规定:

(1)变压器基础的轨道应水平,轮距与轨距应适合。

(2)当使用封闭母线连接时,应使其套管中心线与封闭母线安装中心线相符。

(3)装有滚轮的变压器就位后应将滚轮用能拆卸的制动装置加以固定。

典型例题

【多选题】关于油浸式变压器二次搬运和就位的说法,正确的有(　　)。

A. 变压器可用滚杠滚动及卷扬机拖运的运输方式

B. 顶盖气体继电器气流方向有0.5%的坡度

C. 就位后应将滚轮用能拆卸的制动装置固定

D. 二次搬运时变压器倾斜角不得超过15°

E. 可使用变压器顶盖上部用吊环吊装变压器

ACD。【解析】装有气体继电器的变压器,除制造厂规定不需设置安装坡度外,应使其顶盖沿气体继电器气流方向有1%~1.5%的升高坡度。故选项B错误。油浸式变压器顶盖上的吊环是为吊芯用的,如果用作吊整体,会使顶盖上盘法兰变形,导致漏油,因此,不得用变压器顶盖上部的吊环吊装整台变压器。故选项E错误。

3. 变压器干燥

设备干燥时,宜采用真空热油循环干燥法。抽真空时,应在铁心温度达到70~80 ℃时进行第一次,且应使真空度达到0.02 MPa,以后应按每1 h均匀增高0.006 7 MPa至规定的真空度。

在保持温度不变的情况下,绕组的绝缘电阻应下降后再回升,并应持续6 h保持稳定,且真空滤油机中无凝结水产生时,可视为干燥完毕。

4. 变压器安装

变压器的中性点即变压器低压侧三相四线输出的中性点(N端子)。为了用电安全,建筑电气设计选用中性点(N)接地的系统,并规定与其相连的接地装置接地电阻最大值,施工后实测值不允许超过规定值。由接地装置引出的干线,以最近距离直接与变压器中性点(N端子)可靠连接,以确保低压供电系统可靠、安全地运行。变压器0.4 kV侧中性点可在变压器中性点处一点接地,也可以在低压配电柜处通过与保护接地线(PE)连接后一点接地。但此两种接地方式只能够采用其中一种。

变压器一次、二次引线排列应整齐,绑扎应牢固,应留有防水弯。变压器套管表面应光洁,零部件应齐全,外壳应干净,油漆应完整。变压器外壳保护接地应可靠,接地电阻应小于4 Ω。

5. 变压器交接试验

电力变压器的试验项目，应包括：绝缘油试验或SF_6气体试验；测量绕组连同套管的直流电阻；检查所有分接的电压比；检查变压器的三相接线组别和单相变压器引出线的极性；测量铁心及夹件的绝缘电阻；非纯瓷套管的试验；有载调压切换装置的检查和试验；测量绕组连同套管的绝缘电阻、吸收比或极化指数；测量绕组连同套管的介质损耗因数($\tan\delta$)与电容量；变压器绕组变形试验；绕组连同套管的交流耐压试验；绕组连同套管的长时感应耐压试验带局部放电测量；额定电压下的冲击合闸试验；检查相位；测量噪声。

提示

各类变压器试验项目可根据变压器类型、用途、安装技术等从上述试验项目中具体选择。

油浸式变压器中绝缘油及SF_6气体绝缘变压器中SF_6气体的试验，应符合下列规定：

(1)变压器油中水含量的测量，应符合下列规定：电压等级为110(66) kV时，油中水含量不应大于20 mg/L；电压等级为220 kV时，油中水含量不应大于15 mg/L；电压等级为330～750 kV时，油中水含量不应大于10 mg/L。

(2)油中含气量的测量，应按规定时间静置后取样测量油中的含气量，电压等级为330～750 kV的变压器，其值不应大于1%(体积分数)。

(3)对SF_6气体绝缘的变压器应进行SF_6气体含水量检验及检漏。SF_6气体含水量(20 ℃的体积分数)不宜大于250 μL/L，变压器应无明显泄漏点。

测量绕组连同套管的直流电阻，应符合下列规定：

(1)测量应在各分接的所有位置上进行。

(2)1 600 kVA及以下三相变压器，各相绕组相互间的差别不应大于4%；无中性点引出的绕组，线间各绕组相互间差别不应大于2%；1 600 kVA以上变压器，各相绕组相互间差别不应大于2%；无中性点引出的绕组，线间相互间差别不应大于1%。

(3)变压器的直流电阻，与同温下产品出厂实测数值比较，相应变化不应大于2%。

(4)由于变压器结构等原因，差值超过第(2)款时，可只按第(3)款进行比较，但应说明原因。

(5)无励磁调压变压器送电前最后一次测量，应在使用的分接锁定后进行。

检查所有分接的电压比，应符合下列规定：

(1)所有分接的电压比应符合电压比的规律。

(2)与制造厂铭牌数据相比，应符合下列规定：电压等级在35 kV以下，电压比小于3的变压器电压比允许偏差应为±1%；其他所有变压器额定分接下电压比允许偏差不应超过±0.5%；其他分接的电压比应在变压器阻抗电压值(%)的1/10以内，且允许偏差应为±1%。

检查变压器的三相接线组别和单相变压器引出线的极性，应符合下列规定：

(1)变压器的三相接线组别和单相变压器引出线的极性应符合设计要求。

(2)变压器的三相接线组别和单相变压器引出线的极性应与铭牌上的标记和外壳上的符号相符。

测量铁心及夹件的绝缘电阻，应符合下列规定：

(1)应测量铁心对地绝缘电阻、夹件对地绝缘电阻、铁心对夹件绝缘电阻。

(2)进行器身检查的变压器，应测量可接触到的穿心螺栓、轭铁夹件及绑扎钢带对铁轭、铁心、油箱及绕组压环的绝缘电阻。当轭铁梁及穿心螺栓一端与铁心连接时，应将连接片断开后进行试验。

(3)在变压器所有安装工作结束后应进行铁心对地、有外引接地线的夹件对地及铁心对夹件的绝缘电阻测量。

(4)对变压器上有专用的铁心接地线引出套管时，应在注油前后测量其对外壳的绝缘电阻。

(5)采用2 500 V兆欧表测量，持续时间应为1 min，应无闪络及击穿现象。

非纯瓷套管的试验，应按规范规定进行。有载调压切换装置的检查和试验，应符合规范规定。

测量绕组连同套管的绝缘电阻、吸收比或极化指数，应符合下列规定：

(1)绝缘电阻值不应低于产品出厂试验值的70%或不低于10 000 MΩ(20 ℃)。

(2)变压器电压等级为35 kV及以上且容量在4 000 kVA及以上时，应测量吸收比。吸收比与产品出厂值相比应无明显差别，在常温下不应小于1.3；当R_{60}(即校正到60 ℃时的绝缘电阻值，下同)大于3 000 MΩ(20 ℃)时，吸收比可不作考核要求。

(3)变压器电压等级为220 kV及以上或容量为120 MVA及以上时，宜用5 000 V兆欧表测量极化指数。测得值与产品出厂值相比应无明显差别，在常温下不应小于1.5。当R_{60}大于10 000 MΩ(20 ℃)时，极化指数可不作考核要求。

专家解读

绝缘电阻是指在绝缘结构的两个电极之间施加的直流电压值与流经该对电极的泄漏电流值之比。常用兆欧表测量绝缘电阻值。各相高压绕组对外壳的绝缘电阻值，一般用2 500 V兆欧表测量；各相低压绕组对外壳的绝缘电阻值用500 V兆欧表测量。吸收比是指在同一次试验中，60 s时的绝缘电阻值与15 s时的绝缘电阻值之比。极化指数是指在同一次试验中，10 min时的绝缘电阻值与1 min时的绝缘电阻值之比。

测量绕组连同套管的介质损耗因数(tanδ)及电容量，应符合规范规定。

变压器绕组变形试验，应符合规范规定。

绕组连同套管的交流耐压试验，应符合下列规定：

(1)额定电压在110 kV以下的变压器，线端试验应按规范进行交流耐压试验。

(2)绕组额定电压为110(66) kV及以上的变压器，其中性点应进行交流耐压试验，并应符合下列规定：试验电压波形应接近正弦，试验电压值应为测量电压的峰值除以$\sqrt{2}$，试验时应在高压端监测；外施交流电压试验电压的频率不应低于40 Hz，全电压下耐受时间应为60 s；感应电压试验时，试验电压的频率应大于额定频率。

链接

新装110 kV变压器注油后，在耐压试验前，必须静置12 h。

绕组连同套管的长时感应电压试验带局部放电测量，应符合规范规定。

额定电压下的冲击合闸试验，应符合下列规定：

(1)在额定电压下对变压器的冲击合闸试验，应进行5次，每次间隔时间宜为5 min，应无异常现象，其中750 kV变压器在额定电压下，第一次冲击合闸后的带电运行时间不应少于 30 min,其后每次合闸后带电运行时间可逐次缩短,但不应少于 5 min。

(2)冲击合闸宜在变压器高压侧进行,对中性点接地的电力系统试验时变压器中性点应接地。

(3)发电机变压器组中间连接无操作断开点的变压器,可不进行冲击合闸试验。

(4)无电流差动保护的干式变可冲击 3 次。

检查变压器的相位,应与电网相位一致。

测量噪声,应符合规范规定。对于室内变压器可不进行噪声测量试验。

6. 变压器试运行

变压器试运行前应做全面检查,确认符合试运行条件时方可投入运行。变压器试运行前,必须由质量监督部门检查合格。

变压器试运行前的检查内容:

(1)各种交接试验单据齐全,数据符合要求。

(2)变压器应清理、擦拭干净,顶盖上无遗留杂物,本体及附件无缺损,且不渗油。

(3)变压器一、二次引线相位正确,绝缘良好。

(4)接地线良好。

(5)通风设施安装完毕,工作正常,事故排油设施完好;消防设施齐备。

(6)油浸变压器油系统油门应打开,油门指示正确,油位正常。

(7)油浸变压器的电压切换装置及干式变压器的分接头位置放置正常电压档位。

(8)保护装置整定值符合规定要求;操作及联动试验正常。

(9)干式变压器护栏安装完毕。各种标志牌挂好,门装锁。

变压器试运行时,应按下列规定进行检查:

(1)中性点接地的变压器,在进行冲击合闸时,其中性点应可靠接地。

(2)变压器第一次投入时,可全电压冲击合闸;冲击合闸时,变压器宜由高压侧投入。

(3)变压器应进行 5 次空载全电压冲击合闸;第一次受电后持续时间不应小于 10 min;全电压冲击合闸时,其励磁涌流不应使保护装置动作。

(4)变压器并列运行前,应对相序进行核对。

(5)带电后,检查本体及所有附件的焊缝和结合面,不应有渗油现象。

(6)变压器试运行期间,应无异常声响和振动,其温升应符合产品技术文件的要求。

变压器空载试运行时间,应符合下列规定:

(1)容量为 5 000 kVA 及以下的变压器、接地变压器,空载试运行时间不应小于 24 h。

(2)容量为 6 300 kVA 及以上的变压器、接地变压器,空载试运行时间不应小于 48 h。

变压器应在空载试运行无异常情况后,再投入负荷运行。

(三)高压电器安装技术要求

1. 六氟化硫(SF_6)断路器

六氟化硫断路器到达现场后及安装前的检查,应符合下列规定:绝缘件、绝缘拉杆端部连接部件应牢固可靠;六氟化硫断路器不应在现场解体检查,当有缺陷需在现场解体时,应经制造厂同意,并应在厂方人员指导下进行,或由制造厂负责处理。

六氟化硫断路器的安装、六氟化硫断路器与操作机构的联合动作应符合相关规定。六氟化硫气体充注时,应设专人负责抽真空和充注;充注时应排除管路中的空气。

六氟化硫断路器交接试验项目,应包括下列内容:测量绝缘电阻;测量每相导电回路的电阻;交流耐压试验;断路器均压电容器的试验;测量断路器的分、合闸时间;测量断路器的分、合闸速度;测量断路器的分、合闸同期性及配合时间;测量断路器合闸电阻的投入时间及电阻值;测量断路器分、合闸线圈绝缘电阻及直流电阻;断路器操作机构的试验;套管式电流互感器的试验;测量断路器内六氟化硫气体的含水量;密封性试验;气体密度继电器、压力表和压力动作阀的检查。

2. 真空断路器

真空断路器到货后的检查,应符合下列规定:绝缘拉杆端部连接部件应牢固可靠。灭弧室检查、组装时,空气的相对湿度不应大于80%。

真空断路器的安装与调整,应符合下列规定:应垂直安装,并应固定牢固;断路器的行程及压缩行程应符合产品技术文件的要求。

真空断路器的交接试验项目,应包括下列内容:测量绝缘电阻;测量每相导电回路的电阻;交流耐压试验;测量断路器的分、合闸时间,测量分、合闸的同期性,测量合闸时触头的弹跳时间;测量分、合闸线圈及合闸接触器线圈的绝缘电阻和直流电阻;断路器操作机构的试验。

真空断路器应在断路器合闸及分闸状态下进行交流耐压试验。

三、架空电力线路安装工程施工技术要求

架空电力线路是指用绝缘子和杆塔将导线及地线架设于地面上的电力线路。架空电力线路主要由杆塔基础、杆塔、导线、接闪线、绝缘子、拉线、金具及接地装置等部件组成。

(一)原材料及器材检验

现场浇筑混凝土基础所使用的砂、石,应符合现行行业标准的规定;水泥的质量、保管及使用应符合现行国家标准的规定,水泥的品种与标号,应满足设计要求的混凝土强度等级。混凝土拌和用水严禁使用未经处理的海水。

接地装置的型号、规格应符合设计要求,当采用钢材时宜采用热镀锌进行防腐处理。

架空电力线路使用的线材,架设前应进行外观检查,且应符合下列规定:线材表面应光洁,不得有松股、交叉、折叠、断裂及破损等缺陷;线材应无腐蚀现象;钢绞线、镀锌铁线表面镀锌层应良好、无锈蚀。

绝缘子安装前应进行外观检查,且应符合下列规定:

(1)绝缘子铁帽、绝缘件、钢脚三者应在同一轴线上,不应有明显的歪斜,且应结合紧密,金属件镀锌应良好。

(2)瓷质绝缘子瓷釉应光滑,并应无裂纹、缺釉、斑点、烧痕、气泡或瓷釉烧坏等缺陷。

(3)有机复合绝缘子表面应光滑,并应无裂纹、缺损等缺陷。

(4)玻璃绝缘子应由钢化玻璃制造。玻璃件不应有折痕、气孔等表面缺陷,玻璃件中气泡直径不应大于5 mm。

(二)测量

测量仪器和量具使用前应进行检查。分坑测量前应依据设计提供的数据复核设计给定的杆塔位中心桩,并应以此作为测量的基准。

杆塔位中心桩移桩的测量精度应符合相关规定。分坑时,应根据杆塔位中心桩的位置钉出辅助桩,其测量精度应满足施工精度的要求。

（三）基础工程

基坑施工前的定位应符合下列规定：

(1)直线杆顺线路方向位移，35 kV 架空线路不应超过设计档距的1%；10 kV 及以下架空线路不应超过设计档距的3%；直线杆横线路方向位移不应超过50 mm。

(2)转角杆、分支杆的横线路、顺线路方向的位移均不应超过50 mm。

电杆基础坑深度应符合设计要求，其允许偏差应为 -50 ~ +100 mm。同基基础坑在允许偏差范围内应按最深一基坑操平。岩石基础坑的深度不应小于设计要求的数值。

双杆基坑应符合下列规定：根开的中心偏差应为 ±30 mm；两杆坑深度应一致。

电杆基坑底采用底盘时，底盘的圆槽面应与电杆中心线垂直，找正后应填土夯实至底盘表面。

电杆基础采用卡盘时应符合下列规定：

(1)安装前应将其下部土壤分层回填夯实。

(2)安装位置、方向、深度应符合设计要求。深度允许偏差应为 ±50 mm，当设计无要求时；上平面距地面应大于500 mm。

(3)与电杆连接应紧密。

(4)直线杆卡盘应与线路平行，并应在电杆左右交替埋设。

(5)卡盘应在承力杆侧。

（四）杆塔工程

杆塔组装时应符合下列规定：

(1)组装杆塔前应对全部构件进行检查，不符合施工图和质量标准时不得组装使用。

(2)构件组装应位置正确，并应结合紧密。交叉构件在交叉处有空隙时，应装设相应厚度的垫圈或垫片。

(3)以螺栓连接构件时，螺栓头平面与构件接触应严密，螺母拧紧后螺栓应露出螺母2~4个螺距，双螺母可平扣，垫片每端不宜超过2个。

(4)杆塔组装时不得直接敲打构件。需敲打修整时应加以垫木敲打修整。

(5)杆塔连接螺栓在组立结束时应全部紧固一次，并应检查扭矩合格后再进行架线。架线后，螺栓还应复紧一遍。

线路横担的安装应符合下列规定：

(1)横担安装应平正。

(2)横担端部上下、左右歪斜应小于20 mm。

(3)单横担的安装，直线杆应装于受电侧；分支杆、90°转角杆(上、下)及终端杆应装于拉线侧。

(4)双杆的横担，横担与电杆连接处的高差应小于连接距离的0.5%；左右扭斜应小于横担总长度的1%。

链接

横担是电杆上部用来安装绝缘子以固定导线的部件，其作用是使每根导线保持一定的距离，防止风吹摇摆而造成相间短路。因此，横担应具有一定的长度和足够的机械强度。横担采用角钢、槽钢制作。

绝缘子安装应符合下列规定：

(1)安装应牢固,连接应可靠。

(2)安装时应清除表面灰垢、附着物及不应有的涂料。

(3)绝缘子裙边与带电部位的间隙应大于 50 mm。

杆塔拉线安装时应符合下列规定:拉线盘的埋设深度和方向,应符合设计要求。拉线棒与拉线盘应垂直,连接处应采用双螺母,其外露地面部分的长度应为 500 ~ 700 mm。拉线坑应有斜坡,回填土时应将土块打碎后夯实。拉线坑宜设防沉层。拉线方向应正确,与电杆夹角应大于 45°,地形受限时应大于 30°,穿公路时,对路面中心垂直距离应大于 6 m。

链接

铁塔基础符合下列规定时可组立铁塔:

(1)经中间检查验收合格。

(2)分解组立铁塔时,混凝土的抗压强度应达到设计强度的 70%。

(3)整体立塔时,混凝土的抗压强度应达到设计强度的 100%;当立塔操作采取防止基础承受水平推力的措施时,混凝土的抗压强度允许为设计强度的 70%。

铁塔组立后,各相邻节点间主材弯曲度不得超过 1/750。

铁塔组立后,塔脚板应与基础面接触良好,有空隙时应垫铁片,并应浇筑水泥砂浆。铁塔经检查合格后可随即浇筑混凝土保护帽;混凝土保护帽的尺寸应符合设计要求,与塔座接合应严密,且不得有裂缝。

(五)架线工程

1. 放线

放线前应编制架线施工技术文件。放线可分为非张力放线和张力放线。

由于条件限制不适于采用张力放线的线路工程及部分改建、扩建工程,可采用人力或机械牵引放线,即非张力放线。

设计文件中明确张力放线的应采用张力放线;35 ~ 66 kV 线路工程的导线展放宜采用张力放线;非钢绞线的架空地线宜采用张力放线。

张力放线通过重要跨越地段时,宜适当缩短张力放线区段长度。

2. 连接

不同金属、不同规格、不同绞制方向的导线或架空地线,不得在一个耐张段内连接。

采用钳压或液压连接导线时,导线连接部分外层铝股在洗擦后应薄薄地涂上一层电力复合脂,并应用细钢丝刷清刷表面氧化膜,应保留电力复合脂进行连接。

绝缘导线承力接续应符合下列规定:不同金属、不同规格、不同绞向的导线不得在档距内承力连接;新建线路在一个档距内,每根导线不得超过一个接头;导线接头距导线固定点不应小于 0.5 m;10 kV 绝缘线及低压绝缘线在档距内承力连接宜采用液压对接接续管;铜绞线在档距内承力连接可采用液压对接接续管。

链接

架空线在一个档距内,每层导线的接头数不得超过该层导线条数的 50%,且一条导线应只有一个接头。在跨越铁路、公路、河流、电力线路档距内,架空线不得有接头。导线接头处的机械强度不应低于原导线强度的 90%,接触电阻不应超过同长度导线电阻的 1.2 倍。

3. 紧线

紧线应在基础混凝土强度达到100%后施工，并应在全紧线段内杆塔已全部检查合格后再进行。

紧线施工前应根据施工荷载验算耐张、转角型杆塔强度，必要时应装设临时拉线或进行补强。采用直线杆塔紧线时，应采用设计允许的杆塔做紧线临锚杆塔。

绝缘线紧线时不宜过牵引，应使用牵引网套或面接触的卡线器，并应在绝缘线上缠绕塑料或橡皮包带。紧线弧垂在挂线后应随即在该观测档检查，其允许偏差应符合相关规定。

4. 附件安装

附件安装包括导线、绝缘子、金具等安装。

（六）相关试验

1 kV 以上架空电力线路的试验项目，应包括下列内容：测量绝缘子和线路的绝缘电阻；测量110(66) kV 及以上线路的工频参数；检查相位；冲击合闸试验；测量杆塔的接地电阻。

检查各相两侧的相位应一致。在额定电压下对空载线路的冲击合闸试验应进行3次，合闸过程中线路绝缘不应有损坏。测量杆塔的接地电阻值，应符合设计文件的规定。

悬式绝缘子和支柱绝缘子的试验项目，应包括下列内容：测量绝缘电阻；交流耐压试验。

测量绝缘电阻值，应符合下列规定：

(1)用于330 kV 及以下电压等级的悬式绝缘子的绝缘电阻值，不应低于300 MΩ；用于500 kV 及以上电压等级的悬式绝缘子不应低于500 MΩ。

(2)35 kV 及以下电压等级的支柱绝缘子的绝缘电阻值，不应低于500 MΩ。

(3)采用2 500 V 兆欧表测量绝缘子绝缘电阻值，可按同批产品数量的10%抽查。

(4)棒式绝缘子可不进行此项试验。

(5)半导体釉绝缘子的绝缘电阻，应符合产品技术条件的规定。

交流耐压试验，应符合下列规定：

(1)35 kV 及以下电压等级的支柱绝缘子应进行交流耐压试验，可在母线安装完毕后一起进行，试验电压应符合相关规定。

(2)35 kV 多元件支柱绝缘子的交流耐压试验值，应符合下列规定：两个胶合元件者，每元件交流耐压试验值应为50 kV；三个胶合元件者，每元件交流耐压试验值应为34 kV。

(3)悬式绝缘子的交流耐压试验电压值应为60 kV。

（七）工程验收

基础工程应进行下列项目的验收：以立方体试块为代表的现浇混凝土或预制混凝土构件的抗压强度；整基基础尺寸偏差；现浇基础断面尺寸；同组地脚螺栓中心或插入式角钢形心对立柱中心的偏移；回填土情况。

杆塔工程应进行下列项目的验收：杆塔部件、构件的规格及组装质量；混凝土电杆及钢管电杆焊接后的焊接弯曲度及焊口焊接质量；混凝土电杆及钢管电杆的根开偏差、迈步及整基对中心桩的位移；双立柱杆塔横担与主柱连接处的高差及主柱弯曲；杆塔结构倾斜；螺栓的紧固程度、穿向等；拉线的方位和安装质量情况；NUT 线夹螺栓的可调范围；保护帽浇筑质量；防沉层情况。

架线工程应进行下列项目的验收：导线及架空地线的弧垂；绝缘子的规格、数量，绝缘子的清洁，悬垂绝缘子串的倾斜；金具的规格、数量及连接安装质量，金具螺栓或销钉的规格、数量、穿向；杆塔在架线后的挠曲；引流线安装连接质量、弧垂及最小电气间隙；绝缘架空地线的放电间隙；接头、修补的位置及数量；防振锤的安装位置、规格、数量及安装质量；间隔棒的安装位置及安装质量；导线对地及跨越物的安全距离；线路对接近物的接近距离；光缆是否受损，引下线及接续盒的安装质量；光缆全程测试结果。

接地工程应进行下列项目的验收：实测接地电阻值；接地引下线与杆塔连接情况。

四、电力电缆线路安装工程施工技术要求

电力电缆线路是传输和分配电能的一种特殊电力线路，它可以直接埋在地下及敷设在电缆沟、电缆隧道、管廊中，也可以敷设在水中或海底。与架空电力线路相比，其具有防潮、防腐、防损伤、运行可靠、不占地面、不妨碍观瞻等优点，应用比较广泛。特别是在有腐蚀性气体和易燃、易爆的场所及不宜架设架空电力线路的场所（如城市中），只能敷设电力电缆线路。

电力电缆线路主要由电缆、电缆中间接头、电缆终端头等组成，有些电力电缆线路还带有配件，如压力箱、压力和温度示警装置等。地下电力电缆线路还包括相应的土建设施，如电缆沟、排管、竖井、隧道等。

（一）电缆敷设

电缆敷设是指沿经勘查的路由布放、安装电缆以形成电缆线路的过程。根据使用场合，可分为直埋、管沟、隧道、排管等多种敷设方式。合理选择电缆的敷设方式对保证线路的传输质量、可靠性和施工维护等都是十分重要的。常用电缆敷设示意图如图 1-8 所示。

电缆直埋敷设　　电缆管沟敷设

电缆隧道敷设　　电缆排管敷设

图 1-8　常用电缆敷设示意图

1. 一般规定

电缆敷设前应按下列规定进行检查：

（1）电缆沟、电缆隧道、电缆导管、电缆井、交叉跨越管道及直埋电缆沟深度、宽度、弯曲半径等应符合设计要求，电缆通道应畅通，排水应良好，金属部分的防腐层应完整，隧道内照明、通风应符合设计要求。

(2)电缆额定电压、型号规格应符合设计要求。

(3)电缆外观应无损伤,当对电缆的外观和密封状态有怀疑时,应进行受潮判断;埋地电缆与水下电缆应试验并合格,外护套有导电层的电缆,应进行外护套绝缘电阻试验并合格。

(4)充油电缆的油压不宜低于 0.15 MPa;供油阀门应在开启位置,动作应灵活;压力表指示应无异常;所有管接头应无渗漏油;油样应试验合格。

(5)电缆放线架应放置平稳,钢轴的强度和长度应与电缆盘质量和宽度相适应,敷设电缆的机具应检查并调试正常,电缆盘应有可靠的制动措施。

(6)敷设前应按设计和实际路径计算每根电缆的长度,合理安排每盘电缆,减少电缆接头;中间接头位置应避免设置在倾斜处、转弯处、交叉路口、建筑物门口、与其他管线交叉处或通道狭窄处。

(7)在带电区域内敷设电缆,应有可靠的安全措施。

(8)采用机械敷设电缆时,牵引机和导向机构应调试完好,并应有防止机械力损伤电缆的措施。

电缆敷设时,电缆应从盘的上端引出,不应使电缆在支架上及地面摩擦拖拉。电缆上不得有铠装压扁、电缆绞拧、护层折裂等未消除的机械损伤。

用机械敷设电缆时的最大牵引强度宜符合表 1-21 的规定,充油电缆总拉力不应超过 27 kN。

表 1-21　电缆最大牵引强度

牵引方式	牵引头/($N \cdot mm^{-2}$)		钢丝网套/($N \cdot mm^{-2}$)		
受力部位	铜芯	铝芯	铅套	铝套	塑料护套
允许牵引强度	70	40	10	40	7

机械敷设电缆的速度不宜超过 15 m/min,110 kV 及以上电缆或在较复杂路径上敷设时,其速度应适当放慢。

机械敷设大截面电缆时,应在施工措施中确定敷设方法、线盘架设位置、电缆牵引方向;校核牵引力和侧压力,配备充足的敷设人员、机具和通信设备。

机械敷设电缆时,应在牵引头或钢丝网套与牵引钢缆之间装设防捻器。

110 kV 及以上电缆敷设时,转弯处的侧压力应符合产品技术文件的要求,无要求时不应大于 3 kN/m。

电力电缆接头布置应符合下列规定:

(1)并列敷设的电缆,其接头位置宜相互错开。

(2)电缆明敷接头,应用托板托置固定;电缆共通道敷设存在接头时,接头宜采用防火隔板或防爆盒进行隔离。

(3)直埋电缆接头应有防止机械损伤的保护结构或外设保护盒,位于冻土层内的保护盒,盒内宜注入沥青。

电缆敷设时应排列整齐,不宜交叉,并应及时装设标志牌。标志牌装设应符合下列规定:

(1)生产厂房及变电站内应在电缆终端头、电缆接头处装设电缆标志牌。

(2)电网电缆线路应在下列部位装设电缆标志牌。

①电缆终端及电缆接头处。

②电缆管两端人孔及工作井处。

③电缆隧道内转弯处、T 形口、十字口、电缆分支处、直线段每隔 50 ~ 100 m 处。

(3)标志牌上应注明线路编号,且宜写明电缆型号、规格、起讫地点;并联使用的电缆应有顺序号,单芯电缆应有相序或极性标志;标志牌的字迹应清晰不易脱落。

(4)标志牌规格宜统一,标志牌应防腐,挂装应牢固。

电缆进入电缆沟、隧道、竖井、建筑物、盘(柜)以及穿入管子时,出入口应封闭,管口应密封。

2. 电缆直埋敷设

电缆线路路径上有可能使电缆受到机械性损伤、化学作用、地下电流、振动、热影响、腐蚀物质、虫鼠等危害的地段,应采取保护措施。

电缆埋置深度应符合下列规定:

(1)电缆表面距地面的距离不应小于 0.7 m,穿越农田或在车行道下敷设时不应小于 1 m,在引入建筑物、与地下建筑物交叉及绕过地下建筑物处可浅埋,但应采取保护措施。

(2)电缆应埋设于冻土层以下,当受条件限制时,应采取防止电缆受到损伤的措施。

直埋敷设的电缆,不得平行敷设于管道的正上方或正下方;高电压等级的电缆宜敷设在低电压等级电缆的下面。

电缆与热管道(沟)、油管道(沟)、可燃气体及易燃液体管道(沟)、热力设备或其他管道(沟)之间,虽净距能满足要求,但检修管路可能伤及电缆时,在交叉点前后 1 m 范围内,尚应采取保护措施;当交叉净距不能满足要求时,应将电缆穿入管中,其净距可为 0.25 m。

直埋电缆上下部应铺不小于 100 mm 厚的软土砂层,并应加盖保护板,其覆盖宽度应超过电缆两侧各 50 mm,保护板可采用混凝土盖板或砖块。软土或砂子中不应有石块或其他硬质杂物。

链接

埋地敷设电缆的接头盒下面应垫混凝土基础板,其长度宜超出接头盒两端 0.6 ~0.7 m。

直埋电缆在直线段每隔 50 ~ 100 m 处、电缆接头处、转弯处、进入建筑物等处,应设置明显的方位标志或标桩。

直埋电缆回填前,应经隐蔽工程验收合格,回填料应分层夯实。

电缆室外埋地敷设应符合下列规定:

(1)当沿同一路径敷设的室外电缆小于或等于 6 根且场地有条件时,宜采用电缆直接埋地敷设。在人行道或非机动车道,也可采用电缆直埋敷设。

(2)宜采用有外护层的铠装电缆。在无机械损伤可能的场所,可采用无铠装塑料护套电缆。在流沙层、回填土地带等可能发生位移的土壤中,应采用钢丝铠装电缆。

提示

铠装电缆的金属外皮应采用专业的接地线可靠接地,其接地电阻不得大于 10 Ω。

(3)在有化学腐蚀的土壤中,不得采用直接埋地敷设电缆。

3. 电缆构筑物中电缆敷设

电缆排列应符合下列规定:

(1)电力电缆和控制电缆不宜配置在同一层支架上。

(2)高低压电力电缆,强电、弱电控制电缆应按顺序分层配置,宜由上而下配置;但在含有35 kV以上高压电缆引入盘柜时,可由下而上配置。

(3)同一重要回路的工作与备用电缆实行耐火分隔时,应配置在不同侧或不同层的支架上。

电缆在支架上的敷设应符合下列规定:

(1)控制电缆在普通支架上,不宜超过两层;桥架上不宜超过三层。

(2)交流三芯电力电缆,在普通支吊架上不宜超过一层;桥架上不宜超过两层。

(3)交流单芯电力电缆,应布置在同侧支架上,并应限位、固定。当按紧贴品字形(三叶形)排列时,除固定位置外,其余应每隔一定的距离用电缆夹具、绑带扎牢,以免松散。

电缆与热力管道、热力设备之间的净距,平行时不应小于1 m,交叉时不应小于0.5 m,当受条件限制时,应采取隔热保护措施。电缆通道应避开锅炉的观察孔和制粉系统的防爆门;当受条件限制时,应采取穿管或封闭槽盒等隔热防火措施。电缆不得平行敷设于热力设备和热力管道的上部。

4.电缆导管内电缆敷设

在易受机械损伤的地方和在受力较大处直埋电缆管时,应采用足够强度的管材。在下列地点,电缆应有足够机械强度的保护管或加装保护罩:

(1)电缆进入建筑物、隧道,穿过楼板及墙壁处。

(2)从沟道引至杆塔、设备、墙外表面或屋内行人容易接近处,距地面高度2 m以下的部分。

(3)有载重设备移经电缆上面的区段。

(4)其他可能受到机械损伤的地方。

电缆穿管的位置及穿入管中电缆的数量应符合设计要求,交流单芯电缆不得单独穿入钢管内。

链接

在不宜采用直埋或电缆沟敷设的地段,可采用电缆排管布线。电缆排管可采用混凝土管、混凝土管块、玻璃钢电缆保护管及聚氯乙烯管等。电缆在排管内敷设应符合下列规定:

(1)电缆排管管孔数量应根据实际需要确定,并应根据发展预留备用管孔。备用管孔不宜小于实际需要管孔数的10%。

(2)排管孔的内径不应小于电缆外径的1.5倍,且电力电缆的管孔内径不应小于100 mm,控制电缆的管孔内径不应小于75 mm。

(3)电缆排管敷设应符合下列要求:

①排管安装时,应有倾向人(手)孔井侧不小于0.5%的排水坡度,必要时可采用人字坡,并在人(手)孔井内设集水坑。排管通向电缆井时应有不小于0.1%的排水坡度。

②排管顶部距地面不宜小于0.7 m,位于人行道下面的排管距地面不应小于0.5 m。

③排管沟底部应垫平夯实,并应铺设不少于80 mm厚的混凝土垫层。

(4)当在线路转角、分支或变更敷设方式时,应设电缆人(手)孔井,在直线段上应设置一定数量的电缆人(手)孔井,人(手)孔井间的距离不宜大于100 m。

（二）电力电缆线路试验

电力电缆线路的试验项目，应包括下列内容：主绝缘及外护层绝缘电阻测量；主绝缘直流耐压试验及泄漏电流测量；主绝缘交流耐压试验；外护套直流耐压试验；检查电缆线路两端的相位；充油电缆的绝缘油试验；交叉互联系统试验；电力电缆线路局部放电测量。

应对电缆的每一相测量其主绝缘的绝缘电阻和进行耐压试验。对具有统包绝缘的三芯电缆，应分别对每一相进行，其他两相导体、金属屏蔽或金属套和铠装层应一起接地；对分相屏蔽的三芯电缆和单芯电缆，可一相或多相同时进行，非被试相导体、金属屏蔽或金属套和铠装层应一起接地。

绝缘电阻测量，应符合下列规定：耐压试验前后，绝缘电阻测量应无明显变化。电缆绝缘测量宜采用 2 500 V 兆欧表，6/6 kV 及以上电缆也可用 5 000 V 兆欧表。

直流耐压试验及泄漏电流测量，应符合下列规定：试验时，试验电压可分 4 ~ 6 阶段均匀升压，每阶段应停留 1 min，并应读取泄漏电流值。试验电压升至规定值后应维持 15 min，期间应读取 1 min 和 15 min 时泄漏电流。测量时应消除杂散电流的影响。纸绝缘电缆各相泄漏电流的不平衡系数（最大值与最小值之比）不应大于 2；当 6/10 kV 及以上电缆的泄漏电流小于 20 μA 和 6 kV 及以下电缆泄漏电流小于 10 μA 时，其不平衡系数可不作规定。

交流耐压试验，应符合下列规定：橡塑电缆应优先采用 20 ~ 300 Hz 交流耐压试验。不具备试验条件或有特殊规定时，可采用施加正常系统对地电压 24 h 方法代替交流耐压。

五、防雷与接地安装工程施工技术要求

（一）防雷工程

1. 输电线路防雷

输电线路防雷应在设计、建设、运行等各阶段采取措施，应根据线路重要程度、雷电强度、地形地貌、杆塔结构，以及线路不同地域、电压等级，不同设计、运行条件，采取差异化防雷措施，提高防雷措施的针对性和有效性。

输电线路的防雷措施和技术要求具体如下：

（1）降低接地电阻。每基杆塔的接地电阻是指接地体与地线断开电气连接所测得的电阻值。

（2）加强绝缘配置。在不同回路间，采取增加绝缘子片数（或各回路采用不同材质、不同电弧距离的盘形悬式绝缘子或复合绝缘子）等方式。

（3）架设接闪线，减小地线保护角。

（4）装设自动重合闸。如果线路发生瞬时故障，实施自动重合闸后恢复供电有利于系统稳定。传统自动重合闸包括三相重合闸、单相重合闸和综合重合闸。

（5）装设管型接闪器或安装并联间隙。并联间隙雷电冲击放电电压、工频放电电压与线路绝缘水平相配合，保证雷电过电压下先于绝缘子放电，而工频及操作过电压下不放电。

（6）当单相接地故障电流大于 10 A 时，需采取限制单相接地故障电流的措施，如采用消弧线圈接地方式。

2. 建筑物防雷

发电厂和变电站有爆炸危险且爆炸后会波及发电厂和变电站内主设备或严重影响发供电的建（构）筑物，应用独立接闪针保护，采取防止雷电感应的措施。

发电厂和变电站高压配电装置的雷电侵入波过电压保护可采用接闪器。发电厂一般选用金属氧化物接闪器;变电站一般选用阀型接闪器。

链接

接闪器是指外部雷电防护系统的组成部分,用于拦截直击雷,如接闪杆、接闪网或接闪线(带)。

无地线的输电线路,宜在变电站或发电厂的进线段架设 1 ~ 2 km 地线。

第一类防雷建筑物的防雷措施如下:

(1)第一类防雷建筑物防直击雷的措施应符合下列规定:排放爆炸危险气体、蒸气或粉尘的放散管、呼吸阀、排风管等,当其排放物达不到爆炸浓度、长期点火燃烧、一排放就点火燃烧,以及发生事故时排放物才达到爆炸浓度的通风管、安全阀,接闪器的保护范围应保护到管帽,无管帽时应保护到管口。

(2)建筑物应装设等电位连接环,环间垂直距离不应大于 12 m,所有引下线、建筑物的金属结构和金属设备均应连到环上。等电位连接环可利用电气设备的等电位连接干线环路。

接闪器组装时,各节位置应符合产品出厂标志的编号。接闪器的吊装,应符合产品技术文件的要求。接闪器各连接处的金属接触面应洁净,无氧化膜和油漆,导电良好。接闪器的排气通道应畅通,排气通道口不得朝向巡检通道,排出的气体不应引起相间或对地闪络,并不得喷到其他电气设备。氧化锌接闪器的接地线所使用的软铜线截面积不小于 16 mm^2;管型接闪器连接线长度不大于 4 m。

接闪器的通用试验项目包括绝缘电阻测量、泄漏电流测量。对于金属氧化物接闪器,试验项目还包括持续电流测量、直流参考电压测量、工频参考电压测量。对于磁吹接闪器,试验项目还包括交流电导电流测量。对于 FS 型阀式接闪器,试验项目还包括工频放电电压测量。

典型例题

【多选题】下列接闪器的试验内容中,金属氧化物接闪器应试验的内容有(　　)。

A. 测量工频放电电压　　B. 测量持续电流

C. 测量交流电导电流　　D. 测量泄漏电流

E. 测量工频参考电压

BDE。【**解析**】解析参见上文。

(二)接地工程

1. 接地装置安装要求

发电厂、变电站等接地装置除应利用自然接地极外,还应敷设以水平人工接地极为主的接地网,并应设置将自然接地极和人工接地极分开的测量井。对于 3 ~ 10 kV 的变电站和配电所,当采用建筑物基础中的钢筋网作为接地极且接地电阻满足规定值时,可不另设人工接地。

接地装置材料选择应符合下列规定:

(1)除临时接地装置外,接地装置采用钢材时均应热镀锌,水平敷设的应采用热镀锌的圆钢和扁钢，垂直敷设的应采用热镀锌的角钢、钢管或圆钢。

(2)当采用扁铜带、铜绞线、铜棒、铜覆钢(圆线、绞线)、锌覆钢等材料作为接地装置时，其选择应符合设计要求。

(3)不应采用铝导体作为接地极或接地线。

严禁利用金属软管、管道保温层的金属外皮或金属网、低压照明网络的导线铅皮及电缆金属护层作为接地线。

独立接闪针和接闪线应设置独立的集中接地装置，其与接地网的地中距离不应小于3 m。当小于3 m时，在满足接闪针与主接地网的地下连接点至35 kV及以下设备与主接地网的地下连接点间沿接地极的长度不小于15 m的情况下，该接地装置可与接地网连接。

接地极的连接应采用焊接，接地线与接地极的连接应采用焊接。异种金属接地极之间连接时接头处应采取防止电化学腐蚀的措施。

采用接地模块时，接地模块的顶面埋深不应小于0.6 m，接地模块间距不应小于模块长度的3~5倍。接地模块埋设基坑宜为模块外形尺寸的1.2~1.4倍，且应详细记录开挖深度内的地层情况；接地模块应垂直或水平就位，并应保持与原土层接触良好。

2.爆炸和火灾危险环境下的接地要求

(1)保护接地。在爆炸危险环境的电气设备的金属外壳、金属构架、安装在已接地的金属结构上的设备、金属配线管及其配件、电缆保护管、电缆的金属护套等非带电的裸露金属部分，均应接地。

在爆炸性环境1区、20区、21区内所有的电气设备，以及爆炸性环境2区、22区内除照明灯具以外的其他电气设备，应增加专用的接地线；该专用接地线若与相线敷设在同一保护管内时，应具有与相线相同的绝缘水平。

在爆炸性环境2区、22区的照明灯具及爆炸性环境21区、22区内的所有电气设备，可利用有可靠电气连接的金属管线系统作为接地线，但不得利用输送爆炸危险物质的管道。

在爆炸危险环境中接地干线宜在不同方向与接地体相连，连接处不得少于两处。

(2)防静电接地。设备的接地装置与防止直接雷击的独立接闪针的接地装置应分开设置，与装设在建筑物上防止直接雷击的接闪针的接地装置可合并设置；防静电的接地装置、防感应雷和电气设备的接地装置可共同设置，其接地电阻值应符合防感应雷接地和电气设备接地的规定；只作防静电的接地装置，每一处接地体的接地电阻值应符合设计规定。

设备、机组、贮罐、管道等的防静电接地线，应单独与接地体或接地干线相连，除并列管道外不得互相串连接地。

防静电接地线的安装，应与设备、机组、贮罐等固定接地端子或螺栓连接，连接螺栓不应小于M10，并应有防松装置和涂以电力复合脂。当采用焊接端子连接时，不得降低和损伤管道强度。

当爆炸危险区内的非金属构架上平行安装的金属管道相互之间的净距离小于100 mm时，宜每隔20 m用金属线跨接；金属管道相互交叉的净距离小于100 mm时，应采用金属线跨接。

容量为50 m^3及以上的贮罐，其接地点不应少于两处，且接地点的间距不应大于30 m，并应在罐体底部周围对称与接地体连接，接地体应连接成环形的闭合回路。

模块三　管道工程施工技术

一、工业管道工程概述

(一)相关术语

1. 工业管道

工业管道是指企业、事业单位所属的用于输送工艺介质的工艺管道、制冷管道、动力管道,根据输送介质、设计温度和设计压力分为 GC1,GC2,GCD 三个级别。

根据材料性质,工业管道可分为工业金属管道和工业非金属管道;根据输送介质温度,工业管道可分为高温、中温、常温、低温工业管道;根据设计压力,工业管道可分为真空、低压、中压、高压、超高压工业管道。

2. 管道元件

管道元件是指连接或装配成管道系统的各种零部件的总称,包括管道组成件和管道支承件。

管道组成件是指用于连接或装配管道的管道元件,包括管子、管件、法兰、密封件、紧固件、阀门、安全保护装置,以及诸如膨胀节、挠性接头、耐压软管、疏水器、过滤器、管路中的节流装置和分离器等。

管道支承件是指将管道的自重、输送流体的质量、由于操作压力和温差所造成的荷载,以及振动、风力、地震、雪载、冲击和位移应变引起的荷载等传递到管架结构上去的管道元件,包括吊杆、弹簧支吊架、恒力支吊架、斜拉杆、平衡锤、松紧螺栓、支撑杆、链条、导轨、锚固件、鞍座、垫板、滚柱、托座、滑动支座、管吊、吊耳、卡环、管夹、U 形夹和夹板等。

3. 管件

管件是指与管子一起构成管道系统本身的零部件的总称,包括弯头、弯管、三通、异径管、活接头、翻边短节、支管座、堵头、封头等。

(二)施工程序

工业管道工程的施工程序:安装施工前的准备→配合土建工程的预留、预埋、测量→管道的加工制作、支架的制作及安装(同时进行管沟的开挖及砌筑)→管道的敷设及安装→与相关设备连接→相关仪表检查、吹洗、安装→管道试压→管道的防腐绝热、吹扫与清洗→管道系统的试运行→工程验收交接。

二、工业管道施工技术要求

工业管道大多采用金属管道,本部分主要以工业金属管道为主介绍相关的施工技术要求。

(一)基本规定

承担工业金属管道工程的施工单位应取得相应的施工资质,并应在资质许可范围内从事相应的管道施工。检验单位应取得相应的检验资质,且应在资质许可范围内从事相应的管道工程检验工作。

工业金属管道施工前应具备下列条件:

（1）工程设计图纸和相关技术文件应齐全，并已按规定程序进行设计交底和图纸会审。

（2）施工组织设计或施工方案已经批准，并已进行技术和安全交底。

（3）施工人员已按有关规定考核合格。

（4）已办理工程开工文件。

（5）用于管道施工的机械、工器具应安全可靠；计量器具应检定合格并在有效期内。

（6）已制定相应的职业健康安全与环境保护应急预案。

压力管道施工前，施工单位应向管道安装工程所在地的质量技术监督部门办理书面告知，并应接受监督检验单位的监督检验。

（二）管道元件和材料的检验

1. 一般规定

管道元件和材料应具有制造厂的产品质量证明文件，并应符合国家现行有关标准和设计文件的规定。

管道元件和材料在使用前应按国家现行有关标准和设计文件的规定核对其材质、规格、型号、数量和标志，并应进行外观质量和几何尺寸的检查验收，其结果应符合设计文件和相应产品标准的规定。管道元件和材料标志应清晰完整，并应能够追溯到产品质量证明文件。

专家解读

检查管道元件和材料的材质、规格、型号、数量和标志时，应与设计文件和产品质量证明文件对照检查，体现其一一对应的关系，以防止产品的假冒伪劣和混用。管道元件的外观和几何尺寸检查，主要是确认其外观质量、主要尺寸（如直径、壁厚、结构尺寸等）和标志是否符合要求，不存在裂纹、凹陷、孔洞、砂眼、重皮、焊缝外观不良、严重锈蚀和局部残损等不允许缺陷，并且其尺寸误差应在设计文件和相关标准的许可范围内。

当对管道元件或材料的性能数据或检验结果有异议时，在异议未解决前，该批管道元件或材料不得使用。

专家解读

质量证明文件中的性能数据主要指化学成分、力学性能、耐腐蚀性能、交货状态、质量等级等材料性能指标，以及相应的检验试验结果（如无损检测、理化性能试验、耐压试验、形式试验等）。“异议”主要指性能数据与标准不符或特性数据不全等情况。

铬钼合金钢、含镍低温钢、不锈钢、镍及镍合金、钛及钛合金材料的管道组成件，应采用光谱分析或其他方法对材质进行复查，并应做好标记。

设计文件规定进行低温冲击韧性试验的管道元件或材料，供货方应提供低温冲击韧性试验结果的文件，且试验结果不得低于设计文件的规定。

设计文件规定进行晶间腐蚀试验的不锈钢、镍及镍合金管道元件或材料，供货方应提供晶间腐蚀试验结果的文件，且试验结果不得低于设计文件的规定。

防腐蚀衬里管道的衬里质量应按国家现行有关标准的规定进行检查验收。

检查不合格的管道元件或材料不得使用，并应做好标记和隔离。

管道元件和材料在施工过程中应妥善保管，不得混淆或损坏，其标记应明显清晰。材质为不锈钢、有色金属的管道元件和材料，在运输和储存期间不得与碳素钢、低合金钢接触。

对管道元件的外观质量和几何尺寸检查验收结果，应填写“管道元件检查记录”。

链接

GC1 级管道和 C 类流体管道中，输送毒性程度为极度危害介质或设计压力大于或等于 10 MPa 的管子、管件，应进行外表面磁粉检测或渗透检测，检测结果不应低于相关标准的规定。对检测发现的表面缺陷经修磨清除后的实际壁厚不得小于管子公称壁厚的 90%，且不得小于设计壁厚。

典型例题

【单选题】对管道元件的质量证明文件有异议时，下列做法正确的是（　　）。

A. 异议未解决前，不得使用

B. 可以使用，但要做好标记并可追溯

C. 管道元件压力试验合格后，可以使用

D. GC1 级管道可以使用

A。【解析】当对管道元件或材料的性能数据或检验结果有异议时，在异议未解决前，该批管道元件或材料不得使用。

2. 阀门检验

阀门安装前应进行外观质量检查，阀体应完好，开启机构应灵活，阀杆应无歪斜、变形、卡涩现象，标牌应齐全。

阀门应进行壳体压力试验和密封试验，具有上密封结构的阀门还应进行上密封试验，不合格者不得使用。

阀门的壳体压力试验和密封试验应以洁净水为介质。不锈钢阀门试验时，水中的氯离子含量不得超过 25×10^{-6}（25 ppm）。试验合格后应立即将水渍清除干净。当有特殊要求时，试验介质应符合设计文件的规定。

阀门的壳体试验压力应为阀门在 20 ℃时最大允许工作压力的 1.5 倍，密封试验压力应为阀门在 20 ℃时最大允许工作压力的 1.1 倍。当阀门铭牌标示对最大工作压差或阀门配带的操作机构不适宜进行高压密封试验时，试验压力应为阀门铭牌标示的最大工作压差的 1.1 倍。

阀门的上密封试验压力应为阀门在 20 ℃时最大允许工作压力的 1.1 倍。试验时应关闭上密封面，并应松开填料压盖。

阀门在试验压力下的持续时间不得少于 5 min。无特殊规定时，试验介质温度应为 5～40 ℃，当低于 5 ℃时，应采取升温措施。

公称压力小于 1.0 MPa，且公称尺寸大于或等于 600 mm 的闸阀，可不单独进行壳体压力试验和闸板密封试验。壳体压力试验宜在系统试压时按管道系统的试验压力进行试验。闸板密封试验可用色印等方法对闸板密封面进行检查，接合面上的色印应连续。

夹套阀门的夹套部分应采用设计压力的 1.5 倍进行压力试验。

试验合格的阀门，应及时排尽内部积水，并应吹干。除需要脱脂的阀门外，密封面与阀杆上应涂防锈油，阀门应关闭，出入口应封闭，并应做出明显的标记。

阀门试验合格后，应填写"阀门试验记录"。

安全阀的校验，应按国家现行标准《安全阀安全技术监察规程》和设计文件的规定进行整定压力调整和密封试验，当有特殊要求时，还应进行其他性能试验。安全阀校验应做好记录、铅封，并应出具校验报告。

（三）管道加工

管道元件在加工过程中，应及时进行标记移植。低温用钢、不锈钢及有色金属不得使用硬印标记。当不锈钢和有色金属材料采用色码标记时，印色不应含有对材料产生损害的物质。

碳素钢、合金钢宜采用机械方法切割，也可采用火焰或等离子弧方法切割。不锈钢、有色金属应采用机械或等离子弧方法切割。当采用砂轮切割或修磨不锈钢、镍及镍合金、钛及钛合金、锆及锆合金时，应使用专用砂轮片。镀锌钢管宜采用钢锯或机械方法切割。

支、吊架的组装、焊接和检验应符合设计文件和国家现行有关标准的规定。支、吊架的焊接应由合格焊工进行，焊接完毕应进行外观检查，焊接变形应予矫正。所有螺纹连接均应按设计规定予以锁紧。

制作合格的支、吊架应进行防锈处理，并应妥善分类保管。合金钢支、吊架应有材质标记。

（四）管道安装

1. 一般规定

工业金属管道安装前应具备下列条件：

（1）与管道有关的土建工程已检验合格，满足安装要求，并已办理交接手续。

（2）与管道连接的设备已找正合格，固定完毕。

（3）管道组成件及管道支承件等已检验合格。

（4）管子、管件、阀门等内部已清理干净、无杂物。对管内有特殊要求的管道，其质量已符合设计文件的规定。

（5）在管道安装前应进行的脱脂、内部防腐或衬里等有关工序已进行完毕。

工业金属管道的坡度、坡向及管道组成件的安装方向应符合设计规定。

当工业金属管道穿越道路、墙体、楼板或构筑物时，应加设套管或砌筑涵洞进行保护，应符合设计文件和国家现行有关标准的规定，并应符合下列规定：

（1）管道焊缝不应设置在套管内。

（2）穿过墙体的套管长度不得小于墙体厚度。

（3）穿过楼板的套管应高出楼面 50 mm。

（4）穿过屋面的管道应设置防水肩和防雨帽。

（5）管道与套管之间应填塞对管道无害的不燃材料。

当工业金属管道安装工作有间断时，应及时封闭敞开的管口。

工业金属管道连接时，不得采用强力对口。端面的间隙、偏差、错口或不同心等缺陷不得采用加热管子、加偏垫等方法消除。

埋地工业金属管道防腐层的施工应在管道安装前进行，焊缝部位未经试压合格不得防腐，在运输和安装时，不得损坏防腐层。

埋地工业金属管道安装,应在支承地基或基础检验合格后进行。支承地基和基础的施工应符合设计文件和国家现行有关标准的规定。当有地下水或积水时,应采取排水措施。

2. 管段预制

(1)管段现场预制。管段预制应按管道轴测图规定的数量、规格、材质选配管道组成件,并应在管段上按轴测图标明管线号和焊缝编号。

自由管段和封闭管段的选择应合理,封闭管段应按现场实测的安装长度加工。

预制完毕的管段,应将内部清理干净,并应及时封闭管口。管段在存放和运输过程中不得出现变形现象。

(2)管道工厂化预制。管道工厂化预制是指在具有一定加工能力和生产工艺的相对固定的场所,将管道组成件按照图样组装、焊接,并经检验合格交付出厂的过程。

管道工厂化预制前应经过图纸会审和设计交底。管段预制加工前应编制安全技术交底。

管道工厂化预制主要包括下列工作:深化设计、材料供应、预制加工、运输配送、现场安装,以及辅助并穿插在全过程中的质量控制和安全监控。

3. 钢制管道安装

法兰安装时,法兰密封面及密封垫片不得有划痕、斑点等缺陷。

当大直径密封垫片需要拼接时,应采用斜口搭接或迷宫式拼接,不得采用平口对接。

法兰连接应与钢制管道同心,螺栓应能自由穿入。法兰螺栓孔应跨中布置。法兰平面之间应保持平行,其偏差不得大于法兰外径的 0.15%,且不得大于 2 mm。法兰接头的歪斜不得用强紧螺栓的方法消除。

法兰连接应使用同一规格螺栓,安装方向应一致。螺栓应对称紧固。螺栓紧固后应与法兰紧贴,不得有楔缝。当需要添加垫圈时,每个螺栓不应超过一个。所有螺母应全部拧入螺栓,且紧固后的螺栓与螺母宜齐平。

当钢制管道安装遇到下列情况之一时,螺栓、螺母应涂刷二硫化钼油脂、石墨机油或石墨粉等:不锈钢、合金钢螺栓和螺母;设计温度高于 100 ℃或低于 0 ℃;露天装置;处于大气腐蚀环境或输送腐蚀介质。

管子对口时应在距接口中心 200 mm 处测量平直度(如图 1-9 所示),当管子公称尺寸小于 100 mm 时,允许偏差为 1 mm;当管子公称尺寸大于或等于 100 mm 时,允许偏差为 2 mm,且全长允许偏差均为 10 mm。

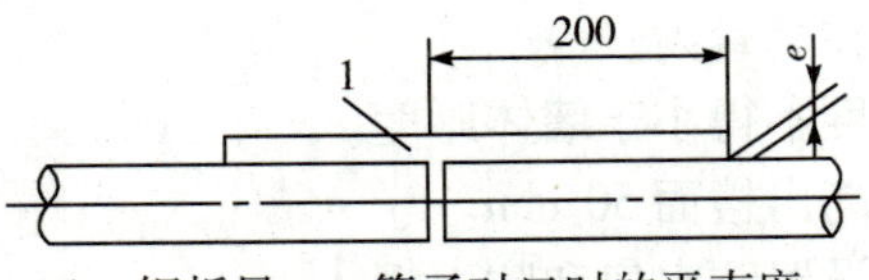

1—钢板尺;e—管子对口时的平直度

图 1-9 管道对口平直度

管道上仪表取源部件的开孔和焊接应在管道安装前进行。当必须在管道上开孔时,管内因切割产生的杂物应清除干净。

钢制管道膨胀指示器应按设计文件规定装设,并应将指针调至零位。

合金钢管道系统安装完毕后,应检查材质标记,当发现无标记时,应采用光谱分析或其他方法对材质进行复查。

当高温或低温管道法兰连接螺栓在试运行时，热态紧固或冷态紧固应符合下列规定：

（1）钢制管道热态紧固、冷态紧固温度应符合表1-22的规定。

表1-22　钢制管道热态紧固、冷态紧固温度　（单位：℃）

管道工作温度	一次热态、冷态紧固温度	二次热态、冷态紧固温度
250～350	工作温度	—
>350	350	工作温度
-20～-70	工作温度	—
<-70	-70	工作温度

（2）热态紧固或冷态紧固应在达到工作温度2 h后进行。

（3）紧固螺栓时，钢制管道最大内压应根据设计压力确定。当设计压力小于或等于6 MPa时，热态紧固最大内压应为0.3 MPa；当设计压力大于6 MPa时，热态紧固最大内压应为0.5 MPa。冷态紧固应在卸压后进行。

（4）紧固时，应设有保护操作人员安全的技术措施。

螺纹连接应符合下列规定：

（1）用于螺纹的保护剂或润滑剂应适用于工况条件，并不得对输送的流体或钢制管道材料产生影响。

（2）进行密封焊的螺纹接头不得使用螺纹保护剂和密封材料。

（3）采用垫片密封而非螺纹密封的直螺纹接头，直螺纹上不应缠绕任何填料，在拧紧和安装后，不得产生任何扭矩。直螺纹接头与主管焊接时，不得出现密封面变形现象。

链接

对于热力管道，管道安装坡向、坡度应符合设计要求。对于与其他管道共架敷设的热力管道，在常年或季节性连续供气时通常可不设坡度用于排水，但应在流量孔板前侧、管道最低点容易集结冷凝水的地方设置疏水器。而对于单独敷设的热力管道，一般应设置一定的坡度，用于排气和排水。排气装置通常设置在管道最高点，排水装置通常设置在管道最低点。对于以输气为主的热力管道，应在补偿器的最低点安装疏水器或放水阀；对于以输水为主的热力管道，应在补偿器的最高点安装放气阀，最低点安装放水阀。

典型例题

【多选题】关于管道法兰螺栓安装及紧固的说法，正确的有（　　）。

A. 法兰连接螺栓应对称紧固　　B. 法兰接头歪斜可强紧螺栓消除

C. 法兰连接螺栓长度应一致　　D. 法兰连接螺栓安装方向应一致

E. 热态紧固应在室温下进行

AD。【解析】法兰接头的歪斜不得用强紧螺栓的方法消除。故选项B错误。法兰连接应使用同一规格螺栓，安装方向应一致。故选项C错误。当高温或低温管道法兰连接螺栓在试运行时，热态紧固或冷态紧固应在达到工作温度2 h后进行。故选项E错误。

4. 连接设备的管道安装

管道与设备的连接应在设备安装定位并紧固地脚螺栓后进行。安装前应将其内部清理干净。

对不得承受附加外荷载的动设备，管道与动设备的连接应符合下列规定：

(1)与动设备连接前，应在自由状态下检验法兰的平行度和同心度，当设计文件或产品技术文件无规定时，法兰平行度和同心度允许偏差应符合规范的规定。

(2)管道系统与动设备最终连接时，应在联轴器上架设百分表监视动设备的位移。当动设备额定转速大于6 000 r/min时，其位移值应小于0.02 mm；当额定转速小于或等于6 000 r/min时，其位移值应小于0.05 mm。

专家解读

举例说明，某管道安装分包公司在凝结水泵初步找正后，即进行管道连接，因出口管道与设备不同心，无法正常对口，使用手拉葫芦强制调整管道，被总承包公司制止。正确做法如下：在管道与凝结水泵连接前，应在自由状态下检验法兰的平行度和同心度，调整管道位置使得偏差符合规定要求；在凝结水泵安装定位并紧固地脚螺栓后再进行管道连接。管道连接时，不得采用强力对口。连接时不应使凝结水泵承受附加外力。

大型储罐的管道与泵或其他有独立基础的设备连接，或储罐底部管道沿地面敷设在支架上时，应在储罐液压(充水)试验合格后安装；也可在液压(充水)试验及基础初阶段沉降后，再进行储罐接口处法兰的连接。

工业金属管道安装合格后，不得承受设计以外的附加荷载。

工业金属管道试压、吹扫与清洗合格后，应对管道与动设备的接口进行复位检查，其偏差值应符合规范规定。

5. 不锈钢和有色金属管道安装

安装不锈钢和有色金属管道时，应采取防止管道污染的措施。安装工具应保持清洁，不得使用造成铁污染的黑色金属工具。不锈钢、镍及镍合金、钛及钛合金、锆及锆合金等管道安装后，应防止其他管道切割、焊接时的飞溅物对其造成污染。

有色金属管道组成件与黑色金属管道支承件之间不得直接接触，应采用同材质或对管道组成件无害的非金属隔离垫等材料进行隔离。

6. 伴热管安装

伴热管应与主管平行安装，并应能自行排液。当一根主管需多根伴热管伴热时，伴热管之间的相对位置应固定。水平伴热管宜安装在主管的下方一侧或两侧，或靠近支架的侧面。铅垂伴热管应均匀分布在主管周围。

伴热管不得直接点焊在主管上。弯头部位的伴热管绑扎带不得少于3道，直管段伴热管绑扎点间距应符合相关规定。

对不允许与主管直接接触的伴热管，伴热管与主管之间应设置隔离垫。当主管为不锈钢管，伴热管为碳钢管时，隔离垫的氯离子含量不得超过50×10^{-6}(50 ppm)，并应采用不锈钢丝或不应引起渗碳的材料进行绑扎。

伴热管经过主管法兰、阀门时，伴热管应设置可拆卸的连接件。从分配站到各被伴热管主管和离开主管到收集站之间的伴热管安装，应排列整齐，不宜相互跨越和就近斜穿。

7. 夹套管安装

当夹套管外管经剖切后安装时，其纵向焊缝应设置在易检修的部位。

夹套管的支承块不得妨碍管内介质的流动。支承块在同一位置处应设置 3 块，管道水平安装时，其中 2 块支承块应对地面跨中布置，夹角应为 110° ~ 120°；管道垂直安装时，3 块支承块应按 120°夹角均匀布置。

8. 防腐蚀衬里管道安装

搬运和堆放衬里管段及管件时，应轻搬轻放，不得强烈振动或碰撞。

采用橡胶、塑料、纤维增强塑料、涂料等衬里的管道组成件，应存放在温度为 5 ~ 40 ℃的室内，并应避免阳光和热源的辐射。

衬里管道的安装应采用软质或半硬质垫片。当需要调整安装长度误差时，宜采用更换同材质垫片厚度的方法进行。

衬里管道安装时，不应进行施焊、加热、碰撞或敲打。

9. 阀门安装

阀门安装前，应按设计文件核对其型号，并应按介质流向确定其安装方向。

当阀门与管道以法兰或螺纹方式连接时，阀门应在关闭状态下安装。

当阀门与管道以焊接方式连接时，阀门应在开启状态下安装。对接焊缝的底层应采用氩弧焊，且应对阀门采取防变形措施。

阀门安装位置应易于操作、检查和维修。水平管道上的阀门，其阀杆及传动装置应按设计规定进行安装，动作应灵活。

所有阀门应连接自然，不得强力对接或承受外加重力负荷。法兰连接螺栓紧固力应均匀。

安全阀的安装应符合下列规定：

(1) 安全阀应垂直安装。

(2) 安全阀的出口管道应接向安全地点。

(3) 当进出管道上设置截止阀时，应加铅封，且应锁定在全开启状态。

链接

为防止安全阀被破坏，在管道系统进行压力试验前，应事先采取措施将安全阀隔离。

10. 补偿装置安装

安装波纹管膨胀节时，应设临时约束装置，并应待管道安装固定后再拆除临时约束装置。

单向填料式补偿器的安装方向，其插管端应安装在介质流入端。球形补偿器的安装方向，宜按介质由球体端流入、从壳体端流出方向安装。

与设备相连的补偿器应在设备最终固定后再连接。

11. 支、吊架安装

当安装管道时，应及时固定和调整支、吊架。支、吊架安装位置应准确，安装应平整牢固，与管子接触应紧密。

无热位移的管道，其吊杆应垂直安装。有热位移的管道，其吊杆应偏置安装。当设计文件无规定时，吊点应设置在位移的相反方向，并应按位移值的1/2偏位安装。两根有热位移的管道不得使用同一吊杆。

固定支架应按设计文件的规定安装，并应在补偿装置预拉伸或预压缩之前固定。没有补偿装置的冷、热管道直管段上，不得同时安置2个及2个以上的固定支架。

链接

管道吊点荷载不小于5 kN时，宜将吊点设置在梁底或梁侧，当吊点位置固定，而不在主梁及次梁位置时，宜在吊点位置设置小梁。

导向支架或滑动支架的滑动面应洁净平整，不得有歪斜和卡涩现象。不得在滑动支架底板处临时点焊定位，仪表及电气构件不得焊在滑动支架上。有热位移的管道，当设计文件无规定时，支架安装位置应从支承面中心向位移反方向偏移，偏移量应为位移值的1/2，绝热层不得妨碍其位移。

弹簧支、吊架的弹簧高度，应按设计文件规定安装，弹簧应调整至冷态值，并应做记录。弹簧的临时固定件，应待系统安装、试压、绝热完毕后再拆除。

铸铁、铅、铝及大口径管道上的阀门，应设置专用支架，不得以管道承重。

管架紧固在槽钢或工字钢翼板斜面上时，其螺栓应有相应的斜垫片。

管道安装时不宜使用临时支、吊架。当使用临时支、吊架时，不得与正式支、吊架位置冲突，不得直接焊在管子上，并应有明显标记。在管道安装完毕后应予拆除。

链接

支架的类型主要包括固定支架、导向支架、滑动支架、弹簧支架等。在热力管道系统中，应在两个补偿器之间及每个补偿器的两侧设置固定支架。而在两个固定支架中，往往设置可以活动的导向支架。补偿器弯头弯曲起点附近的0.5~1 m处，不得设置导向支架和滑动支架。

12. 静电接地安装

设计有静电接地要求的管道，当每对法兰或其他接头间电阻值超过0.03 Ω时，应设导线跨接。

管道系统的接地电阻值、接地位置及连接方式应符合设计文件的规定。静电接地引线宜采用焊接形式。

有静电接地要求的不锈钢和有色金属管道，导线跨接或接地引线不得与管道直接连接，应采用同材质连接板过渡。

用作静电接地的材料或元件，安装前不得涂刷涂料。导电接触面应除锈并应紧密连接。

静电接地安装完毕后，应进行测试，电阻值超过规定时，应进行检查与调整，并应填写“管道静电接地测试记录”，其格式宜符合规范规定。

链接

长输管道是指产地、储存库、用户间的用于输送油、气介质的管道。

长输管道的安装一般遵循下列程序进行：施工准备→材料及设备检验→交接桩及测量放线→施工作业带清理及施工便道修筑→材料、防腐管的装卸、运输及保管→管沟开挖→布管及现场坡口开挖→管口组对、焊接及验收→管道防腐及保温→管道下沟及回填→管道清管、测径、试压及干燥→管道连头→工程验收。

提示

历年考试会考查长输管道的概念及安装施工程序。

三、工业管道检查、检验和试验

本部分主要以工业金属管道为主介绍相关的技术要求。

（一）外观检查

外观检查应包括对各种管道元件及管道在加工制作、焊接、安装过程中的检查。

除设计文件或焊接工艺规程有特殊要求的焊缝外，应在焊接完成后立即除去熔渣、飞溅，并应将焊缝表面清理干净，同时应进行外观检查。

（二）焊缝无损检测

除设计文件另有规定外，现场焊接的管道和管道组成件的承插焊焊缝、支管连接焊缝（对接式支管连接焊缝除外）和补强圈焊缝、密封焊缝、支吊架与管道直接焊接的焊缝，以及管道上的其他角焊缝应按现行标准有关规定，对其表面进行磁粉检测或渗透检测。

除设计文件另有规定外，现场焊接的管道和管道组成件的对接纵缝和环缝、对接式支管连接焊缝应按现行标准有关规定进行射线检测或超声检测。

（三）压力试验

管道安装完毕、热处理和无损检测合格后，应进行压力试验。压力试验应符合下列规定：

（1）压力试验应以液体为试验介质。当管道的设计压力小于或等于0.6 MPa时，也可采用气体为试验介质，但应采取有效的安全措施。

（2）脆性材料严禁使用气体进行压力试验。压力试验温度严禁接近金属材料的脆性转变温度。

（3）当进行压力试验时，应划定禁区，无关人员不得进入。

（4）试验过程中发现泄漏时，不得带压处理。消除缺陷后应重新进行试验。

（5）试验结束后，应及时拆除盲板、膨胀节临时约束装置。试验介质的排放应符合安全、环保要求。

（6）压力试验完毕，不得在管道上进行修补或增添物件。当在管道上进行修补或增添物件时，应重新进行压力试验。经设计或建设单位同意，对采取预防措施并能保证结构完好的小修补或增添物件，可不重新进行压力试验。

（7）压力试验合格后，应填写“管道系统压力试验和泄漏性试验记录”，其格式宜符合规范的规定。

链接

压力试验是指以液体或气体为介质，对管道逐步进行加压，达到规定的压力，以检验管道强度和严密性的试验。

压力试验的替代应符合下列规定：

(1)对部分压力管道，经设计和建设单位同意，可在试车时用管道输送的流体进行压力试验。输送的流体是气体或蒸汽时，压力试验前应按规定进行预试验。

(2)当管道的设计压力大于0.6 MPa，设计和建设单位认为液压试验不切实际时，可采用规定的气压试验来代替液压试验。

(3)经设计和建设单位同意，也可用液压－气压试验代替气压试验。

(4)现场条件不允许进行管道液压和气压试验时，可同时采用下列方法代替压力试验，但应经建设单位和设计单位同意。

①所有环向、纵向对接焊缝和螺旋焊焊缝应进行100%射线检测或100%超声检测；其以外的所有焊缝（包括管道支承件与管道组成件连接的焊缝），应进行100%的渗透检测或100%的磁粉检测。

②应由设计单位进行管道系统的柔性分析。

③管道系统应采用敏感气体或浸入液体的方法进行泄漏试验，试验要求应在设计文件中明确规定。

(5)未经液压和气压试验的管道焊缝及法兰密封部位，生产车间可配备相应的预保带压密封夹具。

压力试验前应具备下列条件：

(1)试验范围内的管道安装工程除防腐、绝热外，已按设计图纸全部完成，安装质量符合有关规定。

(2)焊缝及其他待检部位尚未防腐和绝热。

(3)管道上的膨胀节已设置临时约束装置。

(4)试验用压力表已校验，并在有效期内，其精度不得低于1.6级，表的满刻度值应为被测最大压力的1.5～2倍，压力表不得少于2块。

(5)符合压力试验要求的液体或气体已备足。

(6)管道已按试验的要求进行加固。

(7)下列资料已经建设单位和有关部门复查：管道元件的质量证明文件；管道元件的检验或试验记录；管道加工和安装记录；焊接检查记录、检验报告及热处理记录；管道轴测图、设计变更及材料代用文件。

(8)待试管道与无关系统已采用盲板或其他措施隔离。

(9)待试管道上的安全阀、爆破片及仪表元件等已经拆下或已隔离。

(10)试验方案已批准，并已进行技术和安全交底。

典型例题

【单选题】管道系统压力试验前,应具备的条件是(　　)。

A. 管道上的膨胀节已设置临时约束装置

B. 管道焊缝已防腐绝热

C. 试验压力表不少于1块

D. 管道上的安全阀处于自然状态

A。【解析】管道系统压力试验前,焊缝及其他待检部位应尚未防腐和绝热。故选项B错误。试验用压力表不得少于2块。故选项C错误。待试管道上的安全阀应在压力试验前已经拆下或已隔离。故选项D错误。

液压试验应符合下列规定:

(1)液压试验应使用洁净水。当对不锈钢、镍及镍合金管道,或对连有不锈钢、镍及镍合金管道或设备的管道进行试验时,水中氯离子含量不得超过25×10^{-6}(25 ppm)。也可采用其他无毒液体进行液压试验。当采用可燃液体介质进行试验时,其闪点不得低于50 ℃,并应采取安全防护措施。

(2)试验前,注入液体时应排尽空气。

(3)试验时,环境温度不宜低于5 ℃。当环境温度低于5 ℃时,应采取防冻措施。

(4)承受内压的地上钢管道及有色金属管道试验压力应为设计压力的1.5倍。埋地钢管道的试验压力应为设计压力的1.5倍,并不得低于0.4 MPa。

(5)当管道的设计温度高于试验温度时,试验压力应符合下列规定:当试验温度下管材的许用应力与设计温度下管材的许用应力的比值大于6.5时,应取6.5;应校核管道在试验压力条件下的应力,当试验压力在试验温度下产生超过屈服强度的应力时,应将试验压力降至不超过屈服强度时的最大压力。

(6)当管道与设备作为一个系统进行试验,管道的试验压力等于或小于设备的试验压力时,应按管道的试验压力进行试验;当管道试验压力大于设备的试验压力,并无法将管道与设备隔开,以及设备的试验压力大于按规范计算的管道试验压力的77%时,经设计或建设单位同意,可按设备的试验压力进行试验。

(7)承受内压的埋地铸铁管道的试验压力,当设计压力小于或等于0.5 MPa时,应为设计压力的2倍;当设计压力大于0.5 MPa时,应为设计压力加0.5 MPa。

(8)对位差较大的管道,应将试验介质的静压计入试验压力中。液体管道的试验压力应以最高点的压力为准,最低点的压力不得超过管道组成件的承受力。

(9)对承受外压的管道,试验压力应为设计内、外压力之差的1.5倍,并不得低于0.2 MPa。

(10)夹套管内管的试验压力应按内部或外部设计压力的最高值确定。夹套管外管的试验压力除设计文件另有规定外,应按规范的规定执行。

(11)液压试验应缓慢升压,待达到试验压力后,稳压10 min,再将试验压力降至设计压力,稳压30 min,应检查压力表无压降、管道所有部位无渗漏。

气压试验应符合下列规定:

(1)承受内压钢管及有色金属管的试验压力应为设计压力的1.15倍。真空管道的试验压力应为0.2 MPa。

(2)试验介质应采用干燥洁净的空气、氮气或其他不易燃和无毒的气体。

(3)试验时应装有压力泄放装置,其设定压力不得高于试验压力的 1.1 倍。

(4)试验前,应用空气进行预试验,试验压力宜为 0.2 MPa。

(5)试验时,应缓慢升压,当压力升至试验压力的 50% 时,如未发现异状或泄漏,应继续按试验压力的 10% 逐级升压,每级稳压 3 min,直至试验压力。应在试验压力下稳压 10 min,再将压力降至设计压力,采用发泡剂检验应无泄漏,停压时间应根据查漏工作需要确定。

提示

应学会计算压力试验所采用的试验压力。例如,某工程中的氧气输送管道设计压力为 0.8 MPa,则氧气管道采用氮气的试验压力 $=0.8\times1.15=0.92$(MPa)。

除压力试验外,对于一些设计文件要求或特殊性管道,应做泄露性试验。对于真空系统而言,还应在压力试验后做真空度试验。

泄漏性试验应按设计文件的规定进行,并应符合下列规定:

(1)输送极度和高度危害介质及可燃介质的管道,必须进行泄漏性试验。

(2)泄漏性试验应在压力试验合格后进行。试验介质宜采用空气。

(3)泄漏性试验压力应为设计压力。

(4)泄漏性试验可结合试车工作一并进行。

(5)泄漏性试验应逐级缓慢升压,当达到试验压力,并停压 10 min 后,应采用涂刷中性发泡剂等方法,巡回检查阀门填料函、法兰或螺纹连接处、放空阀、排气阀、排净阀等所有密封点应无泄漏。

(6)经气压试验合格,且在试验后未经拆卸过的管道可不进行泄漏性试验。

(7)泄漏性试验合格后,应及时缓慢泄压。

真空系统在压力试验合格后,还应按设计文件规定进行 24 h 的真空度试验,增压率不应大于 5%。

当设计文件和国家现行有关标准规定以卤素、氦气、氨气或其他方法进行泄漏性试验时,应按相应的技术规定进行。

链接

泄漏性试验是指以气体为介质,在设计压力下,采用发泡剂、显色剂、气体分子感测仪或其他手段等检查管道系统中泄漏点的试验。

四、工业管道吹扫与清洗

本部分主要以工业金属管道为主介绍相关的技术要求。

(一)一般规定

管道在压力试验合格后,应进行吹扫与清洗。并应编制管道吹扫与清洗方案。

管道吹扫与清洗方法,应根据管道的使用要求、工作介质、系统回路、现场条件及管道内表面脏污程度确定,并应符合下列规定:

(1)公称尺寸大于或等于 600 mm 的液体或气体管道,宜采用人工清理。

(2)公称尺寸小于 600 mm 的液体管道宜采用水冲洗。

(3)公称尺寸小于 600 mm 的气体管道宜采用压缩空气吹扫。

(4)蒸汽管道应采用蒸汽吹扫,非热力管道不得采用蒸汽吹扫。

（5）对有特殊要求的管道，应按设计文件规定采用相应的吹扫与清洗方法。

（6）需要时可采取高压水冲洗、空气爆破吹扫或其他吹扫与清洗方法。

管道吹扫与清洗前，应仔细检查管道支吊架的牢固程度，对有异议的部位应进行加固。

对不允许吹扫与清洗的设备及管道，应进行隔离。

管道吹扫与清洗前，应将系统内的仪表、孔板、喷嘴、滤网、节流阀、调节阀、电磁阀、安全阀、止回阀（或止回阀阀芯）等管道组成件暂时拆除，并应以模拟体或临时短管替代，待管道吹洗合格后应重新复位。对以焊接形式连接的上述阀门、仪表等部件，应采取流经旁路或卸掉阀头及阀座加保护套等保护措施后再进行吹扫与清洗。

吹扫与清洗的顺序应按主管、支管、疏排管依次进行。吹洗出的脏物不得进入已吹扫与清洗合格的管道。为管道吹扫与清洗安装的临时供水、供气管道及排放管道，应预先吹扫与清洗干净后再使用。

管道吹扫与清洗时应设置禁区和警戒线，并应挂警示牌。空气爆破吹扫和蒸汽吹扫时，应采取在排放口安装消音器等措施。

化学清洗废液、脱脂残液及其他废液、污水的处理和排放，应符合国家现行有关标准的规定，不得随地排放。

管道吹扫与清洗合格后，除规定的检查和恢复工作外，不得再进行其他影响管内清洁的作业。

化学清洗和脱脂作业时，操作人员应按规定穿戴专用防护服装，并应根据不同清洗液对人体的危害程度佩戴防护眼镜、防毒面具等防护用具。

管道吹扫与清洗合格后，施工单位应会同建设单位或监理单位共同检查确认，并应填写“管道系统吹扫与清洗检查记录”及“管道隐蔽工程（封闭）记录”，其格式宜符合规范规定。

（二）水冲洗

管道冲洗应使用洁净水。冲洗不锈钢、镍及镍合金管道时，水中氯离子含量不得超过 25×10^{-6}（25 ppm）。

管道水冲洗的流速不应低于1.5 m/s，冲洗压力不得超过管道的设计压力。

冲洗排放管的截面积不应小于被冲洗管截面积的60%。排水时，不得形成负压。

管道水冲洗应连续进行，当设计无规定时，排出口的水色和透明度应与入口处的水色和透明度目测一致。

对有严重锈蚀和污染的管道，当使用一般清洗方法未能达到要求时，可采取将管道分段进行高压水冲洗。

管道冲洗合格后，应及时将管内积水排净，并应及时吹干。

典型例题

【多选题】关于不锈钢工艺管道的水冲洗实施要点中，正确的有（　　）。

A. 水中氯离子含量不超过 25 ppm　　B. 水冲洗的流速不得低于 1.5 m/s

C. 排放管在排水时不得形成负压　　D. 排放管内径小于被冲洗管的 60%

E. 冲洗压力应大于管道设计压力

ABC。**【解析】**冲洗排放管的截面积不应小于被冲洗管截面积的60%。故选项 D 错误。冲洗压力不得超过管道的设计压力。故选项 E 错误。

（三）空气吹扫

空气吹扫宜利用工厂生产装置的大型空压机或大型储气罐进行间断性吹扫。吹扫压力不得大于系统容器和管道的设计压力，吹扫流速不宜小于 20 m/s。

吹扫忌油管道时，应使用无油压缩空气或其他不含油的气体进行吹扫。

空气吹扫时，应在排气口设置贴有白布或涂刷白色涂料的木制靶板进行检验，吹扫 5 min 后靶板上应无铁锈、尘土、水分及其他杂物。

当吹扫的系统容积大、管线长、口径大，并不宜用水冲洗时，可采取“空气爆破法”进行吹扫。爆破吹扫时，向系统充注的气体压力不得超过 0.5 MPa，并应采取相应的安全措施。

（四）蒸汽吹扫

蒸汽管道吹扫前，管道系统的绝热工程应已完成。为蒸汽吹扫安装的临时管道，应按正式蒸汽管道安装技术要求进行施工，安装质量应符合相关规定。应在临时管道吹扫干净后，再用于正式蒸汽管道的吹扫。

蒸汽管道应以大流量蒸汽进行吹扫，流速不应小于 30 m/s。

蒸汽吹扫前，应先进行暖管，并应及时疏水。暖管时，应检查管道的热位移，当有异常时，应及时进行处理。

蒸汽吹扫时，管道上及其附件不得放置易燃、易爆物品及其他杂物。蒸汽吹扫应按加热、冷却、再加热的顺序循环进行。吹扫时宜采取每次吹扫一根和轮流吹扫的方法。

通往汽轮机或设计文件有规定的蒸汽管道，经蒸汽吹扫后应对吹扫靶板进行检验。最终验收的靶板应做好标记，并应妥善保管。

（五）脱脂

忌油管道系统应按设计文件规定进行脱脂处理。脱脂液的配方应经试验鉴定后再采用。

对有明显油渍或锈蚀严重的管子进行脱脂时，应先采用蒸汽吹扫、喷砂或其他方法清除油渍和锈蚀后，再进行脱脂。

有防锈要求的脱脂件经脱脂处理后，宜采取充氮封存或采用气相防锈纸、气相防锈塑料薄膜等措施进行密封保护。

（六）化学清洗

管道酸洗钝化应按脱脂去油、酸洗、水洗、钝化、水洗、无油压缩空气吹干的顺序进行。当采用循环方式进行酸洗时，管道系统应预先进行空气试漏或液压试漏检验合格。

对不能及时投入运行的化学清洗合格的管道，应采取封闭或充氮保护措施。

（七）油清洗

润滑、密封及控制系统的油管道，应在机械设备和管道酸洗合格后、系统试运行前进行油清洗。不锈钢油系统管道宜采用蒸汽吹净后再进行油清洗。

经酸洗钝化或蒸汽吹扫合格的油管道，宜在两周内进行油清洗。当在冬季或环境温度较低的条件下进行油清洗时，应采取在线预热装置或临时加热器等升温措施。

油清洗应采用循环方式进行。油循环过程中，每 8 h 应在 40 ~ 70 ℃内反复升降油温 2 ~ 3 次，并应及时清洗或更换滤芯。

当设计文件或产品技术文件无规定时，管道油清洗后应采用滤网检验。

油清洗合格的管道，应采取封闭或充氮保护措施。

油系统试运行时，应采用符合设计文件或产品技术文件的合格油品。

链接

管道在施工过程中，管道内难免落进砂、砾石、砖块、电焊条、电焊渣等杂物残存在管道内壁的底层，而管道内壁因氧化、腐蚀而残存在管道壁面的氧化铁皮等，在管网投入运行前，必须将这些杂质清除掉，而最好的、既环保、又节能的方法就是采用闭式循环冲洗法，能够清除掉管内一切杂物。具体介绍如下：

(1)主要技术内容。

①闭式循环冲洗管道的原理。利用水在管内流动的动力和紊流的涡旋及水对杂物的浮力，迫使管内杂质在流体中悬浮、移动，从而使杂质随流体带出管外或沉积于除污短管内清除掉。这种向管内注水，脏水循环、排掉；再换水，清水循环、排掉；再换水，净水循环，再排掉等循环过程称为闭式循环冲洗。

②严格计算选择杂质的悬浮速度、启动速度和移动速度，最终确定冲洗速度。

③设计冲洗系统主管、支管及连通管，计算冲洗长度，在冲洗长度处安设除污短管，便于冲洗时沉积杂物。

④根据管网各项技术参数，计算系统能量损耗。

⑤最终确定冲洗速度、最大冲洗长度和冲洗用水泵及设备。

⑥连通安装冲洗系统。

(2)适用范围。

闭式循环冲洗技术，适用城市供热管网，供水管网和一切可用水冲洗管道的工业、民用管网的冲洗。

提示

管道工程施工技术的考查频率较高，需要重点关注。

模块四 静置设备及金属结构安装技术

一、静置设备安装技术

静置设备是指不需动力带动，安装后处于静止状态的工艺设备，广泛用于石油、石化、化工、医药、冶金、纺织、轻工等工业中。根据《建设工程分类标准》，机电工程中的静置设备包括反应设备、塔设备(也称塔器设备)、换热设备、分离设备、储存容器、其他设备等。本部分主要介绍常见的塔器设备，以及储存容器中的球形储罐、立式圆筒形钢制焊接储罐、气柜。

(一)静置设备通用安装技术

本部分主要以石油化工静设备为主介绍静置设备通用安装技术。

1. 基本规定

静置设备在安装作业前应做好如表 1-23 所示的准备工作。

表 1-23　静置设备安装准备工作

名称	技术要求
资质要求	(1)从事设备安装、现场组焊和无损检测等施工单位应具有与所承担工程内容相应的专业资质。 (2)从事设备焊接的焊工、无损检测人员应按国家现行有关标准和规定考试取得合格证,且只能从事与资格相应的作业
计量器具	(1)计量器具应经过检定、校准或验证,处于合格状态,并在有效检定期内使用。 (2)周期检定的计量器具调转时,应有检定、校准合格证书
设备安装技术文件	(1)设备安装应具有下列技术文件:设计文件;设备质量证明文件;标准规范;施工技术文件。 (2)设备质量证明文件应符合下列规定,压力容器质量证明文件尚应符合相应压力容器安全技术监察规程的要求: ①内容与特性数据符合设计文件。 ②有复验要求的材料应有复验报告
设备开箱检验	(1)设备、内件和安全附件应符合设计文件和订货合同的要求。 (2)开箱检验应在有关人员参加下按照装箱单清点并检查下列项目:箱号、箱数及包装;设备名称、型号及规格;设备质量证明文件;设备内件及安全附件的规格、型号、数量。 (3)设备外观质量应符合下列要求:无表面损伤、变形及锈蚀;工装卡具的焊疤已清除;设备管口封闭;不锈钢及复合钢板制设备的防腐蚀面、低温设备表面不应有刻痕和各类钢印标记;奥氏体不锈钢制设备、钛和钛合金制设备、锆和锆合金制设备、铝和铝合金制设备表面应无铁离子污染;防腐蚀涂料无流坠、脱落和返锈;充氮设备处于有效保护状态。 (4)设备的方位线标记、重心标记及吊挂点等标记应清晰
设备安装测量基准的确认及标记	(1)设备安装测量基准应符合下列规定: ①设备支座的底面作为安装标高的基准。 ②立式设备任意两条相邻的方位线作为设备垂直度测量基准。 ③卧式设备两侧水平方位线作为水平度的测量基准。 ④球形储罐以赤道线作为水平度的测量基准,以支柱在球形储罐径向和周向两个方向纵向母线作为垂直度的测量基准。 ⑤对相互衔接的设备,还应按衔接的要求确定测量基准。 (2)现场装配内件的立式设备,其内壁的基准圆周线作为水平度的测量基准
成品及半成品保护	(1)奥氏体不锈钢制设备、钛和钛合金制设备、锆和锆合金制设备、铝和铝合金制设备应与碳钢隔离,并采取防止铁离子污染的措施。 (2)钛和钛合金制设备、锆和锆合金制设备、铝和铝合金制设备及低温设备不得有表面擦伤。 (3)设备管口或开口应封闭。 (4)氮气保护的设备应保持规定的氮气压力

2. 设备安装

当基础交付安装时,基础混凝土强度不得低于设计强度的 75%。基础施工单位应提交测量记录及技术资料,安装单位应按规范要求进行相关数据的复测。

基础施工单位应在交付的基础上画出标高基准线和纵横中心线;有沉降观测要求的基础,应有沉降观测点。

卧式设备滑动端基础预埋板的上表面应光滑平整,不得有挂渣、飞溅物。水平度为2 mm/m。混凝土基础抹面不得高出预埋板的上表面。

地脚螺栓的螺纹应无损坏、无锈蚀,且应有保护措施。

预留孔地脚螺栓的埋设应符合下列规定:地脚螺栓在预留孔中应垂直。地脚螺栓任一部位与孔壁的距离不应小于15 mm,与孔底的距离应大于50 mm。

地脚螺栓的螺母和垫圈齐全,锁紧螺母与螺母、螺母与垫圈、垫圈与设备底座间的接触应良好。紧固后螺纹露出螺母不应少于2个螺距。螺纹外露部分应涂防锈脂。

设备找正后,各组垫铁均应被压紧,垫铁之间和垫铁与支座之间应均匀接触,垫铁应露出设备支座底板外缘10～30 mm,垫铁组伸入支座底板长度应超过地脚螺栓。垫铁组层间应进行焊接固定。

灌浆前应用水将基础表面冲洗干净,保持湿润不应少于24 h。地脚螺栓孔灌浆前1 h应吸干积水,清除预留孔中的杂物。二次灌浆应在设备找正、找平、隐蔽工程检验合格后进行。

设备内件安装前应清除表面油污、焊渣、铁锈、泥沙、毛刺等杂物。设备内部应清扫干净。塔内件表面不得有油污、挂渣、铁锈、泥沙及毛刺等杂物。

3. 设备现场组焊

分片或分段到货设备坡口表面不得有裂纹、分层、夹渣等缺陷。低温钢、标准抗拉强度下限值大于或等于540 MPa钢及铬钼钢经火焰切割的坡口表面,应进行磁粉检测或渗透检测。

复合钢板组对应以复层表面为基准,错边量不应大于复层厚度的50%,且不大于2 mm。

设备内件与筒体焊接的焊缝边缘至筒体环焊缝边缘的距离不应小于该处筒体壁厚,且不小于50 mm。

被内件、密封结构覆盖的焊缝应打磨至与母材平齐。

现场组焊的压力容器必须按照相应压力容器安全技术监察规程的要求制备产品焊接试板。产品焊接试板的尺寸、试样截取和数量、试验项目、合格标准和复验要求应符合国家现行标准《承压设备产品焊接试件的力学性能检验》的规定。

链接

《承压设备产品焊接试件的力学性能检验》的相关规定如下:

(1)试件用材料应与所代表的承压设备元件材料同标准、同代号(牌号、钢号)、同规格(限厚度、外径)、同热处理状态。

(2)焊接试件的焊工和焊接工艺过程应与所代表的承压设备元件相同。

(3)试样毛坯采用冷加工法切取,也可用热加工方法,但应去除热影响区。试样经检验合格并划线后,打上钢印或永久性的标志。

(4)检验方法包括拉伸试验、弯曲试验、冲击试验。力学性能检验有某项目不合格时,允许从原试件上对不合格项目取样复验。复验项目分为拉伸试验、面弯试验、背弯试验、侧弯试验、焊缝区冲击试验和热影响区冲击试验。

要求焊前预热的焊缝,预热温度及层间温度应符合焊接工艺文件的规定。

现场组焊设备的焊缝可采用局部热处理方法进行。热处理的加热范围以焊缝中心为基准，对接接头焊缝每侧不应小于钢材厚度的 2 倍；角接接头焊缝每侧不应小于钢材厚度的 6 倍。加热区以外 100 mm 范围应进行保温。

现场组焊设备焊接接头无损检测应在形状尺寸及外观检验合格后进行，有延迟裂纹倾向的材料应在焊接完成 24 h 后进行；有再热裂纹倾向的材料应在热处理后再增加 1 次。

4. 试验

现场组焊的设备进行耐压试验前，应对下列条件进行确认：

(1)设备本体及与本体相焊的焊接和检验工作全部完成。

(2)需要进行焊后热处理的设备，热处理工作已完成。

(3)设备开孔补强圈焊缝用 0.4 ~ 0.5 MPa 的压缩空气检查焊接接头质量合格。

(4)已安装的设备找正、找平工作已完成。

(5)基础二次灌浆达到设计强度要求。

(6)施工质量资料完整。

(7)试压方案已经批准。

耐压试验应采用液压试验，若采用气压试验代替液压试验时，必须符合下列规定：

(1)压力容器的焊接接头进行 100% 射线或超声检测，执行标准和合格级别执行原设计文件的规定。

(2)非压力容器的焊接接头进行 25% 射线或超声检测，合格级别射线检测为Ⅲ级、超声检测为Ⅱ级。

(3)有本单位技术总负责人批准的安全措施。

(4)试压系统设置安全泄放装置。

试验用压力表应符合下列规定：

(1)应在设备最高处和最低处各设置一块量程相同并经检定合格的压力表。

(2)设备设计压力小于 1.6 MPa 时，压力表的精度等级不应低于 2.5 级；设计压力大于或等于 1.6 MPa 时，不应低于 1.5 级。

(3)压力表的量程不应小于 1.5 倍且不应大于 3 倍的试验压力；压力表的直径不应小于 100 mm。

液压试验介质宜采用工业用水。奥氏体不锈钢设备用水作介质时，水质氯离子含量不得超过 25 mg/L。试验介质也可采用不会导致发生危险的其他液体。

液压试验介质的温度应符合下列规定：

(1)碳素钢、Q345R、Q370R 制设备液压试验时，液体温度不得低于 5 ℃；其他低合金钢制设备液压试验时，液体温度不得低于 15 ℃。

(2)由于板厚等因素造成材料无延性转变温度升高及其他材料制设备液压试验时，液体的温度按设计文件规定执行。

液压试验时，设备外表面应保持干燥，当设备壁温与液体温度接近时，缓慢升压至设计压力；确认无泄漏后继续升压至规定的试验压力，保压时间不少于 30 min；然后将压力降至规定试验压力的 80%，对所有焊接接头和连接部位进行全面检查，符合下列规定为合格：

(1)无渗漏。

(2)无可见的变形。

(3)试验过程无异常的响声。

气压试验所用气体应为干燥、洁净的空气、氮气或惰性气体。

气压试验时的气体温度应符合如下规定：

(1)碳素钢和低合金钢制设备，气压试验时气体温度不得低于 15 ℃。

(2)其他材料制设备，气压试验时气体温度按设计文件规定。

气压试验时，应按下列程序进行升压和检查：

(1)缓慢升压至规定试验压力的 10%，且不超过 0.05 MPa，保压 5 min，对所有焊缝和连接部位进行初次泄漏检查。

(2)初次泄漏检查合格后，继续缓慢升压至规定试验压力的 50%，观察有无异常现象。

(3)如无异常现象，继续按规定试验压力的 10% 逐级升压，直至达到试验压力止，保压时间不少于 30 min，然后将压力降至规定试验压力的 87%，对所有焊接接头和连接部位进行全面检查。

(4)试验过程无异常响声，设备无可见的变形，焊缝和连接部位等用检漏液检查，无泄漏为合格。

气密试验应在耐压试验合格后进行。对进行气压试验的设备，气密试验可在气压试验压力降到气密试验压力后一并进行。

气密试验时应将安全附件装配齐全。气密试验时，压力应缓慢上升，达到试验压力后，保压时间不应少于 30 min，同时对焊缝和连接部位等用检漏液检查，无泄漏为合格。

充水试漏应符合下列规定：充水试漏前应将焊接接头的外表面清理干净，并使之干燥。试漏的持续时间应根据检查所需时间决定，但不得少于 1 h。焊接接头无渗漏为合格。

煤油试漏应符合下列规定：煤油试漏前应将焊接接头能够检查的一面清理干净，涂以白垩粉浆，晾干后，在焊接接头的另一面涂以煤油，使表面得到足够的浸润。30 min 后以白垩粉上没有油渍为合格。

5. 工程交工

施工过程中应及时进行工序检查确认，并审查相关资料；被后一工序覆盖的部位必须进行隐蔽工程验收。

建设工程项目按合同规定完成设备安装全部工程后，应及时办理工程验收。相关记录各栏目内容应填写清楚、完整，字迹端正，各签章栏内应有签名或盖上质检人员的印记。

提示

本部分内容可结合后续各类静置设备安装技术进行学习。

(二)塔器设备安装技术

塔器设备是指使两流体介质间进行传热和传质的设备。例如，用于精馏过程的精馏塔；用于解析过程的再生塔；用液体洗涤气体中所含固体或液体微粒的洗涤塔等。

塔器设备安装前，应做好下列现场工作：

(1)塔器在安装或现场组装前应对设备或半成品、零部件的制造质量进行检查验收并合格，并对焊接材料进行验收。

(2)塔器的现场组装应按设计图样、排板图和施工方案的要求进行。

(3)塔器安装或在基础上组装，应在基础验收合格后进行。

链接

塔器设备基础验收要求应符合"(一)静置设备通用安装技术"的相关规定。

(4)对于属于受监察的压力容器的塔器的安装(整体就位或移位安装)、现场组焊(现场完成后环焊缝焊接或整体组焊),施工单位应具有规定的特种设备生产许可资格。

塔器设备的安装方法可以分为整体到货塔器安装和分段到货塔器现场组对安装。

(1)整体到货塔器安装应符合下列程序:塔器现场检查验收、摆放在吊装要求位置→吊耳制作安装,设置吊装机具→基础验收、设置垫铁→整体吊装、找正、紧固地脚螺栓、垫铁点固及二次灌浆。

(2)分段到货塔器现场组对安装方式有卧装和立式组焊两种方式。

①卧装组焊程序:在现场搭设道木垛或设置滚轮架(托辊)等组装胎具→各段塔体组焊接成整体塔器→进行环焊缝无损检测。塔器组焊完成后按与整体到货塔器的相同程序安装就位。

②立式组焊程序:基础验收、设置垫铁→塔器的下段(带裙座段)吊装就位、找正→逐段吊装塔器中间段,与下段找正,并焊接环焊缝,且进行无损检测(直至最上段)→整体找正、紧固地脚螺栓、垫铁点固及二次灌浆。

专家解读

立式组焊程序为由下至上逐段组对,属于正装法。例如,某台分馏器共分三段,采用由下至上逐段组对安装的方法。其第三段(上段)吊装、找正的紧前工序是第一、二段段间环焊缝组对焊接。

链接

塔器设备的耐压试验和气密性试验应符合"(一)静置设备通用安装技术"相关规定。

(三)球形储罐安装技术

球形储罐以下简称球罐。在我国石油、化工、冶金、城市煤气等工业部门,广泛采用钢质球罐用来贮存液化石油气(如乙烯、丙烯、丁烷等)、液化天然气、液氧、液氮、液氨、氧气、氮气、天然气、城市煤气或其中间产品。

1. 零部件的检查与验收

施工单位应对制造单位提供的产品质量证明书等技术、质量文件进行检查。

球罐的质量证明书应包括下列内容:

(1)制造竣工图样。

(2)压力容器产品合格证。

(3)产品质量证明文件应包括下列内容:质量计划或检验计划;主要受压元件材质证明书及复验报告;材料清单;材料代用审批证明;结构尺寸检查报告;焊接记录;热处理报告及自动记录曲线;无损检测报告;产品焊接试件检验报告;产品铭牌的拓印件或者复印件。

(4)特种设备制造监督检验证书。

球壳的结构形式应符合设计图样要求。每块球壳板本身不得拼接。

链接

球罐由本体、支座及附件组成。球罐本体是球罐结构的主体，它是球罐贮存物料并承受物料工作压力和液体静压力的构件，是由多块球壳板拼焊而成的一个球形容器。球罐支座系用于支承球罐本体、附件、储存物料质量及承受风载、地震力等自然力的结构部件。球罐支座多采用与球罐赤道板正切的柱式支座，也称球罐支柱。球罐支柱一般用钢管制成，支柱数量通常为赤道板数量的一半。支柱间有拉杆，使其支承连成整体。支柱通过柱脚板用地脚螺栓固定在基础上。球罐附件主要包含梯子、平台、阀门、仪表等。

常见的球罐有橘瓣式球罐形式和混合式球罐形式。橘瓣式和混合式包括三带、四带、五带、六带、七带几种。混合式七带球罐示意图如图 1-10 所示。

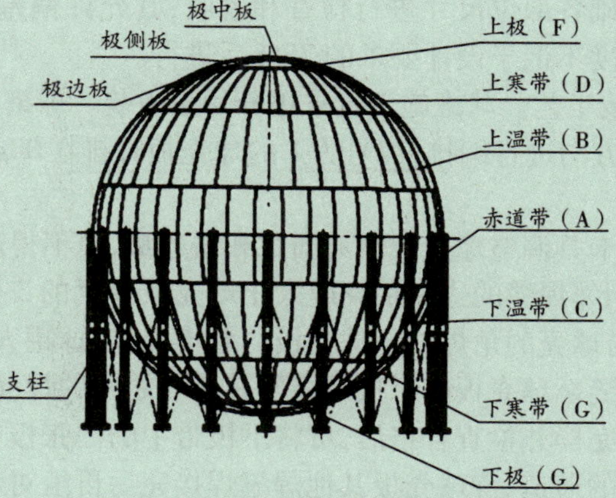

图 1-10　混合式七带球罐示意图

制造单位提供的球壳板表面不应有裂纹、气泡、结疤、折叠、夹杂、分层等缺陷，当存在裂纹、气泡、结疤、折叠、夹杂、分层等缺陷时，应按规范的规定进行修补。

球壳板厚度应进行抽查。厚度应符合图样要求。抽查数量不应少于球壳板总数的 20%，且每带不应少于 2 块，上、下极各不应少于 1 块；每张球壳板的检测不应少于 5 点。抽查若有不合格，应加倍抽查；若仍有不合格，应对球壳板逐张检查。

球壳板焊接坡口表面质量应符合下列规定：

（1）平面度应小于或等于球壳板名义厚度的 0.04 倍，且不得大于 1 mm。

（2）表面应平滑，表面粗糙度（R_a）应小于或等于 25 μm。

（3）缺陷间的极限间距应大于或等于 500 mm。

（4）熔渣与氧化皮应清除干净，坡口表面不应有裂纹和分层等缺陷。用标准抗拉强度下限值大于或等于 540 N/mm^2 的钢材制造球壳板时，坡口表面应经磁粉或渗透检测抽查，不应有裂纹、分层和夹渣等缺陷；抽查数量不应少于球壳板数量的 20%，且每带不应少于 2 块，上、下极各不应少于 1 块；若有不允许的缺陷，应加倍抽查；若仍有不允许的缺陷，应逐件检测。

球壳板周边 100 mm 范围内应进行全面积超声检测抽查，抽查数量不应少于球壳板总数的 20%，且每带不应少于 2 块，上、下极各不应少于 1 块；对球壳板有超声检测要求的还应进行超声检测抽查，抽查数量应与周边抽查数量相同。检测方法应符合规定。若有不允许的缺陷，应加倍抽查；若仍有不允许的缺陷，应逐件检测。

当相邻板的厚度差大于或等于 3 mm 或大于其中的薄板厚度的 1/4 时，厚板边缘应削成斜边，削边后的端部厚度应等于薄板厚度。

制造单位应提供每台球罐不少于 6 块的产品焊接试板，每块试板尺寸应为 180 mm × 650 mm，试板的材料应合格，且应与球壳板具有相同标准、相同牌号、相同厚度和相同热处理状态。产品焊接试板的坡口形式应与球壳板相同。

除设计图样注明外，球壳板内外表面应除锈，并应各涂底漆两道，对坡口表面及其内外边缘 50 mm 范围内应涂可焊性涂料或易去除的保护膜。每块球壳板上的球壳板编号、钢号及炉批号标记应以白色油漆框出。

2. 现场组装

球罐安装前应对基础各部位尺寸进行检查和验收，其允许偏差应符合规定。球罐的安装应在基础混凝土的强度不低于设计要求的 75% 后进行。

(1) 球罐分片法组装工艺。球罐施工宜采用分片法组装。球罐组装时，球壳板的编号宜沿球罐 0°向 90°至 270°方向进行编排，编号为 1 的球壳板宜排在 0°或与紧靠 0°向 90°方向偏转的位置上。

球罐组装可采用工卡具调整球壳板组对间隙和错边量，但不得进行强力组装。

球罐组装时，下列相邻焊缝的边缘距离应大于球壳板厚度的 3 倍，且不小于 100 mm：相邻两带的纵焊缝；支柱与球壳的角焊缝至球壳板的对接焊缝；球罐人孔、接管、补强圈和连接板等与球壳板的连接焊缝至球壳板的对接焊缝及其相互之间的焊缝。

在全部球壳板组对完毕并检查合格后，可将下极带中的一张极中板暂时取下，作为球罐内通风和施工人员通行的通道，待球壳板其他焊缝焊接完后再组对焊接。

温带板组装应先组装下温带板，后组装上温带板；组装时，宜采用对称吊装。

极板组装时，应先组装下极板，后组装上极板，极板吊装就位后，应用卡具与温（寒）带板固定，并应控制极板与温（或寒）带板的相对位置及管口方位与设计文件相符。

(2) 球罐环带法组装工艺。公称容积不大于 1 500 m^3 的球罐可采用环带法组装，环带法可按先安装下温带（包括极板）再组装赤道带的施工程序组装，也可按先安装赤道带再组装下温带的施工程序组装。采用环带法组装时，各环带均应在平台上进行组装。组装平台在施工过程中不得出现变形或偏沉。

每个环带组对时，均应采用相应的胎具，胎具直径为各环带设计内径加焊接收缩量。

各环带组装和球罐整体组装用的工卡具的使用与拆除应符合球罐分片法组装工艺的规定。

混合式球罐，先组对边极板，再组对边幅板和中幅板，然后焊接边极板与中幅板、边幅板，再焊接中幅板与边幅板。橘瓣式球罐组焊中极板和边极板。

3. 焊接

球罐的焊接方法宜采用焊条电弧焊、药芯焊丝自动焊和半自动焊。

焊接程序应符合下列原则：先焊纵缝，后焊环缝；先焊短缝，后焊长缝；先焊坡口深度大的一侧，后焊坡口深度小的一侧。

焊接纵、环对接焊缝交叉部位时，应先将纵缝焊到环缝坡口内，然后将环缝坡口内的终端焊道打磨去除。焊接环缝时，不得在交叉部位引弧或熄弧。

焊条电弧焊焊接的第一层焊道应采取分段退焊法。多层多道焊时,每层焊道引弧点宜依次错开25~50 mm,焊道始端宜采用后退起弧法,焊道终端应将弧坑填满。

采用焊条电弧焊时,焊工应对称均布、同步焊接,在同等时间内超前和滞后的长度不宜大于500 mm。

4.焊后整体热处理

符合下列情况之一的球罐必须在耐压试验前进行焊后整体热处理:

(1)设计图样要求进行焊后整体热处理的球罐。

(2)盛装具有应力腐蚀及毒性程度为极度危害或高度危害介质的球罐。

(3)名义厚度大于34 mm(当焊前预热100 ℃及以上时,名义厚度大于38 mm)的碳素钢制球罐和07MnCrMoVR钢制球罐。

(4)名义厚度大于30 mm(当焊前预热100 ℃及以上时,名义厚度大于34 mm)的Q345R和Q370R钢制球罐。

(5)任意厚度的其他低合金钢球罐。

球罐整体热处理前,应具备下列条件:

(1)与球罐受压件连接的焊接工作全部完成。

(2)热处理前的各项无损检测工作全部完成。

(3)产品焊接试件已放置在球罐热处理过程中高温区的外侧。

(4)加热系统已调试合格。

(5)与热处理无关的接管已采用盲板封堵。

(6)球罐与梯子、平台等部件连接的螺栓松开。

(7)已采取防雨、防风、防火和防停电等预防措施。

测温系统应符合下列规定:

(1)测温点应均匀的布置在球壳表面上,相邻两测温点的间距不宜大于4.5 m,测温点数不应少于规范的规定,且应在距上、下人孔与球壳板环焊缝边缘200 mm范围内各设1个测温点,每个产品焊接试件应设1个测温点。

(2)热处理时,应对热处理温度进行连续自动记录。

柱脚处理应符合下列规定:

(1)热处理时,应松开拉杆及地脚螺栓,并应在支柱底部设置移动装置和位移测量装置。

(2)热处理过程中,应监测实际位移值及支柱垂直度,及时调整支柱使其处于垂直状态。移动柱脚时应平稳缓慢。

(3)热处理后,应测量并调整支柱垂直度和拉杆挠度,其允许偏差值应符合规定。

5.产品焊接试件

试板的标准、钢号、厚度及热处理工艺均应与球壳板相同。

产品焊接试件应由施焊球罐的焊工,并应在与球罐焊接相同的条件和相同的焊接工艺情况下焊接。

每台球罐应按施焊位置做横焊、立焊和平焊加仰焊位置的产品焊接试件各一块,试件尺寸宜为360 mm×650 mm。

试件焊缝应经外观检查和100%射线检测或超声检测,并应符合规范的规定;取样时应避开焊接缺陷。

焊后需热处理的球罐，其产品焊接试件应与球罐一起进行热处理。

当产品焊接试件的拉伸、弯曲性能试验不合格时，可允许复验。对不合格的项目应取双倍试样进行复验。

当产品焊接试件的冲击试验结果不满足要求时，可允许复验。对不合格的项目再取一组3个试样进行复验。

若冲击试样断口表面由于存在无损检测允许（未超标）的缺陷而导致冲击功不合格时，则该试样作废，可重新试验；由于试验条件不佳或操作不当造成某项试验不合格时，则该试验作废，可重新试验。

当产品焊接试件的力学性能试验的复验结果仍不合格时，则该球罐的产品焊接试件应判为不合格。当产品试件判为不合格时，应分析原因，可将试件及其所代表的球罐重新按照修正的热处理工艺进行热处理。

6. 耐压试验和泄漏试验

球罐必须按设计图样规定的试验方法进行耐压试验。耐压试验应包括液压试验、气压试验和气液组合试验。

进行耐压试验时，应在球罐顶部便于观察的位置安装2块量程相同并经校验合格的压力表。设计压力小于1.6 MPa的球罐，耐压试验用压力表的精确度不应低于2.5级；设计压力大于或等于1.6 MPa的球罐，耐压试验用压力表的精确度不应低于1.6级。压力表盘刻度极限值应为试验压力的1.5～3倍，压力表的直径不宜小于150 mm。

耐压试验时，严禁碰撞和敲击球罐。

液压试验应符合下列规定：液压试验介质应采用清洁水。液压试验的试验压力，应按设计图样规定，且不应小于球罐设计压力的1.25倍。液压试验以无渗漏，无可见变形，试验过程中无异常响声为合格。

气压试验应符合下列规定：气压试验的试验压力应符合设计图样规定，且不应小于球罐设计压力的1.1倍。气压试验用气体应为干燥洁净的空气、氮气或其他惰性气体。气压试验过程中，球罐无异常响声、经过肥皂液或其他检漏液检查无漏气、无可见变形为合格。

除设计图样规定外，泄漏试验应采用气密性试验。气密性试验应在液压试验合格后进行。进行氨检漏试验、卤素检漏试验和氦检漏试验时，应符合设计图样的要求。

气密性试验介质应采用空气、氮气或其他惰性气体。

试验前应将球罐的安全附件安装齐全；试验用压力表应经过校准，并应符合耐压试验用压力表的规定。

气密性试验的试验压力应符合设计图样规定。

气密性试验应按下列步骤进行：

(1)压力升至试验压力的50%时，应保压足够时间，并应对球罐所有焊缝和连接部位进行检查，应在确认无泄漏后，再继续升压。

(2)压力升至试验压力时，保压10 min后应对所连接部位进行检查，应以无泄漏为合格。当有泄漏时，应在处理后重新进行气密性试验。

(3)卸压应缓慢进行。

气密性试验时，应监测环境温度的变化和监视压力表读数，不得发生超压。

气压试验的球罐，气密性试验可与气压试验同时进行。

（四）立式圆筒形钢制焊接储罐安装技术

立式圆筒形钢制焊接储罐以下简称储罐。

1. 预制

储罐施工一般采用现场预制。储罐的预制应符合下列要求：

(1)储罐的预制方法不应损伤母材和降低母材性能。

(2)储罐构件切割及焊缝坡口加工时，碳素钢及低合金钢宜采用机械加工或自动、半自动火焰切割加工，不锈钢应采用机械或等离子切割加工。

(3)焊缝坡口的加工应平整，不得有夹渣、分层、裂纹等缺陷；应去除火焰及等离子切割坡口产生的表面硬化层。

(4)储罐的所有预制构件完成时应有编号，并应用油漆或其他方法做出清晰的标记。

(5)抗风圈、加强圈、包边角钢、抗拉环、抗压环等弧形构件加工成型后，应用弧形样板检查弧度，其间隙不应大于 2 mm；应放在平台上检查其翘曲变形，变形量不应超过构件长度的 0.1%，且不应大于 6 mm。

2. 组装

罐壁组装前，应对预制成型的壁板的几何尺寸进行检查，合格后方可组装；当壁板几何尺寸需要校正时，应防止出现锤痕。组装焊接后，纵焊缝的棱角度应用 1 m 长的弧形样板检查，环焊缝棱角度应用 1 m 直线样板检查。

壁板组装可采用外搭脚手架正装法、内挂脚手架正装法、水浮正装法、边柱葫芦提升倒装法、边柱液压提升倒装法。

外搭脚手架正装法施工，按下列要求进行：

(1)脚手架随壁板升高而逐层搭设，当纵向焊接接头采用气电立焊、环向焊接接头采用自动焊时，脚手架不得影响焊接操作。

(2)采用在壁板内侧挂设移动小车进行内侧施工。

(3)采用吊车吊装壁板。

内挂脚手架正装法施工，按下列要求进行：

(1)预制带钩板的三角架和八字板，三角架水平边长应能并排摆放 5 块跳板。

(2)在已安装的最上一层壁板内侧，沿圆周按规定间距在同一水平标高处均布八字板，安置三角架，铺满跳板，将搭头处用铁线捆绑牢固，并安装护栏。

(3)搭设楼梯间或斜梯连接各圈脚手架，形成上、下通道。

(4)一台储罐施工宜用 2 ~ 3 层脚手架，1 ~ 2 个楼梯间，脚手架从下至上交替使用。

(5)在罐壁外侧挂设移动小车进行外侧施工。

(6)用吊车吊装壁板。

水浮正装法施工，按下列要求进行：

(1)底板、底圈壁板、第二圈壁板、底圈壁板与底板的角接接头组焊完并检验合格；浮顶组焊完并检验合格。

(2)设置罐壁移动小车或弧形吊栏进行罐壁外侧作业。

(3)采用吊车吊装或在浮舱上设置吊杆吊装壁板。

(4)设置浮盘导向装置。

(5)充水浮升浮顶、逐圈组装第三圈及以上各圈壁板(如图1-11所示)。

(6)壁板组装前、组装过程中、组装后应按设计文件规定进行沉降观测。

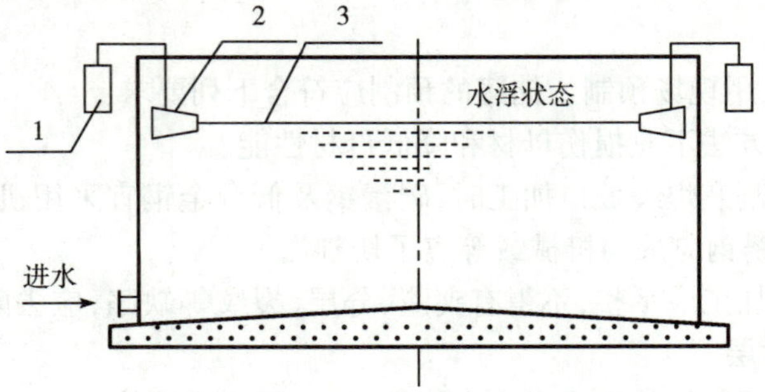

1—环形吊篮;2—浮舱;3—单盘或双盘

图1-11　水浮法正装壁板示意图

边柱葫芦提升倒装法施工,可采用手拉葫芦或电动葫芦作为提升动力按下列要求进行:

(1)设置作业人员进出罐内的通道。

(2)在壁板内侧沿周向均匀设置提升柱。

(3)提升柱的数量、结构、规格应依据需提升的最大质量计算确定,其背向壁板一侧应设置有防倾覆斜拉撑。

(4)在提升柱顶部设置手拉葫芦或电动葫芦。

(5)在壁板下部安装胀圈,加设传力龙门板,用千斤顶或加减丝将其与罐壁胀紧。

(6)将胀圈与手拉葫芦或电动葫芦连接。

(7)起吊已组成部分的罐顶与罐壁,起吊过程应平稳,各起吊点应同步上升。

(8)起吊到规定高度后与下圈壁板组对焊接。

边柱液压提升倒装法施工,按下列要求进行:

(1)设置作业人员进出罐内的通道。

(2)在壁板内侧沿周向均匀设置提升架,在提升架上安置千斤顶。

(3)提升架高度比最大提升高度高1 000 mm左右。

(4)提升架的间距为5 000~8 000 mm,其背向壁板一侧应设置有防倾覆斜拉撑。

(5)胀圈用千斤顶或加紧丝与罐壁胀紧。

(6)起吊过程应平稳,各起吊点应同步上升,起吊到规定高度后与下圈壁板组对。

罐底单面倾斜式储罐壁板宜采用正装法安装。

提示

上述方法大致可归为正装法和倒装法两类。正装法即从罐底由下向上进行组装,倒装法则是从罐顶由上向下进行组装。

3. 焊接

储罐可采用焊条电弧焊、气体保护焊、气电立焊、自保护药芯焊丝自动焊、埋弧自动焊和加碎丝埋弧自动焊等方法施焊。根据焊接工艺评定报告编制焊接工艺文件,焊接施工应执行焊接工艺文件规定。焊接工艺文件并应附有焊接接头布置图。

储罐的焊接应符合下列要求:

(1)定位焊及工卡具的焊接应由合格焊工担任,定位焊焊接工艺宜与正式焊接相同或经评定合格。定位焊应焊在坡口内。

(2)坡口表面及两侧 20 mm 内的锈蚀、油污等应清除干净。

(3)引弧、熄弧应在坡口内进行,熄弧应将弧坑填满。多层焊的层间接头应错开 50 mm 以上。

(4)板厚小于或等于 6 mm 的角接接头及与介质接触的角接接头采用焊条电弧焊或气体保护焊时,至少施焊两遍。

(5)双面焊的对接接头在后焊侧焊接前应清根。标准屈服强度大于 390 MPa 的钢材清根后还应按规定进行渗透检测,不得有线性缺陷。采用碳弧气刨清根时,清根后应修整刨槽,磨除硬化层。

(6)焊接时应采取措施控制焊接变形。

链接

焊接后产生超过允许偏差范围的变形应给予矫正。变形矫正可采用机械矫正或加热矫正。机械矫正的方式有延压、滚轧、千斤顶、锤击等。

储罐各部位的焊接顺序如表 1-24 所示。

表 1-24　储罐各部位的焊接顺序

部位名称	焊接顺序
罐底	应采用收缩变形最小的焊接工艺及焊接顺序,且焊接顺序宜符合下列规定。 (1)中幅板焊接时,先焊短焊缝,后焊长焊缝;初层焊道宜采用分段退焊或跳焊法。 (2)罐底环形边缘板的焊接宜符合下列规定: ①宜先完成靠外缘至少 300 mm 的焊缝,在罐底与罐壁连接的角焊缝焊完后且边缘板与中幅板之间的收缩缝焊接前,完成剩余边缘板的对接焊缝和中幅板的对接焊缝。 ②环形边缘板对接焊缝的初层焊道宜采用焊工均匀分布、对称施焊的方法进行。 ③边缘板与中幅板之间的收缩缝的初层焊道宜采用分段退焊或跳焊法进行。 (3)非环形边缘板的罐底不宜留收缩缝。 (4)罐底与罐壁连接的角焊缝,宜在底圈壁板纵缝焊接完毕后,由数对焊工均匀分布,分别从罐内、外沿同一方向分段焊接,宜先焊罐内侧角焊缝,后焊罐外侧角焊缝。初层焊道宜采用分段退焊或跳焊法
罐壁	(1)宜先焊纵向焊缝,后焊环向焊缝。当焊完相邻两圈壁板的纵向焊缝后,再焊其间的环向焊缝;采用不对称坡口时,应先焊大坡口侧,后焊小坡口侧。 (2)纵向焊缝采用气体保护焊时,宜自下向上焊接。环向焊缝采用埋弧自动焊时,焊机宜均匀分布,并沿同一方向施焊;采用焊条电弧焊时,焊工宜均匀分布并沿同一方向施焊
固定顶顶板	(1)宜先焊内侧焊缝,后焊外侧焊缝。径向的长焊缝宜采用隔缝对称施焊方法,并由中心向外分段退焊。 (2)顶板与包边角钢或抗拉环、抗压环焊接时,焊工宜对称均匀分布,并沿同一方向分段退焊

（续表）

部位名称	焊接顺序
单盘式浮顶	(1)浮舱内、外边缘环板，宜先焊立缝，后焊角焊缝。 (2)单盘板的焊接，宜先焊底部的间断焊缝或定位焊缝，后焊单盘板上面的焊缝；在支架上组装时，焊接时应先焊底部支撑角钢与单盘板的焊缝，后焊单盘板上面的焊缝，并采用收缩变形最小的焊接工艺和焊接顺序。 (3)浮舱与单盘板连接的焊缝，应在浮舱与单盘板分别焊接后施焊，焊工宜对称均匀分布，并沿同一方向分段退焊
双盘式浮顶	(1)浮舱环板、外边缘环板，宜先焊立缝，后焊角焊缝。 (2)浮顶底板的焊接，宜先焊底部的间断焊缝或定位焊缝，后焊上面的焊缝；当浮顶底板焊缝设计为双面连续焊缝，应待上面焊缝完成并检查合格后，再进行底部的连续焊，并采用收缩变形最小的焊接工艺和焊接顺序。 (3)浮顶顶板的焊接，宜先焊底部的间断焊缝，后焊上面的焊缝，并采用收缩变形最小的焊接工艺和焊接顺序。 (4)底板上被构件遮蔽的焊道应先焊接，且长度不小于500 mm，检查合格后方可隐蔽

链接

浮顶支柱和其他刚性较大的构件周围300 mm范围内，搭接焊缝内外侧均应采用连续满角焊。

4. 检查与验收

(1)焊缝的外观检查。焊缝应进行外观检查，检查前应将熔渣、飞溅清理干净。

焊缝表面质量应符合下列规定：

①焊缝表面及热影响区，不得有裂纹、气孔、夹渣、弧坑和未焊满等缺陷。

②对接焊缝的咬边深度，不应大于0.5 mm；咬边的连续长度，不应大于100 mm；焊缝两侧咬边的总长度，不应超过该焊缝长度的10%；罐壁钢板的最低标准屈服强度大于390 MPa或厚度大于25 mm的低合金钢的底圈壁板纵缝不应存在咬边。

③边缘板的厚度大于或等于10 mm时，底圈壁板与边缘板的T形接头罐内角焊缝靠罐底一侧的边缘，应平缓过渡，且不应有咬边；T形接头焊脚尺寸应符合设计文件规定。

④罐壁纵向对接焊缝不得有低于母材表面的凹陷；罐壁环向对接焊缝和罐底对接焊缝低于母材表面的凹陷深度，不得大于0.5 mm；凹陷的连续长度，不得大于100 mm；凹陷的总长度，不得大于该焊缝长度的10%。

⑤浮顶及内浮顶储罐罐壁内侧焊缝的余高，不应大于1 mm。

⑥罐壁钢板的最低标准屈服强度大于390 MPa时，其表面的焊疤应在磨平后进行渗透检测或磁粉检测，无裂纹、夹渣和气孔为合格。

(2)焊缝无损检测及严密性试验。罐壁钢板的最低标准屈服强度大于390 MPa时，焊接完毕后应至少经过24 h后再进行无损检测。

罐底的焊缝检查应符合下列规定：

①所有焊缝应采用真空箱法进行严密性试验，试验负压值不得低于53 kPa，无渗漏为合格。

②最低标准屈服强度大于 390 MPa 的罐底边缘板的对接焊缝，在根部焊道焊接完毕后，应进行渗透检测；在最后一层焊接完毕后，应再次进行渗透检测或磁粉检测。

③厚度大于或等于 10 mm 的罐底边缘板，每条对接焊缝的外端 300 mm 应进行射线检测；厚度小于 10 mm 的罐底边缘板，每个焊工施焊的焊缝应按上述方法至少抽查一条。

④底板三层钢板重叠部分的搭接接头焊缝和对接罐底板的"T"字焊缝的根部焊道焊完后，在沿三个方向各 200 mm 范围内，应进行渗透检测；全部焊完后，应进行渗透检测或磁粉检测。

罐壁焊缝的无损检测应符合设计文件要求；设计无要求时，应按下列规定进行检测：

①纵向焊缝应按下列方法进行检查：底圈壁板厚度小于或等于 10 mm 时，应从每条纵向焊缝中任取 300 mm 进行射线检测；板厚大于 10 mm 且小于 25 mm 时，应从每条纵向焊缝中任取 2 个 300 mm 进行射线检测，其中一个位置应靠近底板；板厚度大于或等于 25 mm 时，每条焊缝应进行 100% 射线检测。其他各圈壁板，当板厚小于 25 mm 时，每一焊工焊接的每种板厚（板厚差不大于 1 mm 时可视为同等厚度），在最初焊接的 3 m 焊缝的任意部位取 300 mm 进行射线检测；以后不考虑焊工人数，对每种板厚在每 30 m 焊缝及其尾数内的任意部位取 300 mm 进行射线检测；当板厚大于或等于 25 mm 时，每条纵向焊缝应进行 100% 射线检测。

②环向对接焊缝应在每种板厚（以较薄的板厚为准）最初焊接的 3 m 焊缝的任意部位取 300 mm 进行射线检测；以后对于每种板厚（以较薄的板厚为准）应在每 60 m 焊缝及其尾数内的任意部位取 300 mm 进行射线检测。

③当板厚大于 12 mm 时，可采用衍射时差法超声检测。

(3) 充水试验。储罐建造完毕后，应进行充水试验，并应检查下列内容：罐底严密性；罐壁强度及严密性；固定顶的强度、稳定性及严密性；浮顶及内浮顶的升降试验及严密性；浮顶排水管的严密性；基础的沉降观测。

储罐充水试验应符合设计文件要求，并应符合下列规定：

①充水试验前，所有附件及其他与罐体焊接的构件应全部完工，并检验合格。

②充水试验前，所有与严密性试验有关的焊缝均不得涂刷油漆。

③充水试验宜采用洁净淡水，试验水温不应低于 5 ℃；特殊情况下，采用其他液体为充水试验介质时，应经有关部门批准。对于不锈钢罐，试验用水中氯离子含量不得超过 25 mg/L。

④充水试验过程中应进行基础沉降观测。在充水试验中，当沉降观测值在圆周任何 10 m 范围内不均匀沉降超过 13 mm 或整体均匀沉降超过 50 mm 时，应立即停止充水进行评估，在采取有效处理措施后方可继续进行试验。

⑤充水和放水过程中，应打开透光孔，且不得使基础浸水。

罐底的严密性应以罐底无渗漏为合格。罐壁的强度及严密性试验，充水到设计最高液位并保持至少 48 h，以罐壁无渗漏、无异常变形为合格。

（五）气柜安装技术

本部分主要以金属焊接结构湿式气柜为主介绍气柜安装技术。

气柜组装应采用倒装法或正装法。组装定位焊长度应大于 50 mm；丁字缝定位焊长度应大于 100 mm。

采用正装法施工时，应符合下列规定：

(1)水槽壁组装应在底板焊接完后进行。

(2)下水封与第一带板的组装应和水槽同心。应在下水封与带板组装焊接完后,将立柱按设计规定的位置与第一带板固定,立柱上端应沿径向向外倾斜,倾斜量不应大于其高度的0.1%。

(3)上水封与上带板的组装应在立柱安装后和螺旋导轨安装前进行,可采取措施使其和立柱、螺旋导轨、大块壁板交错组装。

(4)钟罩、活动塔节的上带板与下带板组装的垂直度允许偏差不应大于2 mm,水平度允许偏差不应大于5 mm,直径允许偏差应为±10 mm。

(5)壁板上装配的螺栓施工完毕后,均应与壁板密封焊接。

提示

气柜的安装类似于立式圆筒形钢制焊接储罐的安装,可参照立式圆筒形钢制焊接储罐的相关要求进行学习。

二、钢结构安装技术

(一)钢结构概述

钢结构是由钢制材料组成的结构,是主要的建筑结构类型之一。钢结构主要由型钢和钢板等制成的钢梁、钢柱、钢桁架、钢平台等构件组成,各构件或部件之间通常采用焊缝、螺栓或铆钉连接。因其自重较轻,且施工简便,广泛应用于大型厂房、场馆、超高层等领域。

工业钢结构主要是指工业厂房、设备操作平台等。其主要构件包括柱、吊车梁、屋架、天窗架、檩条、支撑、墙架等。

钢结构工程中主要术语如下。

零件是指组成部件或构件的最小单元,如节点板、翼缘板等。

部件是指由若干零件组成的单元,如焊接H型钢、牛腿等。

构件是指由零件或由零件和部件组成的钢结构基本单元,如梁、柱、支撑等。

管筒是指由钢板滚制组焊成的管形构件。

塔架是指由管材、板材或型材制作的零件、部件、构件组焊成或螺栓连接组成的高耸稳定空间体系。

框架是指由板材、型材制作的零件、部件、构件焊接或螺栓连接组成的用于支承设备或作为设备操作平台的稳定空间体系。

管廊是指由板材、型材制作的零件、部件、构件焊接或螺栓连接组成的支承管线的稳定空间体系。

(二)钢结构工程安装技术

1. 焊接

施工单位首次采用的钢材、焊接材料、焊接方法、接头形式、焊接位置、焊后热处理等各种参数及参数的组合,应在钢结构制作及安装前进行焊接工艺评定试验。

采用的焊接工艺和焊接顺序应使构件的变形和收缩最小,可采用下列控制变形的焊接顺序:

(1)对接接头、T形接头和十字接头,在构件放置条件允许或易于翻转的情况下,宜双面对称焊接;有对称截面的构件,宜对称于构件中性轴焊接;有对称连接杆件的节点,宜对称于节点轴线同时对称焊接。

(2)非对称双面坡口焊缝,宜先焊深坡口侧部分焊缝,然后焊满浅坡口侧,最后完成深坡口侧焊缝。特厚板宜增加轮流对称焊接的循环次数。

(3)长焊缝宜采用分段退焊法、跳焊法或多人对称焊接法。

构件焊接时,宜采用预留焊接收缩余量或预置反变形方法控制收缩和变形,收缩余量和反变形值宜通过计算或试验确定。

构件装配焊接时,应先焊收缩量较大的接头、后焊收缩量较小的接头,接头应在拘束较小的状态下焊接。

2. 紧固件连接

(1)一般规定。钢结构制作和安装单位,应按现行国家标准《钢结构工程施工质量验收标准》的有关规定分别进行高强度螺栓连接摩擦面的抗滑移系数试验,其结果应符合设计要求。当高强度螺栓连接节点按承压型连接或张拉型连接进行强度设计时,可不进行摩擦面抗滑移系数的试验。

(2)连接件加工及摩擦面处理。连接件螺栓孔应按规定进行加工,螺栓孔的精度、孔壁表面粗糙度、孔径及孔距的允许偏差等,应符合现行国家标准《钢结构工程施工质量验收标准》的有关规定。

高强度螺栓连接处的摩擦面可根据设计抗滑移系数的要求选择处理工艺,抗滑移系数应符合设计要求。采用手工砂轮打磨时,打磨方向应与受力方向垂直,且打磨范围不应小于螺栓孔径的4倍。

经表面处理后的高强度螺栓连接摩擦面,应符合下列规定:

①连接摩擦面应保持干燥、清洁,不应有飞边、毛刺、焊接飞溅物、焊疤、氧化铁皮、污垢等。

②经处理后的摩擦面应采取保护措施,不得在摩擦面上做标记。

③摩擦面采用生锈处理方法时,安装前应以细钢丝刷垂直于构件受力方向除去摩擦面上的浮锈。

(3)普通紧固件连接。普通螺栓可采用普通扳手紧固,螺栓紧固应使被连接件接触面、螺栓头和螺母与构件表面密贴。普通螺栓紧固应从中间开始,对称向两边进行,大型接头宜采用复拧。

(4)高强度螺栓连接。高强度大六角头螺栓连接副应由一个螺栓、一个螺母和两个垫圈组成,扭剪型高强度螺栓连接副应由一个螺栓、一个螺母和一个垫圈组成,使用组合应符合规定。

高强度螺栓应在构件安装精度调整后进行拧紧。高强度螺栓安装应符合下列规定:

①扭剪型高强度螺栓安装时,螺母带圆台面的一侧应朝向垫圈有倒角的一侧。

②大六角头高强度螺栓安装时,螺栓头下垫圈有倒角的一侧应朝向螺栓头,螺母带圆台面的一侧应朝向垫圈有倒角的一侧。

高强度螺栓现场安装时应能自由穿入螺栓孔,不得强行穿入。螺栓不能自由穿入时,可采用铰刀或锉刀修整螺栓孔，不得采用气割扩孔，扩孔数量应征得设计单位同意，修整后或扩孔后的孔径不应超过螺栓直径的1.2倍。

高强度大六角头螺栓连接副施拧可采用扭矩法或转角法，施工时应符合下列规定：施工用的扭矩扳手使用前应进行校正，其扭矩相对误差不得大于±5%；校正用的扭矩扳手，其扭矩相对误差不得大于±3%。施拧时，应在螺母上施加扭矩。施拧应分为初拧和终拧，大型节点应在初拧和终拧间增加复拧。初拧扭矩可取施工终拧扭矩的50%，复拧扭矩应等于初拧扭矩。初拧或复拧后应对螺母涂画颜色标记。

扭剪型高强度螺栓连接副应采用专用电动扳手施拧，施工时应符合下列规定：施拧应分为初拧和终拧，大型节点宜在初拧和终拧间增加复拧；终拧应以拧掉螺栓尾部梅花头为准，少数不能用专用扳手进行终拧的螺栓，可按规定的方法进行终拧，扭矩系数 k 应取0.13；初拧或复拧后应对螺母涂画颜色标记。

链接

未在终拧中拧掉梅花头的螺栓数不应大于该节点螺栓数的5%，对所有梅花头未拧掉的扭剪型高强度螺栓连接副应采用扭矩法或转角法进行终拧并做标记。

高强度螺栓连接节点螺栓群初拧、复拧和终拧，应采用合理的施拧顺序。

专家解读

高强度螺栓连接副初拧、复拧和终拧原则上应以接头刚度较大的部位向约束较小的方向、螺栓群中央向四周的顺序，是为了使高强度螺栓连接处板层能更好密贴。

高强度螺栓和焊接混用的连接节点，当设计文件无规定时，宜按先螺栓紧固后焊接的施工顺序。

高强度螺栓连接副的初拧、复拧、终拧，宜在24 h内完成。

高强度大六角头螺栓连接用扭矩法施工紧固时，应进行下列质量检查：

①应检查终拧颜色标记，并应用0.3 kg重小锤敲击螺母对高强度螺栓进行逐个检查。

②终拧扭矩应按节点数10%抽查，且不应少于10个节点；对每个被抽查节点应按螺栓数10%抽查，且不应少于2个螺栓。

③检查时应先在螺杆端面和螺母上画一直线，然后将螺母拧松约60°；再用扭矩扳手重新拧紧，使两线重合。

④发现有不符合规定时，应再扩大1倍检查；仍有不合格者时，则整个节点的高强度螺栓应重新施拧。

⑤扭矩检查宜在螺栓终拧1 h以后、24 h之前完成，检查用的扭矩扳手，其相对误差不得大于±3%。

高强度大六角头螺栓连接用转角法施工紧固时，应进行下列质量检查：

①应检查终拧颜色标记，同时应用约0.3 kg重小锤敲击螺母对高强度螺栓进行逐个检查。

②终拧转角应按节点数抽查10%，且不应少于10个节点；对每个被抽查节点应按螺栓

数抽查10%，且不应少于2个螺栓。

③应在螺杆端面和螺母相对位置画线，然后全部卸松螺母，应再按规定的初拧扭矩和终拧角度重新拧紧螺栓，测量终止线与原终止线画线间的角度，应符合要求，误差在±30°者应为合格。

④发现有不符合规定时，应再扩大1倍检查；仍有不合格者时，则整个节点的高强度螺栓应重新施拧。

⑤转角检查宜在螺栓终拧1 h以后、24 h之前完成。

扭剪型高强度螺栓终拧检查，应以目测尾部梅花头拧断为合格。不能用专用扳手拧紧的扭剪型高强度螺栓，应按规定进行质量检查。

螺栓球节点网架总拼完成后，高强度螺栓与球节点应紧固连接，螺栓拧入螺栓球内的螺纹长度不应小于螺栓直径的1.1倍，连接处不应出现有间隙、松动等未拧紧情况。

链接

高强度螺栓连接副终拧后，螺栓丝扣外露应为2~3扣，其中允许有10%的螺栓丝扣外露1扣或4扣。

提示

高强度螺栓连接的考查频率较高，需要重点关注。

典型例题

【多选题】关于高强度螺栓连接的说法，正确的有（　　）。

A. 螺栓连接前应进行摩擦面抗滑移系数复验

B. 不能自由穿入螺栓的螺栓孔可用气割扩孔

C. 高强度螺栓初拧和终拧后都要做好颜色标记

D. 高强度螺栓终拧后的螺栓露出螺母2~3扣

E. 扭剪型高强度螺栓的拧紧应采用扭矩法

AD。**【解析】**螺栓不能自由穿入时，可采用铰刀或锉刀修整螺栓孔，不得采用气割扩孔。故选项B错误。初拧或复拧后应对螺母涂画颜色标记。故选项C错误。相关规范对于扭剪型高强度螺栓的拧紧方法未做具体说明。故选项E错误。

3. 零件及部件加工

钢材切割可采用气割、机械切割、等离子切割等方法，选用的切割方法应满足工艺文件的要求。切割后的飞边、毛刺应清理干净。钢材切割面应无裂纹、夹渣、分层等缺陷和大于1 mm的缺棱。机械剪切的零件厚度不宜大于12.0 mm，剪切面应平整。碳素结构钢在环境温度低于－20 ℃、低结构合金钢在环境温度低于－15 ℃时，不得进行剪切、冲孔。

矫正可采用机械矫正、加热矫正、加热与机械联合矫正等方法。碳素结构钢在环境温度低于－16 ℃、低结构合金钢在环境温度低于－12 ℃时，不应进行冷矫正和冷弯曲。碳素结构钢和低结构合金钢在加热矫正时，加热温度应为700~800 ℃，最高温度严禁超过900 ℃，最低温度不得低于600 ℃。矫正后的钢材表面，不应有明显的凹痕或损伤，划痕深度不得大于0.5 mm，且不应超过钢材厚度允许负偏差的1/2。

边缘加工可采用气割和机械加工方法，对边缘有特殊要求时宜采用精密切割。

链接

零件、部件采用样板、样杆号料时，号料样板、样杆制作后应进行校准，并经检验人员复验确认后使用。使用过程中应对样板、样杆进行保护，保持量值准确，当发现失准时应立即停止使用，并对用其完成号料的零件、部件进行追溯复验。

4. 钢结构安装

钢结构安装应根据结构特点按照合理顺序进行，并应形成稳固的空间刚度单元，必要时应增加临时支承结构或临时措施。

钢结构安装前应对建筑物的定位轴线、基础轴线和标高、地脚螺栓位置等进行检查，并应办理交接验收。当基础工程分批进行交接时，每次交接验收不应少于一个安装单元的柱基基础，并应符合下列规定：

(1)基础混凝土强度应达到设计要求。

(2)基础周围回填夯实应完毕。

(3)基础的轴线标志和标高基准点应准确、齐全。

钢柱安装应符合下列规定：

(1)柱脚安装时，锚栓宜使用导入器或护套。

(2)首节钢柱安装后应及时进行垂直度、标高和轴线位置校正，钢柱的垂直度可采用经纬仪或线锤测量；校正合格后钢柱应可靠固定，并应进行柱底二次灌浆，灌浆前应清除柱底板与基础面间杂物。

(3)首节以上的钢柱定位轴线应从地面控制轴线直接引上，不得从下层柱的轴线引上；钢柱校正垂直度时，应确定钢梁接头焊接的收缩量，并应预留焊缝收缩变形值。

钢梁安装应符合下列规定：

(1)钢梁宜采用两点起吊；当单根钢梁长度大于21 m，采用两点吊装不能满足构件强度和变形要求时，宜设置3～4个吊装点吊装或采用平衡梁吊装，吊点位置应通过计算确定。

(2)钢梁可采用一机一吊或一机串吊的方式吊装，就位后应立即临时固定连接。

(3)钢梁面的标高及两端高差可采用水准仪与标尺进行测量，校正完成后应进行永久性连接。

支撑安装应符合下列规定：

(1)交叉支撑宜按从下到上的顺序组合吊装。

(2)无特殊规定时，支撑构件的校正宜在相邻结构校正固定后进行。

(3)屈曲约束支撑应按设计文件和产品说明书的要求进行安装。

大跨度空间钢结构可根据结构特点和现场施工条件，采用高空散装法、分条分块吊装法、滑移法、单元或整体提升(顶升)法、整体吊装法、折叠展开式整体提升法、高空悬拼安装法等安装方法。

高耸钢结构可采用高空散件(单元)法、整体起扳法和整体提升(顶升)法等安装方法。

链接

塔架的安装应符合下列规定：

(1)塔架最下节的组装应在基础验收合格后进行。

(2)采用扳转法安装的塔架，铰腕不应受轴向力的作用，并应在组装完底部第一节后进行扳转试验，确认符合施工技术文件要求后，方可继续安装。

(3)塔架在整体吊装、扳转或分段吊装前，应将底部和吊点部位作刚性封固。分段吊装前还应校准两段塔架间的相互连接尺寸。

(4)塔架构件的组对间隙不宜大于1.5 mm。

框架和管廊的安装应符合下列规定：

(1)框架和管廊结构安装前，应根据制作构件明细表逐件清点，检查合格后方可安装。

(2)框架的安装可采用地面拼装和组合吊装的方法施工。已安装的结构应具有稳定性和空间刚度。

(3)管廊宜在地面拼装成片，检查合格后成片吊装。

(4)铣平面应接触均匀，接触面积不应小于75%。

(5)框架的节点采用焊接连接时，宜设置安装定位螺栓。每个节点定位螺栓数量不得少于2个。

(6)地面拼装的框架和管廊结构焊缝需进行无损检测和返修时，无损检测和返修应在地面完成，合格后方可吊装。

(7)框架节点采用高强度螺栓连接时，应符合相关要求。

(8)在安装的框架和管廊上施加临时载荷时，应经验算。

5. 涂装

钢结构防腐涂装施工宜在构件组装和预拼装工程检验批的施工质量验收合格后进行。

钢结构防腐涂料、涂装遍数、涂层厚度均应符合设计和涂料产品说明书要求。当设计对涂层厚度无要求时，涂层干漆膜总厚度：室外应为150 μm，室内应为125 μm，其允许偏差为-25 μm。

钢结构防火涂料涂装施工应在钢结构安装工程和防腐涂装工程检验批施工质量验收合格后进行。当设计文件规定构件可不进行防腐涂装时，安装验收合格后可直接进行防火涂料涂装施工。

膨胀型防火涂料的涂层厚度应符合耐火极限的设计要求。非膨胀型防火涂料的涂层厚度，80%及以上面积应符合耐火极限的设计要求，且最薄处厚度不应低于设计要求的85%。

模块五 发电设备安装技术

一、电厂锅炉设备的安装技术要求

(一)锅炉钢结构及有关金属结构

1. 锅炉基础检查、划线和垫铁安装

锅炉开始安装前应根据验收记录复查基础，并应符合下列要求：

(1)锅炉基础定位轴线与外形尺寸允许偏差应符合规定。

(2)锅炉基础划线允许偏差应符合规定。

基础表面与柱脚底板的二次灌浆间隙不得小于50 mm,基础表面应全部打出麻面,放置垫铁处应凿平。

采用垫铁安装时,垫铁应符合规范的规定。

2. 锅炉钢结构安装和二次灌浆

立柱对接和构架组合应在稳固的组合架上进行,组合架应找平。

锅炉钢结构安装前,应以第一段立柱柱顶标高为基准,在第一段立柱上划出1 m标高线。

分段安装的锅炉钢结构应安装一层,找正一层,不得在未找正好的构架上进行上一层的安装工作。

锅炉钢结构整体找正时,应根据厂房的基准标高点测定锅炉的1 m标高线,并在钢架立柱上做出永久性标记,以上各层设备安装均应以该标高线为基准。

锅炉钢结构吊装应保证结构稳定,必要时应临时加固;构架吊装后应复查立柱垂直度、主梁挠曲值和各部位的主要尺寸。

链接

锅炉钢结构组件吊装时,应注意起吊节点。选择起吊节点时应考虑下列因素:组件的结构、强度和刚度;吊装机具的起升高度;起重机索具的安全要求。主梁挠曲值应在梁板承重前、锅炉水压前、锅炉水压试验上水及放水后、锅炉整套启动前等时间点进行测量。

焊接连接的构架安装时应先找正并点焊固定,且预留适当的焊接收缩量,经复查尺寸符合要求后正式施焊。焊接时,要注意焊接方法及顺序,并应控制焊接变形。

锅炉构件及金属结构安装螺栓连接应牢固、无松动;焊接应牢固,无漏焊,焊接形式符合设备技术文件要求,无夹渣、咬边、气孔等缺陷。

高强度螺栓的储运、保管、安装、检验和验收应符合规范的规定。

提示

安装前应确认钢结构高强度螺栓连接点的安装方法。

钢架基础二次灌浆前,应检查垫铁、调节螺栓、地脚螺栓及基础钢筋等工作是否已完毕,并清除底座表面的油污、焊渣等杂物,钢架基础二次灌浆应符合设计要求和规范的相关规定。

有关金属结构主要是指平台、扶梯等,简单了解即可,此处不做重点介绍。

典型例题

【单选题】锅炉钢结构组件吊装时,与吊点选择无关的是(　　)。

A. 组件的结构、强度和刚度　　B. 吊装机具的起升高度

C. 起重机索具的安全要求　　D. 锅炉钢结构开口方式

D。【解析】锅炉钢结构开口方式与吊装无关。

（二）受热面

1. 一般规定

受热面管在安装前应根据供货清单、装箱单和图纸清点，应检查表面有无裂纹、撞伤、龟裂、压扁、砂眼和分层等缺陷。

合金钢材质的部件应符合设备技术文件的要求；组合安装前应复查材质，并在明显部位作出标记；安装结束后应核对标记，标记不清时应重新复查。

专家解读

合金钢材质的部件应通过光谱分析，保证材质符合设备技术文件的规定，安装过程标记清楚，防止误用。

受热面管通球试验应符合下列规定：

（1）受热面管在组合和安装前必须分别进行通球试验，试验应采用钢球。

（2）通球压缩空气压力不宜小于 0.4 MPa，通球前应对管子进行吹扫，不含联箱的组件应在组合完成后进行二次通球。

2. 汽包、汽水分离器、联箱

汽包、汽水分离器、联箱吊装应在锅炉钢结构找正和固定完毕后方可进行；汽包、汽水分离器、联箱安装找正时，安装标高应以钢架 1 m 标高线为基准，根据已复核过的汽包、汽水分离器、联箱上的中心线进行测量。不得在汽包、汽水分离器、联箱上引弧和施焊。

3. 水冷壁

水冷壁组件应合理选择吊点并适当加固，在运输和起吊过程中不应产生永久变形。

螺旋水冷壁宜采用地面整体预拼装，拼缝应留有适当的预收缩量；吊带（垂直搭接板）的基准线应定位准确。螺旋水冷壁应分层找正定位，拼缝应留有适当的预收缩量；吊带（垂直搭接板）应分层及时安装。螺旋水冷壁安装时螺旋角偏差不应大于 0.5°。

水冷壁密封焊应符合设备技术文件要求，不得有漏焊、错焊。

4. 锅炉密封部件

炉墙密封的密封件填充应平整，密封焊接应符合厂家技术文件的要求，刚性梁遮挡部位的密封件焊接应在刚性梁安装前进行。

5. 水压试验

锅炉受热面系统安装完成后，应进行整体水压试验，超压试验压力按制造厂规定执行，若无规定，试验压力应符合下列要求：

（1）汽包锅炉一次系统试验压力应为汽包设计压力的 1.25 倍。

（2）直流锅炉一次系统试验压力应为过热器出口联箱设计压力的 1.25 倍，且不小于省煤器进口联箱设计压力的 1.1 倍。

（3）再热器试验压力应为进口联箱设计压力的 1.5 倍。

超临界、超超临界锅炉主蒸汽、再热蒸汽管道水压试验宜采用制造厂提供的水压堵阀或专用临时封堵装置。水压试验临时管路与堵头的强度应经计算校核。

锅炉水压试验时的环境温度应在 5 ℃以上，环境温度低于 5 ℃时应有可靠的防冻措施。

链接

锅炉受热面是由汽包、汽水分离器、水冷壁、过热器、再热器、省煤器、联箱和减温器等各种设备组合而成的,组合的形式分为直立式和横卧式两种,安装前根据设备的质量、体积等特征结合施工现场场地等条件确定具体的安装形式及要求,编制专项施工方案并确认符合制造要求。直立式组合安装具有场地占用面积少、吊装方便、钢材用量大、安全风险较多等特点。横卧式组合安装具有安全风险较小、钢材用量小、场地占用面积大、吊装过程中可能损伤设备或造成设备变形等特点。

(三)锅炉附属设备

锅炉附属设备包括空气预热器、燃烧器、炉水循环泵及启动循环泵、吹灰设备等。本部分重点介绍空气预热器和燃烧器。

回转式空气预热器密封安装应符合下列规定:

(1)密封装置的调整螺栓应灵活,并有足够的调整余量。

(2)轴向、径向和周界密封的冷态密封间隙应按设备技术文件规定的数值进行调整;折角板的安装方向应符合转子的回转方向。

(3)径向密封的跟踪装置固定牢固,动作可靠。

(4)软密封安装应符合设备技术文件要求,软密封部件固定牢固。

燃烧装置安装应符合下列规定:

(1)各种燃烧装置不得阻碍受热面的自由膨胀,火嘴喷出的煤粉不得冲刷受热面。

(2)与燃烧器相接的风、粉管道,不得阻碍燃烧器的热态膨胀和正常位移,接口处应严密不漏,不允许风、粉管道等的重力和轴向推力附加在燃烧器上。

链接

燃烧器就位时应再次检查内外部结构。

(四)烟、风、燃(物)料管道及附属设备

电站锅炉冷风、热风、制粉、送粉、烟气、原煤和燃(物)料等管道简称烟、风、燃(物)料管道。烟、风、燃(物)料管道及附属设备的安装应符合规范的规定。本部分重点介绍炉膛及烟风系统风压试验。

炉膛及烟风系统风压试验范围应包括锅炉炉膛、尾部烟道及空气预热器,烟、风、脱硝装置、除尘器及烟风系统辅机设备。

试验应具备相应的条件。试验压力应按锅炉厂家技术文件的规定进行,无规定时可按 0.5 kPa 进行风压试验。

链接

锅炉密封完成后,应对炉膛进行气密性试验。

(五)锅炉机组启动试运

1. 一般规定

锅炉机组在整套启动前,应完成下列工作:锅炉辅助机械及辅助系统设备分部试运;循环流化床锅炉应完成锅炉烘炉;锅炉化学清洗;烟风系统风压试验及燃烧系统空气动力试验;锅炉机组蒸汽吹管;锅炉热工测量、控制和保护系统调整试验;输煤系统冷态调试与空载试运。

2. 锅炉化学清洗前及清洗后检查

过热蒸汽出口压力为9.8 MPa及以上的锅炉本体应进行化学清洗。锅炉化学清洗前应对清洗系统进行检查，并应符合下列规定：化学清洗系统设备管道安装全部完成，临时系统所有承压部件经1.5倍清洗设计压力水压试验合格。系统范围内不参加化学清洗的设备和部件已可靠隔离或缓装。汽包内部装置拆除或缓装，汽包紧急放水口加高、降水管口节流。

锅炉化学清洗结束后，应对汽包内部清理检查，并应对水冷壁下联箱和中间混合联箱进行割口检查，彻底清除沉渣；受热面设备内部清理检查应经确认，形成记录后方可封闭。

锅炉化学清洗结束至锅炉启动时间不应超过20天，如超过20天应按规定采取保养保护措施。

3. 锅炉机组蒸汽吹管前及吹管后检查

锅炉机组吹管前应对吹管系统进行检查，并应符合相关规定。二次再热锅炉机组应分段进行吹管。锅炉蒸汽吹管结束后，应打开受热面联箱手孔进行内部检查。吹洗质量标准：过热器、再热器及其管道各段的吹管系统大于1，降压吹管时，吹管压降比需大于1.4。

4. 锅炉机组整套启动试运中的检查

锅炉机组整套启动试运前，锅炉应进行工作压力下的水压试验。

锅炉试运过程中应检查锅炉本体和烟风道、燃（物）料管道等的严密性，检查锅炉吊挂装置、管道支吊架的受力情况和膨胀补偿器的工作情况，检查锅炉启动系统、疏放水系统、排汽排污系统的阀门严密性。

对于300 MW及以上的机组，锅炉应连续完成168 h满负荷试运；对于300 MW以下的机组，宜分72 h和24 h两个阶段进行。

链接

锅炉设备属于特种设备，安装前应根据特种设备的作业要求办理和履行相关程序。锅炉设备的安装一般按照下列程序进行：设备检查与验收→基础验收、测量放线和垫铁安装→设备吊装→钢结构及有关金属结构（平台、扶梯等）安装和二次灌浆→汽水分离器及储水箱（或锅筒）安装→锅炉受热面的安装→燃烧设备安装→附属设备安装→热工仪表保护装置安装→单机试运转→报警装置及联锁装置的试验→水压试验→风压试验→酸洗→吹管→热态调试与试运转。

二、汽轮发电机的安装技术要求

（一）汽轮机本体

汽轮机本体的安装主要涉及基础和设备验收、台板与垫铁的设置、汽缸与轴承座安装、轴承的安装、转子的安装、通流设备的安装、汽轮机扣大盖、基础二次灌浆等过程。

1. 本体基础

基础交付安装应具备下列条件：基础几何尺寸、预留孔洞、预埋件应符合设计要求；基础混凝土强度应达到设计强度的70%以上；基础沉降均匀、沉降量应符合规定；基础表面应平整，无裂纹、无孔洞、无蜂窝、无麻面、无露筋等缺陷；基础纵、横向中心线垂直度总偏差应不大于2 mm；基础的混凝土承力面标高应符合设计要求。

2. 台板与垫铁

台板的检查、安装应符合下列规定：台板安装位置与标高应符合设计要求；台板与地脚螺栓垫圈应接触密实；台板二次灌浆的通道及放气孔应畅通，台板与二次灌浆混凝土结合部位应无油漆、无污垢。

垫铁的布置位置和荷载应符合制造厂技术要求。

3. 汽缸与轴承座

汽缸是汽轮机的外壳，其主要作用是将汽轮机的通流部分与大气隔开，保证蒸汽做功。汽缸一般制作为水平对分式，分为上汽缸和下汽缸两部分。而沿轴向，汽轮机一般分段设置高压缸、中压缸和低压缸三段。

现场施工中，低压缸需要在现场进行组装，而中压缸、高压缸一般整体到货，不需要进行现场组装。因此，低压缸在安装过程中应对各组合部件进行测量和调整，各部件进行对中心找正，以保证安装精度和要求。低压汽缸的找中心可采用拉钢丝、激光、转子、假轴等作为基准。

电站汽轮机安装中，低压下汽缸就位后，先将轴向位置仔细测量和调整好；然后再把标高大致调整好，常以排汽缸的某一角选为基准点，根据已定的标准标高线将其调整到符合设计给定的标高并找平。低压汽缸的找平与拉钢丝找中心可同时交叉进行。按基础上的纵、横中心线，用拉钢丝法（也可用激光准直仪法或转子法、假轴法等）调整低压汽缸定位后，按纵向钢丝（即汽轮机转子中心）调整汽封洼窝或轴承油挡洼窝，使其与钢丝左、右、下三方向尺寸符合要求。吊入低压转子，测量汽缸两端轴封洼窝，调整汽缸轴承垫片或轴承座（落地轴承）的位置，使转子与汽缸洼窝保持同心。

链接

下汽缸的初找正应以轴承座为基准进行找正，在汽缸洼窝内检测下汽缸的纵向中心线与轴承座中心线应重合。下汽缸纵向水平度的找正，宜以找正后的轴颈水平度为基准，并应按制造厂安装技术文件规定的扬度值找正另一轴颈的水平度。横向水平宜用平尺、水平仪在中分面检测。

气缸和轴承座的安装应符合下列规定：汽缸与轴承座的纵横中心线与基础纵横中心线偏差应不大于 1 mm；汽缸安装后，各部件与基础间的间隙应满足机组膨胀及保温的要求；轴承座中分面标高偏差应不大于 1 mm；汽缸中分面的标高偏差应不大于 5 mm；汽缸和轴承座横向水平偏差应不大于 0. 20 mm/m，纵向水平应与转子扬度方向一致，数据接近；当汽缸水平与负荷分配不能兼顾时，应由制造厂确认；汽缸和轴承座安装定位后，检查各垫铁受力应均匀，并紧固地脚螺栓。

4. 轴承和油挡

支持轴承检查应符合下列规定：轴承各部件应做钢印标记；轴瓦乌金表面应无夹渣、气孔、凹坑、裂纹等缺陷；轴承水平结合面用 0. 05 mm 塞尺检查应不入。

油挡安装应符合下列规定：油挡应固定牢固、无错口，中分面间隙应不大于 0. 10 mm；油挡排油孔应畅通并排向油室；轴瓦和轴承座上的油挡间隙，应符合制造厂技术要求。

5. 汽轮机转子

转子检查应符合下列规定：轴颈椭圆度、不柱度应不大于 0. 02 mm；转子弯曲度应符合制造厂技术要求，无要求时应不大于 0.03 mm；推力盘端面瓢偏应不大于 0.02 mm，晃度应不大于 0.03 mm。

转子吊装应符合下列规定：吊点位置应符合制造厂技术要求，轴颈处不得作为吊点；吊装时，转子水平值应符合制造厂技术要求。

链接

转子吊装需要使用制造厂提供的专用横梁和吊索。

汽轮机转子定位基准点、轴颈扬度应符合制造厂技术要求。

汽缸按转子找中心应符合下列规定：洼窝找中测量位置应符合制造厂技术要求；轴承检查、安装应符合有关规定，盘动转子后中心不发生径向变化；盘动转子时不得损伤转子、汽缸和轴承座；汽缸与转子的中心偏差应符合制造厂技术要求，并做记录。

汽缸与转子中心找正后，各有关部件应符合相关规定。汽轮机轴系转子联轴器中心允许偏差应符合制造厂技术要求。

链接

汽轮机转子（如图 1-12 所示）安装过程中，需要进行多项轴系对轮中心找正，一般先进行低压转子自身的对轮中心找正，然后以低压转子为基准，进行中压转子与低压转子对轮中心找正，高压转子与中压转子对轮中心找正，安装发电机后还要进行发电机转子与低压转子的对轮中心找正。安装过程中应在不同阶段进行多次对轮中心找正，且应先进行轴系初找，然后进行多次复找，如凝汽器灌水至运行质量后、汽缸扣大盖前、基础二次灌浆前后、轴系联结时等阶段的复找。应注意，轴系中心复找工作应在凝汽器灌水至运行质量的状态下进行。

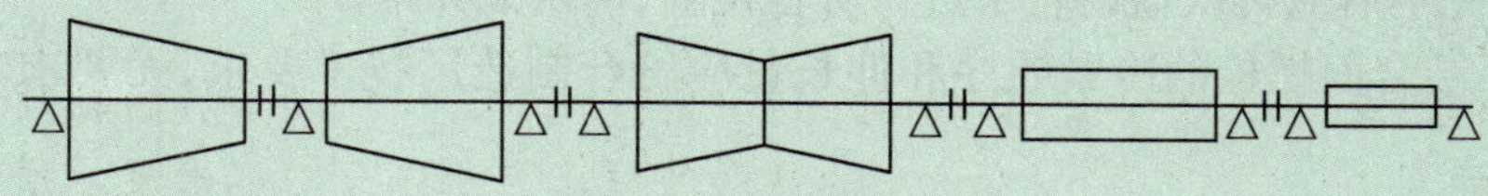

图 1-12　汽轮机转子

6. 通流部分设备安装

喷嘴安装时各结合面应均匀涂擦耐高温防咬剂。

隔板、隔板套挂耳间隙应符合制造厂技术要求，挂耳垫片应接触密实，不应超过 3 片。

隔板或静叶持环找中心应符合下列规定：

（1）用假轴找中心时，假轴与支撑座应配合严密，洼窝测量部件应安装牢固，测量时假轴不得有横向位移和轴向窜动，测量时应计算并修正假轴与转子的垂弧差。

（2）拉钢丝找中心，宜采用贯通高、中、低压各轴承洼窝中心的长钢丝为基准线，并以此为准，确定各油挡、汽封及隔板洼窝的中心位置。

（3）采用钢丝找中心时，钢丝的固定装置对钢丝紧力和位置应能微调，所用钢丝直径不宜超过 0.40 mm，钢丝的拉力宜为破坏应力的 3/4，测量时应对钢丝垂弧进行修正。

汽封间隙的测量应符合下列规定：

（1）汽封齿间隙应逐个测量并记录。

（2）汽封轴向间隙，首次测量宜为机头侧危急遮断器飞锤向上，再次测量应顺转子运行方向旋转 90°，用楔形塞尺分别进行测量。

(3)汽封径向间隙测量时,应将汽封块临时固定。左右侧间隙应用塞尺测量,上下间隙可用贴橡皮膏、压熔丝等方法测量。

(4)汽封径向及轴向间隙应符合制造厂技术要求。

7.汽轮机扣大盖(上、下汽缸闭合)

扣大盖时作业区域应封闭管理,无关人员不得进入。汽缸上工作人员应穿无扣连体工作服。扣盖用工具应编号并由专人登记保管,携带至汽缸上的工具应有防脱落措施。

试扣缸应符合下列规定:汽缸内零部件全部安装完成后进行试扣,双层结构的汽缸可分别试扣;试扣外缸时,内缸中分面的螺栓应全部紧固;检查隔板、隔板套、汽封套等与汽缸间的径向膨胀间隙;试扣缸后应盘动转子听音检查,缸内应无异常;试装汽缸内外热工测量元件。

汽轮机扣大盖工作应符合下列规定:

(1)扣大盖前对设备零部件进行清点检查,应符合制造厂技术要求并按顺序放置整齐。

(2)汽缸内应清洁、无杂物,结合面应光洁,孔洞通道应畅通。

(3)抽、排汽口等隔绝部分应可靠封闭。

(4)汽缸零部件的结合部位,按制造厂技术要求涂敷耐高温防咬剂。

(5)内缸、隔板套、汽封套螺栓紧固并安装推力瓦后,盘动转子倾听汽缸内部应无摩擦音响。

(6)汽缸水平结合面的耐高温汽缸密封涂料,应在上缸落至接近下缸时涂抹,涂抹应均匀连贯,合缸后耐高温汽缸密封涂料应能布满全结合面。

(7)扣大盖工作从内缸吊装第一个部件开始至上缸就位,全部工作应连续进行,不得中断;双层结构的汽缸应进行到外上缸扣盖为止。

(8)扣盖完毕后应再次盘动转子进行听音检查,确认无异常。

汽缸水平结合面螺栓的冷紧顺序和伸长量应符合制造厂技术要求,无要求时应符合下列规定:

(1)冷紧顺序应从汽缸中部开始,左右对称依次紧固,全部螺栓冷紧后应按上述顺序依次复查。

(2)汽缸水平结合面应严密。

(3)冷紧时不得用大锤紧固螺帽,可用电动、气动、液压等带力矩指示的无冲击工具紧固。

汽缸水平结合面螺栓的热紧顺序和力矩应符合制造厂技术要求,无要求时应符合下列规定:

(1)螺栓冷紧后检查螺母、垫圈、汽缸平面应无间隙,标记螺母和汽缸的相对位置,依据制造厂提供的螺栓伸长量计算螺母转动弧长并在汽缸上标出热紧后旋转位置。

(2)螺栓加热应使用专用工具,螺栓应均匀受热,螺纹部位不应直接受到烘烤。

(3)热紧螺栓顺序应与冷紧相同,螺栓加热后螺母转动应自如、一次到位;不能一次到位时,应待螺栓完全冷却后,再重新加热热紧。

8.基础二次灌浆及养护

基础二次灌浆由土建专业人员施工时,安装专业人员应密切配合。基础混凝土二次灌浆应严格控制施工工艺,在养护期满拆模后,外观和内在质量应符合设计要求,并经相关人员共同检查签证。

（二）汽轮机辅助设备

汽轮机设备除汽轮机本体外，还应包括给水系统设备、凝结水系统设备、蒸汽系统设备及其他辅助设备，主要涉及汽轮发电机组的凝汽器、除氧器、表面式热交换器、减温减压器、箱罐和抽气器等。

设备纵横中心线和标高应符合设计要求，偏差应不大于 10 mm。卧式设备壳体应水平，立式设备垂直偏差应不大于 10 mm。

凝汽器壳体现场组装应符合下列规定：壳体吊装点应绑扎在结构坚实的部位，刚度不足时应加固，起吊应平稳；壳体应垫平、垫实；壳体焊接应采取防止变形措施；组合后的壳体焊缝应做渗透试验。

凝汽器水侧应做严密性检查，可用循环水直接进行运行压力充压，充水时应排净空气，水室盖板、人孔门和螺栓等处应无渗漏。

（三）发电机和励磁装置

1. 轴承座及轴承

发电机和励磁装置的轴承座及支持轴承的检查与安装应符合下列规定：轴承座的标高应符合联轴器找中心的要求；轴承座的轴向位置调整值应满足机组热膨胀的要求；轴承座的纵向扬度应接近轴颈的扬度；机组正常运行状态下，转子凸缘与轴承座应有间隙。

2. 定子

发电机定子的吊装就位工作应符合下列规定：

（1）定子吊装技术方案和安全措施已审批。

（2）定子吊装区域应采取隔离措施，避免无关人员进入。

（3）钢丝绳应绑扎在定子外壳的专用吊耳上，吊耳的固定螺栓应齐全并紧固。

（4）起吊时应监视起重设备和建筑结构无异常，定子应始终保持水平。

链接

在厂房内吊装大型发电机定子的方法通常有液压提升装置吊装、专用吊装架吊装、桥式起重机改装系统吊装。

发电机定子安装应符合下列规定：调整发电机水平及中心前，可在定子吊点位置安装临时千斤顶配合起重螺栓进行调整；汽轮发电机及励磁装置的转子、定子初步找正完毕，定子纵横中心及标高符合要求后，应在临时千斤顶和起重螺栓承力的状态下，进行台板及垫铁二次灌浆；发电机定子坐落台板后，复测并调整发电机与汽轮机转子的联轴器中心应符合制造厂技术要求。

3. 转子

发电机转子安装前应符合下列规定：转子起吊时，护环、轴颈、风扇、集电环等不得作为着力点；轴颈、集电环和通风孔等处采取防尘、防撞击措施，转子应密闭保护。

氢冷发电机转子严密性试验前检查应符合下列规定：

（1）转子两端中心孔堵板的密封面应平整、无毛刺、无径向沟槽，堵板安装应严密牢固并锁紧。

（2）试验用的风管可在励磁端装的临时堵板上开管孔，试验完毕用原堵板密封。

（3）中心孔密封面的垫料宜采用耐油橡胶板。

(4)转子应单独进行严密性试验,重点检查滑环下导电螺钉、中心孔堵板的密封状况,试验压力与允许漏气量应符合制造厂要求。

双水内冷发电机转子检查应符合下列规定:

(1)转子进水口堵板应密封良好,各出水孔丝堵应齐全并拧紧,如脱落或临时拆卸时,应确认孔内无杂物后再复装。

(2)转子应单独进行水压试验,试验工作应符合规定,试验压力应符合制造厂技术要求,维持 8 h 无渗漏,并应确认每个线圈流出的水量接近,内部无堵塞。

发电机穿转子工作应在机务、电气、热工仪表的各项工作完成后,有关人员共同对定子和转子进行最后检查确认并经签证后方可进行。发电机穿转子工作应采用制造厂提供的专用工具。

发电机穿转子应符合下列规定:钢丝绳绑扎不得损伤转子表面,应用软性材料缠裹钢丝绳或用柔性吊索吊装;吊索在转子上应绑扎牢固,吊索应缠绕转子并锁紧,并在转子表面垫以硬木板条或铝板;采用滑块或小车等专用工具穿转子时,弧形钢板下应垫以整张软质垫片,避免在抽出弧形钢板时损伤铁心;起吊转子时应保持水平,穿转子时应缓慢、平稳,防止转子摆动。

链接

发电机转子穿装常用方法主要有滑道式方法、接轴的方法、用后轴承座做平衡质量的方法、用两台跑车的方法。

4. 密封装置

密封瓦检查应符合下列规定:密封瓦水平结合面应接触良好。密封瓦与轴颈的径向间隙应符合制造厂技术要求。密封瓦与密封瓦座组装好后,应检查密封瓦间无错口,密封瓦在密封瓦座内沿径向方向活动自如,无卡涩。

轴密封装置安装完成后,结合面螺栓应锁紧。轴密封装置的油挡间隙应符合制造厂技术要求。

5. 励磁装置

励磁装置转子检查应符合下列规定:直接组装在发电机轴头的励磁装置转子,应按制造厂要求的力矩紧固联轴器螺栓,悬臂末端轴头晃度应不超过制造厂技术要求值;只有一个支持轴承的励磁装置转子调整好轴头晃度后,可根据制造厂要求抬高支持轴承。

链接

发电机的安装大致遵循下列程序:定子吊装就位→对定子和转子进行水压试验→穿装转子→安装氢冷器→调整安装端盖、轴承及密封瓦→安装励磁机→进行对轮复找中心并连接→进行整体气密性试验。

三、光伏与风力发电设备的安装技术要求

(一)光伏发电设备安装

光伏发电工程是指利用光伏组件将太阳能转换为电能、并与公共电网有电气连接的工程实体,由光伏组件、逆变器、线路等电气设备、监控系统和建(构)筑物组成。

光伏发电设备安装工程主要包括支架安装、光伏组件安装、汇流箱安装、逆变器安装、电气设备安装、防雷与接地安装、线路及电缆安装等。实际安装过程中，也应按照上述各分部工程的顺序，即按支架、光伏组件、汇流箱、逆变器、电气设备、防雷与接地、线路及电缆的程序进行安装。光伏发电设备安装前，还应进行基础的检查和验收、设备检查等工作。光伏发电设备安装完成后，还应进行设备和系统调试。

1. 支架安装

光伏发电设备安装中使用的支架包括固定式支架、手动可调式支架和跟踪式支架。

固定式支架及手动可调支架的安装应符合下列规定：

(1) 支架安装和紧固应符合下列要求：安装过程中不应强行敲打，不应气割扩孔。对热镀锌材质的支架，现场不宜打孔。安装过程中不应破坏支架防腐层。手动可调式支架调整动作应灵活，高度角调节范围应满足设计要求。

(2) 支架倾斜角度偏差度不应大于 ±1°。

跟踪式支架的安装应符合下列要求：跟踪式支架与基础之间应固定牢固、可靠。跟踪式支架电机的安装应牢固、可靠，传动部分应动作灵活。聚光式跟踪系统的聚光部件安装完成后，应采取相应防护措施。

典型例题

【单选题】光伏发电设备安装中，不使用的支架是(　　)。

A. 固定支架　　B. 滑动支架

C. 跟踪式支架　　D. 可调支架

B。【解析】光伏发电设备安装中使用的支架包括固定式支架、手动可调式支架和跟踪式支架。

2. 光伏组件安装

光伏组件是指具有封装及内部连接的、能单独提供直流电的输出、最小不可分割的太阳电池组合装置，又称为太阳电池组件。光伏组件串是指在光伏发电系统中，将若干个光伏组件串联后，形成具有一定直流输出电压的电路单元，简称组件串或组串。

光伏组件的安装应符合下列要求：光伏组件应按照设计图纸的型号、规格进行安装。光伏组件固定螺栓的力矩值应符合产品或设计文件的规定。光伏组件安装允许偏差应符合相关规定。

光伏组件之间的接线应符合下列要求：光伏组件连接数量和路径应符合设计要求。光伏组件进行组串连接后应对光伏组件串的开路电压和短路电流进行测试。光伏组件间连接线可利用支架进行固定，并应整齐、美观。同一光伏组件或光伏组件串的正负极不应短接。

严禁触摸光伏组件串的金属带电部位。严禁在雨中进行光伏组件的连线工作。

3. 汇流箱安装

汇流箱是指在光伏发电系统中将若干个光伏组件串并联汇流后接入的装置。

汇流箱安装前应符合下列要求：汇流箱内元器件应完好，连接线应无松动。汇流箱的所有开关和熔断器应处于断开状态。汇流箱进线端及出线端与汇流箱接地端绝缘电阻不应小于 20 MΩ。

汇流箱安装应符合下列要求：汇流箱安装位置应符合设计要求。支架和固定螺栓应为防锈件。汇流箱安装的垂直偏差应小于1.5 mm。

汇流箱内光伏组件串的电缆接引前，必须确认光伏组件侧和逆变器侧均有明显断开点。

典型例题

【多选题】光伏发电工程施工时，汇流箱内的光伏组件串电缆接引前的要求有（　　）。

A. 光伏组件侧有明显断开点
B. 光伏组件侧电缆已连接
C. 汇流箱内所有开关已断开
D. 逆变器侧有明显断开点
E. 光伏组件间的插件已连接

ACD。**【解析】**光伏发电工程施工时，汇流箱内光伏组件串的电缆接引前，必须确认光伏组件侧和逆变器侧均有明显断开点。汇流箱安装前，汇流箱的所有开关和熔断器应处于断开状态。

4. 逆变器安装

逆变器是指光伏发电站内将直流电变换成交流电的设备。

逆变器的安装与调整应符合下列要求：基础型钢安装后，其顶部宜高出抹平地面10 mm。基础型钢应有明显的可靠接地。逆变器的安装方向应符合设计规定。逆变器与基础型钢之间固定应牢固可靠。

逆变器直流侧电缆接线前必须确认汇流箱侧有明显断开点。电缆接引完毕后，逆变器本体的预留孔洞及电缆管口应进行防火封堵。

5. 电气设备安装

高压电器设备、电力变压器和互感器、母线装置、低压电器等的安装应符合相应的电气设备安装技术规范。

6. 防雷与接地

地面光伏系统的金属支架应与主接地网可靠连接；屋顶光伏系统的金属支架应与建筑物接地系统可靠连接或单独设置接地。

7. 设备和系统调试

设备和系统调试前，安装工作应完成并验收合格。

光伏发电设备和系统应当按照《光伏发电站施工规范》相关规定进行光伏组件串测试、跟踪系统调试、逆变器调试、二次系统调试、电气设备调试等内容。

（二）太阳能光热发电设备安装

太阳能光热发电是指将太阳能转化为热能，通过热功转换过程发电的系统。光热发电设备的组成主要包括汽轮发电机、集热器设备、热交换器等。

太阳能光热发电可以分为塔式太阳能光热发电和槽式太阳能光热发电。其中，塔式太阳能光热发电的集热系统是将太阳能聚集并转化为热能的系统，一般由定日镜、吸热器及其配套设施组成。槽式太阳能光热发电的集热器设备包括抛物面反射镜、集热管、支架、驱动与跟踪装置等，各设备规格应满足相互匹配的要求。太阳能光热发电的集热系统及设备安装技术要求如表1-25所示。

表1-25 太阳能光热发电的集热系统及设备安装技术要求

发电形式	技术要求
塔式太阳能光热发电	(1)支架设计应符合下列规定:支架强度应满足定日镜遭遇设计极端工况时的结构安全要求;支架刚度应满足定日镜的聚光性能要求,抵抗反射镜重力及定日镜工作过程中风载引起的弯曲和扭转变形。 (2)吸热器可采用外置式或腔式两种形式,应根据机组容量和环境气象条件,并结合定日镜的布置方式确定。吸热器工质可采用熔融盐或水蒸汽
槽式太阳能光热发电	(1)集热器单元完成安装后应配合电气工程进行转动试验,且试验转动角度应能满足集热器安装技术要求,无技术要求时应在+180°和-180°之间,误差在±10°。 (2)通过驱动装置将集热器开口调整到0°位置,应使用专用检测工具(测斜仪)进行测量,倾斜高差值应符合要求;角度跟踪系统设备安装应符合设计技术文件要求

(三)风力发电设备安装

风力发电设备是指将风的动能转化为电能的设备,其主要结构包括叶片、轮毂、机舱、塔筒等,一般按照先塔筒、再机舱、后叶片与轮毂及其他辅助设备的顺序进行安装。

链接

风力发电设备安装过程中,就位紧固后的塔筒法兰内侧的间隙应小于0.5 mm。当塔筒法兰内侧间隙大于0.5 mm时,填充材料应采用不锈钢片。

风力发电设备安装包括风力发电机组安装和电气设备安装两部分。风力发电机组安装应符合下列要求:

(1)风力发电机组安装前应对基础、接地、电缆管、基础环进行复查,且应满足安装要求;风力发电机组安装前应对塔架、机舱、轮毂和叶片进行检查,应无变形或损伤。

(2)风力发电机组安装前应编制并批准安装方案,并应配置相应的安装机械、专用工具和辅助材料。

(3)风力发电机组安装前,安装作业人员应接受制造厂家的安装培训。

(4)当风速大于制造厂家的规定时,不得进行塔架、机舱、风轮、叶片等部件的吊装作业。

风力发电工程内电气设备和风力发电机组安装验收合格后,应进行风力发电工程的调试和试运行。调试宜分为电气设备调试和风力发电机组调试。

提示

风力发电设备安装具体要求可以参考《风力发电工程施工与验收规范》进行学习。

模块六 自动化仪表工程安装技术

一、自动化仪表工程的分类

自动化仪表工程主要包括取源部件安装、仪表设备安装、仪表线路安装、仪表管道安装、脱脂、电气防爆和接地、仪表试验等分项工程。

二、自动化仪表工程安装技术

(一)仪表设备和材料的检验及保管

仪表设备和材料到达现场后,应进行检验或验证。仪表设备和材料的开箱外观检查应符合下列要求:

(1)包装和密封应良好。

(2)型号、规格、材质、数量与设计文件的规定应一致,并应无残损和短缺。

(3)铭牌标志、附件、备件应齐全。

(4)产品的技术文件和质量证明书应齐全。

检验不合格的仪表设备和材料不得使用,并应做好标识和隔离。仪表设备和材料检验合格后,应按要求的保管条件进行保管,标志应明显清晰。

(二)取源部件安装

1. 一般规定

取源部件的结构尺寸、材质和安装位置应符合设计文件规定。

设备上的取源部件应在设备制造的同时安装,管道上的取源部件应在管道预制、安装的同时安装。

在设备或管道上安装取源部件的开孔和焊接工作,必须在设备或管道的防腐、衬里和压力试验前进行。

在高压、合金钢、有色金属设备和管道上开孔时,应采用机械加工的方法。

对易受损坏的取源部件,安装时应采取防护措施。

在砌体和混凝土浇筑体上安装的取源部件,应在砌筑或浇筑的同时埋入,埋设深度、露出长度应符合设计和工艺要求。当无法同时安装时,应预留安装孔。安装孔周围应按设计文件规定的材料填充密实、封堵严密。

安装取源部件,不应在焊缝及其边缘上开孔及焊接。

当设备及管道有绝热层时,安装的取源部件应露出绝热层外。

取源阀门与设备或管道的连接不宜采用卡套式接头。

取源部件安装完毕,应与设备和管道同时进行压力试验。

2. 温度取源部件

在管道上安装温度取源部件,应符合下列要求:

(1)与管道相互垂直安装时,取源部件轴线应与管道轴线垂直相交。

(2)与管道呈倾斜角度安装时,宜逆着物料流向,取源部件轴线应与管道轴线相交。

(3)在管道的拐弯处安装时,宜逆着物料流向,取源部件轴线应与工艺管道轴线相重合。

取源部件安装在扩大管上时,扩大管的安装方式应符合设计文件的规定。

3. 压力取源部件

压力取源部件的安装位置应选在被测物料流束稳定的位置。

压力取源部件与温度取源部件在同一管段上时,应安装在温度取源部件的上游侧。

压力取源部件的端部不应超出设备或管道的内壁。

当检测带有灰尘、固体颗粒或沉淀物等混浊物料的压力时,在垂直和倾斜的设备和管道上,取源部件应倾斜向上安装,在水平管道上宜顺物料流束成锐角安装。

在水平和倾斜的管道上安装压力取源部件时,取压点的方位应符合下列要求:

(1)测量气体压力时,应在管道的上半部。

(2)测量液体压力时,应在管道的下半部与管道的水平中心线成0°~45°夹角的范围内。

(3)测量蒸汽压力时,应在管道的上半部,以及下半部与管道水平中心线成0°~45°夹角的范围内。

4. 流量取源部件

流量取源部件上、下游直管段的最小长度应符合设计文件的规定。孔板、喷嘴和文丘里管上、下游直管段的最小长度，当设计文件无规定时，应符合规范的规定。

在规定的直管段最小长度范围内，不得设置其他取源部件或检测元件，直管段管子内表面应清洁，并应无凹坑和凸出物。

在节流件的上游安装温度计时，温度计与节流件间的直管段距离应符合下列规定：

(1)当温度计插套或套管直径小于或等于 $0.03D$(D 为管道内径)时，不应小于 $5D$。

(2)当温度计插套或套管直径在 $0.03D$ 和 $0.13D$ 之间时，不应小于 $20D$。

在节流件的下游安装温度计时，温度计与节流件间的直管段距离不应小于管道内径的5倍。

节流装置在水平和倾斜的管道上安装时，取压口的方位应符合下列规定：

(1)测量气体流量时，应在管道的上半部。

(2)测量液体流量时，应在管道的下半部与管道的水平中心线成0°~45°夹角的范围内。

(3)测量蒸汽流量时，应在管道的上半部与管道水平中心线成0°~45°夹角的范围内。

孔板或喷嘴采用单独钻孔的角接取压时，应符合下列规定：

(1)上、下游侧取压孔轴线，分别与孔板或喷嘴上、下游侧端面间的距离，应等于取压孔直径的1/2。

(2)取压孔的直径宜为4~10 mm，上、下游侧取压孔的直径应相等。

(3)取压孔的轴线应与管道的轴线垂直相交。

孔板采用法兰取压时，应符合下列规定：

(1)上、下游侧取压孔的轴线分别与上、下游侧端面间的距离，当直径比大于0.60且直径小于150 mm时，应为(25.40±0.50)mm；当直径比小于或等于0.60或直径比大于0.60且直径大于或等于150 mm和小于或等于1 000 mm时，应为(25.40±1.00)mm。

(2)取压孔的直径宜为6~12 mm，上、下游侧取压孔的直径应相等。

(3)取压孔的轴线，应与管道的轴线垂直相交。

孔板采用 D 和 $D/2$ 取压时，应符合下列规定：

(1)上游侧取压孔的轴线与孔板上游侧端面间的距离应等于 $D \pm 0.10D$；下游侧取压孔的轴线与孔板上游侧端面间的距离，当直径比小于或等于0.60时，应等于 $0.50D \pm 0.02D$；当直径比大于0.60时，应等于 $0.50D \pm 0.01D$。

(2)取压孔的轴线应与管道轴线垂直相交。

(3)上、下游侧取压孔的直径应相等。

采用均压环取压时，取压孔应在同一截面上均匀设置，且上、下游侧取压孔的数量应相等。

皮托管、文丘里式皮托管和均速管等流量检测元件的取源部件的轴线，应与管道轴线垂直相交。

5. 物位取源部件

物位取源部件的安装位置，应选在物位变化灵敏，且检测元件不应受物料冲击的部位。

内浮筒液位计和浮球液位计采用导向管或其他导向装置时，导向管或导向装置应垂直安装，导向管内液流应畅通。

双室平衡容器的安装应符合下列规定：安装前应复核制造尺寸；应垂直安装，中心点应与正常液位相重合。

单室平衡容器宜垂直安装，安装标高应符合设计文件的规定。

补偿式平衡容器安装固定时，应设置防止因被测容器的热膨胀而被损坏的措施。

安装浮球式液位仪表的法兰短管应使浮球能在全量程范围内自由活动。

电接点水位计的测量筒应垂直安装，筒体零水位电极的中轴线与被测容器正常工作时的零水位线应处于同一高度。静压液位计取源部件的安装位置应远离液体进、出口。重锤料位计取源部件的安装位置应在容器中心与侧壁之间，应垂直安装。雷达、超声波、射频导纳物位计的取源部件位置应使检测元件与被测对象区域内无遮挡物，并应远离物料进、出口。

6. 分析取源部件

分析取源部件应安装在压力稳定、能灵敏反映真实成分变化和取得具有代表性的分析样品的位置。取样点的周围不应有层流、涡流、空气渗入、死角、物料堵塞或非生产过程的化学反应。

在水平或倾斜的管道上安装分析取源部件时，安装方位应符合压力取源部件的规定。被分析的气体内含有固体或液体杂质时，取源部件的轴线与水平线之间的仰角应大于15°。

（三）仪表设备安装

1. 一般规定

现场仪表的安装位置应符合设计文件的规定，当设计文件未规定时，应符合下列规定：

（1）光线应充足，操作和维护应方便。

（2）仪表的中心距操作地面的高度宜为1.20～1.50 m。

（3）显示仪表应安装在便于观察示值的位置。

（4）仪表不应安装在有振动、潮湿、易受机械损伤、有强电磁场干扰、高温、温度变化剧烈和有腐蚀性气体的位置。

（5）检测元件应安装在能真实反映输入变量的位置。

在设备和管道上安装的仪表应按设计文件规定的位置安装。

仪表安装前应按设计文件核对其位号、型号、规格、材质和附件。安装过程中不应敲击、震动仪表。仪表安装后应牢固、平正。仪表与设备、管道或构件的连接及固定部位应受力均匀，不应承受非正常的外力。

设计文件规定需要脱脂的仪表，应经脱脂检查合格后安装。

直接安装在管道上的仪表，宜在管道吹扫后安装。当与管道同时安装时，在管道吹扫前应将仪表拆下。直接安装在设备或管道上的仪表安装完毕应进行压力试验。

仪表接线箱（盒）在施工过程中应及时封闭盖及引入口。仪表接线箱（盒）应采取密封措施，引入口不宜朝上。对仪表和仪表电源设备进行绝缘电阻测量时，应有防止弱电设备及电子元件被损坏的措施。

仪表铭牌和仪表位号标识应齐全、牢固、清晰。仪表毛细管的敷设应有保护措施，其弯曲半径不应小于 50 mm，周围温度变化剧烈时应采取隔热措施。

现场总线仪表的安装除应符合上述规定外，尚应符合下列规定：仪表线路连接应为并联方式；每条总线上的仪表数量、总线的最大距离应符合设计文件规定。

核辐射式仪表安装前应编制具体的安装方案，安装中的安全防护措施应符合国家现行有关放射性同位素工作卫生防护标准的规定。在安装现场应有明显的警戒标识。

2. 仪表盘、柜、箱

仪表盘、柜、操作台的安装位置和平面布置，应按设计文件施工。现场仪表箱、保温箱和保护箱的位置，应符合设计文件规定，且应安装在光线充足、通风良好和操作维修方便的位置。

仪表盘、柜、操作台的型钢底座应在地面施工完成前安装找正，其上表面宜高出地面。型钢底座应进行防腐处理。

仪表盘、柜、操作台安装在振动场所，应按设计文件规定采取防振措施。

仪表盘、柜、箱安装在多尘、潮湿、有腐蚀性气体或爆炸和火灾危险环境，应按设计文件规定选型，并应采取密封措施。

仪表盘、柜、操作台之间及盘、柜、操作台内各设备构件之间的连接应牢固，用于安装的紧固件应为防锈材料。安装固定不应采用焊接方式。

仪表盘、柜、操作台、箱在搬运和安装过程中，不得有变形和表面涂层损伤。

仪表盘、柜、操作台、箱在安装及加工过程中应采用机械加工方法加工。

3. 温度检测仪表

水银温度计、双金属温度计、压力式温度计、热电阻、热电偶等接触式温度检测仪表的测温元件应安装在能准确反映被测对象温度的部位。

在多粉尘的部位安装测温元件，应采取防止磨损的保护措施。测温元件安装在易受被测物料强烈冲击的位置，应按设计文件规定采取防弯曲措施。

表面温度计的感温面与被测对象表面应紧密接触，并应固定牢固。压力式温度计的温包应全部浸入被测对象中。

4. 压力检测仪表

现场安装的压力表不应固定在有强烈振动的设备或管道上。测量低压的压力表或变送器的安装高度，宜与取压点的高度一致。测量高压的压力表安装在操作岗位附近时，宜距操作面 1.80 m 以上，或在仪表正面加设保护罩。

5. 流量检测仪表

转子流量计应安装在无振动的管道上，其中心线与铅垂线间的夹角不应超过 2°，垂直安装时被测流体流向应自下而上，上游直管段长度不宜小于管子直径的 2 倍。

靶式流量计靶的中心应与管道轴线同心，靶面应迎着流向且与管道轴线垂直，上、下游直管段长度应符合设计文件的规定。

涡轮流量计信号线应使用屏蔽线，上、下游直管段的长度应符合设计文件的规定，前置放大器与变送器间的距离不宜大于 3 m。

涡街流量计信号线应使用屏蔽线，上、下游直管段的长度应符合设计文件的规定，放大器与流量计分开安装时，放大器与流量计的距离不应超过 20 m。

电磁流量计的安装应符合下列规定：

(1)流量计外壳、被测流体和管道连接法兰之间应连接为等电位，并应接地。

(2)在垂直的管道上安装时，被测流体的流向应自下而上，在水平的管道上安装时，两个测量电极不应在管道的正上方和正下方位置。

(3)流量计上游直管段长度和安装支撑方式应符合设计文件的规定。

椭圆齿轮流量计的刻度盘面应处于垂直平面内。椭圆齿轮流量计和腰轮流量计在垂直管道上安装时，管道内流体流向应自下而上。

超声波流量计上、下游直管段长度应符合设计文件的规定。对于水平管道，换能器的位置应在与水平直线成45°夹角的范围内。被测管道内壁不应有影响测量精度的结垢层或涂层。

均速管流量计的安装应符合下列规定：

(1)总压测孔应迎着流向，其角度偏差不应大于3°。

(2)检测杆应通过并垂直于管道中心线，其偏离中心的偏差、与轴线不垂直的偏差均不应大于3°。

(3)流量计上、下游直管段的长度应符合设计文件的规定。

质量流量计的安装应符合下列要求：

(1)应安装于被测流体完全充满的管道上。

(2)宜安装于水平管道上。测量气体时，箱体管应置于管道上方；测量液体时，箱体管应置于管道下方。

(3)在垂直管道上被测流体为液体时，流体的流向应自下而上。

(4)支撑安装方式应符合设计文件的规定。

6. 物位检测仪表

浮力式液位计的安装高度应符合设计文件规定。浮筒液位计的安装应使浮筒呈垂直状态，垂直度允许偏差应为2 mm/m。浮筒中心应处于正常操作液位或分界液位的高度。

钢带液位计的导向管应垂直安装，钢带应处于导向管的中心并应滑动自如。

用差压计或差压变送器测量液位时，仪表安装高度不应高于下部取压口。当用双法兰差压变送器、吹气法及利用低沸点液体汽化传递压力的方法测量液位时，可不受以上规定限制。

超声波物位计的安装应符合下列要求：

(1)不应安装在进料口的上方。

(2)传感器宜垂直物料表面。

(3)在信号波束角内不应有遮挡物。

(4)物料的最高物位不应进入仪表的盲区。

雷达物位计不应安装在进料口的上方，传感器应垂直物料表面。

音叉物位计的两个平行叉板应与地面垂直安装，叉体不应受到强烈冲击。

射频导纳物位计不应安装在进料口的上方，传感器的中心探杆和屏蔽层与容器壁(或安装管)不得接触，应绝缘良好。安装螺纹(或法兰)与容器应连接牢固、电气接触良好。

7. 机械量检测仪表

电阻应变式称重仪表的安装应符合下列要求：

(1)负荷传感器的安装和承载应在称重容器及其所有部件和连接件的安装完成后进行。

(2)负荷传感器的安装应呈垂直状态，传感器的主轴线应与加荷轴线相重合，各个传感器的受力应均匀。

(3)当有冲击性负荷时应按设计文件规定采取缓冲措施。

(4)称重容器与外部的连接应为软连接。

(5)水平限制器的安装应符合设计文件的规定。

(6)传感器的支承面及底面均应平滑，不得有锈蚀、擦伤及杂物。

测力仪表的安装应使被测力均匀作用到传感器受力面上。

测量位移、振动、速度等机械量的仪表安装应符合下列要求：

(1)测量探头的安装应在机械安装完毕、被测机械部件处于工作位置时进行，探头的定位应按产品说明书和机械设备制造厂技术文件的要求确定和固定。

(2)涡流传感器测量探头与前置放大器之间的连接应使用专用同轴电缆，该电缆的阻抗应与探头和前置放大器相匹配。

(3)安装中应保护探头和专用电缆不受损伤。

电子皮带秤的安装位置与落料点的距离应符合设计文件的规定，秤架应安装在皮带张力稳定、无负荷冲击的位置，秤内活动部件不得有卡涩现象。测宽仪、测厚仪、平直度检测仪检测装置的安装应符合设计文件的规定，台架应水平。

8. 成分分析和物性检测仪表

分析取样系统的预处理装置应单独安装，并宜靠近传送器。被分析样品的排放管应直接与排放总管连接，总管应引至室外安全场所，其集液处应有排液装置。

湿度计测湿元件不应安装在热辐射、剧烈振动、油污和水滴的位置，当不能避开时，应采取防护措施。

可燃气体检测器和有毒气体检测器的安装位置应根据所检测气体的密度确定。其密度大于空气密度时，检测器应安装在距地面 200 ~ 300 mm 的位置；其密度小于空气密度时，检测器应安装在泄漏区域的上方。

典型例题

【单选题】可燃气体检测器的安装位置根据所测气体的(　　)确定。

A. 数量　　　　B. 流量

C. 体积　　　　D. 密度

D。【解析】可燃气体检测器和有毒气体检测器的安装位置应根据所检测气体的密度确定。

9. 其他检测仪表

噪声测量仪表的传声器的安装位置应有防止外部磁场、机械冲击和风力干扰的措施。

安装辐射式火焰探测器时，其探头上的小孔应对准火焰，并应采取防止炽热空气和炽热材料辐射进入探头的措施。

10. 执行器

控制阀的安装位置应便于观察、操作和维护。

执行机构应固定牢固,操作手轮应处在便于操作的位置。

电磁阀的进出口方位应安装正确。安装前应检查线圈与阀体间的绝缘电阻。

11. 控制仪表和综合控制系统

控制室内安装的各类控制、显示、记录仪表和辅助单元以及综合控制系统,在开箱和搬运中不应有剧烈震动和灰尘、潮气进入设备。

综合控制系统设备安装前应具备下列条件:

(1)基础底座应安装完毕。

(2)地板、顶棚、内墙、门窗应施工完毕。

(3)空调系统应已投入运行。

(4)供电系统及室内照明应施工完毕并已投入运行。

(5)接地系统应已施工完毕,接地电阻应符合设计文件的规定。

综合控制系统安装就位后应达到产品要求的供电条件、温度和湿度,并应保持室内清洁。

在插件的检查、安装、试验过程中应有防止静电的措施。

(四)仪表线路安装

1. 一般规定

电缆电线敷设前,应进行外观检查和导通检查,并应用直流 500 V 兆欧表测量绝缘电阻,100 V 以下的线路采用直流 250 V 兆欧表测量绝缘电阻,其电阻值不应小于 5 MΩ;当设计文件有特殊规定时,应符合设计文件的规定。

线路应按最短路径集中敷设,并应横平竖直、整齐美观,不宜交叉。敷设线路时,线路不应受到损伤。线路不得敷设在易受机械损伤、腐蚀性物质排放、潮湿、强磁场和强静电场干扰的位置。线路不得敷设在影响操作和妨碍设备、管道检修的位置,应避开运输、人行通道和吊装孔。

当线路周围环境温度超过 65 ℃时,应采取隔热措施。当线路附近有火源时,应采取防火措施。线路不宜敷设在高温设备和管道的上方,也不宜敷设在具有腐蚀性液体的设备和管道的下方。线路与绝热的设备和管道绝热层之间的距离应大于 200 mm,与其他设备和管道表面之间的距离应大于 150 mm。

线路从室外进入室内时,应有防水和封堵措施。线路进入室外的盘、柜、箱时,宜从底部进入,并应有防水密封措施。线路的终端接线处以及经过建筑物的伸缩缝和沉降缝处,应留有余度。

电缆不应有中间接头,当需要中间接头时,应在接线箱或接线盒内接线,接头宜采用压接;当采用焊接时,应采用无腐蚀性的焊药。补偿导线应采用压接。同轴电缆和高频电缆应采用专用接头。

敷设线路时,不宜在混凝土梁、柱上凿安装孔。敷设在有防腐蚀层的建筑物和构筑物上时,不应损坏防腐蚀层。

线路敷设完毕,应进行校线和标号,并应按规定测量电缆电线的绝缘电阻。测量电缆电线的绝缘电阻时,必须将已连接上的仪表设备及部件断开。在线路的终端处,应加标志牌。地下埋设的线路,应设置明显标志。

2. 支架制作与安装

制作支架时，应将材料矫正、平直，切口处不得有卷边和毛刺。制作好的支架应牢固、平正。支架不得与高温或低温管道直接接触。支架应固定牢固、横平竖直、整齐美观。在同一直线段上的支架间距应均匀。

3. 电缆桥架安装

电缆桥架安装前，应进行外观检查。电缆桥架的内、外表面应平整，内部应光洁、无毛刺，尺寸应准确，配件应齐全。

电缆桥架不宜采用焊接连接。电缆桥架采用螺栓连接和固定时，应采用平滑的半圆头螺栓，螺母应在电缆桥架的外侧，固定应牢固。

4. 电缆导管安装

电缆导管不得有变形或裂缝，其内部应清洁、无毛刺，管口应光滑、无锐边。

当电缆导管的直线长度超过 30 m 或弯曲角度的总和超过 270°时，应在中间加装穿线盒。

电缆导管与检测元件或现场仪表之间，宜用挠性管连接，应设有防水弯。与现场仪表箱、接线箱、接线盒等连接时应密封，并应固定牢固。

当埋设的电缆导管引出地面时，管口宜高出地面 200 mm，并应有防水、防尘措施；当从地下引入落地式仪表盘、柜、箱时，宜高出盘、柜、箱内地面 50 mm。

5. 电缆、电线及光缆敷设

敷设仪表电缆时的环境温度不应低于下列温度值：塑料绝缘电缆 0 ℃；橡皮绝缘电缆 -15 ℃。

在电缆桥架内，交流电源线路和仪表信号线路应用金属隔板隔开敷设。

敷设电缆应合理安排，不宜交叉。敷设时，不应使电缆在支架上及地面摩擦、拖拉。固定时，松紧应适当。

明敷设的仪表信号线路与具有强磁场和强静电场的电气设备之间的净距离宜大于 1.50 m；当采用屏蔽电缆或穿金属电缆导管以及金属槽式电缆桥架内敷设时，宜大于 0.80 m。

电缆敷设后，两端应做电缆头。当制作电缆头时，绝缘带应干燥、清洁、无折皱、层间无空隙；当抽出屏蔽接地线时，不应损坏绝缘；在潮湿或有油污的位置，应采取防潮、防油措施。

补偿导线应穿电缆导管或在电缆桥架内敷设，不得直接埋地敷设。

当补偿导线与测量仪表之间不采用切换开关或冷端温度补偿器时，宜将补偿导线和仪表直接连接。当对补偿导线进行中间或终端接线时，不得接错极性。

仪表信号线路、仪表供电线路、安全联锁线路、补偿导线及本质安全型仪表线路和其他特殊仪表线路，应分别采用各自的电缆导管。

光缆敷设应符合下列要求：

(1) 光缆敷设前应进行外观检查和光纤导通检查。

(2) 光缆的弯曲半径不应小于光缆外径的 15 倍。

(3) 光缆敷设时，光缆应由绕盘上方放出，并应保持松弛弧形，光缆敷设过程中应无扭结现象发生。

(4) 光缆敷设时，在线路的拐弯处、电缆井内以及终端处，应预留适当的长度，并应有标识。

(5)光缆敷设完毕,光缆端头应做密封防潮处理,不得浸水。

(6)光缆线路中间不宜有接头。

6. 仪表线路配线

从外部进入仪表盘、柜、箱内的电缆电线,应在其导通检查及绝缘电阻检查合格后再进行配线。

仪表盘、柜、箱内的线路宜敷设在汇线槽内,在小型接线箱内可明线敷设。当明线敷设时,电缆电线束应采用由绝缘材料制成的扎带扎牢,扎带间距宜为100~200 mm。

仪表的接线应符合下列规定:

(1)接线前应校线,线端应有标号。

(2)剥绝缘层时不应损伤芯线。

(3)电缆与端子的连接应均匀牢固、导电良好。

(4)多股芯线端头宜采用接线端子,电线与接线端子的连接应压接。

仪表盘、柜、箱内的线路不得有接头,其绝缘保护层不得有损伤。

仪表盘、柜、箱接线端子两端的线路,均应按设计图纸标号。标号应正确、字迹清晰且不易褪色。

接线端子板的安装应牢固。当端子板在仪表盘、柜、箱底部时,距离基础面的高度不宜小于250 mm。当端子板在顶部或侧面时,与盘、柜、箱边缘的距离不宜小于100 mm。多组接线端子板并排安装时,其间隔净距离不宜小于200 mm。

(五)仪表管道安装

1. 一般规定

仪表管道安装前应将内部清扫干净,管端应临时封闭。需要脱脂的管道应经过脱脂合格后再安装。

仪表管道的型号、规格、材质应符合设计文件的规定。

仪表管道埋地敷设时,必须经试压合格和防腐处理后再埋入。直接埋地的管道连接时必须采用焊接,并应在穿过道路、沟道及进出地面处设置保护套管。

仪表管道在穿墙和过楼板处,应加装保护套管或保护罩,管道接头不应在保护套管或保护罩内。当管道穿过不同等级的爆炸危险区域、火灾危险区域和有毒场所的分隔间壁时,保护套管或保护罩应密封。

仪表管道不宜安装在妨碍检修、易受机械损伤、腐蚀和振动的位置。

金属管道的弯制宜采用冷弯,并宜一次弯成。管子弯制后,应无裂纹和凹陷。

高压钢管的弯曲半径宜大于管子外径的5倍,其他金属管的弯曲半径宜大于管子外径的3.5倍,塑料管的弯曲半径宜大于管子外径的4.5倍。

仪表管道应采用机械方法切割,管口应平整光滑,并应无毛刺、裂纹、凸凹或缩口。

高压管道分支时应采用三通连接,三通的材质应与管道材质相同。

仪表管道连接时,其轴线应一致。

直径小于13 mm的铜管和不锈钢管,宜采用卡套式接头连接,也可采用承插法或套管法焊接连接。

当仪表管道与仪表设备连接时,应连接严密,且不得使仪表设备承受机械应力。

当仪表管道成排安装时,应排列整齐,间距应均匀一致。

仪表管道应采用可拆卸的管卡固定在支架上。当管子与支架间有经常性的相对运动时,应在管道与支架间加木块或软垫。

仪表管道支架的制作与安装,除应符合规范规定外,还应符合仪表管道安装坡度的要求。支架的间距宜符合下列规定:

(1)钢管水平安装时宜为1.00~1.50 m;垂直安装时宜为1.50~2.00 m。

(2)铜管、铝管、塑料管及管缆水平安装时宜为0.50~0.70 m;垂直安装时宜为0.70~1.00 m。

不锈钢管固定时,不应与碳钢材料直接接触。不锈钢管与支架、固定卡子之间宜加设隔离垫板。

仪表管道阀门应安装在便于操作和维护的位置。

仪表管道焊接时,不得损伤仪表设备。

2. 测量管道

测量管道的敷设应符合设计文件的规定,并应按最短路径敷设。

当测量管道水平敷设时,应根据不同的物料和测量要求,设置1:10~1:100的坡度,其倾斜方向应能排除测量管道中积聚的气体或冷凝液。当无法满足时,应在管道的集气处安装排气装置、在集液处安装排液装置。

当测量管道与高温设备、管道连接时,应采取热膨胀补偿措施。

测量差压的正压管和负压管应安装在环境温度相同的位置。

当测量管道与玻璃管微压计连接时,应采用软管。管道与软管的连接处,应高出仪表接头150~200 mm。

测量管道与设备、工艺管道或建筑物表面之间的距离不得小于50 mm。测量油类及易燃易爆物质的管道与热表面之间的距离不得小于150 mm,且不应平行敷设在其上方。

低温管道敷设应采取膨胀补偿措施。

低温管及合金管下料切断后,必须移植原有标志。薄壁管、低温管及钛管,严禁使用钢印作标志。

3. 气动信号管道

气动信号管道应采用紫铜管、不锈钢管或聚乙烯、尼龙管。

气动信号管道不宜有中间接头。当需设置中间接头连接时,应采用卡套式中间接头。管道终端应配装活动连接件。

气动信号管道应汇集成排敷设。

4. 气源管道

气源管道采用镀锌钢管时,应采用螺纹连接,拐弯处应采用弯头管件,连接处应密封。当缠绕密封带或涂抹密封胶时,不得使其进入管内。当采用无缝钢管时,应焊接连接,焊接时焊渣不得落入管内。

供气管道宜架空敷设,不宜在地表面或埋地敷设,并应避开高温、易受机械损伤、腐蚀、强烈振动及工艺管道或设备物料排放口等位置。

控制室内的气源总管的连续坡度不应小于1:500,并应在集液处安装排污阀,排污管口应远离仪表、电气设备和线路。装在过滤器下面的排污阀与地面间,应留有便于操作的空间。

气源系统的配管应整齐美观,其末端和集液处应有排污阀。水平干管上的支管引出口,应设置在干管的上方。

气源总管上引出的干管宜安装气源切断阀,并应符合设计文件的规定。

气源系统安装完毕后应进行吹扫,并应符合下列要求:

(1)吹扫前,应将控制室气源的入口、支管的入口和接至各用气设备的过滤减压阀进口断开并敞口,应先吹总管,再吹干管、支管及接至各仪表的管道。

(2)吹扫气应使用合格的仪表空气。

(3)排出的吹扫气应用涂白漆的木制靶板检验,1 min 内板上无铁锈、尘土、水分或其他杂物时,可判为吹扫合格。

气源装置使用前,应按设计文件规定整定气源压力值。

典型例题

【单选题】关于自动化仪表气源管道安装的做法,正确的是(　　)。

A. 气源系统吹扫时,先吹支管再吹总管

B. 气源管道末端和集液处应设置排污阀

C. 气源管道使用镀锌钢管时,应采用焊接

D. 气源装置应根据现场情况整定气源压力值

B。【解析】气源管道吹扫前,应将控制室气源的入口、支管的入口和接至各用气设备的过滤减压阀进口断开并敞口,应先吹总管,再吹干管、支管及接至各仪表的管道。故选项 A 错误。气源管道采用镀锌钢管时,应采用螺纹连接。故选项 C 错误。气源装置使用前,应按设计文件规定整定气源压力值。故选项 D 错误。

5. 液压管道

此部分内容适用于液压管道压力不大于 1.6 MPa 的液压控制系统的安装。

油压管道不应平行敷设在高温设备和管道的上方,与热表面绝热层的距离应大于 150 mm。

供液系统用的过滤器安装前,应清洗干净。进口与出口方向不得装错,排污阀与地面间应留有便于操作的空间。

供液系统内的止回阀或闭锁阀,在安装前应进行清洗、检查和试验。

液压泵的自然流动回液管的坡度不应小于 1∶10,当回液落差较大时,应在集液箱之前安装一个水平段或 U 形弯管。

当回液管道的各分支管与总管连接时,支管应顺回液流动方向与总管成锐角连接。

贮液箱的安装位置应低于回液集管,回液集管与贮液箱上回液接头间的最小高差宜为 0.30～0.50 m。

贮液箱应设置呼吸阀。液压管道的集气处应设置放空阀,放空管的上端应向下弯曲 180°。

接至液压控制器的液压管道,不得有环形弯和曲折弯。

当液压控制器与供液管和回流管连接时,应采用耐压挠性管。

供液系统应进行清洗,并应按设计文件规定进行检查、调整和试验。

6. 盘、柜、箱内仪表管道

仪表管道应敷设在不妨碍操作和维修的位置。

当仪表管道引入安装在有爆炸和火灾危险、有毒、有害及有腐蚀性物质环境的仪表盘、柜、箱时,其管道引入孔处应密封。

仪表管道宜汇集成排敷设，应整齐、美观，并应固定牢固。

仪表管道与仪表线路应分开敷设。

7. 管道试验

仪表管道的压力试验应采用液体为试验介质。仪表气源管道、气动信号管道或设计压力小于或等于0.6 MPa的仪表管道，宜采用气体作为试验介质。

当用水进行液压试验时，应使用洁净水。当对奥氏体不锈钢管道进行试验时，水中氯离子含量不得超过25 mg/L。试验后应将液体排净。当在环境温度5 ℃以下进行试验时，应采取防冻措施。

气压试验介质应使用空气或氮气。

液压试验的压力应为设计压力的1.5倍。当达到试验压力后，应稳压10 min，再将试验压力降至设计压力，稳压10 min，应无压降，并应无渗漏。

气压试验的压力应为设计压力的1.15倍，试验时应逐步缓慢升压，达到试验压力后，应稳压10 min，再将试验压力降至设计压力，应稳压5 min，采用发泡剂检验应无泄漏。

真空管道压力试验应采用0.2 MPa气压试验压力。达到试验压力后，稳压15 min，采用发泡剂检验应无泄漏。

测量和输送易燃易爆、有毒、有害介质的仪表管道，必须进行管道压力试验和泄漏性试验。

当工艺系统规定要求进行真空度或泄漏性试验时，其内的仪表管道系统应与工艺系统一起进行试验。

当采用气体压力试验时，试验温度严禁接近管道材料的脆性转变温度。

压力试验用的压力表应经检定合格，其准确度不得低于1.6级，刻度满度值应为试验压力的1.5~2.0倍。

在压力试验过程中，如发现泄漏现象，应泄压后再修理。修复后，应重新试验。

压力试验合格后，宜在管道的另一端泄压，检查管道不得堵塞，并应拆除用于压力试验的临时堵头或盲板。

（六）脱脂

需要脱脂的仪表、控制阀、管子和其他管道组成件，应按设计文件的规定脱脂。设计文件未规定脱脂溶剂时，可按下列要求选用脱脂溶剂：金属件的脱脂应选用工业用二氯乙烷、四氯乙烯；黑色金属和有色金属的脱脂应选用工业用三氯乙烯；铝制品的脱脂应选用10%的氢氧化钠溶液；工作物料为浓硝酸的仪表、控制阀、管子和其他管道组成件的脱脂应选用65%的浓硝酸。

（七）电气防爆和接地

1. 爆炸和火灾危险环境的仪表装置施工

安装在爆炸危险环境的仪表、仪表线路、电气设备及材料，其规格型号必须符合设计文件的规定。防爆设备必须有铭牌和防爆标志，并应在铭牌上标明国家授权的机构颁发的防爆合格证编号。

当防爆仪表和电气设备引入电缆时，应采用防爆密封圈密封或用密封填料进行封固，外壳上多余的孔应做防爆密封，弹性密封圈的一个孔应密封一根电缆。

采用正压通风的防爆仪表盘（箱）的通风管应畅通，且不宜安装切断阀；盘（箱）内应能维持不应低于设计文件规定的压力；当设有低压力联锁或报警装置时，其动作应准确、可靠。

当电缆桥架或电缆沟道通过不同等级的爆炸危险区域的分隔间壁时，在分隔间壁处必须做充填密封。

安装在爆炸危险区域的电缆导管应符合下列要求：

(1)电缆导管之间及电缆导管与接线箱(盒)、穿线盒之间，应采用螺纹连接，螺纹有效啮合部分不应少于5扣，螺纹处应涂电力复合脂，不得使用麻、绝缘胶带、涂料等，并应用锁紧螺母锁紧，连接处应保证良好的电气连续性。

(2)当电缆导管穿过不同等级爆炸危险区域的分隔间壁时，分界处电缆导管和电缆之间、电缆导管和分隔间壁之间应做充填密封。

(3)当电缆导管与仪表、检测元件、电气设备、接线箱连接时，或进入仪表盘、柜、箱时，应安装防爆密封管件，并应充填密封。

本质安全型仪表的安装和线路敷设，除应符合规范规定外，尚应符合下列要求：

(1)本质安全电路和非本质安全电路不得共用一根电缆或穿同一根电缆导管。

(2)当采用芯线无分别屏蔽的电缆或无屏蔽的导线时，两个及其以上不同回路的本质安全电路，不得共用同一根电缆或穿同一根电缆导管。

(3)本质安全电路及其附件应有蓝色标志。

(4)当本质安全电路与非本质安全电路在同一电缆桥架或同一电缆沟道内敷设时，应采用接地的金属隔板或绝缘板隔离，或分开排列敷设，其间距应大于50 mm，并应分别固定牢固。

(5)当本质安全电路与非本质安全电路共用一个接线箱时，本质安全电路与非本质安全电路接线端子之间应采用接地的金属板隔开。

(6)仪表盘、柜、箱内的本质安全电路与关联电路或其他电路的接线端子之间的间距，不得小于50 mm；当间距不符合要求时，应采用高于端子的绝缘板隔离。

(7)当仪表盘、柜、箱内的本质安全电路敷设配线时，应与非本质安全电路分开，应采用有盖汇线槽或绑扎固定，线束固定点应靠近接线端。

(8)本质安全电路中的安全栅、隔离器等关联设备的安装位置，应在安全区域一侧或置于另一环境相适应的防爆设备内，需接地的关联设备应有可靠接地。

(9)当采用屏蔽电缆电线时，屏蔽层不得接到安全栅的接地端子上。

(10)本质安全电路内的接地线和屏蔽连接线应有绝缘层。

(11)本质安全电路不得受到其他线路的强电磁感应和强静电感应，线路的长度和敷设方式应符合设计文件的规定。

(12)本质安全型仪表及本质安全关联设备，必须有国家授权的机构颁发的产品防爆合格证，其型号、规格的替代，必须经原设计单位确认。

(13)本质安全电路的分支接线应设在增安型防爆接线箱(盒)内。

当对爆炸危险区域的线路进行连接时，必须在设计文件规定采用的防爆接线箱内接线。接线必须牢固可靠、接地良好，并应有防松和防拔脱装置。

用于火灾危险环境的装有仪表及电气设备的箱、盒等，应采用金属或阻燃材料制品，电缆和电缆桥架应采用阻燃材料制品。

2. 接地

供电电压高于 36 V 的现场仪表的外壳，仪表盘、柜、箱、支架、底座等正常不带电的金属部分，均应做保护接地。

供电电压不高于 36 V 的现场仪表开关等，当设计文件无特殊要求时，可不做保护接地。

在非爆炸危险区域的金属盘、板上安装的按钮、信号灯、继电器等小型低压电器的金属外壳，当与已接地的金属盘、板接触良好时，可不做保护接地。

仪表及控制系统应做工作接地，工作接地应包括信号回路接地和屏蔽接地，以及特殊要求的本质安全电路接地，接地系统的连接方式和接地电阻值应符合设计文件的规定。

各仪表回路应只有一个信号回路接地点。

信号回路的接地点应在显示仪表侧，当采用接地型热电偶和检测元件已接地的仪表时，在显示仪表侧不应再接地。

仪表电缆电线的屏蔽层应在控制室仪表盘柜侧接地，同一回路的屏蔽层应有可靠的电气连续性，不应浮空或重复接地。

铠装电缆的铠装两端应进行保护接地。

在中间接线箱内，主电缆分屏蔽层应用端子将对应的二次电缆屏蔽层进行连接，不同的屏蔽层应分别连接，不应混接，并应绝缘。

当有防干扰要求时，多芯电缆中的备用芯线应在一点接地，屏蔽电缆的备用芯线与屏蔽层，应在同一侧接地。

仪表盘、柜、箱内各回路的各类接地，应分别由各自的接地支线引至接地汇流排或接地端子板，由接地汇流排或接地端子板引出接地干线，再与接地总干线和接地极相连。各接地支线、汇流排或端子板之间在非连接处应相互绝缘。

仪表及控制系统的工作接地、保护接地应共用接地装置。

接地系统的连线应采用铜芯绝缘电线或电缆，并应采用镀锌螺栓紧固。仪表盘、柜、箱内的接地汇流排应采用铜材，并应采用绝缘支架固定。接地总干线与接地体之间应采用焊接。

本质安全电路本身除设计文件有特殊规定外，不应接地。当采用二极管安全栅时，其接地应与直流电源的公共端相连。

接地线的标识颜色应采用绿、黄两色或绿色。

（八）仪表试验

1. 一般规定

仪表在安装和使用前应进行检查、校准和试验。

仪表安装前的校准和试验应在室内进行。试验室应具备下列条件：

（1）室内应清洁、安静、光线充足，并应无振动、无对仪表及线路的电磁场干扰。

（2）室内温度宜为 10～35 ℃。

仪表试验的电源电压应稳定。交流电源及 60 V 以上的直流电源电压波动范围应为 ±10%。60 V 以下的直流电源电压波动范围应为 ±5%。

仪表试验的气源应清洁、干燥，露点应低于最低环境温度 10 ℃以上。气源压力应稳定。

仪表工程在系统投用前应进行回路试验。

仪表回路试验的电源和气源宜由正式电源和气源供给。

用于仪表校准和试验的标准仪器仪表，应具备有效的计量检定合格证明，其基本误差的绝对值不宜超过被校准仪表基本误差绝对值的1/3。

仪表校准和试验的条件、项目、方法应符合设计文件的规定。施工现场不具备校准条件的仪表，可对检定合格证明的有效性进行验证。设计文件规定禁油和脱脂的仪表在校准和试验时，必须按其规定进行。单台仪表的校准点应在仪表全量程范围内均匀选取，不应少于5点。当进行回路试验时，仪表校准点不应少于3点。

链接

仪表电源设备的试验应全部检验。综合控制系统的试验应全部检验。仪表回路试验和系统试验应全部检验。

2. 单台仪表校准和试验

指针式显示仪表的校准和试验时，指针在全标度范围内移动应平稳、灵活。数字式显示仪表的示值应清晰、稳定，在测量范围内其示值误差应符合仪表准确度的规定。

变送器、转换器应进行输入输出特性试验和校准，其准确度应符合设计文件的规定，输入输出信号范围和类型应与铭牌标识、设计文件规定一致，并应与显示仪表配套。

温度检测仪表的校准试验点不应少于2点。直接显示温度计的示值误差应符合仪表准确度的规定。热电偶和热电阻可在常温下对元件进行检测，可不进行热电性能试验。

压力、差压变送器的校准和试验除应符合规范规定外，还应按设计文件和使用要求进行零点、量程调整和零点迁移量调整。

浮筒式液位计可采用干校法或湿校法校准。干校挂重质量的确定、湿校试验介质密度的换算，均应符合产品设计使用状态的要求。

贮罐液位计、料面计可在安装完成后，直接模拟物位进行校准。

称重仪表及其传感器可在安装完成后，直接均匀加载标准质量进行校准。

测量位移、振动、转速等机械量的仪表，可使用专用试验设备进行校准和试验。

分析仪表的显示仪表部分应按规范规定进行校准。分析仪表的检测、传感、转换等性能的试验和校准，以及对试验用标准样品的要求，均应符合设计文件的规定。

单元组合仪表、组装式仪表等应对各单元分别进行试验和校准，其性能要求和准确度应符合设计文件的规定。

控制阀和执行机构的试验应符合下列要求：

(1)阀体压力试验和阀座密封试验等项目，可对制造厂出具的产品合格证明和试验报告进行验证，对事故切断阀应进行阀座密封试验。

(2)应进行膜头、缸体泄漏性试验以及行程试验。

(3)事故切断阀和设计规定全行程时间的阀门，应进行全行程时间试验。

(4)执行机构在试验时应调整到设计文件规定的工作状态。

单台仪表校准和试验应填写校准和试验记录；仪表上应有试验状态标识和位号标识；仪表需加封印和漆封的部位应加封印和漆封。

3. 仪表电源设备试验

电源设备的带电部分与金属外壳之间的绝缘电阻，当采用500 V兆欧表测量时，不应小于5 MΩ。电源设备应进行输出特性检查。不间断电源应进行自动切换性能试验。

4. 综合控制系统试验

综合控制系统在回路试验和系统试验前应在控制室内对系统本身进行试验。试验项目应包括组成系统的各操作站、工程师站、控制站、个人计算机和管理计算机、总线和通信网络等设备的硬件和软件的有关功能试验。综合控制系统的试验应在本系统安装完毕，且供电、照明、空调等有关设施均已投入运行的条件下进行。综合控制系统的试验应按批准的试验方案进行。

专家解读

经过多年发展，分散控制系统、可编程序控制器、现场总线控制系统、工业计算机控制系统和管理控制一体化系统等的功能特点已经相互交叉接近，经常共同组成一个过程控制和管理系统。对综合控制系统的试验，根据综合控制系统的特点，以及多年来在分散控制系统、可编程序控制器、现场总线控制系统和各类计算机控制系统施工中的实际经验和一般施工程序，提出了对综合控制系统进行试验的一般性要求。

5. 回路试验和系统试验

回路试验应在系统投入运行前进行，回路试验应根据现场情况和回路的复杂程度，按回路位号和信号类型合理安排。回路试验应做好试验记录。

综合控制系统可先在控制室内与现场线路相连的输入输出端为界进行回路试验，再与现场仪表连接进行整个回路的试验。

回路试验和系统试验应符合的相关要求如表 1-26 所示。

表 1-26　回路试验和系统试验的要求

试验过程	要求
试验前	(1)回路中的仪表设备、装置和仪表线路、仪表管道应安装完毕。 (2)组成回路的各仪表的单台试验和校准应已经完成。 (3)仪表配线和配管应经检查确认正确完整，配件附件齐全。 (4)回路的电源、气源和液压源应已能正常供给，并应符合仪表运行的要求
检测回路的试验	(1)在检测回路的信号输入端输入模拟被测变量的标准信号，回路的显示仪表部分的示值误差，不应超过回路内各单台仪表允许基本误差平方和的平方根值。 (2)温度检测回路可在检测元件的输出端向回路输入电阻值或毫伏值模拟信号。 (3)现场不具备模拟被测变量信号的回路，应在其可模拟输入信号的最前端输入信号进行回路试验
控制回路的试验	(1)控制器和执行器的作用方向应符合设计文件要求。 (2)通过控制器或操作站的输出向执行器发送控制信号，检查执行器的全行程动作方向和位置应正确。执行器带有定位器时应同时试验。 (3)当控制器或操作站上有执行器的开度和起点、终点信号显示时，应同时进行检查和试验
报警系统的试验	(1)系统中有报警信号的仪表设备，包括各种检测报警开关、仪表的报警输出部件和接点，应根据设计文件规定的设定值进行整定。 (2)在报警回路的信号发生端模拟输入信号，检查报警灯光、音响和屏幕显示应正确。报警点整定后宜在调整器件上加封记。 (3)报警的消音、复位和记录功能应正确

（续表）

试验过程	要求
程序控制系统和联锁系统的试验	(1)程序控制系统和联锁系统有关装置的硬件和软件功能试验应已完成,系统相关的回路试验应已完成。 (2)系统中的各有关仪表和部件的动作设定值,应根据设计文件规定进行整定。 (3)联锁点多、程序复杂的系统,可先分项、分段进行试验,再进行整体检查试验。 (4)程序控制系统的试验应按程序设计的步骤逐步检查试验,其条件判定、逻辑关系、动作时间和输出状态等均应符合设计文件规定。 (5)在进行系统功能试验时,可采用已试验整定合格的仪表和检测报警开关的报警输出接点直接发出模拟条件信号。 (6)系统试验中应与相关的专业配合,共同确认程序运行和联锁保护条件及功能的正确性,并应对试验过程中相关设备和装置的运行状态和安全防护采取必要措施

（九）工程交接验收

工程交接验收应满足以下条件:

(1)设计文件范围内仪表工程的取源部件,仪表设备和装置,仪表管道,仪表线路,仪表供电、供气、供液系统,均应按设计文件和相关规范的规定安装完毕,仪表单台设备应校准和试验合格。

(2)仪表工程的回路试验和系统试验,应按设计文件和规范的规定进行,并应经试验合格。

(3)仪表工程应连续开通投入运行 48 h,并应运行正常。

仪表工程具备交接试验条件后,应办理交接验收手续。

模块七　防腐蚀工程施工技术

防腐蚀工程是采用防腐涂层、防腐衬里等技术,为避免设备和管道的腐蚀损失,延长使用寿命,保证设备连续运转及安全生产的辅助工程。

一、设备及管道常见的腐蚀类型

设备及管道常见的腐蚀类型如表 1-27 所示。

表 1-27　设备及管道常见的腐蚀类型

腐蚀类型	定义
化学腐蚀	金属与周围介质接触发生化学反应引起的金属腐蚀
电化学腐蚀	在电解质环境中金属通过电化学反应生成化合物而受到的腐蚀,实质上是金属与化学介质之间构成微电池
大气腐蚀	在环境温度下,以地球大气作为腐蚀环境的腐蚀
海洋腐蚀	以海水作为腐蚀环境主要介质的腐蚀
土壤腐蚀	以土壤作为腐蚀环境,对埋入土壤的金属产生的腐蚀
细菌腐蚀	由细菌作用产生的微生物腐蚀

专家解读

典型的电化学腐蚀如不锈钢与碳钢之间发生的腐蚀。当不锈钢表面的钝化膜被机械或者其他原因破坏后，不锈钢和碳钢接触后会在接触面发生电化学腐蚀从而生锈，降低了管道的寿命。因此，不锈钢管道必须采用同种材质支架、管卡或用塑料垫与碳钢支架、管卡隔离。

典型例题

【单选题】在潮湿环境中，不锈钢接触碳素钢会产生(　　)。

A. 化学腐蚀　　B. 电化学腐蚀

C. 晶间腐蚀　　D. 铬离子污染

B。【**解析**】当两种不同的金属处在导电介质中时，它们之间会存在电位差，构成原电池，容易产生电化学腐蚀。在潮湿环境中，潮湿的空气可作为导电介质，相互接触的不锈钢和碳素钢构成原电池的两极，会产生电化学腐蚀。

二、设备及管道的防腐蚀措施

设备及管道防腐蚀主要采用以下几种技术措施。

（一）覆盖层

覆盖层是金属设备及管道防腐最常用的一种方式。覆盖层防腐是指通过在被保护金属表面上喷、涂、渗、镀、衬一层耐腐蚀较好的物质，将金属表面与介质隔离，以降低金属腐蚀的速度。覆盖层的形式主要有涂料涂层、金属涂层、衬里等。例如，钢制管道内衬氯丁胶乳水泥砂浆属于衬里防腐蚀措施。

（二）电化学保护

电化学保护是指通过对腐蚀介质中金属电位进行控制而实现保护金属不被腐蚀的措施，按作用原理可分为阴极保护和阳极保护两种方法。阴极保护是指通过引入导致阴极极化的电流、降低金属的电位而达到使金属腐蚀速率显著减小的一种电化学保护方法。阴极保护通常有两种方法：牺牲阳极法和强制电流法。阳极保护是指对于可钝化的金属，在可致钝的电解质中进行阳极极化至钝化区以减少和防止金属腐蚀的电化学保护方法。

（三）缓蚀剂

在腐蚀介质中添加一些少量物质，可以显著地阻止或减缓金属腐蚀速度，这些少量的物质被称为缓蚀剂。缓蚀剂加入量都很少，一般添加量在0.1% ~1%即可起到保护金属的作用。缓蚀剂保护方法使用方便，投资少，因而得到了广泛的应用。

（四）介质处理

介质处理的目的是改变介质的腐蚀性，以降低介质对金属的腐蚀作用。介质处理通常可以采取如表1-28所示的方法。

表 1-28 介质处理的方法

方法	内容
去除介质中的有害成分	现以锅炉给水的除氧为例说明。水中有害成分之一是溶解在水中的氧，它会引起极化的腐蚀过程。从锅炉给水中排除氧是防止锅炉腐蚀的有效措施
调整介质的 pH 值	锅炉给水以及工业用冷却水如果含有酸性物质使其 pH 值偏低（$pH < 7$），则可能产生氢去极化腐蚀，而且钢件在酸性介质中不易生成表面保护膜，此时必须提高 pH 值以防止氢去极化腐蚀和金属表面保护膜的破坏
降低气体介质的湿度	当气体介质中含水分较多时，就有可能在金属表面形成冷凝水膜而使金属遭受腐蚀，而且腐蚀率通常随气体相对湿度增加而增加，因而降低气体介质的湿度是减缓金属腐蚀的有效措施之一

三、设备及管道防腐蚀工程施工技术

（一）基本规定

1. 一般规定

设备及管道外壁附件的焊接，应在防腐蚀工程施工前完成。

在防腐蚀工程施工过程中，不得同时进行焊接、气割、直接敲击等作业。

防腐蚀工程结束后，吊装和运输设备及管道时，不得碰撞和损伤。

2. 基体要求

钢制设备及管道的表面不得有伤痕、气孔、夹渣、重叠皮、严重腐蚀斑点等；加工表面应平整，不应有空洞、多孔穴等现象，表面局部凹凸不得超过 2 mm。

设备及管道表面的锐角、棱角、毛边、铸造残留物等应进行打磨，表面应光滑平整，并应圆弧过渡。

铆接设备的铆接缝应为平缝，铆钉应采用埋头铆钉，设备内部应无铆钉头突出。

在防腐蚀衬里的设备及管道上，必要时应设置检漏孔，并应在适当位置设置排气孔。

基体表面处理完毕应进行检查，合格后办理工序交接手续，方可进行防腐蚀工程的施工。

3. 焊缝的要求和处理

对接焊缝表面应平整，并应无气孔、焊瘤和夹渣。焊缝高度应小于或等于 2 mm，焊缝宜平滑过渡。

设备转角和接管部位的焊缝应饱满，不得有毛刺和棱角，应打磨成钝角，并应形成圆弧过渡。

角焊缝的圆角部位，焊角高应大于或等于 5 mm；凸出角的焊接圆弧半径应大于或等于 3 mm；内角的焊接圆弧半径应大于或等于 10 mm。

（二）基体表面处理

在涂装前，除去基体表面附着物或生成物以提高基底表面与涂层的附着力或赋予表面耐蚀性能的处理过程，称为表面处理。

基体表面处理的质量等级划分应符合下列规定：

（1）喷射或抛射除锈基体表面处理质量等级分为 Sa1、Sa2、Sa2.5、Sa3 四级。

(2)手工或动力工具除锈基体表面处理质量等级分为 St2、St3 两级。

喷射或抛射除锈和手工或动力工具除锈的基体表面处理质量等级标准应符合表 1-29 和表 1-30 的规定。

表 1-29　喷射清理等级

等级	内容
Sa1 轻度的喷射清理	在不放大的情况下观察时,表面应无可见的油、脂和污物,并且没有附着不牢的氧化皮、铁锈、涂层和外来杂质
Sa2 彻底的喷射清理	在不放大的情况下观察时,表面应无可见的油、脂和污物,并且几乎没有氧化皮、铁锈、涂层和外来杂质。任何残留污染物应附着牢固
Sa2.5 非常彻底的喷射清理	在不放大的情况下观察时,表面应无可见的油、脂和污物,并且没有氧化皮、铁锈、涂层和外来杂质。任何污染物的残留痕迹应仅呈现为点状或条纹状的轻微色斑
Sa3 使钢材表观洁净的喷射清理	在不放大的情况下观察时,表面应无可见的油、脂和污物,并且应无氧化皮、铁锈、涂层和外来杂质。该表面应具有均匀的金属色泽

表 1-30　手工和动力工具清理等级

等级	内容
St2 彻底的手工和动力工具清理	在不放大的情况下观察时,表面应无可见的油、脂和污物,并且没有附着不牢的氧化皮、铁锈、涂层和外来杂质
St3 非常彻底的手工和动力工具清理	同 St2,但表面处理应彻底得多,表面应具有金属底材的光泽

喷射或抛射除锈处理后的基体表面应呈均匀的粗糙面,除基体原始锈蚀或机械损伤造成的凹坑外,不应产生肉眼明显可见的凹坑和飞刺。

当设计对防腐蚀层的基体表面处理无要求时,其基体表面处理的质量要求应符合表 1-31 的规定。

表 1-31　基体表面处理的质量要求

覆盖层类别	表面处理质量等级
金属热喷涂层	Sa3 级
橡胶衬里、搪铅、纤维增强塑料衬里、树脂胶泥衬砌砖板衬里、涂料涂层、塑料板粘结衬里、玻璃鳞片衬里、喷涂聚脲衬里	Sa2.5 级
水玻璃胶泥衬砌砖板衬里、涂料涂层、氯丁乳胶水泥砂浆衬里	Sa2 级或 St3 级
衬铅、塑料板非粘结衬里	Sa1 级或 St2 级

处理后的基体表面不宜含有氯离子等附着物。处理合格的工件,在运输和保管期间应保持干燥和洁净。基体表面处理后,应及时涂刷底层涂料,间隔时间不宜超过 5 h。当相对湿度大于 85% 时,应停止基体表面处理作业。在保管或运输中发生再度污染或锈蚀时,基体表面应重新进行处理。

当进行喷射或抛射处理时,基体表面温度应高于露点温度 3 ℃;当温度差值低于 3 ℃时,喷射或抛射作业应停止。

链接

设备及管道表面处理可采用喷射或抛射除锈、手工或动力工具除锈、化学清洗、火焰除锈等方法。其中，喷射或抛射除锈、手工或动力工具除锈应用较多，化学清洗、火焰除锈应用较少。

(1)喷射或抛射除锈。喷射除锈是以压缩空气为动力，将磨料以一定的速度喷向被处理的金属基材表面，以除去金属基材表面的铁锈、氧化皮及其他杂质，并使金属表面获得一定的粗糙度的基材表面处理方法。抛射除锈主要是利用机械设备的高速运转把一定粒度的铸钢丸靠抛头的离心力抛出，被抛出的钢丸与构件猛烈碰撞打击从而达到去除钢材表面锈蚀的一种方法。

(2)手工或动力工具除锈。手工除锈以人工为主，包括钢丝刷、铲刀、刮刀、砂布打磨等；动力工具除锈以机器为动力，包括电动钢刷、电动砂轮、除锈机等。

(3)化学清洗。利用化学溶剂与金属表面氧化物发生反应从而达到除锈效果的一种方法。

(4)火焰除锈。利用气焊枪对少量手工难以清除的较深的锈蚀斑，进行烧红，让高温使铁锈的氧化物改变化学成分而达到除锈目的。

(三) 防腐蚀工程施工技术

1. 衬里施工

防腐衬里技术是在金属或其他材料工件表面用衬里胶板形成一连续的隔离性的覆盖层的技术。衬里的主要类型包括块材衬里、纤维增强塑料衬里、橡胶衬里、塑料衬里、玻璃鳞片衬里、铅衬里、喷涂聚脲衬里、氯丁乳胶水泥砂浆衬里等。衬里施工技术具体如表 1-32 所示。

表 1-32　衬里施工技术

类型	内容
块材衬里	(1)块材衬里工程应包括水玻璃胶泥或树脂胶泥衬砌块材的设备、管道及管件的衬里层。 (2)衬砌前，块材应挑选、洗净和干燥。块材及被衬表面应无灰尘、水分、油污、锈蚀和潮湿等现象。 (3)设备接管部位衬管的施工，应在设备本体衬砌前进行。设备接管内径应比衬管外径大 6 ~ 10 mm，衬管材质应与衬砌块材材质相同。衬管不得突出法兰表面，应与法兰面处在同一平面。当采用翻边瓷管作衬管时，应在设备衬完第一层或第二层块材后再进行。衬后应对衬管进行固定，直至胶泥固化，衬管不得出现偏心或位移
纤维增强塑料衬里	(1)纤维增强塑料衬里工程应包括以树脂为粘结剂，纤维及其织物为增强材料铺贴或喷射的设备、管道衬里层和隔离层。 (2)手工糊制工艺贴衬纤维增强塑料，可采用间断法或连续法。纤维增强酚醛树脂应采用间断法。 (3)除手工铺贴外，也可采用喷射法进行纤维增强塑料衬里的施工。纤维增强塑料手持喷枪喷射成型工艺的施工应符合下列规定： ①喷射成型工艺应采用乙烯基酯树脂或不饱和聚酯树脂。玻璃纤维无捻粗纱长度应为 25 ~ 30 mm。 ②在处理的基体表面应均匀喷涂封底胶料，不得有漏涂、流挂等缺陷，自然固化时间不宜少于 24 h。

（续表）

类型	内容
纤维增强塑料衬里	③将玻璃纤维无捻粗纱切成 25～30 mm 长度，与树脂一起喷到被施工设备表面。 ④喷射厚度应为 1～2 mm，纤维含量不应小于 30%，喷射后应采用辊子将沉积物压实，表面应平整、无气泡，并应在室温条件下固化
橡胶衬里	(1)橡胶衬里工程应包括加热硫化橡胶衬里施工、自然硫化橡胶衬里施工和预硫化橡胶衬里施工。 (2)加热硫化橡胶衬里施工时，在胶板贴衬后，应采用专用压滚或刮板依次滚压或刮压，不得漏压或漏刮，并应排净粘合面间的空气。胶板搭接缝应压合严实，边沿应圆滑过渡，不得翘起、脱层。胶板搭接缝的搭接方向应与设备内介质流向一致。 (3)自然硫化橡胶衬里适用于常温自硫化的设备或管道衬里。胶粘剂的涂刷，应在底涂料、中间涂料涂刷后的有效期内进行。当超过规定的涂刷间隔期限时，应在涂胶粘剂前重新涂刷一层中间涂料。第二层胶粘剂的涂刷工作，应在前一遍胶膜干至不粘手指时进行。胶板衬贴时应用专用压滚或刮板，依次压合，排净粘结面间的空气，不得漏压。 (4)预硫化橡胶衬里施工时，胶板下料尺寸应合理、准确，应减少贴衬应力。形状复杂的工件应制作样板，并应按样板下料。接缝应采取搭接，搭接宽度宜为 25～30 mm，不得出现欠搭，搭接方向应与设备内介质流动方向一致。胶板的衬砌操作应符合自然硫化橡胶衬里的相关规定
塑料衬里	(1)塑料衬里工程应包括软聚氯乙烯板衬里设备、氟塑料衬里设备和塑料衬里管道。 (2)软聚氯乙烯板衬里可采用空铺法、压条螺钉固定法和粘贴法。 (3)氟塑料板焊接成型可采用热风焊、挤出焊或热压焊。乙烯－四氟乙烯共聚物和聚偏氟乙烯可采用热风焊、挤出焊，聚四氟乙烯可采用热压焊。 (4)塑料衬里管道的施工宜采用松衬法。塑料衬里管的外径应与无缝钢管的内径相匹配。无缝钢管两端的法兰宜采用板式平焊法兰、带颈平焊法兰或平焊环松套法兰焊接
玻璃鳞片衬里	(1)玻璃鳞片衬里工程应包括胶泥衬里和涂料衬里。 (2)衬里施工前，应根据施工环境温度、湿度、原材料特性，通过试验选定适宜的施工配合比，方可进行大面积施工。 (3)衬里施工开始后不得进行焊接作业，施工现场不得使用明火
铅衬里	(1)铅衬里应包括钢制工业设备及管道的衬铅和搪铅。 (2)铅板焊接和搪铅可采用氢氧焰或乙炔氧焰焊接。施焊时应采用中性焰，不应采用仰焊。 (3)衬里前，应对受压容器进行压力试验，合格后方可衬里。 (4)塔、罐、槽等设备的人孔、进出料口的焊接、铅板搭接方向应与介质流向一致。 (5)铅板与设备内壁应紧密贴合，不得凸凹不平。 (6)衬铅可采用搪钉固定法、悬挂固定法、压板固定法和焊接铆钉固定法。 (7)搪铅可采用直接搪铅法或间接搪铅法
喷涂聚脲衬里	(1)喷涂聚脲衬里工程应包括采用专用设备施工的聚脲涂装工程。 (2)施工时应经现场试喷后，方可进行喷涂。 (3)管道(支管)、设备基座、管架、预埋件或预支撑件，应在喷涂施工前安装完毕，并应按要求做好局部处理。 (4)喷涂聚脲衬里的施工不得与其他工种进行交叉作业。施工完毕的涂层表面不得损坏，并应采取保护措施

（续表）

类型	内容
氯丁乳胶水泥砂浆衬里	(1)氯丁胶乳水泥砂浆衬里工程应包括改性阳离子型氯丁胶乳水泥砂浆衬里整体面层。 (2)氯丁胶乳水泥砂浆整体面层衬里施工时,基体表面的处理等级应符合规范规定。焊缝和搭接的部位,应采用氯丁胶乳胶泥找平。 (3)氯丁胶乳水泥砂浆采用的硅酸盐水泥或普通硅酸盐水泥的强度不应小于32.5 MPa

2.涂料涂层施工

涂装施工可采用刷涂、喷涂(空气喷涂和高压无气喷涂)、滚涂等方法,宜根据涂料的性能、施工条件和被涂结构的形状进行选择。常见的涂料涂层施工方法如表1-33所示。

表1-33　常见的涂料涂层施工方法

方法	施工方法及特点
刷涂法	刷涂是使用最早、最简单和最传统的涂漆方法,适用于涂装任何形状的物件,多使用于小面积异形结构构件施工;除了干燥速度过快、流平性差、固体含量过高的涂料外,可适用于多种涂料。刷涂法工具简单、成本低,但生产效率低、劳动强度大、涂层表面不均匀,不适宜大面积涂覆
喷涂法	喷涂分为空气喷涂与高压无气喷涂两种。传统的空气喷涂法利用压缩空气将涂料喷射在构件表面,效率较高,但会发生涂料回弹和大量漆雾飞扬现象,涂料利用率较低,有较大的浪费,且易造成环境污染。而高压无气喷涂法则对这方面进行了改善,可以在节省涂料的同时也保持一定的效率,污染较小,效率最高。采用喷涂法施工后的工件具有薄厚均匀的涂层,适宜大面积涂覆
滚涂法	滚涂是利用滚筒施工,较刷涂法有更高的生产效率,适用于涂装外形较为平整的工件表面的涂覆

典型例题

【单选题】下列涂层施工方法中,最节省涂料且效率最高的是(　　)。

A. 刷涂法　　B. 滚涂法

C. 空气喷涂法　　D. 高压无气喷涂法

D。【解析】解析参见上文。

涂料涂层施工应符合下列规定:

(1)涂料进场时,供料方提供的产品质量证明文件除应符合规范规定外,尚应提供涂装的基体表面处理和施工工艺等要求。

链接

产品质量证明文件应包括下列内容:产品质量合格证;质量技术指标及检测方法;材料检测报告或技术鉴定文件。

(2)施工环境温度宜为10～30 ℃,相对湿度不宜大于85%,或被涂覆的基体表面温度应比露点温度高3 ℃。

(3)防腐蚀涂料品种的选用、涂层的层数和厚度应符合设计规定。

(4)防腐蚀涂层全部涂装结束后,应养护7天方可交付使用。

(5)基体表面的凹凸不平、焊接波纹和非圆弧拐角处,应采用耐腐蚀树脂配制的腻子进行修补。腻子干透后,应打磨平整,并应擦拭干净,再进行底涂层施工。

(6)涂料涂层应包括环氧树脂类涂料、聚氨酯涂料、氯化橡胶涂料、高氯化聚乙烯涂料、氯磺化聚乙烯涂料、丙烯酸树脂改性涂料、有机硅耐温涂料、氟涂料、富锌涂料(有机、无机)和车间底层涂料的涂层。

链接

环氧树脂类涂料、聚氨酯涂料、氯磺化聚乙烯涂料、有机硅耐温涂料、氟涂料均可分为单组分和双组分,采用双组分时应按质量比配制,并应搅拌均匀。

氟涂料、富锌涂料(有机、无机)和车间底层涂料的涂层,宜采用喷涂法施工。

3. 金属热喷涂层施工

钢结构金属表面一般采用热喷涂方法进行涂装施工。热喷涂法是指将涂层金属加热到熔融状态,然后借助一股气流将其喷射到经过预处理后的基体表面而形成涂层的一种方法。

金属热喷涂层施工应符合下列规定:

(1)施工环境温度不宜低于 5 ℃,相对湿度不宜大于 80%,基体表面温度应比露点温度高 3 ℃以上。在雨、雪和大雾天气,不得进行室外喷涂施工。

(2)施工前,应对热喷涂设备进行检查和试验。设备的技术参数和喷涂性能,应符合有关规定。

(3)基体表面处理后的粗糙度,宜采用粗糙度参比样板对照检查。不同涂层的喷射或抛射处理表面的粗糙度,应符合规定。

(4)金属热喷涂层的施工,应在基体表面处理合格后及时进行。当工件表面无凝露时,喷涂间隔时间不宜大于 4 h。

(5)设计厚度等于或大于 0.10 mm 的涂层,应分层喷涂。分层喷涂时,喷涂的每一涂层均应平行搭接,搭接尺寸宜为喷幅宽度的 1/4 ~ 1/3;同层涂层的喷涂方向宜一致;上下两层的喷涂方向应纵横交叉。

(6)喷涂过程中,工件表面温度不得大于 100 ℃。当表面温度大于 70 ℃时,应采取间歇喷涂或冷却措施。

(7)难以施工的部位应先喷涂。喷涂操作时,宜降低热源功率,提高喷枪的移动速度,并应预留涂层的阶梯形接头。

(8)当对大型设备或大面积进行施工时,应划区作业,分段、分片喷涂。各分段、分片的接头应错开,错开距离应大于 100 mm。

(9)施工过程中应进行涂层外观、厚度和结合性的中间质量检查。

(10)金属热喷涂层的涂料封闭,应在喷涂层检查合格后及时进行。当喷涂层受潮时,不得进行封闭。不做涂料封闭的喷涂层,应采用细铜丝刷进行刷光处理。

模块八　绝热工程施工技术

一、设备及管道绝热工程概述

绝热是保温与保冷的统称,保温是指为减少设备、管道及其附件与周围环境换热,在其外表面采取增设绝热材料的措施;保冷是指为减少周围环境中的热量传入低温设备及管道内部,防止低温设备及管道外壁表面凝露,在其外表面采取的包覆措施。

绝热材料是指用于减少热传递的一种功能材料,其绝热性能决定于化学成分和(或)物理结构。

绝热工程施工一般包括以下三层。

(1)绝热层:对维护介质温度稳定起主要作用的绝热材料及其制品。

(2)防潮层:为防止水蒸气迁移的结构层。

(3)保护层:为防止绝热层和防潮层受外界损坏所设置的外护结构。

链接

保温结构与保冷结构热流方向相反。因此,保温结构一般设保温层和保护层,保冷机构则应设保冷层、防潮层和保护层。

二、设备及管道绝热工程施工的准备和要求

绝热工程施工前应对绝热材料及其制品的质检资料进行核查。当需要修改设计、材料代用或采用新材料时,必须经原设计单位同意。绝热材料及其制品,必须具有产品质量检验报告和出厂合格证,其规格、性能等技术指标应符合相关技术标准及设计文件的规定。

链接

对于到达施工现场的绝热材料及其制品,必须检查其出厂合格证书或化验、物性试验记录,凡不符合设计性能要求的不予使用。有疑义时必须作抽样复核。

工业设备及管道的绝热工程施工,宜在工业设备及管道压力强度试验、严密性试验及防腐工程完工合格后进行。

在有防腐、衬里的工业设备及管道上焊接绝热层的固定件时,焊接及焊后热处理必须在防腐、衬里和试压之前进行。

用于绝热结构的固定件和支承件的材质和品种必须与设备及管道的材质相匹配。

直接焊于不锈钢设备、管道上的固定件,必须采用不锈钢制作。当固定件采用碳钢制作时,应加焊不锈钢垫板。

三、设备及管道绝热层施工技术要求

(一)一般规定

当采用一种绝热制品,保温层厚度大于或等于100 mm,且保冷层厚度大于或等于80 mm时,应分为两层或多层逐层施工,各层的厚度宜接近。

当采用两种或多种绝热材料复合结构的绝热层时,每种材料的厚度应符合设计文件的规定。当采用软质或半硬质可压缩性的绝热制品时,安装厚度应符合设计文件的规定。

硬质或半硬质绝热制品的拼缝宽度,当作为保温层时,不应大于5 mm;当作为保冷层时,不应大于2 mm。

绝热层施工时,同层应错缝,上下层应压缝,其搭接的长度不宜小于100 mm。

水平管道的纵向接缝位置,不得布置在管道垂直中心线45°范围内。当采用大管径的多块硬质成型绝热制品时,绝热层的纵向接缝位置可不受此限制,但应偏离管道垂直中心线位置。

方形设备、方形管道四角的绝热层采用绝热制品敷设时，其四角角缝应采用封盖式搭缝，不得采用垂直通缝。

绝热层各层表面均应做严缝处理。干拼缝应采用性能相近的矿物棉填塞严密，填缝前，应清除缝内杂物。湿砌灰浆胶泥应采用相同于砌体材质的材料拼砌，灰缝应饱满。

保温设备及管道上的裙座、支座、吊耳、仪表管座、支吊架等附件，应进行保温，当设计无规定时，可不必保温。

保冷设备及管道上的裙座、支座、吊耳、仪表管座、支吊架等附件，必须进行保冷，其保冷层长度不得小于保冷层厚度的 4 倍或敷设至垫块处，保冷层厚度应为邻近保冷层厚度的 1/2，但不得小于 40 mm。设备裙座里外均应进行保冷。

管道端部或有盲板的部位，应敷设绝热层，并应密封。

（二）嵌装层铺法施工

当大平面或平壁设备绝热层采用嵌装层铺法施工时，绝热材料宜采用软质或半硬质制品。

绝热层的敷设宜嵌装穿挂于保温销钉上，外层可敷设一层铁丝网形成一个整体。销钉应用自锁紧板将绝热层和铁丝网紧固，并应将绝热层压下 4 ~ 5 mm。自锁紧板应紧锁于销钉上，销钉露出部分应折弯成 90°埋头。

当绝热层外采用活络铁丝网时，活络铁丝网应张紧并紧贴绝热层，接口处应连接牢固并压平，活络铁丝网下料尺寸应小于实际安装尺寸 15 ~ 20 mm。

当双层或多层绝热层嵌装层铺设时，除应符合规范规定外，尚应对软质及半硬质绝热制品的缝隙处进行挤缝，下料后材料的尺寸应大于施工部位尺寸 10 ~ 20 mm，并应层层挤压敷设。

（三）捆扎法施工

绝热层采用镀锌铁丝、不锈钢丝、金属带、黏胶带捆扎时，应符合下列规定：

（1）应根据绝热层的材料和绝热后设备、管径的大小选用直径 0.8 ~ 2.5 mm 的镀锌铁丝或不锈钢丝，保温应采用宽度不小于 40 mm 的黏胶带进行捆扎，保冷应采用 12 ~ 25 mm 的不锈钢带和宽度不小于 25 mm 的黏胶带或感压丝带进行捆扎。对泡沫玻璃、聚氨酯、酚醛泡沫塑料等脆性材料不宜采用镀锌铁丝、不锈钢丝捆扎，宜采用感压丝带捆扎，分层施工的内层可采用黏胶带捆扎。

（2）捆扎间距，对硬质绝热制品不应大于 400 mm；对半硬质绝热制品不应大于 300 mm；对软质绝热制品宜为 200 mm。

（3）每块绝热制品上的捆扎件不得少于两道；对有振动的部位应加强捆扎。

（4）不得采用螺旋式缠绕捆扎。

软质绝热制品的保温层厚度和密度应均匀，外形应规整，经压实捆扎后必须符合规定。

双层或多层绝热层的绝热制品，应逐层捆扎，并应对各层表面进行找平和严缝处理。

不允许穿孔的硬质绝热制品，钩钉位置应布置在制品的拼缝处；钻孔穿挂的硬质绝热制品，其孔缝应采用矿物棉填塞。

立式设备或垂直管道的绝热层采用硬质、半硬质绝热制品施工时，应从支承件开始，自下而上拼装。保温应采用镀锌铁丝或包装钢带进行环向捆扎，保冷应采用不锈钢丝或不锈钢带进行环向捆扎。

当卧式设备有托架时，绝热层应从托架开始拼装，保温宜采用镀锌铁丝网状捆扎，保冷宜采用不锈钢带环向或纵向捆扎。

典型例题

【单选题】下列绝热层采用捆扎的施工方法，正确的是（　　）。

A. 宜采用螺旋式缠绕捆扎

B. 硬质绝热制品均不允许钻孔穿挂钩钉

C. 多层绝热层的绝热制品，应逐层捆扎

D. 每块绝热制品的捆扎件不得少于三道

C。【解析】绝热层捆扎时，不得用螺旋缠绕法捆扎。故选项 A 错误。硬质绝热制品进行钻孔穿挂时，应采用矿物棉填塞孔缝。故选项 B 错误。每块绝热制品的捆扎件不得少于两道。故选项 D 错误。

（四）拼砌法施工

绝热灰浆在绝热制品的对接或敷设面上应涂抹均匀、饱满，并应符合规范规定。

当用绝热灰浆拼砌硬质保温制品时，拼缝不严及砌块的破损处应用绝热灰浆填补。拼砌时，可采用橡胶带或铁丝临时捆扎。

绝热灰浆的耐热温度不应低于被绝热对象的介质温度，且应具有良好的可塑性和黏结性能，对金属不应产生腐蚀。

（五）缠绕法施工

当用绝热绳缠绕施工时，各层缠绳应拉紧，第二层应与第一层反向缠绕并应压缝。绳的两端应用镀锌铁丝捆扎于管道上。

当采用绝热带缠绕时，绝热带应采用规格制品。当现场加工时，其带宽应小于 150 mm，可制带成卷，敷设时应螺旋缠绕，其搭接尺寸应为带宽的 1/2。

（六）填充法施工

绝热层的填料，应按设计的规定进行预处理。对于不通行地沟中的管道采用粒状绝热材料施工时，宜将粒状绝热材料用沥青拌和或憎水剂浸渍并经烘干，趁微温时填充。

当局部施工部位困难，无成型的绝热制品时，可采用矿物散棉填充。

填料的填充密度应密实、平整、均匀，不得出现空洞。同一设备和管道填充物料的填充密度应均匀。

绝热层的填充结构，应设置固形层，固形层可直接采用金属或部分非金属保护层。填充施工中应采取防止漏料和固形层变形的措施。

在立式设备上进行填充法施工时，应分层填充，层间应均匀、对称，每层高度宜为 400 ~ 600 mm。

（七）粘贴法施工

粘贴操作时应符合下列规定：

(1)连续粘贴的层高，应根据粘结剂固化时间确定。绝热制品可随粘随用卡具或橡胶带临时固定，应待粘结剂干固后拆除。

(2)粘结剂的涂抹厚度，宜为 2.5 ~ 3 mm，并应涂满、挤紧和粘牢。

粘贴在管道上的绝热制品的内径，应略大于管道外径。保冷制品的缺棱掉角部分，应事先修补完整后粘贴。保温制品可在粘贴时填补。

球形容器的保冷层宜采用预制成型的弧型板，粘贴前黏结剂应点状涂抹在预制板上，并应与壁面贴紧。

当球形容器的保冷层采用预制弧型板材料时，应先粘贴一圈赤道带作为定位，然后再向上、向下顺序粘贴。

当采用泡沫玻璃制品进行粘贴施工时，除应符合规范规定外，尚应在制品端、侧、结合面涂黏结剂相互黏合。

大型异型设备和管道的绝热层，采用半硬质、软质绝热制品粘贴时，应符合下列规定：

(1)应采用层铺法施工，各层绝热制品应逐层错缝、压缝粘贴。每层厚度宜为 10～30 mm。

(2)仰面施工的绝热层，保温时应采用固定螺栓、固定销钉和自锁紧板、铁丝网等方法进行加固，保冷时应采用销钉进行加固；当绝热层厚度大于 80 mm 时，可在绝热层厚度层间和外层加设铁丝网固定。

(3)异型和弯曲的表面，不得采用半硬质绝热制品。

(八)浇注法施工

浇注法施工是将配制好的液态原料或湿料倒入设备及管道外壁设置的模具内，使其发泡定型或养护成型的一种绝热施工方法。

聚氨酯、酚醛等泡沫塑料的浇注，应符合下列规定：

(1)正式浇注前应进行试浇，并应观测发泡速度、孔径大小、颜色变化、无裂纹和变形。试浇试块的有关技术指标应符合产品说明书的要求。

(2)浇注料温度、环境温度必须符合产品使用规定。

(3)配料应准确，混合料应均匀。搅拌剂料应顺一个方向转动。每次配料应在规定时间内用完。

(4)浇注时应轻轻敲打金属模具两侧并随时观察发泡情况，浇注时应均匀，并应用聚乙烯薄膜封口。浇注的施工表面，应保持干燥。

(5)大面积浇注应设对称多点浇口，分段分片进行。浇注应均匀，并应迅速封口。

(6)浇注不得有发泡不良、脱落、发酥发脆、发软、开裂、孔径过大等缺陷；当出现以上缺陷时必须查清原因，重新浇注。

预制成型管中管绝热结构及其在现场的安装补口，应符合下列规定：

(1)当工厂连续化预制成型绝热管采用聚氨酯、酚醛等发泡成型工艺时，应确保内管与外护管的同轴度，并应在两者形成的环形空间内整体浇注成型。管中管浇注发泡后的高分子材料绝热层的密度和厚度应均匀一致。

(2)凡外护层采用非金属结构的预制绝热管道的运输、吊装、布管和焊接应采取相应的防护措施。

(3)预留裸管段的绝热层和外护层在补口前，除应符合规范规定外，并宜在此处涂刷一道防腐层。

(4)补口处应采用与预制管段相同的绝热材料和绝热厚度。

(5)在补口处按设计文件的要求安装外护结构的注塑模具，宜采用专用的注塑机从模具留孔定量地往里注入混拌充分的料液，也可采用手工充分搅拌后往里浇注。

(6)施工完毕后，补口处绝热层必须整体严密。

轻质粒料保温混凝土及浇注料的浇注，应符合下列规定：

(1)当采用成品轻质粒料保温浇注料时，可直接将浇注料浇注于需进行绝热的区域，并应拍实。

(2)保温混凝土应按设计规定的比例配制，并应先将不同粒度的骨料进行干拌，再与胶结料拌和均匀。当胶结料为水泥时，水泥与骨料应先一起干拌后，再加水拌和。

(3)当保温混凝土需用水配制时，应采用洁净水，其用水量应按规定的水料比或胶结料稀释后的密度确定。

(4)以水泥胶结的保温混凝土，每次配料量应在规定时间内用完。夏季应为 1 h，冬季应为 1 ~2 h。施工的环境温度宜为 5 ~30 ℃。干固硬结的混凝土，不得使用。

(5)浇注时应按产品说明书的要求注意掌握材料的压缩比，并应一次浇注成形。当间断浇注时，施工缝宜留在伸缩缝的位置上。

试块的制作，应在浇注绝热层的同时进行。

(九)喷涂法施工

绝热层喷涂施工前应将喷涂机械安装、调试合格并进行试喷，经确认无误后，方可开始操作。施工时应在一旁另立一块试板，与工程喷涂层一起喷涂。试块可从试板上切取，当更换配比时，应另做试块。

喷涂施工时，应根据设备、材料性能及环境条件调节喷射压力和喷射距离。喷涂时，应均匀连续喷射，喷涂面上不应出现干料或流淌。喷涂方向应垂直于受喷面，喷枪应不断地进行螺旋式移动。喷涂物料混合后的雾化程度及喷涂层成分的均匀性应符合工艺要求。

喷涂施工应符合下列规定：

(1)可在伸缩缝嵌条上划出标志或用硬质绝热制品拼砌边框等方法控制喷涂层厚度。

(2)喷涂时应由下而上，分层进行。大面积喷涂时，应分段分片进行。接茬处必须结合良好，喷涂层应均匀。

(3)喷涂矿物纤维材料及聚氨酯、酚醛等泡沫塑料时，应分层喷涂，依次完成。第一次喷涂厚度不应大于40 mm。应待第一层固化后再喷第二层，直至达到要求厚度。

(4)喷涂轻质粒料保温混凝土时，施工应连续进行，并应一次达到设计厚度。当保温层较厚需分层喷涂时，应在上层喷涂料凝结前喷涂次层，直至达到设计厚度。

(5)在风力大于三级、酷暑、雾天或雨天环境下，不宜进行室外喷涂施工。

喷涂轻质粒料保温混凝土时，对散落的物料不得回收再用。停喷时，应先停物料，后停喷机。

水泥黏结的粒料喷涂层施工完毕后，应进行湿养护。

(十)涂抹法施工

涂抹法可在被绝热对象处于运行状态下进行施工。

绝热层涂抹时，应分层涂敷。待上层干燥后再涂敷下层，每层的厚度不宜过厚。

绝热涂料分层涂敷施工时，可根据具体情况加设铁丝网。

(十一)可拆卸式绝热层的施工

设备或管道上的观察孔、检测点、维修处的保温，应采用可拆卸式结构。

设备或管道上的法兰、阀门、人孔、手孔和管件等经常拆卸和检修部位的保冷，当介质温度较低或采用硬质、半硬质材料时，宜为内保冷层固定，外保护层宜为可拆卸式的保冷结构。

与人孔等盖式可拆卸式结构相邻位置上的绝热结构，当绝热层厚度影响部件的拆卸时，绝热结构应做成45°的斜坡，并应留出部件拆卸时的螺栓间距。

设备或管道在法兰绝热断开处的绝热结构，应留出螺栓的拆卸距离。设备法兰的两侧均应留出3倍螺母厚度的距离；管道法兰螺母的一侧应留出3倍螺母厚度的距离，另一侧应留出螺栓长度加25 mm的距离。

可拆卸式结构保冷层的厚度应与设备或管道保冷层的厚度相同。

可拆卸式的绝热结构，宜为两部分的金属绝热盒组合形式，其尺寸应与实物相适应，两部分宜采用搭扣进行连接。

管道法兰金属绝热盒宜制作成两个半圆形；管道阀门金属绝热盒宜为两个上方、下半圆形式，并应上至阀杆密封处、下至阀体最低点。当安装保冷金属盒时，金属盒应两端搭接在保冷层上。

保冷的设备或管道，其可拆卸式结构与固定结构之间必须密封。

（十二）金属反射绝热结构的施工

金属反射绝热结构的部件可由内板、外板、反射板、端面支承、外包带和间隔垫组成。端面支承与内、外板的固定，可采用焊接或铆接。

设备及管道表面与金属反射绝热结构内板之间的空气层间隙应按设计文件的要求确定。间隙的留设应采用间隔垫。

应在外板的接缝处加一条比外板稍厚一点的外包带；当使用外板延伸时，其搭接不应小于50 mm，外板应顺水流方向搭接。

当金属反射绝热结构为不需拆除的固定板时，可用铆钉或螺钉把外包带固定连接在外板上；当其为需经常拆卸的可拆卸板时，可在其外包带和外板上安装皮带扣式的固定卡后，再组装固定。

（十三）伸缩缝及膨胀间隙的留设

设备或管道采用硬质绝热制品时，应留设伸缩缝。

两固定管架间水平管道绝热层的伸缩缝，至少应留设一道。

立式设备及垂直管道，应在支承件、法兰下面留设伸缩缝。

弯头两端的直管段上，可各留一道伸缩缝；当两弯头之间的间距较小时，其直管段上的伸缩缝可根据介质温度确定仅留一道或不留设。

当方形设备壳体上有加强筋板时，其绝热层可不留设伸缩缝。

球形容器的伸缩缝，必须按设计规定留设。当设计对伸缩缝的做法无规定时，浇注或喷涂的绝热层可用嵌条留设。

伸缩缝留设的宽度，设备宜为25 mm，管道宜为20 mm。

填充前应将伸缩缝或膨胀间隙内杂质清除干净。

保温层的伸缩缝，应采用矿物纤维毡条、绳等填塞严密，并应捆扎固定。高温设备及管道保温层的伸缩缝外，应再进行保温。

保冷层的伸缩缝，应采用软质绝热制品填塞严密或挤入发泡型黏结剂，外面应用50 mm宽的不干性胶带粘贴密封。保冷层的伸缩缝外应再进行保冷。

多层绝热层伸缩缝的留设，应符合下列规定：

(1)中、低温保温层的各层伸缩缝，可不错开。

(2)保冷层及高温保温层的各层伸缩缝,必须错开,错开距离应大于 100 mm。

膨胀间隙的施工,有下列情况之一时,必须在膨胀移动方向的另一侧留有膨胀间隙:

(1)填料式补偿器和波形补偿器。

(2)当滑动支座高度小于绝热层厚度时。

(3)相邻管道的绝热结构之间。

(4)绝热结构与墙、梁、栏杆、平台、支撑等固定构件和管道所通过的孔洞之间。

四、设备及管道防潮层施工技术要求

(一)一般规定

设备或管道的保冷层和敷设在地沟内管道的保温层,其外表面均应设置防潮层。防潮层应采用粘贴、包缠、涂抹或涂膜等结构。

防潮层常采用涂抹法和捆扎法施工。

设置防潮层的绝热层外表面,应清理干净、保持干燥,并应平整、均匀,不得有突角、凹坑或起砂现象。

防潮层应紧密粘贴在绝热层上,并应封闭良好,不得有虚粘、气泡、褶皱或裂缝等缺陷。

室外施工不宜在雨雪天或阳光暴晒中进行。施工时的环境温度应符合设计文件和产品说明书的规定。

(二)施工技术要求

防潮层的施工技术要求如表 1-34 所示。

表 1-34 防潮层的施工技术要求

名称	施工技术要求
玻璃纤维布复合胶泥涂抹施工	(1)胶泥应涂抹至规定厚度,其表面应均匀平整。 (2)立式设备和垂直管道的环向接缝,应为上搭下。卧式设备和水平管道的纵向接缝位置,应在两侧搭接,并应缝口朝下。 (3)玻璃纤维布应随第一层胶泥层边涂边贴,其环向、纵向缝的搭接宽度不应小于 50 mm,搭接处应粘贴密实,不得出现气泡或空鼓。 (4)粘贴的方式,可采用螺旋形缠绕法或平铺法。公称直径小于 800 mm 的设备或管道,玻璃布粘贴宜采用螺旋形缠绕法,玻璃布的宽度宜为 120~350 mm;公称直径大于或等于 800 mm 的设备或管道,玻璃布粘贴可采用平铺法,玻璃布的宽度宜为 500~1 000 mm。 (5)待第一层胶泥干燥后,应在玻璃纤维布表面再涂抹第二层胶泥
聚氨酯或聚氯乙烯卷材施工	(1)卷材和黏结剂的质量技术指标应符合设计文件的规定。 (2)卷材的环向、纵向接缝搭接宽度不应小于 50 mm,或应符合产品使用说明书的要求。搭接处黏结剂应饱满密实。对卷材产品要求满涂粘贴的,应按产品使用说明书的要求进行施工。 (3)粘贴可根据卷材的幅宽、粘贴件的大小和现场施工的具体状况,采用螺旋形缠绕法或平铺法

提示

历年考试会考查此知识点。

典型例题

【单选题】关于管道防潮层采用玻璃纤维布复合胶泥涂抹施工的做法，正确的是（　　）。

A. 环向和纵向缝应对接粘贴密实　　B. 玻璃纤维布不应用平铺法

C. 第一层胶泥干燥后贴玻璃丝布　　D. 玻璃纤维布表面需涂胶泥

D。【解析】解析参见上文。

五、设备及管道保护层施工技术要求

绝热结构的保护层有金属保护层与非金属保护层两种基本形式。其中，非金属保护层包括毡、箔、布、卷材类包缠型保护层、玻璃钢及复合材料保护层、抹面及涂膜弹性体涂料涂抹型保护层等。

金属保护层材料宜采用薄铝合金板、彩钢板、镀锌薄钢板、不锈钢薄板等。

金属保护层的接缝可选用搭接、咬接、插接及嵌接的形式，保护层安装应紧贴保温层或防潮层。金属保护层纵向接缝可采用搭接或咬接；环向接缝可采用插接或搭接。室内的外保护层结构，宜采用搭接形式。

当固定保冷结构的金属保护层时，严禁损坏防潮层。

立式设备、垂直管道或斜度大于45°的斜立管道上的金属保护层，应分段将其固定在支承件上。

当有下列情况之一时，金属保护层必须按照规定嵌填密封剂或在接缝处包缠密封带：

（1）露天、潮湿环境中的保温设备、管道和室内外的保冷设备、管道与其附件的金属保护层。

（2）保冷管道的直管段与其附件的金属保护层接缝部位，以及管道支吊架穿出金属护壳的部位。

当金属保护层采用支撑环固定时，支撑环的布置间距应和金属保护层的环向搭接位置相一致，钻孔应对准支撑环。

非金属保护层的施工应符合《工业设备及管道防腐蚀工程施工规范》的相关规定。

模块九　炉窑砌筑工程施工技术

一、炉窑砌筑工程概述

工业炉和工业窑统称工业炉窑，工业炉窑是指在工业生产中用燃料燃烧或电能转换产生的热量，将物料或工件进行冶炼、焙烧、烧结、熔化、加热等工序的热工设备。工业炉砌筑是指工业炉窑及其附属设备砌体的施工，主要包括定形、不定形、耐火陶瓷纤维等耐火材料的施工。

（一）常见工业炉窑的分类

常见工业炉窑按煅烧物料品种分类可分为陶瓷窑、水泥窑、玻璃窑、搪瓷窑、石灰窑等；按生产过程分类可分为动态炉窑和静态炉窑；按热源分类可分为火焰窑和电热窑；按操作方法分类可分为连续窑（如隧道窑）、半连续窑和间歇窑等。

（二）常用耐火材料的分类

耐火材料指物理和化学性质适宜于在高温环境下使用的非金属材料，但不排除某些产品可含有一定量的金属材料。

耐火材料按化学特性分类如下：

(1)酸性耐火材料，通常是指以二氧化硅为主要成分的耐火材料。例如硅砖、黏土砖等。

(2)碱性耐火材料，是指在高温下易与酸性耐火材料、酸性渣、酸性溶剂或氧化铝发生化学反应的耐火材料。例如镁砖、镁铝砖等。

(3)中性耐火材料，是指在高温下与酸性耐火材料、碱性耐火材料、酸性或碱性渣或溶剂不发生明显化学反应的耐火材料。例如刚玉、碳砖、铬砖等。

二、炉窑砌筑施工技术要求

（一）材料的验收、保管和运输

不定形耐火材料应具有产品使用说明书。有时效性的材料应注明其有效期限。耐火材料的牌号、砖号、等级在施工前均应按文件资料检查，外观质量应进行检查。必要时应由试验室做理化指标检验。

不定形耐火材料、结合剂和耐火陶瓷纤维及制品应保管在仓库内，不得受潮和混淆。有防冻要求的材料应采取防冻措施。硅砖、刚玉砖、镁质制品、炭素制品、含炭制品、隔热制品和用于重要部位的高铝砖、黏土耐火砖等应存放在仓库内。

受潮易变质的耐火材料应采取防护措施。耐火材料宜采用集装方式运输，不得受湿。运输、装卸耐火制品时应轻拿轻放。

（二）工业炉施工基本规定

1. 一般规定

工业炉砌筑工程应于炉体基础、炉体钢结构和有关设备安装经检查合格并签订工序交接证明书后，才可进行施工。工序交接证明书应包括下列内容：

(1)炉体中心线和控制标高的测量记录及必要的沉降观测点的测量记录。

(2)隐蔽工程的验收合格证明。

(3)炉体冷却装置、管道和炉壳的试压记录或焊接严密性试验验收合格的证明。

(4)钢结构和炉内设备等安装位置的主要尺寸的复测记录。

(5)可动炉子或炉子可动部分的试运转合格的证明。

(6)炉内托砖板和锚固件等的位置、尺寸及焊接质量的检查合格证明。

(7)上道工序成品的保护要求。

砌体应错缝砌筑。湿砌砌体砖缝中的耐火泥浆应饱满，其表面应勾缝并填平压实。

砌耐火砖时应使用木锤或橡胶锤找正，不应使用铁锤，不得直接在砌体上砍凿耐火砖。耐火泥浆干涸后不得敲击砌体。

砌砖中断或返工拆砖应留槎时，应做成阶梯形的斜槎。耐火砖的加工面和有缺陷的表面不宜朝向工作面。

留设膨胀缝的位置应避开受力部位和砌体中的孔洞。砌体内、外层的膨胀缝不应互相贯通，上、下层宜错开。当耐火砌体工作层的膨胀缝与隔热层砌体贯通时，该处的隔热耐火砖应用耐火砖代替。拱顶贯穿膨胀缝应用耐火砖(或块)覆盖。留设的膨胀缝应均匀平直。缝内应保持清洁,并应按规定填充材料。

2. 底和墙施工

炉底应放线砌筑。砌筑炉底前应预先找平基础。必要时可加工第一层耐火砖。砌筑反拱底前,应用样板找准砌筑弧形拱的基面。

炉底与炉墙的砌筑顺序应符合设计规定。经常检修的炉底应砌成活底。砌筑可动炉底时,可动炉底与相关部位之间的间隙应按设计规定的尺寸留设。砌筑斜坡炉底时,其工作层可退台或错台砌筑。下部所形成的空隙部分可用相应材质的不定形耐火材料填实并找平。反拱底应从中心向两侧对称砌筑。

非弧形炉底、通道底的最上层砖的长边方向,应与炉料、熔体、渣或气体的流动方向垂直或成一交角。直墙应立标杆拉线砌筑。当两面均为工作面时,应同时拉线砌筑。炉墙砌体应横平竖直。圆形炉墙宜按中心线砌筑。当炉壳的中心线垂直偏差和半径偏差符合炉内形要求时,可以炉壳为导面进行砌筑。当炉壳的中心线垂直偏差和半径偏差符合炉内形要求时,卧式圆形砌体应以炉壳为导面进行砌筑。

弧形墙应按样板放线砌筑,并应用样板检查墙的几何尺寸。加工后合门砖的宽度不应小于原砖宽度的 1/2。具有拉钩砖或挂砖的炉墙,其砖槽的受拉面应与挂件靠紧,砖槽的其余各面与挂件间应保留间隙。

3. 拱和拱顶施工

拱胎及其支柱所用材料应满足支撑强度要求。拱胎的弧度应符合设计规定,胎面应平整。拱胎应支设正确和牢固,并应经检查合格后,才可砌筑拱和拱顶。

砌筑拱顶前,拱脚梁与骨架立柱应靠紧,并应经检查合格。砌筑可调节骨架的拱顶前,骨架和拉杆应调整固定,并应经检查合格。

拱脚表面应平整,角度应正确。拱脚不得用加厚砖缝的方法找平。

拱脚砖应紧靠拱脚梁砌筑。当拱脚砖后面有砌体时,应在该砌体砌完后,才可砌筑拱和拱顶。拱脚砖后面不得砌筑隔热耐火砖或硅藻土砖。隔热耐火砖拱顶的拱脚砖后面,可砌与拱顶相应材质的耐火砖。

拱和拱顶宜错缝砌筑。错缝砌筑的拱和拱顶应沿纵向缝拉线砌筑,砖面应平直。拱和拱顶上部找平层的加工砖,可用相应材质的耐火浇注料代替。跨度不同的拱和拱顶宜环砌。环砌拱和拱顶的砖环面应平整,且应与纵向中心线垂直。拱和拱顶应从两侧拱脚同时向中心对称砌筑。砌筑时,拱砖的大小头不得倒置。拱和拱顶的放射缝应与半径方向相吻合。拱和拱顶的内表面应平整,错牙不应超过 3 mm。

锁砖应按拱和拱顶的中心线对称均匀分布。跨度 3 m 以下的拱和拱顶每环应打入 1 块锁砖,跨度 3 ~ 6 m 的拱和拱顶每环应打入 3 块锁砖,跨度 6 m 以上的拱和拱顶每环应打入 5 块锁砖。锁砖砌入拱和拱顶内的深度宜为砖长的 2/3 ~ 3/4,同一拱和拱顶内锁砖砌入的深度应一致。两侧对称的锁砖应同时均匀地打入。打入锁砖应使用木锤,使用铁锤时应垫以木块。锁砖不得使用小于原砖厚度 2/3 的砖或加工长侧面使大面成楔形的砖。

砌筑球形拱顶应采用金属卡钩和拱胎相结合的方法。球形拱顶应逐环砌筑,并应及时合门,留槎不宜超过三环。合门砖应均匀分布,并应检查砌体的几何尺寸和放射缝的准确性。

吊挂砖应预砌筑，并应选分和编号，必要时可加工。吊挂平顶的吊挂砖应从中间向两侧砌筑。吊挂平顶的内表面应平整，错牙不应超过 3 mm。当吊挂砖的耳环上缘与吊挂小梁之间有间隙时，应用薄钢片塞紧。砌筑吊挂平顶时，边砖同炉墙接触处应留设膨胀缝。斜坡炉顶应从下面的转折处开始向两端砌筑。吊挂砖的主要受力处不得有横向裂纹。吊挂拱顶应环砌。环缝彼此应平行，并应与炉顶纵向中心线保持垂直。

跨度大于 5 m 的拱胎在拆除前，应设置测量拱顶下沉的标志；拱胎拆除后，应做好下沉记录。拆除拱顶的拱胎，必须在锁砖全部打紧、拱脚处的凹沟砌筑完毕，以及骨架拉杆的螺母最终拧紧之后进行。

典型例题

【单选题】关于耐火砖砌筑施工的说法，正确的是(　　)。

A. 砌砖时应使用铁锤找正　　B. 反拱底应从中心向两侧对称砌筑

C. 砌砖中断时应做成断面平齐的直槎　D. 拱的砌筑应从拱脚一侧依次砌向另一侧

B。【解析】砌耐火砖时应使用木锤或橡胶锤找正，不应使用铁锤。故选项 A 错误。砌砖中断或返工拆砖应留槎时，应做成阶梯形的斜槎。留设阶梯形斜槎后再继续砌砖，能使砌体砖缝内的耐火泥浆饱满，保证砌体的整体性和结构强度。留设阶梯形斜槎也便于检查墙面的平整度。故选项 C 错误。拱和拱顶应从两侧拱脚同时向中心对称砌筑，该技术要求能保证拱胎受力均衡，避免出现偏重现象。故选项 D 错误。

（三）不定形耐火材料施工

不定形耐火材料施工技术要求如表 1-35 所示。

表 1-35　不定形耐火材料施工技术要求

名称	施工技术要求
一般规定	(1)不定形耐火材料受到污染或潮湿变质时，不得使用。 (2)与不定形耐火材料接触的钢结构和设备的表面，应清除浮锈、油污、杂物。 (3)施工中不得任意改变不定形耐火材料的配合比。搅拌好的不定形耐火材料中不得再任意加水或其他添加物。 (4)模板安装应尺寸准确、稳固，模板接缝应严密，施工过程中模板不得产生变形、位移、漏浆，且应采取防粘措施。捣打时，连接件、加固件不得脱开
耐火泥浆	(1)砌筑前，应根据砌体类别通过试砌确定耐火泥浆的加液量，并应检验耐火泥浆的砌筑性能。 (2)耐火泥浆的粘接时间应视耐火制品材质和外形尺寸的大小而定，宜为 1.0 ~ 1.5 min
耐火浇注料	(1)与耐火浇注料接触的隔热砌体的表面应采取防水措施。 (2)耐火浇注料应采用强制式搅拌机搅拌。搅拌时间及加液量应按产品使用说明书执行。变更用料牌号时，应清洗搅拌机具、料斗和称量容器。 (3)搅拌好的耐火浇注料应在 30 min 内浇注完，或根据产品使用说明书在规定的时间内浇注完。已初凝的耐火浇注料不得使用。 (4)耐火浇注料施工应连续进行。在前层耐火浇注料初凝前，应将次层耐火浇注料浇注完毕。间歇超过初凝时间应按施工缝的要求处理。施工缝应留在同一排锚固砖的中心线处。 (5)承重模板应在耐火浇注料达到设计强度的 70% 以上后拆除。热硬性耐火浇注料应烘烤到指定温度之后拆模

（续表）

名称	施工技术要求
耐火捣打料	(1)耐火捣打料捣打施工时应均匀铺料。用风动锤捣打时，应一锤压半锤，连续均匀逐层捣实。再次铺料前应将已捣实的耐火捣打料表面刮毛。风动锤的工作风压不应小于 0.5 MPa。 (2)碳素捣打料可采用冷捣法或热捣法施工。捣打前，应对与碳素捣打料相接触的表面进行干燥处理并清理干净。采用风动锤捣打时，每层铺料厚度不应超过 100 mm
耐火喷涂料	(1)耐火喷涂料施工前，应按耐火喷涂料牌号规定的产品使用说明书试喷，确定合适的工艺参数。 (2)喷涂前应检查金属支承件的位置、尺寸及焊接质量，并应清理干净。 (3)半干法喷涂时，耐火喷涂料进入喷涂机之前，应加水润湿，搅拌均匀。 (4)半干法喷涂时，耐火喷涂料和水或结合剂应均匀混合、连续喷涂。喷涂方向应垂直于受喷面，喷嘴离受喷面的距离宜为 1～1.5 m。喷嘴应不断地螺旋式移动。喷涂面上不得出现干料或流淌。 (5)湿法喷涂时，应按耐火喷涂料的产品使用说明书加入水或结合剂搅拌均匀，不得有干粉或结块。 (6)湿法喷涂时，泵送至枪头处的耐火喷涂料和促凝剂应均匀混合、连续喷涂。喷涂方向应垂直于受喷面，喷嘴离受喷面的距离宜为 300～500 mm。喷嘴应连续均匀地做直线移动。喷涂面上不得出现流淌或塌落。 (7)大面积喷涂应分单元连续进行，且在本单元内应一次达到设计厚度。喷涂内衬厚度超过 300 mm 需分层喷涂时，应在前层耐火喷涂料凝结前喷完次层。 (8)施工中断时，宜将接槎处做成直槎。继续喷涂前应将喷涂层表面刮毛，并应用高压风将表面吹扫干净后加水润湿。 (9)喷涂完毕后应及时开设膨胀缝，可用 1～3 mm 厚的楔形板压入 30～50 mm 而成。 (10)喷涂法施工较厚的内衬时，应先将锚固砖固定。喷涂时应避免因锚固砖的遮挡而形成死角

（四）耐火陶瓷纤维施工

1. 一般规定

耐火陶瓷纤维内衬所采用材料的技术指标与结构形式应符合设计规定。

耐火陶瓷纤维制品、锚固件及粘接剂应按现行标准及技术条件验收。

耐火陶瓷纤维制品不得受湿和挤压。

当切割耐火陶瓷纤维制品时，其切口应整齐。

粘接剂应密封保管，使用时应搅拌均匀。

粘贴施工时，粘贴面应清洁、干燥、平整。粘贴面均应涂刷粘接剂。不易浸润的耐火炉衬可先用稀释后的粘接剂涂刷表面。

耐火陶瓷纤维制品表面涂刷耐火涂料时，涂料应均匀、满布。多层涂刷时，前后层应交错。

在耐火陶瓷纤维内衬上施工不定形耐火材料时，耐火陶瓷纤维制品表面应做防水处理。

2. 层铺式内衬

设于炉顶的锚固钉中心距宜为200～250 mm,设于炉墙的锚固钉中心距宜为250～300 mm。锚固钉与受热面耐火陶瓷纤维毯、毡或板边缘的距离宜为50～75 mm,最大距离不应超过100 mm。

锚固钉应在钢板上垂直焊牢,并应逐根锤击检查。当采用陶瓷杯或转卡垫圈固定耐火陶瓷纤维毯、毡或板时,锚固钉的断面排列方向应一致。

耐火陶瓷纤维毯、毡或板应铺设严密、紧贴炉壳。紧固锚固件时应松紧适度。

耐火陶瓷纤维毯、毡或板的铺设应减少接缝,各层间错缝不应小于100 mm。隔热层耐火陶瓷纤维毯、毡或板可对缝连接。受热面层为耐火陶瓷纤维毯、毡或板时,接缝应搭接,搭接长度宜为100 mm。搭接方向应顺气流方向,不得逆向。

耐火陶瓷纤维毯、毡在对接缝处应留有压缩余量。

提示

当采用耐火陶瓷纤维毡时,压缩量不小于5 mm;当采用耐火陶瓷纤维毯时,压缩量不小于10 mm。

耐火陶瓷纤维毯、毡或板应按炉壳上孔洞及锚固钉的实际位置和尺寸下料,切口应略小于实际尺寸。

3. 叠砌式内衬

每扎耐火陶瓷纤维毯、毡均应预压缩成制品,其压缩程度应相同,压缩率不应小于15%。

支撑板、固定销钉应焊接牢固,并应逐根检查。墙上的支撑板应水平,销钉应垂直。

用销钉固定时,活动销钉应按设计规定的位置垂直插入耐火陶瓷纤维制品中,不得偏斜和遗漏。

用销钉固定后,耐火陶瓷纤维制品应与里层贴紧。耐火陶瓷纤维制品的接缝处均应挤紧。

粘贴法施工前,应在被粘贴的表面,按每扎的大小分格划线。耐火陶瓷纤维制品应粘贴平直、紧密。

粘贴耐火陶瓷纤维制品,粘结剂应涂抹均匀、饱满。耐火陶瓷纤维制品涂好粘结剂之后,应立即贴在预定的位置上,并应用木板压紧。粘贴及压紧时,不得推动已贴好的相邻耐火陶瓷纤维制品。

粘贴法施工时,粘结剂不得沾污炉管和其他金属件。当自下而上进行粘贴施工时,粘结剂不得沾污已贴好的耐火陶瓷纤维制品。

4. 折叠式模块

折叠式模块应与焊在炉壳上的金属锚固件连接,固定在炉壳上。

折叠式模块的体积密度宜为190～220 kg/m^3。

折叠式模块常用的结构应为中心孔吊挂式结构。

折叠式模块本身无预埋锚固件时,应用穿钉固定。穿钉应垂直插入相邻的支撑板孔内。

折叠式模块沿折叠方向应顺次同向排列;非折叠方向或与其他耐火炉衬的连接处,均应铺设相同等级的耐火陶瓷纤维毯,耐火陶瓷纤维毯的压缩率不应小于15%。顺次排列结构用于炉顶时,应用耐热合金U形钉将耐火陶瓷纤维毯与折叠式模块固定,U形钉的间距宜为600 mm。

（五）冬期施工

当室外日平均气温连续5天低于5 ℃时，宜进入冬期施工；当室外日平均气温连续5天高于5 ℃时，宜解除冬期施工。冬期砌筑工业炉应在采暖环境中进行。

用水泥砂浆砌筑炉外烟道的普通黏土砖时，可采用蓄热法。

砌筑工业炉时，工作地点和砌体周围的温度均不应低于5 ℃。工业炉砌筑完毕不能随即烘炉投产时，应采取烘干措施，排尽炉衬内的水分。耐火砖和预制块在砌筑前应预热至0 ℃以上。耐火泥浆、耐火可塑料、耐火喷涂料和水泥结合耐火浇注料等施工时的温度，均不应低于5 ℃。黏土结合耐火浇注料、水玻璃耐火浇注料、磷酸盐耐火浇注料施工时的温度不宜低于10 ℃。

冬期施工时，耐火泥浆、耐火浇注料的搅拌应在暖棚内进行。运距较远时，应采取保温措施。水泥、模板等材料宜事先运入暖棚内存放。

耐火浇注料的搅拌用水应加热，加热温度为：硅酸盐水泥耐火浇注料的水温不应超过60 ℃，铝酸盐水泥耐火浇注料的水温不应超过30 ℃。水泥不得直接加热。

耐火浇注料施工过程中不得另加促凝剂。

水泥耐火浇注料的养护可采用蓄热法或加热法。硅酸盐水泥耐火浇注料的加热温度不应超过80 ℃，铝酸盐水泥耐火浇注料的加热温度不应超过30 ℃。黏土、水玻璃和磷酸盐耐火浇注料的养护应采用干热法。水玻璃耐火浇注料的加热温度不应超过60 ℃。

喷涂施工时，耐火喷涂料和水应在混合前预热，喷涂料管、水管及被喷炉（或管）壳应采取保温措施。

冬期施工时，应做专门的施工记录，并应符合下列规定：

（1）室外空气温度、工作地点和砌体周围的温度，加热材料在暖棚内的温度，不定形耐火材料在搅拌、施工和养护时的温度，应每隔4 h测量一次。

（2）全部测量点应编号，并应绘制测温点布置图。

（3）测量不定形耐火材料温度时，测温表放置在料体内的时间不应少于3 min。

（六）烘炉

工业炉施工验收合格后，应及时组织烘炉。不能及时烘炉时，应采取相应的保护措施。工业炉的烘炉应在其生产流程有关的机械和设备联合试运转合格后进行。采用耐火浇注料等不定形耐火材料砌筑的工业炉内衬应按规定养护后，才可进行烘炉。

工业炉投产前，必须烘炉。烘炉前，必须先烘烟囱和烟道。

专家解读

工业炉投产前必须按照烘炉制度烘炉，其主要目的是排出耐火材料内衬的水分、提高强度，满足生产工艺的要求。根据气体热力学基本原理，并结合工业炉的结构特点，强调先烘烟囱和烟道。否则因烟囱和烟道抽力不够，形成负压，炉内水分无法排出。炉内压力增大，严重时可导致炉体破坏。

工业炉的烘炉制度应根据工业炉的结构和用途、耐火材料的性能和施工季节等情况制订。

工业炉烘炉应按烘炉制度进行。烘炉过程中应测定和绘制实际的烘炉曲线。烘炉后需要降温的工业炉，在烘炉曲线中应注明降温速度。烘炉时应做详细的记录。对发生的不正常现象应采取相应措施,并应注明其原因。

烘炉期间应观察护炉铁件和内衬耐火材料的膨胀以及拱顶的变化,可调节拉杆螺母控制拱顶的上升。对于大跨度拱顶,其上部应安设监测标志,跟踪检查拱顶的变化。

在工业炉烘炉过程中,当主要设施发生故障而影响其正常升温时,应立即保温或停止烘炉。待故障消除后,才可继续烘炉。

工业炉烘炉过程中所出现的缺陷应经处理后,才可投入正常生产。

全耐火陶瓷纤维内衬的工业炉可直接投入生产。当内衬使用热硬性粘接剂或表面涂刷有保护性覆盖层时,投产前应按规定的升温制度升温。

典型例题

【单选题】工业炉窑烘炉前应完成的工作是(　　)。

A. 对炉体预加热　　B. 烘干烟道和烟囱

C. 烘干物料通道　　D. 烘干送风管道

B。【解析】工业炉投产前,必须烘炉。烘炉前,必须先烘烟囱和烟道。

第四节　建筑机电工程施工技术

模块一　建筑管道工程施工技术

一、建筑管道工程概述

建筑管道工程的主要施工内容包括给水系统、排水系统、供热采暖系统以及其他附属管道系统的施工。其中,给水系统、排水系统、供热采暖系统一般可分为室内、室外两个部分。

建筑管道工程施工,一般可按以下程序进行:施工准备→预留、预埋→管道测绘放线→管道元件检验→管道支架制作→管道加工预制→管道安装→系统试验→防腐绝热→系统清洗→试运行→竣工验收。

专家解读

对于不同系统的管道,在防腐绝热之前应做不同的管道系统试验。一般给水管道、供热管道属于承压管道,因此在防腐绝热之前应做水压试验;而排水管道为无压管道,在防腐绝热之前只做灌水试验即可。这些试验在防腐绝热之前进行的主要原因是避免由于试验不合格而导致防腐绝热工序重复进行。

需注意,排水管道防腐绝热后还要进行通水试验(室外排水)或通球试验(室内排水)。

总体来说,管道工程的施工,主要是管道与管道、管道与各类管道元件的连接以及管道与设备的连接。一般根据建筑管道的用途和材料的不同,常用的连接方式有螺纹连接、焊接连接、热熔连接、卡套式连接、卡压式连接、法兰连接、承插连接、沟槽式连接等。

管道安装宜按照先大管、后小管;先上部管、后下部管;先主管、后支管;先金属管、后塑料管的顺序,穿插进行。

链接

卡压连接是建筑管道常用连接方法之一,相比于螺纹连接、焊接连接等传统连接技术,不锈钢卡压式管件连接技术具有保护水质卫生、抗腐蚀性强、使用寿命长等特点,可用于高层建筑给水管道连接。

二、建筑管道工程施工技术要求

(一)基本规定

建筑给水、排水及采暖工程所使用的主要材料、成品、半成品、配件、器具和设备必须具有中文质量合格证明文件,规格、型号及性能检测报告应符合国家技术标准或设计要求。进场时应做检查验收,并经监理工程师核查确认。

所有材料进场时应对品种、规格、外观等进行验收。包装应完好,表面无划痕及外力冲击破损。主要器具和设备必须有完整的安装使用说明书。在运输、保管和施工过程中,应采取有效措施防止损坏或腐蚀。

阀门安装前,应作强度和严密性试验。试验应在每批(同牌号、同型号、同规格)数量中抽查10%,且不少于一个。对于安装在主干管上起切断作用的闭路阀门,应逐个作强度和严密性试验。

阀门的强度和严密性试验,应符合以下规定:阀门的强度试验压力为公称压力的1.5倍;严密性试验压力为公称压力的1.1倍;试验压力在试验持续时间内应保持不变,且壳体填料及阀瓣密封面无渗漏。阀门试压的试验持续时间应不少于表1-36的规定。

表1-36　阀门试验持续时间

公称直径 DN/mm	最短试验持续时间/s		
	严密性试验		强度试验
	金属密封	非金属密封	
≤50	15	15	15
65～200	30	15	60
250～450	60	30	180

建筑给水、排水及采暖工程与相关各专业之间,应进行交接质量检验,并形成记录。

隐蔽工程应在隐蔽前经验收各方检验合格后,才能隐蔽,并形成记录。

地下室或地下构筑物外墙有管道穿过时,应采取防水措施。对有严格防水要求的建筑物,应采用柔性防水套管。

在同一房间内,同类型的采暖设备、卫生器具及管道配件,除有特殊要求外,应安装在同一高度上。

管道支、吊、托架的安装,应符合下列规定:

(1)位置正确,埋设应平整牢固。

(2)固定支架与管道接触应紧密,固定应牢靠。

(3)滑动支架应灵活,滑托与滑槽两侧间应留有 3~5 mm 的间隙,纵向移动量应符合设计要求。

(4)无热伸长管道的吊架、吊杆应垂直安装。

(5)有热伸长管道的吊架、吊杆应向热膨胀的反方向偏移。

(6)固定在建筑结构上的管道支、吊架不得影响结构的安全。

采暖、给水及热水供应系统的塑料管及复合管垂直或水平安装的支架间距应符合规定。采用金属制作的管道支架,应在管道与支架间加衬非金属垫或套管。

采暖、给水及热水供应系统的金属管道立管管卡安装应符合下列规定:

(1)楼层高度小于或等于 5 m,每层必须安装 1 个。

(2)楼层高度大于 5 m,每层不得少于 2 个。

(3)管卡安装高度,距地面应为 1.5~1.8 m,2 个以上管卡应匀称安装,同一房间管卡应安装在同一高度上。

管道及管道支墩(座),严禁铺设在冻土和未经处理的松土上。

管道穿过墙壁和楼板,应设置金属或塑料套管。安装在楼板内的套管,其顶部应高出装饰地面 20 mm;安装在卫生间及厨房内的套管,其顶部应高出装饰地面 50 mm,底部应与楼板底面相平;安装在墙壁内的套管其两端与饰面相平。穿过楼板的套管与管道之间缝隙应用阻燃密实材料和防水油膏填实,端面光滑。穿墙套管与管道之间缝隙宜用阻燃密实材料填实,且端面应光滑。管道的接口不得设在套管内。

弯制钢管,弯曲半径应符合下列规定。

(1)热弯:应不小于管道外径的 3.5 倍。

(2)冷弯:应不小于管道外径的 4 倍。

(3)焊接弯头:应不小于管道外径的 1.5 倍。

(4)冲压弯头:应不小于管道外径。

典型例题

【多选题】关于建筑室内给水管道支吊架安装的说法,正确的有(　　)。

A. 滑动支架的滑托与滑槽应有 3~5 mm 间隙

B. 无热伸长管道的金属管道吊架应垂直安装

C. 有热伸长管道的吊架应向热膨胀方向偏移

D. 6 m 高楼层的金属立管管卡每层不少于 2 个

E. 塑料管道与金属支架之间应加衬非金属垫

ABDE。【解析】管道支、吊、托架安装时,有热伸长管道的吊架、吊杆应向热膨胀的反方向偏移。故选项 C 错误。

(二)室内给水系统安装要求

1. 一般规定

管道工程施工前应具备下列条件:

(1)施工图和设计文件齐全,并已进行技术交底。

(2)施工组织设计或施工方案已批准。

(3)施工人员已进行专业培训。

(4)施工场地的用水、用电、材料贮放场地等临时设施能满足施工要求。

(5)管材、管件、附件、阀门等具有质量合格证书,其规格、型号及性能检测报告符合国家现行标准和设计要求。

室内的给水管道,应选用耐腐蚀和安装连接方便可靠的管材,可采用不锈钢管、铜管、塑料给水管和金属塑料复合管及经防腐处理的钢管。高层建筑给水立管不宜采用塑料管。

给水管道阀门材质应根据耐腐蚀、管径、压力等级、使用温度等因素确定,可采用全铜、全不锈钢、铁壳铜芯和全塑阀门等。阀门的公称压力不得小于管材及管件的公称压力。

2. 给水管道及配件安装

建筑室内生活饮用水管道的布置应符合下列规定:

(1)不应布置在遇水会引起燃烧、爆炸的原料、产品和设备的上面。

(2)管道的布置不得受到污染,不得影响结构安全和建筑物的正常使用。

给水引入管与排水排出管的净距不得小于 1 m。建筑物内埋地敷设的生活给水管与排水管之间的最小净距,平行埋设时不宜小于 0.50 m;交叉埋设时不应小于 0.15 m,且给水管应在排水管的上面。

室内冷、热水管上、下平行敷设时,冷水管应在热水管下方。卫生器具的冷水连接管,应在热水连接管的右侧。

室内给水管道的水压试验必须符合设计要求。当设计未注明时,各种材质的给水管道系统试验压力均为工作压力的 1.5 倍,但不得小于 0.6 MPa。

链接

水压试验检验方法:金属及复合管给水管道系统在试验压力下观测 10 min,压力降不应大于 0.02 MPa,然后降到工作压力进行检查,应不渗不漏;塑料管给水系统应在试验压力下稳压 1 h,压力降不得超过 0.05 MPa,然后在工作压力的 1.15 倍状态下稳压 2 h,压力降不得超过 0.03 MPa,同时检查各连接处不得渗漏。

室内直埋给水管道(塑料管道和复合管道除外)应做防腐处理。埋地管道防腐层材质和结构应符合设计要求。

管道及管件焊接的焊缝表面质量应符合下列要求:

(1)焊缝外形尺寸应符合图纸和工艺文件的规定,焊缝高度不得低于母材表面,焊缝与母材应圆滑过渡。

(2)焊缝及热影响区表面应无裂纹、未熔合、未焊透、夹渣、弧坑和气孔等缺陷。

给水水平管道应有 0.2% ~0.5% 的坡度坡向泄水装置。

室内给水管道上的各种阀门,宜装设在便于检修和操作的位置。如从给水干管上接出的支管起端,入户管、水表前和各分支立管,室内给水管道向住户、公用卫生间等接出的配水管起端等。

水表应安装在便于检修、不受曝晒、污染和冻结的地方。安装螺翼式水表,表前与阀门应有不小于 8 倍水表接口直径的直线管段。表外壳距墙表面净距为 10 ~30 mm;水表进水口中心标高按设计要求,允许偏差为 ±10 mm。

3. 给水设备安装

水泵就位前的基础混凝土强度、坐标、标高、尺寸和螺栓孔位置必须符合设计规定。

水泵试运转的轴承温升必须符合设备说明书的规定。

敞口水箱的满水试验和密闭水箱（罐）的水压试验必须符合设计与规范的规定。应符合：满水试验静置 24 h 观察，不渗不漏；水压试验在试验压力下 10 min 压力不降，不渗不漏。

（三）室内排水系统安装要求

1. 一般规定

生活污水管道应使用塑料管、铸铁管或混凝土管（由成组洗脸盆或饮用喷水器到共用水封之间的排水管和连接卫生器具的排水短管，可使用钢管）。

雨水管道宜使用塑料管、铸铁管、镀锌和非镀锌钢管或混凝土管等。

悬吊式雨水管道应选用钢管、铸铁管或塑料管。易受振动的雨水管道（如锻造车间等）应使用钢管。

2. 排水管道及配件安装

排水塑料管必须按设计要求及位置装设伸缩节。如设计无要求时，伸缩节间距不得大于 4 m。高层建筑中明设排水塑料管道应按设计要求设置阻火圈或防火套管。

排水主立管及水平干管管道均应做通球试验，通球球径不小于排水管道管径的 2/3，通球率必须达到 100%。

金属排水管道上的吊钩或卡箍应固定在承重结构上。固定件间距：横管不大于 2 m；立管不大于 3 m。楼层高度小于或等于 4 m，立管可安装 1 个固定件。立管底部的弯管处应设支墩或采取固定措施。

排水通气管不得与风道或烟道连接，且应符合下列规定：

（1）通气管应高出屋面 300 mm，但必须大于最大积雪厚度。

（2）在通气管出口 4 m 以内有门、窗时，通气管应高出门、窗顶 600 mm 或引向无门、窗一侧。

（3）在经常有人停留的平屋顶上，通气管应高出屋面 2 m，并应根据防雷要求设置防雷装置。

（4）屋顶有隔热层应从隔热层板面算起。

安装未经消毒处理的医院含菌污水管道，不得与其他排水管道直接连接。

饮食业工艺设备引出的排水管及饮用水水箱的溢流管，不得与污水管道直接连接，并应留出不小于 100 mm 的隔断空间。

生活排水管道应做灌水试验，隐蔽或埋地的排水管道必须在隐蔽前做灌水试验。

链接

灌水试验检验方法：满水 15 min 水面下降后，再灌满观察 5 min，液面不降，管道及接口无渗漏为合格。

3. 雨水管道及配件安装

雨水管道如采用塑料管，其伸缩节安装应符合设计要求。雨水管道不得与生活污水管道相连接。

雨水斗管的连接应固定在屋面承重结构上。雨水斗边缘与屋面相连处应严密不漏。连接管管径当设计无要求时，不得小于 100 mm。

屋面雨水系统雨水斗应进行密封性试验和雨水管道应进行灌水和通水试验。安装在室内的雨水管道灌水试验时的灌水高度必须到每根立管上部的雨水斗，并保持 1 h 不渗不漏。

（四）室内热水供应系统安装要求

1. 一般规定

室内热水供应管道的工作压力不大于 1.0 MPa，供应热水温度不超过 75 ℃。

热水管道可采用薄壁不锈钢管、薄壁铜管、塑料热水管、复合热水管等。

2. 管道及配件安装

热水管道系统应采取补偿管道热胀冷缩的措施。

热水供应管道应尽量利用自然弯补偿热伸缩，直线段过长则应设置补偿器。补偿器型式、规格、位置应符合设计要求，并按有关规定进行预拉伸。

配水干管和立管最高点应设置排气装置。系统最低点应设置泄水装置。

下行上给式系统回水立管可在最高配水点以下与配水立管连接。上行下给式系统可将循环管道与各立管连接。

热水供应系统安装完毕，管道保温之前应进行水压试验。试验压力应符合设计要求。当设计未注明时，热水供应系统水压试验压力应为系统顶点的工作压力加 0.1 MPa，同时在系统顶点的试验压力不小于 0.3 MPa。

链接

水压试验检验方法：钢管或复合管道系统试验压力下 10 min 内压力降不大于 0.02 MPa，然后降至工作压力检查，压力应不降，且不渗不漏；塑料管道系统在试验压力下稳压 1 h，压力降不得超过 0.05 MPa，然后在工作压力 1.15 倍状态下稳压 2 h，压力降不得超过 0.03 MPa，连接处不得渗漏。

（五）卫生器具安装要求

卫生器具交工前应做满水和通水试验。

与排水横管连接的各卫生器具的受水口和立管均应采取妥善可靠的固定措施；管道与楼板的接合部位应采取牢固可靠的防渗、防漏措施。

连接卫生器具的排水管道接口应紧密不漏，其固定支架、管卡等支撑位置应正确、牢固，与管道的接触应平整。

（六）室内采暖系统安装要求

1. 一般规定

室内采暖系统安装的适用情形是饱和蒸汽压力不大于 0.7 MPa，热水温度不超过 130 ℃。

焊接钢管的连接，管径小于或等于 32 mm，应采用螺纹连接；管径大于 32 mm，采用焊接。

2. 管道及配件安装

管道安装坡度，当设计未注明时，应符合下列规定：

（1）气、水同向流动的热水采暖管道和汽、水同向流动的蒸汽管道及凝结水管道，坡度应为 0.3%，不得小于 0.2%。

（2）气、水逆向流动的热水采暖管道和汽、水逆向流动的蒸汽管道，坡度不应小于 0.5%。

(3)散热器支管的坡度应为1%,坡向应利于排气和泄水。

上供下回式系统的热水干管变径应顶平偏心连接,蒸汽干管变径应底平偏心连接。

在管道干管上焊接垂直或水平分支管道时,干管开孔所产生的钢渣及管壁等废弃物不得残留管内,且分支管道在焊接时不得插入干管内。

补偿器的型号、安装位置及预拉伸和固定支架的构造及安装位置应符合设计要求。

方形补偿器制作时,应用整根无缝钢管煨制,如需要接口,其接口应设在垂直臂的中间位置,且接口必须焊接。

方形补偿器应水平安装,并与管道的坡度一致;如其臂长方向垂直安装必须设排气及泄水装置。

散热器支管长度超过1.5 m时,应在支管上安装管卡。

3. 辅助设备及散热器安装

散热器组对后,以及整组出厂的散热器在安装之前应作水压试验。试验压力如设计无要求时应为工作压力的1.5倍,但不小于0.6 MPa。

散热器背面与装饰后的墙内表面安装距离,应符合设计或产品说明书要求。如设计未注明,应为30 mm。

4. 金属辐射板安装

辐射板在安装前应作水压试验,如设计无要求时试验压力应为工作压力1.5倍,但不得小于0.6 MPa。

链接

金属辐射板与散热器水压试验要求一致,都应在试验压力下2~3 min压力不降且不渗不漏。

水平安装的辐射板应有不小于0.5%的坡度坡向回水管。辐射板管道及带状辐射板之间的连接,应使用法兰连接。

5. 低温热水地板辐射采暖系统安装

地面下敷设的盘管埋地部分不应有接头。

盘管隐蔽前必须进行水压试验,试验压力为工作压力的1.5倍,但不小于0.6 MPa。应在试验压力下稳压1 h内压力降不大于0.05 MPa且不渗不漏。

加热盘管弯曲部分不得出现硬折弯现象,曲率半径应符合规范规定。

6. 系统水压试验及调试

采暖系统安装完毕,管道保温之前应进行水压试验。试验压力应符合设计要求。当设计未注明时,应符合下列规定。

(1)蒸汽、热水采暖系统,应以系统顶点工作压力加0.1 MPa作水压试验,同时在系统顶点的试验压力不小于0.3 MPa。

(2)高温热水采暖系统,试验压力应为系统顶点工作压力加0.4 MPa。

(3)使用塑料管及复合管的热水采暖系统,应以系统顶点工作压力加0.2 MPa作水压试验,同时在系统顶点的试验压力不小于0.4 MPa。

(4)检验方法:使用钢管及复合管的采暖系统应在试验压力下10 min内压力降不大于

0.02 MPa，降至工作压力后检查，不渗、不漏；使用塑料管的采暖系统应在试验压力下1 h内压力降不大于0.05 MPa，然后降压至工作压力的1.15倍，稳压2 h，压力降不大于0.03 MPa，同时各连接处不渗、不漏。

系统试压合格后，应对系统进行冲洗并清扫过滤器及除污器。应现场观察，直至排出水不含泥沙、铁屑等杂质，且水色不浑浊为合格。

系统冲洗完毕应充水、加热，进行试运行和调试。

（七）室外给水管网安装要求

1. 一般规定

输送生活给水的管道应采用塑料管、复合管、镀锌钢管或给水铸铁管。塑料管、复合管或给水铸铁管的管材、配件，应是同一厂家的配套产品。

架空或在地沟内敷设的室外给水管道其安装要求按室内给水管道的安装要求执行。塑料管道不得露天架空铺设，必须露天架空铺设时应有保温和防晒等措施。

2. 给水管道安装

给水管道在埋地敷设时，应在当地的冰冻线以下，如必须在冰冻线以上铺设时，应做可靠的保温防潮措施。在无冰冻地区，埋地敷设时，管顶的覆土埋深不得小于500 mm，穿越道路部位的埋深不得小于700 mm。

给水系统各种井室内的管道安装，如设计无要求，井壁距法兰或承口的距离：管径小于或等于450 mm时，不得小于250 mm；管径大于450 mm时，不得小于350 mm。

给水管道与污水管道在不同标高平行敷设，其垂直间距在500 mm以内时，给水管管径小于或等于200 mm的，管壁水平间距不得小于1.5 m；管径大于200 mm的，不得小于3 m。

捻口用水泥强度应不低于32.5MPa，接口水泥应密实饱满，其接口水泥面凹入承口边缘的深度不得大于2 mm。

管网必须进行水压试验，试验压力为工作压力的1.5倍，但不得小于0.6 MPa。

链接

水压试验检验方法：管材为钢管、铸铁管时，试验压力下10 min内压力降不应大于0.05 MPa，然后降至工作压力进行检查，压力应保持不变，不渗不漏；管材为塑料管时，试验压力下，稳压1 h压力降不大于0.05 MPa，然后降至工作压力进行检查，压力应保持不变，不渗不漏。

生活给水系统的管道和设备在交付使用前必须冲洗和消毒，生活饮用水系统的水质应进行见证取样检验，水质应符合规定。

（八）室外排水管网安装要求

1. 一般规定

室外排水管道应采用混凝土管、钢筋混凝土管、排水铸铁管或塑料管。其规格及质量必须符合现行国家标准及设计要求。

排水管沟及井池的土方工程、沟底的处理、管道穿井壁处的处理、管沟及井池周围的回填要求等，均参照给水管沟及井室的规定执行。

2. 排水管道安装

管道埋设前必须做灌水试验和通水试验，排水应畅通，无堵塞，管接口无渗漏。

排水铸铁管采用水泥捻口时，油麻填塞应密实，接口水泥应密实饱满，其接口面凹入承口边缘且深度不得大于2 mm。

排水铸铁管外壁在安装前应除锈，涂二遍石油沥青漆。

承插接口的排水管道安装时，管道和管件的承口应与水流方向相反。

3. 排水管沟及井池

沟基的处理和井池的底板强度必须符合设计要求。

排水检查井、化粪池的底板及进、出水管的标高，必须符合设计，其允许偏差为±15 mm。

（九）室外供热管网安装要求

1. 一般规定

供热管网的管材应按设计要求。当设计未注明时，应符合下列规定：

(1)管径小于或等于40 mm时，应使用焊接钢管。

(2)管径为50～200 mm时，应使用焊接钢管或无缝钢管。

(3)管径大于200 mm时，应使用螺旋焊接钢管。

室外供热管道连接均应采用焊接连接。

2. 管道及配件安装

室外供热管道水平敷设其坡度应符合设计要求。供热管道的供水管或蒸汽管，如设计无规定时，应敷设在载热介质前进方向的右侧或上方。

地沟内的管道安装位置，其净距（保温层外表面）应符合下列规定。

(1)与沟壁：100～150 mm。

(2)与沟底：100～200 mm。

(3)与沟顶（不通行地沟）：50～100 mm。

(4)与沟顶（半通行和通行地沟）：200～300 mm。

架空敷设的供热管道安装高度，如设计无规定时，应符合下列规定（以保温层外表面计算）：

(1)人行地区，不小于2.5 m。

(2)通行车辆地区，不小于4.5 m。

(3)跨越铁路，距轨顶不小于6 m。

防锈漆的厚度应均匀，不得有脱皮、起泡、流淌和漏涂等缺陷。

3. 系统水压试验及调试

供热管道的水压试验压力应为工作压力的1.5倍，但不得小于0.6 MPa。

管道试压合格后，应进行冲洗。

管道冲洗完毕应通水、加热，进行试运行和调试。当不具备加热条件时，应延期进行。

供热管道作水压试验时，试验管道上的阀门应开启，试验管道与非试验管道应隔断。

（十）建筑中水系统安装要求

中水高位水箱应与生活高位水箱分设在不同的房间内，如条件不允许只能设在同一房间时，与生活高位水箱的净距离应大于2 m。

中水给水管道不得装设取水水嘴。便器冲洗宜采用密闭型设备和器具。绿化、浇洒、汽车冲洗宜采用壁式或地下式的给水栓。

中水供水管道严禁与生活饮用水给水管道连接，并应采取下列措施：

(1)中水管道外壁应涂浅绿色标志。

(2)中水池(箱)、阀门、水表及给水栓均应有“中水”标志。

中水管道不宜暗装于墙体和楼板内。如必须暗装于墙槽内时，必须在管道上有明显且不会脱落的标志。

中水给水管道管材及配件应采用耐腐蚀的给水管管材及附件。

中水管道与生活饮用水管道、排水管道平行埋设时，其水平净距离不得小于0.5 m；交叉埋设时，中水管道应位于生活饮用水管道下面，排水管道的上面，其净距离不应小于0.15 m。

链接

高层建筑给水、排水工程与一般多层建筑和低层建筑给水、排水工程相比，基本安装要求是相同的，但因其自身特点而又有一些特殊要求，如表1-37所示。

表1-37　高层建筑的特点及管道安装要求

建筑特点	管道安装要求
建筑层数多，用水人数多且瞬时给排水量大，管道易堵塞	按要求设置通气立管或乙字弯，保证合理消能，排气通畅
建筑高度高，静水压力大，管道及配件易损坏	给水、热水系统应进行合理的竖向分区并加设减压设备
建筑功能复杂，失火可能性大，火灾危险性也大，扑救困难	管道保温及管道井、穿墙套管的封堵应采用阻燃材料，必须设置安全可靠的室内消防给水系统和室外补水系统
建筑结构复杂，管线及设备种类多，管线长，存在较多的噪声源和振动源，抗震要求高	综合考虑各种管线及设备，合理安排施工顺序，处理好各种管线的综合交叉，采取对设备加设橡胶垫隔离减振、管路中加设柔性连接等措施降振、降噪，布设抗震支吊架
建筑沉降易使管道受剪断裂或出现倒坡现象，管道穿墙处易渗水	在建筑结构封顶并经初沉后再安排穿外墙出户管道的施工，管道穿墙处应采取可靠的防水措施
管道直径大，施工过程中管道内易残留杂物	在管道投入运行前采用大管道闭式循环冲洗技术进行冲洗

此外，高层建筑雨水的排泄方式已不限于重力流和压力流，已有部分工程采用虹吸流，应根据排水方式选择合适的管道材质。例如，重力流排水管道可选用镀锌焊接钢管、镀锌无缝钢管、球墨铸铁管等。

模块二　建筑电气工程施工技术

一、建筑电气工程概述

根据《建筑工程施工质量验收统一标准》，建筑电气工程可划分为室外电气工程、变配电室工程、供电干线工程、电气动力工程、电气照明工程、备用和不间断电源工程、防雷和接地工程等子分部工程。

其分项工程主要涉及变压器、箱式变电所安装，成套配电柜、控制柜(屏、台)和动力、照明配电箱(盘)及控制柜安装，母线槽安装，梯架、托盘和槽盒安装，导管敷设，电缆敷设，导管内穿线和槽盒内敷线，电缆头制作、导线连接和线路绝缘测试，普通灯具安装，专用灯具安装，开关、插座安装，建筑照明通电试运行，接地装置安装，防雷引下线及接闪器安装，建筑物等电位联结等。

二、建筑电气工程施工技术要求

（一）基本规定

高压的电气装置、布线系统以及继电保护系统应做交接试验，且应合格。

高压电动机和 100 kW 以上低压电动机应做交接试验且应合格。

电气设备或电气线路的外露可导电部分应与保护导体直接连接，不应串联连接。

金属镀锌制品的进场验收应符合下列规定。

(1)查验产品质量证明书：应按设计要求查验其符合性。

(2)外观检查：镀锌层应覆盖完整、表面无锈斑，金具配件应齐全，无砂眼。

(3)埋入土壤中的热浸镀锌钢材应检测其镀锌层厚度不应小于 63 μm。

(4)对镀锌质量有异议时，应按批抽样送有资质的试验室检测。

（二）配电箱（柜）安装

配电柜安装应符合以下流程：设备的开箱检查→配电柜搬运→基础型钢安装→配电柜安装与固定→接线→试验调整→送电试运行→工程验收。

对于低压成套配电柜、箱及控制柜(台、箱)间线路的线间和线对地间绝缘电阻值，馈电线路不应小于 0.5 MΩ，二次回路不应小于 1 MΩ；二次回路的耐压试验电压应为 1 000 V，当回路绝缘电阻值大于 10 MΩ 时，应采用 2 500 V 兆欧表代替，试验持续时间应为 1 min 或符合产品技术文件要求。

柜、箱、盘内电涌保护器(SPD)安装应符合下列规定：

(1)SPD 的型号、规格及安装布置应符合设计要求。

(2)SPD 的接线形式应符合设计要求，接地导线的位置不宜靠近出线位置。

(3)SPD 的连接导线应平直、足够短，且不宜大于 0.5 m。

柜、台、箱、盘应安装牢固，且不应设置在水管的正下方。柜、台、箱、盘安装垂直度允许偏差不应大于 0.15%，相互间接缝不应大于 2 mm，成列盘面偏差不应大于 5 mm。

照明配电箱(盘)安装应符合下列规定：

(1)箱(盘)内配线应整齐、无绞接现象；导线连接应紧密、不伤线芯、不断股；垫圈下螺丝两侧压的导线截面积应相同，同一电器器件端子上的导线连接不应多于 2 根，防松垫圈等零件应齐全。

(2)箱(盘)内开关动作应灵活可靠。

(3)箱(盘)内宜分别设置中性导体(N)和保护接地导体(PE)汇流排，汇流排上同一端子不应连接不同回路的 N 或 PE。检查数量：按照明配电箱(盘)数量抽查 10%，且不得少于 1 台。

(4)箱体开孔应与导管管径适配，暗装配电箱箱盖应紧贴墙面，箱(盘)涂层应完整。箱(盘)内回路编号应齐全，标识应正确。

(5)箱(盘)应采用不燃材料制作。

(6)箱(盘)应安装牢固、位置正确、部件齐全，安装高度应符合设计要求，垂直度允许偏差不应大于 0.15%。

（三）用电设备安装

建筑用电设备安装主要包括电动机安装、照明灯具安装以及开关、插座安装等。电动机安装本章第三节已讲解，此处重点讲解照明灯具进场验收、安装以及开关、插座安装。

1. 进场验收

照明灯具及附件的进场验收应符合的规定如表 1-38 所示。

表 1-38　照明灯具及附件的进场验收应符合的规定

检查内容	规定
查验合格证	(1)合格证内容应填写齐全、完整，灯具材质应符合设计要求和产品标准要求。 (2)新型气体放电灯应随带技术文件。 (3)太阳能灯具的内部短路保护、过载保护、反向放电保护、极性反接保护等功能性试验资料应齐全，并应符合设计要求
外观检查	(1)灯具涂层应完整、无损伤，附件应齐全，I 类灯具的外露可导电部分应具有专用的 PE 端子。 (2)固定灯具带电部件及提供防触电保护的部位应为绝缘材料，且应耐燃烧和防引燃。 (3)消防应急灯具应获得消防产品型式试验合格评定，且具有认证标志。 (4)疏散指示标志灯具的保护罩应完整、无裂纹。 (5)游泳池和类似场所灯具（水下灯及防水灯具）的防护等级应符合设计要求，当对其密闭和绝缘性能有异议时，应按批抽样送有资质的试验室检测。 (6)内部接线应为铜芯绝缘导线，其截面积应与灯具功率相匹配，且不应小于 0.5 mm^2
自带蓄电池的供电时间检测	对于自带蓄电池的应急灯具，应现场检测蓄电池最少持续供电时间，且应符合设计要求
绝缘性能检测	对灯具的绝缘性能进行现场抽样检测，灯具的绝缘电阻值不应小于 2 MΩ，灯具内绝缘导线的绝缘层厚度不应小于 0.6 mm

2. 照明灯具安装

照明灯具安装应符合下列规定：

(1)灯具安装前，应确认安装灯具的预埋螺栓及吊杆、吊顶上安装嵌入式灯具用的专用支架等已完成，对需做承载试验的预埋件或吊杆经试验应合格。

(2)影响灯具安装的模板、脚手架应已拆除，顶棚和墙面喷浆、油漆或壁纸等及地面清理工作应已完成。

(3)灯具接线前，导线的绝缘电阻测试应合格。

(4)高空安装的灯具，应先在地面进行通断电试验合格。

灯具的安装应符合下列规定：

(1)灯具固定应牢固可靠，在砌体和混凝土结构上严禁使用木楔、尼龙塞和塑料塞固定。

(2)质量大于 10 kg 的灯具，固定装置和悬吊装置应按灯具重量的 5 倍恒定均布载荷做强度试验，且不得大于固定点的设计最大荷载，持续时间不得少于 15 min。

(3) I 类灯具的外露可导电部分必须与保护接地导体可靠连接，连接处应设置接地标识。

(4)接线盒引至嵌入式灯具或槽灯的电线应采用金属柔性导管保护，不得裸露；柔性导管与灯具壳体应采用专用接头连接。

(5)从接线盒引至灯具的电线截面面积应与灯具要求相匹配且不应小于1 mm^2。

(6)埋地灯具、水下灯具及室外灯具的接线盒,其防护等级应与灯具的防护等级相同,且盒内导线接头应做防水绝缘处理。

(7)在人行道等人员来往密集场所安装的落地式景观照明灯,当采用表面温度大于60 ℃的灯具且无围栏防护时,灯具距地面高度应大于2.5 m。灯具的金属构架及金属保护管应分别与保护导体采用焊接或螺栓连接,连接处应设置接地标识。

(8)灯具表面及其附件的高温部位靠近可燃物时,应采取隔热、散热防火保护措施。

专家解读

按防触电保护形式,灯具可分为Ⅰ类、Ⅱ类和Ⅲ类:

(1)Ⅰ类灯具的防触电保护不仅依靠基本绝缘,而且还包括基本的附加措施,即把外露可导电部分连接到固定的保护导体上,使外露可导电部分在基本绝缘失效时,防触电保护器将在规定时间内切断电源,不致发生安全事故。因此这类灯具必须与保护导体可靠连接,以防触电事故的发生,导线间的连接应采用导线连接器或缠绕搪锡连接。

(2)Ⅱ类灯具的防触电保护不仅依靠基本绝缘,而且具有附加安全措施,如双重绝缘或加强绝缘,但没有保护接地措施或依赖安装条件。

(3)Ⅲ类灯具的防触电保护是依靠电源电压为安全特低电压,其事故电压不会产生高于安全特低电压或正常条件下不接地的灯具。

典型例题

【多选题】下列灯具中,需要与保护导体连接的有(　　)。

A. 离地5 m的Ⅰ类灯具　　B. 采用36 V供电的灯具

C. 地下一层的Ⅱ类灯具　　D. 等电位联结的灯具

E. 采取电气隔离的灯具

AD。【解析】Ⅰ类灯具的外露可导电部分必须与保护接地导体可靠连接。需做等电位联结的外露可导电部分或外界可导电部分的连接应可靠。

悬吊式灯具安装应符合下列规定:

(1)带升降器的软线吊灯在吊线展开后,灯具下沿应高于工作台面0.3 m。

(2)质量大于0.5 kg的软线吊灯,灯具的电源线不应受力。

(3)质量大于3 kg的悬吊灯具,固定在螺栓或预埋吊钩上,螺栓或预埋吊钩的直径不应小于灯具挂销直径,且不应小于6 mm。

(4)当采用钢管作灯具吊杆时,其内径不应小于10 mm,壁厚不应小于1.5 mm。

(5)灯具与固定装置及灯具连接件之间采用螺纹连接的,螺纹啮合扣数不应少于5扣。

吸顶或墙面上安装的灯具,其固定用的螺栓或螺钉不应少于2个,灯具应紧贴饰面。

由接线盒引至嵌入式灯具或槽灯的绝缘导线应符合下列规定:

(1)绝缘导线应采用柔性导管保护,不得裸露,且不应在灯槽内明敷。

(2)柔性导管与灯具壳体应采用专用接头连接。

灯具的外形、灯头及其接线应符合下列规定：

(1)灯具及其配件应齐全，不应有机械损伤、变形、涂层剥落和灯罩破裂等缺陷。

(2)软线吊灯的软线两端应做保护扣，两端线芯应搪锡；当装升降器时，应采用安全灯头。

(3)除敞开式灯具外，其他各类容量在100 W及以上的灯具，引入线应采用瓷管、矿棉等不燃材料作隔热保护。

(4)连接灯具的软线应盘扣、搪锡压线，当采用螺口灯头时，相线应接于螺口灯头中间的端子上。

(5)灯座的绝缘外壳不应破损和漏电；带有开关的灯座，开关手柄应无裸露的金属部分。

灯具安装完成后，应进行照明系统的测试和通电试运行。照明系统的测试和通电试运行应符合下列规定：

(1)导线绝缘电阻测试应在导线接续前完成。

(2)照明箱(盘)、灯具、开关、插座的绝缘电阻测试应在器具就位前或接线前完成。

(3)通电试验前，电气器具及线路绝缘电阻应测试合格，当照明回路装有剩余电流动作保护器时，剩余电流动作保护器应检测合格。

(4)备用照明电源或应急照明电源做空载自动投切试验前，应卸除负荷，有载自动投切试验应在空载自动投切试验合格后进行。

(5)照明全负荷试验前，应确认上述工作应已完成。

公共建筑照明系统通电连续试运行时间应为24 h，住宅照明系统通电连续试运行时间应为8 h。所有照明灯具均应同时开启，且应每2 h按回路记录运行参数，连续试运行时间内应无故障。

3. 开关、插座安装

当交流、直流或不同电压等级的插座安装在同一场所时，应有明显的区别，插座不得互换；配套的插头应按交流、直流或不同电压等级区别使用。

温控器安装高度应符合设计要求；同一室内并列安装的温控器高度宜一致，且控制有序不错位。

不间断电源插座及应急电源插座应设置标识。

电源插座及开关安装应符合下列规定：

(1)电源插座接线应正确。

(2)同一场所的三相电源插座，其接线的相序应一致。

(3)保护接地导体(PE)在电源插座之间不应串联连接。

(4)相线与中性导体(N)不得利用电源插座本体的接线端子转接供电。

(5)暗装的电源插座面板或开关面板应紧贴墙面或装饰面，导线不得裸露在装饰层内。

照明开关安装应符合下列规定：

(1)同一建(构)筑物的开关宜采用同一系列的产品，单控开关的通断位置应一致，且应操作灵活、接触可靠。

(2)相线应经开关控制。

(3)紫外线杀菌灯的开关应有明显标识，并应与普通照明开关的位置分开。

（四）布线系统安装

1. 进场验收

母线槽的进场验收应符合下列规定。

(1)查验合格证和随带安装技术文件,并应符合下列规定:

①CCC 型式试验报告中的技术参数应符合设计要求,导体规格及相应温升值应与 CCC 型式试验报告中的导体规格一致,当对导体的载流能力有异议时,应送有资质的试验室做极限温升试验,额定电流的温升应符合国家现行有关产品标准的规定。

②耐火母线槽除应通过 CCC 认证外,还应提供由国家认可的检测机构出具的型式检验报告,其耐火时间应符合设计要求。

③保护接地导体(PE)应与外壳有可靠的连接,其截面积应符合产品技术文件规定;当外壳兼作保护接地导体(PE)时,CCC 型式试验报告和产品结构应符合国家现行有关产品标准的规定。

(2)外观检查:防潮密封应良好,各段编号应标志清晰,附件应齐全、无缺损,外壳应无明显变形,母线螺栓搭接面应平整、镀层覆盖应完整、无起皮和麻面;插接母线槽上的静触头应无缺损、表面光滑、镀层完整;对有防护等级要求的母线槽尚应检查产品及附件的防护等级与设计的符合性,其标识应完整。

梯架、托盘和槽盒的进场验收应符合下列规定。

(1)查验合格证及出厂检验报告:内容填写应齐全、完整。

(2)外观检查:配件应齐全,表面应光滑、不变形;钢制梯架、托盘和槽盒涂层应完整、无锈蚀;塑料槽盒应无破损、色泽均匀,对阻燃性能有异议时,应按批抽样送有资质的试验室检测;铝合金梯架、托盘和槽盒涂层应完整,不应有扭曲变形、压扁或表面划伤等现象。

2. 母线槽安装

母线槽的金属外壳等外露可导电部分应与保护导体可靠连接,并应符合下列规定:

(1)每段母线槽的金属外壳间应连接可靠,母线槽全长应有不少于 2 处与保护导体可靠连接。

(2)母线槽的金属外壳末端应与保护导体可靠连接。

(3)连接导体的材质、截面面积应符合设计要求。

母线槽安装应符合下列规定:

(1)母线槽不宜安装在水管正下方。

(2)母线应与外壳同心,允许偏差应为 ±5 mm。

(3)当母线槽段与段连接时,两相邻段母线及外壳宜对准,相序应正确,连接后不应使母线及外壳受额外应力。

(4)母线的连接方法应符合产品技术文件要求。

(5)母线槽连接用部件的防护等级应与母线槽本体的防护等级一致。

(6)水平或垂直敷设的母线槽固定点应每段设置一个,且每层不得少于一个支架,其间距应符合产品技术文件的要求,距拐弯 0.4 ~0.6 m 处应设置支架,固定点位置不应设置在母线槽的连接处或分接单元处。

(7)母线槽段与段的连接口不应设置在穿越楼板或墙体处,垂直穿越楼板处应设置与建(构)筑物固定的专用部件支座,其孔洞四周应设置高度为 50 mm 及以上的防水台,并应采取防火封堵措施。

(8)母线槽跨越建筑物变形缝处时,应设置补偿装置;母线槽直线敷设长度超过 80 m,每 50～60 m 宜设置伸缩节。

(9)母线槽直线段安装应平直,水平度与垂直度偏差不宜大于 0.15%,全长最大偏差不宜大于 20 mm;照明用母线槽水平偏差全长不应大于 5 mm,垂直偏差不应大于 10 mm。

(10)外壳与底座间、外壳各连接部位及母线的连接螺栓应按产品技术文件要求选择正确、连接紧固。

(11)母线槽上无插接部件的接插口及母线端部应采用专用的封板封堵完好。

(12)绝缘测试应在母线槽安装前后分别进行。

母线槽通电运行前应进行检验或试验,并应符合下列规定:

(1)高压母线交流工频耐压试验应按规范规定交接试验合格。

(2)低压母线绝缘电阻值不应小于 0.5 MΩ;母线槽连接处的接触电阻应小于 0.1 Ω。

(3)检查分接单元插入时,接地触头应先于相线触头接触,且触头连接紧密,退出时,接地触头应后于相线触头脱开。

(4)检查母线槽与配电柜、电气设备的接线相序应一致。

母线槽支架安装应符合下列规定:

(1)除设计要求外,承力建筑钢结构构件上不得熔焊连接母线槽支架,且不得热加工开孔。

(2)与预埋铁件采用焊接固定时,焊缝应饱满;采用膨胀螺栓固定时,选用的螺栓应适配,连接应牢固。

(3)支架应安装牢固、无明显扭曲,采用金属吊架固定时应有防晃支架,配电母线槽的圆钢吊架直径不得小于 8 mm;照明母线槽的圆钢吊架直径不得小于 6 mm。

(4)金属支架应进行防腐,位于室外及潮湿场所的应按设计要求做处理。

当母线与母线、母线与电器或设备接线端子采用螺栓搭接连接时,应符合下列规定:

(1)母线的各类搭接连接的钻孔直径和搭接长度应符合规范规定,连接螺栓的力矩值应符合表 1-39 的规定;当一个连接处需要多个螺栓连接时,每个螺栓的拧紧力矩值应一致。

表 1-39　母线搭接螺栓的拧紧力矩

序号	螺栓规格	力矩值/(N·m)
1	M8	8.8～10.8
2	M10	17.7～22.6
3	M12	31.4～39.2
4	M14	51.0～60.8
5	M16	78.5～98.1
6	M18	98.0～127.4
7	M20	156.9～196.2
8	M24	274.6～343.2

(2)母线接触面应保持清洁,宜涂抗氧化剂,螺栓孔周边应无毛刺。

(3)连接螺栓两侧应有平垫圈,相邻垫圈间应有大于 3 mm 的间隙,螺母侧应装有弹簧垫圈或锁紧螺母。

(4)螺栓受力应均匀,不应使电器或设备的接线端子受额外应力。

3. 梯架、托盘和槽盒安装

金属梯架、托盘或槽盒本体之间的连接应牢固可靠,与保护导体的连接应符合下列规定:

(1)梯架、托盘和槽盒全长不大于 30 m 时,不应少于 2 处与保护导体可靠连接;全长大于 30 m 时,每隔 20~30 m 应增加一个连接点。起始端和终点端均应可靠接地。

(2)非镀锌梯架、托盘和槽盒本体之间连接板的两端应跨接保护联结导体,保护联结导体的截面面积应符合设计要求。

(3)镀锌梯架、托盘和槽盒本体之间不跨接保护联结导体时,连接板每端不应少于 2 个有防松螺帽或防松垫圈的连接固定螺栓。

电缆梯架、托盘和槽盒转弯、分支处宜采用专用连接配件,其弯曲半径不应小于梯架、托盘和槽盒内电缆最小允许弯曲半径,电缆最小允许弯曲半径应符合表 1-40 的规定。

表 1-40　电缆最小允许弯曲半径

<table>
<tr><th colspan="2">电缆形式</th><th>电缆外径/mm</th><th>多芯电缆</th><th>单芯电缆</th></tr>
<tr><td rowspan="2">塑料绝缘电缆</td><td>无铠装</td><td rowspan="6">—</td><td>15D</td><td>20D</td></tr>
<tr><td>有铠装</td><td>12D</td><td>15D</td></tr>
<tr><td colspan="2">橡皮绝缘电缆</td><td colspan="2">10D</td></tr>
<tr><td rowspan="3">控制电缆</td><td>非铠装型、屏蔽型软电缆</td><td>6D</td><td rowspan="3">—</td></tr>
<tr><td>铠装型、铜屏蔽型</td><td>12D</td></tr>
<tr><td>其他</td><td>10D</td></tr>
<tr><td colspan="2">铝合金导体电力电缆</td><td>—</td><td colspan="2">7D</td></tr>
<tr><td colspan="2" rowspan="4">氧化镁绝缘刚性矿物绝缘电缆</td><td><7</td><td colspan="2">2D</td></tr>
<tr><td>≥7,且<12</td><td colspan="2">3D</td></tr>
<tr><td>≥12,且<15</td><td colspan="2">4D</td></tr>
<tr><td>≥15</td><td colspan="2">6D</td></tr>
<tr><td colspan="2">其他矿物绝缘电缆</td><td>—</td><td colspan="2">15D</td></tr>
</table>

注:D 为电缆外径。

典型例题

【单选题】塑料绝缘铠装多芯电缆的最小允许弯曲半径是电缆外径的(　　)。

A. 10 倍　　B. 12 倍

C. 15 倍　　D. 20 倍

B。【解析】解析参见上表。

当直线段钢制或塑料梯架、托盘和槽盒长度超过 30 m,铝合金或玻璃钢制梯架、托盘和槽盒长度超过 15 m 时,应设置伸缩节;当梯架、托盘和槽盒跨越建筑物变形缝处时,应设置补偿装置。

当设计无要求时,梯架、托盘、槽盒及支架安装应符合下列规定:

（1）电缆梯架、托盘和槽盒宜敷设在易燃易爆气体管道和热力管道的下方，与各类管道的最小净距应符合规定。

（2）配线槽盒与水管同侧上下敷设时，宜安装在水管的上方；与热水管、蒸气管平行上下敷设时，应敷设在热水管、蒸气管的下方，当有困难时，可敷设在热水管、蒸气管的上方；相互间的最小距离宜符合规范规定。

（3）敷设在电气竖井内穿楼板处和穿越不同防火区的梯架、托盘和槽盒，应有防火隔堵措施。

（4）敷设在电气竖井内的电缆梯架或托盘，其固定支架不应安装在固定电缆的横担上，且每隔3～5层应设置承重支架。

（5）对于敷设在室外的梯架、托盘和槽盒，当进入室内或配电箱（柜）时应有防雨水措施，槽盒底部应有泄水孔。

（6）承力建筑钢结构构件上不得熔焊支架，且不得热加工开孔。

（7）水平安装的支架间距宜为1.5～3.0 m，垂直安装的支架间距不应大于2 m。

（8）采用金属吊架固定时，圆钢直径不得小于8 mm，并应有防晃支架，在分支处或端部0.3～0.5 m处应有固定支架。

4. 导管敷设

金属导管应与保护导体可靠连接，并应符合下列规定：

（1）镀锌钢导管、可弯曲金属导管和金属柔性导管不得熔焊连接。

（2）当非镀锌钢导管采用螺纹连接时，连接处的两端应熔焊焊接保护联结导体。

（3）镀锌钢导管、可弯曲金属导管和金属柔性导管连接处的两端宜采用专用接地卡固定保护联结导体。

（4）机械连接的金属导管，管与管、管与盒（箱）体的连接配件应选用配套部件，其连接应符合产品技术文件要求。当连接处的接触电阻值符合相关要求时，连接处可不设置保护联结导体，但导管不应作为保护导体的接续导体。

（5）金属导管与金属梯架、托盘连接时，镀锌材质的连接端宜用专用接地卡固定保护联结导体，非镀锌材质的连接处应熔焊焊接保护联结导体。

（6）以专用接地卡固定的保护联结导体应为铜芯软导线，截面积不应小于4 mm^2；以熔焊焊接的保护联结导体宜为圆钢，直径不应小于6 mm，其搭接长度应为圆钢直径的6倍。

钢导管不得采用对口熔焊连接；镀锌钢导管或壁厚小于或等于2 mm的钢导管，不得采用套管熔焊连接。

当塑料导管在砌体上剔槽埋设时，应采用强度等级不小于M10的水泥砂浆抹面保护，保护层厚度不应小于15 mm。

导管穿越密闭或防护密闭隔墙时，应设置预埋套管，预埋套管的制作和安装应符合设计要求，套管两端伸出墙面的长度宜为30～50 mm，导管穿越密闭穿墙套管的两侧应设置过线盒，并应做好封堵。

导管的弯曲半径应符合下列规定：

（1）明配导管的弯曲半径不宜小于管外径的6倍，当两个接线盒间只有一个弯曲时，其弯曲半径不宜小于管外径的4倍。

（2）埋设于混凝土内的导管的弯曲半径不宜小于管外径的6倍，当直埋于地下时，其弯曲半径不宜小于管外径的10倍。

(3)电缆导管的弯曲半径不应小于电缆最小允许弯曲半径,电缆最小允许弯曲半径应符合规范规定。

导管支架安装应符合下列规定:

(1)除设计要求外,承力建筑钢结构构件上不得熔焊导管支架,且不得热加工开孔。

(2)当导管采用金属吊架固定时,圆钢直径不得小于 8 mm,并应设置防晃支架,在距离盒(箱)、分支处或端部 0.3~0.5 m 处应设置固定支架。

(3)金属支架应进行防腐,位于室外及潮湿场所的应按设计要求做处理。

(4)导管支架应安装牢固、无明显扭曲。

除设计要求外,对于暗配的导管,导管表面埋设深度与建筑物、构筑物表面的距离不应小于 15 mm。

进入配电(控制)柜、台、箱内的导管管口,当箱底无封板时,管口应高出柜、台、箱、盘的基础面 50~80 mm。

室外导管敷设应符合下列规定:

(1)对于埋地敷设的钢导管,埋设深度应符合设计要求,钢导管的壁厚应大于 2 mm。

(2)导管的管口不应敞口垂直向上,导管管口应在盒、箱内或导管端部设置防水弯。

(3)由箱式变电所或落地式配电箱引向建筑物的导管,建筑物一侧的导管管口应设在建筑物内。

(4)导管的管口在穿入绝缘导线、电缆后应做密封处理。

明配的电气导管应符合下列规定:

(1)导管应排列整齐、固定点间距均匀、安装牢固。

(2)在距终端、弯头中点或柜、台、箱、盘等边缘 150~500 mm 范围内应设有固定管卡,中间直线段固定管卡间的最大距离应符合规定。

(3)明配管采用的接线或过渡盒(箱)应选用明装盒(箱)。

塑料导管敷设应符合下列规定:

(1)管口应平整光滑,管与管、管与盒(箱)等器件采用插入法连接时,连接处结合面应涂专用胶合剂,接口应牢固密封。

(2)直埋于地下或楼板内的刚性塑料导管,在穿出地面或楼板易受机械损伤的一段应采取保护措施。

(3)当设计无要求时,埋设在墙内或混凝土内的塑料导管应采用中型及以上的导管。

(4)沿建筑物、构筑物表面和在支架上敷设的刚性塑料导管,应按设计要求装设温度补偿装置。

可弯曲金属导管及柔性导管敷设应符合下列规定:

(1)刚性导管经柔性导管与电气设备、器具连接时,柔性导管的长度在动力工程中不宜大于 0.8 m,在照明工程中不宜大于 1.2 m。

(2)可弯曲金属导管或柔性导管与刚性导管或电气设备、器具间的连接应采用专用接头。

(3)当可弯曲金属导管有可能受重物压力或明显机械撞击时,应采取保护措施。

(4)明配的金属、非金属柔性导管固定点间距应均匀,不应大于 1 m,管卡与设备、器具、弯头中点、管端等边缘的距离应小于 0.3 m。

(5)可弯曲金属导管和金属柔性导管不应做保护导体的接续导体。

5. 电缆敷设

电缆支架安装应符合下列规定：

(1)金属电缆支架与保护导体应可靠连接。

(2)除设计要求外，承力建筑钢结构构件上不得熔焊支架，且不得热加工开孔。

(3)当设计无要求时，电缆支架层间最小距离不应小于规范的规定，层间净距不应小于2倍电缆外径加10 mm，35 kV电缆不应小于2倍电缆外径加50 mm。

(4)最上层电缆支架距构筑物顶板或梁底的最小净距应满足电缆引接至上方配电柜、台、箱、盘时电缆弯曲半径的要求，且不宜小于规范规定数值；距其他设备的最小净距不应小于300 mm，当无法满足要求时应设置防护板。

(5)当设计无要求时，最下层电缆支架距沟底、地面的最小距离不应小于规范的规定。

(6)当支架与预埋件焊接固定时，焊缝应饱满；当采用膨胀螺栓固定时，螺栓应适配、连接紧固、防松零件齐全，支架安装应牢固、无明显扭曲。

(7)金属支架应进行防腐，位于室外及潮湿场所的应按设计要求做处理。

电缆敷设应符合下列规定：

(1)交流单芯电缆或分相后的每相电缆不应单独穿钢导管、钢筋混凝土楼板或墙体，不应单独进出导磁材料制成的配电箱(柜)、电缆桥架等，不应单独用铁磁夹具与金属支架固定。

(2)电缆的敷设排列应顺直、整齐，并宜少交叉。

(3)在电缆沟或电气竖井内垂直敷设或大于45°倾斜敷设的电缆应在每个支架上固定。

(4)在梯架、托盘或槽盒内大于45°倾斜敷设的电缆应每隔2 m固定，水平敷设的电缆，首尾两端、转弯两侧及每隔5～10 m处应设固定点。

(5)电缆出入电缆沟，电气竖井，建筑物，配电(控制)柜、台、箱处以及管子管口处等部位应采取防火或密封措施。

(6)电缆出入电缆梯架、托盘、槽盒及配电(控制)柜、台、箱、盘处应做固定。

(7)当电缆通过墙、楼板或室外敷设穿导管保护时，导管的内径不应小于电缆外径的1.5倍。

直埋电缆的上、下应有细沙或软土，回填土应无石块、砖头等尖锐硬物。电缆的首端、末端和分支处应设标志牌，直埋电缆应设标示桩。

6. 导管内穿线和槽盒内敷线

同一交流回路的电线应敷设于同一金属电缆槽盒或金属导管内。

除设计要求以外，不同回路、不同电压等级和交流与直流线路的绝缘导线不应穿于同一导管内。

绝缘导线接头应设置在专用接线盒(箱)或器具内，不得设置在导管和槽盒内，盒(箱)的设置位置应便于检修。

除塑料护套线外，绝缘导线应采取导管或槽盒保护，不可外露明敷。

绝缘导线穿管前，应清除管内杂物和积水，绝缘导线穿入导管的管口在穿线前应装设护线口。

槽盒内敷线应符合下列规定：

(1)同一槽盒内不宜同时敷设绝缘导线和电缆。

(2)同一路径无防干扰要求的线路，可敷设于同一槽盒内；槽盒内的绝缘导线总截面积(包括外护套)不应超过槽盒内截面积的40%，且载流导体不宜超过30根。

(3)当控制和信号等非电力线路敷设于同一槽盒内时，绝缘导线的总截面积不应超过槽盒内截面积的50%。

(4)分支接头处绝缘导线的总截面面积(包括外护层)不应大于该点盒(箱)内截面面积的75%。

(5)绝缘导线在槽盒内应留有一定余量，并应按回路分段绑扎，绑扎点间距不应大于1.5 m；当垂直或大于45°倾斜敷设时，应将绝缘导线分段固定在槽盒内的专用部件上，每段至少应有一个固定点；当直线段长度大于3.2 m时，其固定点间距不应大于1.6 m；槽盒内导线排列应整齐、有序。

(6)敷线完成后，槽盒盖板应复位，盖板应齐全、平整、牢固。

(五)防雷与接地

1. 接地装置安装

接地装置的接地电阻值应符合设计要求。接地装置的材料规格、型号应符合设计要求。

接地装置安装应符合下列规定：

(1)对于利用建筑物基础接地的接地体，应先完成底板钢筋敷设，然后按设计要求进行接地装置施工，经检查确认后，再支模或浇捣混凝土。

(2)对于人工接地的接地体，应按设计要求利用基础沟槽或开挖沟槽，然后经检查确认，再埋入或打入接地极和敷设地下接地干线。

当设计无要求时，接地装置顶面埋设深度不应小于0.6 m，且应在冻土层以下。圆钢、角钢、钢管、铜棒、铜管等接地极应垂直埋入地下。间距不应小于5 m；人工接地体与建筑物的外墙或基础之间的水平距离不宜小于1 m。

接地体(线)采用搭接焊时，焊接搭接长度必须符合下列规定：

(1)扁钢不应小于其宽度的2倍，且应至少三面施焊。

(2)圆钢不应小于其直径的6倍，且应两面施焊。

(3)圆钢与扁钢连接时，其长度不应小于圆钢直径的6倍，且应两面施焊。

(4)扁钢与钢管应紧贴3/4钢管表面上下两侧施焊，扁钢与角钢应紧贴角钢外侧两面施焊。

当接地极为铜材和钢材组成，且铜与铜或铜与钢材连接采用热剂焊时，接头应无贯穿性的气孔且表面平滑。

当接地电阻达不到设计要求需采取措施降低接地电阻时，应符合下列规定：

(1)采用降阻剂时，降阻剂应为同一品牌的产品，调制降阻剂的水应无污染和杂物；降阻剂应均匀灌注于垂直接地体周围。

(2)采取换土或将人工接地体外延至土壤电阻率较低处时，应掌握有关的地质结构资料和地下土壤电阻率的分布，并应做好记录。

(3)采用接地模块时，接地模块的顶面埋深不应小于0.6 m，接地模块间距不应小于模块长度的3～5倍。接地模块埋设基坑宜为模块外形尺寸的1.2～1.4倍，且应详细记录开挖深度内的地层情况；接地模块应垂直或水平就位，并应保持与原土层接触良好。

采取降阻措施的接地装置应符合下列规定：

(1)接地装置应被降阻剂或低电阻率土壤所包覆。

(2)接地模块应集中引线，并应采用干线将接地模块并联焊接成一个环路，干线的材质应与接地模块焊接点的材质相同，钢制的采用热浸镀锌材料的引出线不应少于2处。

提示

此知识点在历年考试中经常以案例形式考查，应重点掌握。

2. 防雷引下线及接闪器安装

接闪器必须与防雷专设或专用引下线焊接或卡接器连接。

当利用建筑物金属屋面或屋顶上旗杆、栏杆、装饰物、铁塔、女儿墙上的盖板等永久性金属物做接闪器时，其材质及截面应符合设计要求，建筑物金属屋面板间的连接、永久性金属物各部件之间的连接应可靠、持久。

暗敷在建筑物抹灰层内的引下线应有卡钉分段固定；明敷的引下线应平直、无急弯，并应设置专用支架固定，引下线焊接处应刷油漆防腐且无遗漏。

设计要求接地的幕墙金属框架和建筑物的金属门窗，应就近与防雷引下线连接可靠，连接处不同金属间应采取防电化学腐蚀措施。

接闪杆、接闪线或接闪带安装位置应正确，安装方式应符合设计要求，焊接固定的焊缝应饱满无遗漏，螺栓固定的应防松零件齐全，焊接连接处应防腐完好。

防雷引下线、接闪线、接闪网和接闪带的焊接连接搭接长度及要求应符合规范规定。

接闪线和接闪带安装应符合下列规定：

(1) 安装应平正顺直、无急弯，其固定支架应间距均匀、固定牢固。

(2) 当设计无要求时，固定支架高度不宜小于 150 mm，间距应符合规范规定。

(3) 每个固定支架应能承受 49 N 的垂直拉力。

接闪带或接闪网在过建筑物变形缝处的跨接应有补偿措施。

3. 建筑物等电位联结

建筑物等电位联结的范围、形式、方法、部位及联结导体的材料和截面积应符合设计要求。

需做等电位联结的外露可导电部分或外界可导电部分的连接应可靠。采用螺栓连接时，其螺栓、垫圈、螺母等应为热镀锌制品，且应连接牢固。

需做等电位联结的卫生间内金属部件或零件的外界可导电部分，应设置专用接线螺栓与等电位联结导体连接，并应设置标识；连接处螺帽应紧固、防松零件应齐全。

当等电位联结导体在地下暗敷时，其导体间的连接不得采用螺栓压接。

模块三　通风与空调工程施工技术

一、通风与空调工程概述

通风工程是指送风、排风、防排烟、除尘和气力输送系统工程的总称。空调工程是指舒适性空调、恒温恒湿空调和洁净室空气净化及空气调节系统工程的总称。

链接

空气调节系统是指以空气调节为目的而对空气进行处理、输送、分配，并控制其参数的所有设备、管道及附件、仪器、仪表的统称。按空气处理设备(AHU)集中程度通常可分为集中式空气调节系统、半集中式空气调节系统和全分散式空气调节系统；按负担室内热湿负荷所用的介质可分为全空气系统、空气－水系统、全水系统和制冷剂系统。常见的风机盘管与新风系统属于半集中式系统、空气－水系统。

（一）通风与空调工程的划分

根据《建筑工程施工质量验收统一标准》，通风与空调工程可划分为送风系统、排风系统、防排烟系统、除尘系统、舒适性空调系统、恒温恒湿系统、净化空调系统、地下人防通风系统、真空吸尘系统、冷凝水系统、空调（冷、热）水系统、冷却水系统、土壤源热泵换热系统、水源热泵换热系统、蓄能系统、压缩式制冷（热）设备系统、吸收式制冷设备系统、多联机（热泵）空调系统、太阳能供暖空调系统、设备自控系统等子分部工程。

（二）通风与空调各项工程的施工程序

通风与空调工程的一般施工程序：施工准备→设备及材料检查验收→配合土建预留、预埋、开洞→放线测量→风管及部件的加工→风管及部件的中间验收→风管系统安装→风管系统严密性试验→空调设备及空调水系统安装→风管系统测试与调整→空调系统调试→单机试运转→联合试运转→竣工验收。

支、吊架安装工序如图 1-13 所示。

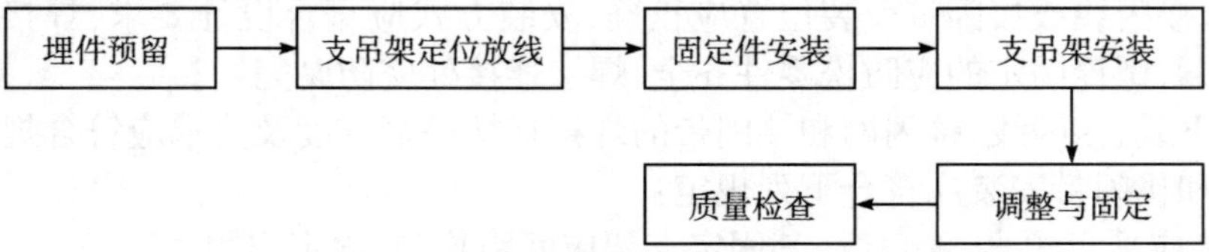

图 1-13　支、吊架安装工序

金属风管安装工序如图 1-14 所示。

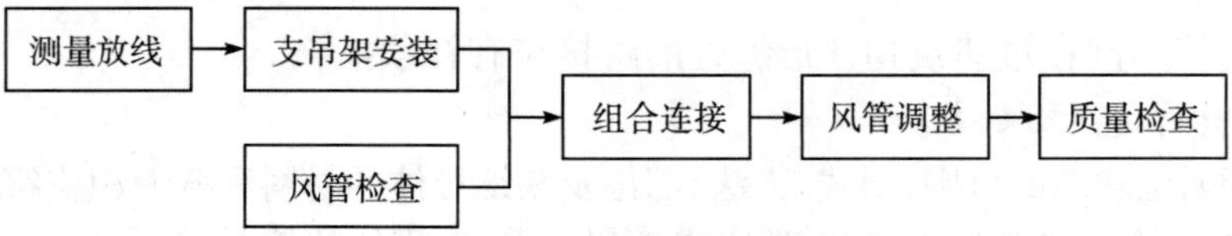

图 1-14　金属风管安装工序

风机安装工序如图 1-15 所示。

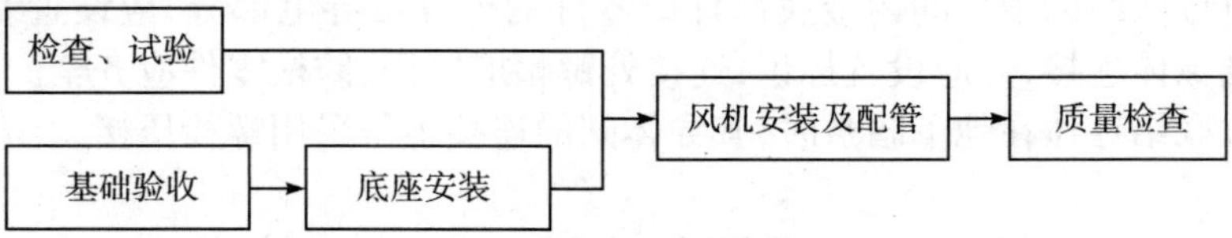

图 1-15　风机安装工序

蒸汽压缩式制冷（热泵）机组安装工序如图 1-16 所示。

图 1-16　蒸汽压缩式制冷（热泵）机组安装工序

吸收式制冷机组安装工序如图 1-17 所示。

图 1-17　吸收式制冷机组安装工序

冷却塔安装工序如图 1-18 所示。

图 1-18　冷却塔安装工序

换热设备安装工序如图 1-19 所示。

图 1-19　换热设备安装工序

水泵安装工序如图 1-20 所示。

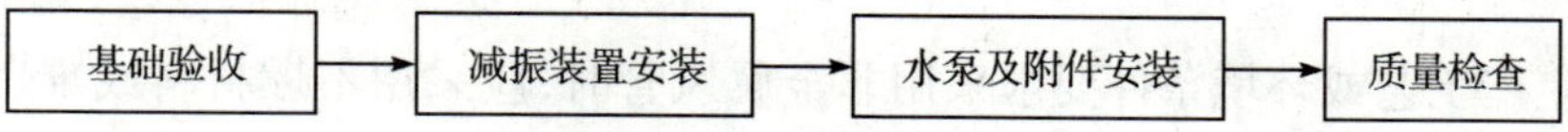

图 1-20　水泵安装工序

管道与设备防腐施工工序如图 1-21 所示。

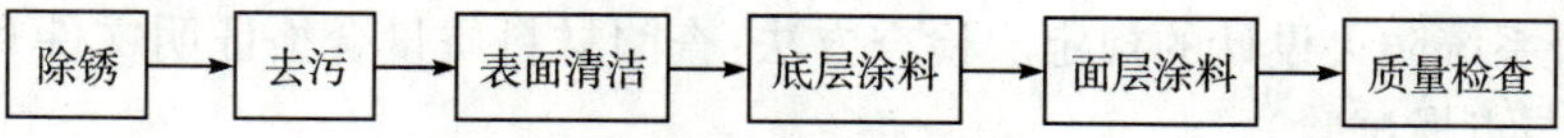

图 1-21　管道与设备防腐施工工序

空调风管系统与设备绝热施工工序如图 1-22 所示。

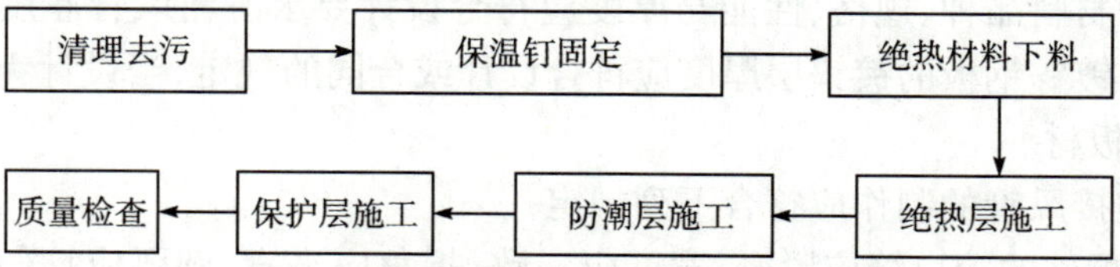

图 1-22　空调风管系统与设备绝热施工工序

二、通风与空调工程的施工技术要求

（一）风管与配件制作

风管是指采用金属、非金属薄板或其他材料制作而成，用于空气流通的管道。

1. 一般规定

风管制作所用的板材、型材以及其他主要材料进场时应进行验收，质量应符合设计要求及国家现行标准的有关规定，并应提供出厂检验合格证明。工程中所选用的成品风管，应提供产品合格证书或进行强度和严密性的现场复验。

金属风管规格应以外径或外边长为准，非金属风管和风道规格应以内径或内边长为准。

风管系统按其工作压力可分为微压、低压、中压与高压四个类别，并应采用相应类别的风管。风管类别的划分如表 1-41 所示。

表 1-41　风管类别

类别	风管系统工作压力 P/Pa		密封要求
	管内正压	管内负压	
微压	$P \leqslant 125$	$P \geqslant -125$	接缝及接管连接处应严密
低压	$125 < P \leqslant 500$	$-500 \leqslant P < -125$	接缝及接管连接处应严密，密封面宜设在风管的正压侧
中压	$500 < P \leqslant 1\ 500$	$-1\ 000 \leqslant P < -500$	接缝及接管连接处应加设密封措施
高压	$1\ 500 < P \leqslant 2\ 500$	$-2\ 000 \leqslant P < -1\ 000$	所有的拼接缝及接管连接处均应采取密封措施

镀锌钢板及含有各类复合保护层的钢板应采用咬口连接或铆接，特殊情况下可以采用焊接连接。

风管的密封应以板材连接的密封为主,也可采用密封胶嵌缝与其他方法。密封胶的性能应符合使用环境的要求,密封面宜设在风管的正压侧。

净化空调系统风管的材质应符合下列规定:

(1)应按工程设计要求选用。当设计无要求时,宜采用镀锌钢板,且镀锌层厚度不应小于 100 g/m^2。

(2)当生产工艺或环境条件要求采用非金属风管时,应采用不燃材料或难燃材料,且表面应光滑、平整、不产尘、不易霉变。

防火风管的本体、框架与固定材料、密封垫料等必须采用不燃材料,防火风管的耐火极限时间应符合系统防火设计的规定。检查方法:查阅材料质量合格证明文件和性能检测报告,观察检查与点燃试验。

2. 金属风管的制作

金属风管的材料品种、规格、性能与厚度应符合设计要求。当风管厚度设计无要求时,应按规范执行。镀锌钢板的镀锌层厚度应符合设计或合同的规定,当设计无规定时,不应采用低于 80 g/m^2 板材。

金属法兰连接风管的制作应符合下列规定:

(1)风管与配件的咬口缝应紧密、宽度应一致、折角应平直、圆弧应均匀,且两端面应平行。风管不应有明显的扭曲与翘角,表面应平整,凹凸不应大于 10 mm。

(2)焊接风管的焊缝应饱满、平整,不应有凸瘤、穿透的夹渣和气孔、裂缝等其他缺陷。风管目测应平整,不应有凹凸大于 10 mm 的变形。

(3)风管法兰的焊缝应熔合良好、饱满,无假焊和孔洞。法兰外径或外边长及平面度的允许偏差不应大于 2 mm。同一批量加工的相同规格法兰的螺孔排列应一致,并应具有互换性。

(4)风管与法兰采用铆接连接时,铆接应牢固,不应有脱铆和漏铆现象;翻边应平整、紧贴法兰,宽度应一致,且不应小于 6 mm;咬缝及矩形风管的四角处不应有开裂与孔洞。

(5)风管与法兰采用焊接连接时,焊缝应低于法兰的端面。除尘系统风管宜采用内侧满焊,外侧间断焊形式。当风管与法兰采用点焊固定连接时,焊点应融合良好,间距不应大于 100 mm;法兰与风管应紧贴,不应有穿透的缝隙与孔洞。

(6)镀锌钢板风管表面不得有 10% 以上的白花、锌层粉化等镀锌层严重损坏的现象。

(7)当不锈钢板或铝板风管的法兰采用碳素钢材时,材料规格应符合规定,并应根据设计要求进行防腐处理;铆钉材料应与风管材质相同,不应产生电化学腐蚀。

风管板材拼接及接缝应符合下列规定:

(1)风管板材拼接中,镀锌钢板可根据其板厚选择咬口连接、铆接或焊接的形式;普通钢板可根据其板厚选择咬口连接或电焊的形式;不锈钢板可根据其板厚选择咬口连接、氩弧焊或电焊的形式。

(2)风管板材拼接的咬口缝应错开,不应形成十字形交叉缝。

(3)洁净空调系统风管不应采用横向拼缝。

风管板材拼接采用铆接连接时,应根据风管板材的材质选择铆钉。

风管板材采用咬口连接时,矩形、圆形风管板材咬口连接形式主要有单咬口、联合角咬口、转角咬口、按扣式咬口、立咬口和包边立咬口。

金属风管的加固应符合下列规定：

（1）风管的加固可采用角钢加固、立咬口加固、楞筋加固、扁钢内支撑、螺杆内支撑和钢管内支撑等多种形式。

（2）直咬缝圆形风管直径大于或等于 800 mm，且管段长度大于 1 250 mm 或总表面积大于 4 m^2时，均应采取加固措施。用于高压系统的螺旋风管，直径大于 2 000 mm 时应采取加固措施。

（3）矩形风管的边长大于 630 mm，或矩形保温风管边长大于 800 mm，管段长度大于 1 250 mm；或低压风管单边平面面积大于 1.2 m^2，中、高压风管大于 1.0 m^2，均应有加固措施。

3. 非金属风管的制作

非金属风管的制作应符合下列规定：

（1）非金属风管的材料品种、规格、性能与厚度等应符合设计要求。当设计无厚度规定时，应按照规范执行。高压系统非金属风管应按设计要求。

（2）硬聚氯乙烯风管的制作应符合下列规定。

①法兰螺孔的间距不得大于 120 mm。矩形风管法兰的四角处，应设有螺孔。

②当风管的直径或边长大于 500 mm 时，风管与法兰的连接处应设加强板，且间距不得大于 450 mm。

③风管两端面应平行，不应有扭曲，外径或外边长的允许偏差不应大于 2 mm。表面应平整，圆弧应均匀，凹凸不应大于 5 mm。

④矩形风管的四角可采用煨角或焊接连接。当采用煨角连接时，纵向焊缝距煨角处宜大于 80 mm。

（3）玻璃钢风管的制作应符合下列规定。

①风管玻璃纤维布厚度与层数应符合规范规定，且不得采用高碱玻璃纤维布。风管表面不得出现泛卤及严重泛霜。

②螺栓孔的间距不得大于 120 mm。矩形风管法兰的四角处应设有螺孔。

③当采用套管连接时，套管厚度不得小于风管板材厚度。

④玻璃钢风管的加固应为本体材料或防腐性能相同的材料，加固件应与风管成为整体。

⑤法兰与风管的连接应牢固，内角交界处应采用圆弧过渡。管口与风管轴线成直角，平面度的允许偏差不应大于 3 mm；螺孔的排列应均匀，至管口的距离应一致，允许偏差不应大于 2 mm。

⑥风管的外径或外边长尺寸的允许偏差不应大于 3 mm，圆形风管的任意正交两直径之差不应大于 5 mm，矩形风管的两对角线之差不应大于 5 mm。

⑦矩形玻璃钢风管的边长大于 900 mm，且管段长度大于 1 250 mm 时，应采取加固措施。加固筋的分布应均匀整齐。

4. 复合材料风管的制作

复合材料风管的制作应符合下列规定：

（1）复合材料风管的覆面材料必须采用不燃材料，内层的绝热材料应采用不燃或难燃且对人体无害的材料。

（2）复合风管的材料品种、规格、性能与厚度等应符合设计要求。复合板材的内外覆面层粘贴应牢固,表面平整无破损,内部绝热材料不得外露。

(二)风管部件的制作

风管部件是指风管系统中的各类风口、阀门、风罩、风帽、消声器、空气过滤器、检查门和测定孔等功能件。主要风管部件的制作要求如表 1-42 所示。

表 1-42 主要风管部件的制作要求

部件	要求
风口	(1)风口的结构应牢固,形状应规则,外表装饰面应平整。 (2)风口的叶片或扩散环的分布应匀称。 (3)风口各部位的颜色应一致,不应有明显的划伤和压痕。调节机构应转动灵活、定位可靠。 (4)风口应以颈部的外径或外边长尺寸为准
成品风阀	(1)风阀应设有开度指示装置,并应能准确反映阀片开度。 (2)手动风量调节阀的手轮或手柄应以顺时针方向转动为关闭。 (3)电动、气动调节阀的驱动执行装置,动作应可靠,且在最大工作压力下工作应正常。 (4)净化空调系统的风阀,活动件、固定件以及紧固件均应采取防腐措施,风阀叶片主轴与阀体轴套配合应严密,且应采取密封措施。 (5)工作压力大于 1 000 Pa 的调节风阀,生产厂应提供在 1.5 倍工作压力下能自由开关的强度测试合格的证书或试验报告。 (6)密闭阀应能严密关闭,漏风量应符合设计要求
消声器、消声弯管	(1)消声器的类别、消声性能及空气阻力应符合设计要求和产品技术文件的规定。 (2)矩形消声弯管平面边长大于 800 mm 时,应设置吸声导流片。 (3)消声器内消声材料的织物覆面层应平整,不应有破损,并应顺气流方向进行搭接。 (4)消声器内的织物覆面层应有保护层,保护层应采用不易锈蚀的材料,不得使用普通铁丝网。当使用穿孔板保护层时,穿孔率应大于 20%。 (5)净化空调系统消声器内的覆面材料应采用尼龙布等不易产尘的材料。 (6)微穿孔(缝)消声器的孔径或孔缝、穿孔率及板材厚度应符合产品设计要求,综合消声量应符合产品技术文件要求

柔性短管的制作应符合下列规定:

(1)防排烟系统的柔性短管必须采用不燃材料。

(2)外径或外边长应与风管尺寸相匹配。

(3)应采用抗腐、防潮、不透气及不易霉变的柔性材料。

(4)用于净化空调系统的还应是内壁光滑、不易产生尘埃的材料。

(5)柔性短管的长度宜为 150 ~ 250 mm,接缝的缝制或粘接应牢固、可靠,不应有开裂;成型短管应平整,无扭曲等现象。

(6)柔性短管不应为异径连接管,矩形柔性短管与风管连接不得采用抱箍固定的形式。

(7)柔性短管与法兰组装宜采用压板铆接连接,铆钉间距宜为 60 ~ 80 mm。

(三)风管系统安装

风管系统支、吊架的安装应符合下列规定:

(1)预埋件位置应正确、牢固可靠,埋入部分应去除油污,且不得涂漆。

(2)风管系统支、吊架的形式和规格应按工程实际情况选用。

(3)风管直径大于2 000 mm或边长大于2 500 mm风管的支、吊架的安装要求,应按设计要求执行。

(4)金属风管水平安装,直径或边长小于等于400 mm时,支、吊架间距不应大于4 m;大于400 mm时,间距不应大于3 m。螺旋风管的支、吊架的间距可为5 m与3.75 m;薄钢板法兰风管的支、吊架间距不应大于3 m。垂直安装时,应设置至少2个固定点,支架间距不应大于4 m。

(5)支、吊架的设置不应影响阀门、自控机构的正常动作,且不应设置在风口、检查门处,离风口和分支管的距离不宜小于200 mm。

(6)悬吊的水平主、干风管直线长度大于20 m时,应设置防晃支架或防止摆动的固定点。

(7)矩形风管的抱箍支架,折角应平直,抱箍应紧贴风管。圆形风管的支架应设托座或抱箍,圆弧应均匀,且应与风管外径一致。

(8)风管或空调设备使用的可调节减振支、吊架,拉伸或压缩量应符合设计要求。

(9)不锈钢板、铝板风管与碳素钢支架的接触处,应采取隔绝或防腐绝缘措施。

(10)边长(直径)大于1 250 mm的弯头、三通等部位应设置单独的支、吊架。

当风管穿过需要封闭的防火、防爆的墙体或楼板时,必须设置厚度不小于1.6 mm的钢制防护套管;风管与防护套管之间应采用不燃柔性材料封堵严密。

风管系统的安装应符合下列规定:

(1)风管内严禁其他管线穿越。

(2)输送含有易燃、易爆气体或安装在易燃、易爆环境的风管系统必须设置可靠的防静电接地装置。

(3)输送含有易燃、易爆气体的风管系统通过生活区或其他辅助生产房间时不得设置接口。

(4)室外风管系统的拉索等金属固定件严禁与避雷针或避雷网连接。

(5)风管应保持清洁,管内不应有杂物和积尘。

(6)风管安装的位置、标高、走向,应符合设计要求。现场风管接口的配置应合理,不得缩小其有效截面。

(7)法兰的连接螺栓应均匀拧紧,螺母宜在同一侧。

(8)风管接口的连接应严密牢固。风管法兰的垫片材质应符合系统功能的要求,厚度不应小于3 mm。垫片不应凸入管内,且不宜突出法兰外;垫片接口交叉长度不应小于30 mm。

(9)风管与砖、混凝土风道的连接接口,应顺着气流方向插入,并应采取密封措施。风管穿出屋面处应设置防雨装置,且不得渗漏。

(10)外保温风管必需穿越封闭的墙体时,应加设套管。

(11)风管的连接应平直。明装风管水平安装时,水平度的允许偏差应为0.3%,总偏差不应大于20 mm;明装风管垂直安装时,垂直度的允许偏差应为0.2%,总偏差不应大于20 mm。暗装风管安装的位置应正确,不应有侵占其他管线安装位置的现象。

(12)金属无法兰连接风管的安装应符合下列规定:

①风管连接处应完整,表面应平整。

②承插式风管的四周缝隙应一致,不应有折叠状褶皱。内涂的密封胶应完整,外粘的密封胶带应粘贴牢固。

③矩形薄钢板法兰风管可采用弹性插条、弹簧夹或U形紧固螺栓连接。连接固定的间隔不应大于150 mm,净化空调系统风管的间隔不应大于100 mm,且分布应均匀。当采用弹簧夹连接时,宜采用正反交叉固定方式,且不应松动。

④采用平插条连接的矩形风管,连接后板面应平整。

⑤置于室外与屋顶的风管,应采取与支架相固定的措施。

风管穿越建筑物变形缝空间时,应设置长度为200~300 mm的柔性短管;风管穿越建筑物变形缝墙体时,应设置钢制套管,风管与套管之间应采用柔性防水材料填塞密实。穿越建筑物变形缝墙体的风管两端外侧应设置长度为150~300 mm的柔性短管,柔性短管距变形缝墙体的距离宜为150~200 mm,柔性短管的保温性能应符合风管系统功能要求。

柔性短管的安装,应松紧适度,目测平顺、不应有强制性的扭曲。可伸缩金属或非金属柔性风管的长度不宜大于2 m。柔性风管支、吊架的间距不应大于1 500 mm,承托的座或箍的宽度不应小于25 mm,两支架间风道的最大允许下垂应为100 mm,且不应有死弯或塌凹。

风阀的安装应符合下列规定:

(1)风阀应安装在便于操作及检修的部位。安装后,手动或电动操作装置应灵活可靠,阀板关闭应严密。

(2)直径或长边尺寸大于或等于630 mm的防火阀,应设独立支、吊架。

(3)排烟阀(排烟口)及手控装置(包括钢索预埋套管)的位置应符合设计要求。钢索预埋套管弯管不应大于2个,且不得有死弯及瘪陷;安装完毕后应操控自如,无阻涩等现象。

(4)除尘系统吸入管段的调节阀,宜安装在垂直管段上。

(5)防爆波悬摆活门、防爆超压排气活门和自动排气活门安装时,位置的允许偏差应为10 mm,标高的允许偏差应为±5 mm,框正、侧面与平衡锤连杆的垂直度允许偏差应为5 mm。

排风口、吸风罩(柜)的安装应排列整齐、牢固可靠,安装位置和标高允许偏差应为±10 mm,水平度的允许偏差应为0.3%,且不得大于20 mm。

风帽安装应牢固,连接风管与屋面或墙面的交接处不应渗水。

消声器及静压箱的安装应符合下列规定:

(1)消声器及静压箱安装时,应设置独立支、吊架,固定应牢固。

(2)当采用回风箱作为静压箱时,回风口处应设置过滤网。

风管内过滤器的安装应符合下列规定:

(1)过滤器的种类、规格应符合设计要求。

(2)过滤器应便于拆卸和更换。

(3)过滤器与框架及框架与风管或机组壳体之间连接应严密。

风口的安装应符合下列规定:

(1)风口表面应平整、不变形,调节应灵活、可靠。同一厅室、房间内的相同风口的安装高度应一致,排列应整齐。

(2)明装无吊顶的风口,安装位置和标高允许偏差应为10 mm。

(3)风口水平安装,水平度的允许偏差应为0.3%。

(4)风口垂直安装,垂直度的允许偏差应为0.2%。

洁净室(区)内风口的安装除应符合上述风口安装的规定外,尚应符合下列规定:

(1)风口安装前应擦拭干净,不得有油污、浮尘等。

(2)风口边框与建筑顶棚或墙壁装饰面应紧贴,接缝处应采取可靠的密封措施。

(3)带高效空气过滤器的送风口,四角应设置可调节高度的吊杆。

风管系统安装完毕后,应按系统类别要求进行施工质量外观检验。合格后,应进行风管系统的严密性检验,漏风量除应符合设计要求和规范的规定外,尚应符合下列规定:

(1)当风管系统严密性检验出现不合格时,除应修复不合格的系统外,受检方应申请复验或复检。

(2)净化空调系统进行风管严密性检验时,N1 ~ N5 级的系统按高压系统风管的规定执行;N6 ~ N9 级,且工作压力小于等于 1 500 Pa 的,均按中压系统风管的规定执行。

(四)风机与空气处理设备安装

通风机传动装置的外露部位以及直通大气的进、出风口,必须装设防护罩、防护网或采取其他安全防护措施。

风机及风机箱的安装应符合下列规定:

(1)通风机安装允许偏差应符合规范规定,叶轮转子与机壳的组装位置应正确。叶轮进风口插入风机机壳进风口或密封圈的深度,应符合设备技术文件要求或应为叶轮直径的 1/100。

(2)轴流风机的叶轮与筒体之间的间隙应均匀,安装水平偏差和垂直度偏差均不应大于0.1%。

(3)减振器的安装位置应正确,各组或各个减振器承受荷载的压缩量应均匀一致,偏差应小于2 mm。

(4)风机的减振钢支、吊架,结构形式和外形尺寸应符合设计或设备技术文件的要求。焊接应牢固,焊缝外部质量应符合规范规定。

(5)风机的进、出口不得承受外加的重量,相连接的风管、阀件应设置独立的支、吊架。

(6)风机安装位置应正确,底座应水平。

(7)落地安装时,应固定在隔振底座上,底座尺寸应与基础大小匹配,中心线一致;隔振底座与基础之间应按设计要求设置减振装置。

组合式空调机组、新风机组的安装应符合下列规定:

(1)组合式空调机组各功能段的组装应符合设计的顺序和要求,各功能段之间的连接应严密,整体外观应平整。

(2)供、回水管与机组的连接应正确,机组下部冷凝水管的水封高度应符合设计或设备技术文件的要求。

(3)机组与风管采用柔性短管连接时,柔性短管的绝热性能应符合风管系统的要求。

(4)机组应清扫干净,箱体内不应有杂物、垃圾和积尘。

(5)机组内空气过滤器(网)和空气热交换器翅片应清洁、完好,安装位置应便于维护和清理。

单元式空调机组的安装应符合下列规定:

(1)分体式空调机组的室外机和风冷整体式空调机组的安装固定应牢固可靠,并应满足冷却风自然进入的空间环境要求。

(2)分体式空调机组室内机的安装位置应正确,并应保持水平,冷凝水排放应顺畅。管道穿墙处密封应良好,不应有雨水渗入。

空气热回收器的安装位置及接管应正确,转轮式空气热回收器的转轮旋转方向应正确,运转应平稳,且不应有异常振动与声响。

风机盘管机组的安装应符合下列规定:

(1)机组安装前宜进行风机三速试运转及盘管水压试验。试验压力应为系统工作压力的1.5倍,试验观察时间应为2 min,不渗漏为合格。

(2)机组应设独立支、吊架,固定应牢固,高度与坡度应正确。

(3)机组与风管、回风箱或风口的连接,应严密可靠。

高效过滤器与层流罩的安装应符合下列规定:

(1)在净化系统中,高效过滤器应在洁净室(区)进行清洁,系统中末端过滤器前的所有空气过滤器应安装完毕,且系统应连续试运转12 h以上后,应在现场拆开包装并进行外观检查,合格后应立即安装。高效过滤器安装方向应正确,密封面应严密,并应按要求进行现场扫描检漏,且应合格。

(2)安装高效过滤器的框架应平整清洁,每台过滤器的安装框架的平整度允许偏差应为1 mm。

(3)机械密封时,应采用密封垫料,厚度宜为6~8 mm,密封垫料应平整。安装后垫料的压缩应均匀,压缩率宜为25%~30%。

(4)采用液槽密封时,槽架应水平安装,不得有渗漏现象,槽内不应有污物和水分,槽内密封液高度不应超过2/3槽深。密封液的熔点宜高于50 ℃。

(5)洁净层流罩安装水平度偏差应为0.1%,高度允许偏差应为1 mm;外观不应有变形、锈蚀、漆膜脱落等现象;应采用独立的吊杆或支架,并应采取防止晃动的固定措施,且不得利用生产设备或壁板作为支撑;直接安装在吊顶上的层流罩,应采取减振措施,箱体四周与吊顶板之间应密封;安装后,应进行不少于1 h的连续试运转,且运行应正常。

(五)空调用冷(热)源与辅助设备安装

制冷(热)设备、附属设备、管道、管件及阀门等产品的性能及技术参数应符合设计要求,设备机组的外表不应有损伤,密封应良好,随机文件和配件应齐全。

制冷机组及附属设备的安装应符合下列规定:

(1)制冷(热)设备、制冷附属设备产品性能和技术参数应符合设计要求,并应具有产品合格证书、产品性能检验报告。

(2)设备的混凝土基础应进行质量交接验收,且应验收合格。

(3)设备安装的位置、标高和管口方向应符合设计要求。采用地脚螺栓固定的制冷设备或附属设备,垫铁的放置位置应正确,接触应紧密,每组垫铁不应超过3块;螺栓应紧固,并应采取防松动措施。

(4)整体组合式制冷机组机身纵、横向水平度的允许偏差应为0.1%。当采用垫铁调整机组水平度时,应接触紧密并相对固定。

(5)附属设备的安装应符合设备技术文件的要求,水平度或垂直度允许偏差应为0.1%。

(6)制冷设备或制冷附属设备基(机)座下减振器的安装位置应与设备重心相匹配,各个减振器的压缩量应均匀一致,且偏差不应大于2 mm。

(7)采用弹性减振器的制冷机组,应设置防止机组运行时水平位移的定位装置。

(8)冷热源与辅助设备的安装位置应满足设备操作及维修的空间要求,四周应有排水设施。

组装式的制冷机组和现场充注制冷剂的机组，应进行系统管路吹污、气密性试验、真空试验和充注制冷剂检漏试验，技术数据应符合产品技术文件和国家现行标准的有关规定。

制冷剂管道、管件的安装应符合下列规定：

(1)管道、管件的内外壁应清洁干燥，连接制冷机的吸、排气管道应设独立支架；管径小于或等于40 mm的铜管道，在与阀门连接处应设置支架。水平管道支架的间距不应大于1.5 m，垂直管道不应大于2.0 m；管道上、下平行敷设时，吸气管应在下方。

(2)制冷剂管道弯管的弯曲半径不应小于3.5倍管道直径，最大外径与最小外径之差不应大于0.8%的管道直径，且不应使用焊接弯管及皱褶弯管。

(3)制冷剂管道的分支管，应按介质流向弯成90°与主管连接，不宜使用弯曲半径小于1.5倍管道直径的压制弯管。

(4)铜管切口应平整，不得有毛刺、凹凸等缺陷，切口允许倾斜偏差应为管径的1%；管扩口应保持同心，不得有开裂及皱褶，并应有良好的密封面。

(5)铜管采用承插钎焊焊接连接时，其承、插口深度应符合规范规定，承口应迎着介质流动方向。当采用套管钎焊焊接连接时，插接深度不应小于规范中对最小承插连接的规定；当采用对接焊接时，管道内壁应齐平，错边量不应大于1%壁厚，且不大于1 mm。

(6)管道穿越墙体或楼板时，应加装套管；管道的支吊架和钢管的焊接应按规范规定执行。

制冷系统的吹扫排污应采用压力为0.5～0.6 MPa(表压)的干燥压缩空气或氮气，应以白色(布)标识靶检查5 min，目测无污物为合格。系统吹扫干净后，系统中阀门的阀芯拆下清洗应干净。

多联机空调(热泵)系统的安装应符合下列规定：

(1)多联机空调(热泵)系统室内机、室外机产品的性能、技术参数等应符合设计要求，并应具有出厂合格证、产品性能检验报告。

(2)室内机、室外机的安装位置、高度应符合设计及产品技术的要求，固定应可靠。室外机的通风条件应良好。

(3)制冷剂应根据工程管路系统的实际情况，通过计算后进行充注。

(4)安装在户外的室外机组应可靠接地，并应采取防雷保护措施。

(5)室外机的通风应通畅，不应有短路现象，运行时不应有异常噪声。当多台机组集中安装时，不应影响相邻机组的正常运行。

(6)室外机组应安装在设计专用平台上，并应采取减振与防止紧固螺栓松动的措施。

(7)风管式室内机的送、回风口之间，不应形成气流短路。风口安装应平整，且应与装饰线条相一致。

(8)室内外机组间冷媒管道的布置应采用合理的短捷路线，并应排列整齐。

(六)空调水系统管道与设备安装

空调水系统设备与附属设备的性能、技术参数，管道、管配件及阀门的类型、材质及连接形式应符合设计要求。

采用建筑塑料管道的空调水系统，管道材质及连接方法应符合设计和产品技术的要求，管道安装尚应符合下列规定：

(1)采用法兰连接时，两法兰面应平行，误差不得大于2 mm。密封垫为与法兰密封面相配套的平垫圈，不得突入管内或突出法兰之外。法兰连接螺栓应采用两次紧固，紧固后的螺母应与螺栓齐平或略低于螺栓。

(2)电熔连接或热熔连接的工作环境温度不应低于5 ℃环境。插口外表面与承口内表面应作小于0.2 mm的刮削,连接后同心度的允许误差应为2%;热熔熔接接口圆周翻边应饱满、匀称,不应有缺口状缺陷、海绵状的浮渣与目测气孔。接口处的错边应小于10%的管壁厚。承插接口的插入深度应符合设计要求,熔融的包浆在承、插件间形成均匀的凸缘,不得有裂纹凹陷等缺陷。

(3)采用密封圈承插连接的胶圈应位于密封槽内,不应有皱折扭曲。插入深度应符合产品要求。

管道的安装应符合下列规定:

(1)隐蔽安装部位的管道安装完成后,应在水压试验,合格后方能交付隐蔽工程的施工。

(2)并联水泵的出口管道进入总管应采用顺水流斜向插接的连接形式,夹角不应大于60°。

(3)系统管道与设备的连接应在设备安装完毕后进行。管道与水泵、制冷机组的接口应为柔性接管,且不得强行对口连接。与其连接的管道应设置独立支架。

(4)判定空调水系统管路冲洗、排污合格的条件是目测排出口的水色和透明度与入口的水对比应相近,且无可见杂物。当系统继续运行2 h以上,水质保持稳定后,方可与设备相贯通。

(5)固定在建筑结构上的管道支、吊架,不得影响结构体的安全。管道穿越墙体或楼板处应设钢制套管,管道接口不得置于套管内,钢制套管应与墙体饰面或楼板底部平齐,上部应高出楼层地面20~50 mm,且不得将套管作为管道支撑。当穿越防火分区时,应采用不燃材料进行防火封堵;保温管道与套管四周的缝隙应使用不燃绝热材料填塞紧密。

管道系统安装完毕,外观检查合格后,应按设计要求进行水压试验。当设计无要求时,应符合下列规定:

(1)冷(热)水、冷却水与蓄能(冷、热)系统的试验压力,当工作压力小于或等于1.0 MPa时,应为1.5倍工作压力,最低不应小于0.6 MPa;当工作压力大于1.0 MPa时,应为工作压力加0.5 MPa。

(2)系统最低点压力升至试验压力后,应稳压10 min,压力下降不得大于0.02 MPa,然后应将系统压力降至工作压力,外观检查无渗漏为合格。对于大型、高层建筑等垂直位差较大的冷(热)水、冷却水管道系统,当采用分区、分层试压时,在该部位的试验压力下,应稳压10 min,压力不得下降,再将系统压力降至该部位的工作压力,在60 min内压力不得下降、外观检查无渗漏为合格。

(3)各类耐压塑料管的强度试验压力(冷水)应为1.5倍工作压力,且不应小于0.9 MPa;严密性试验压力应为1.15倍的设计工作压力。

(4)凝结水系统采用通水试验,应以不渗漏,排水畅通为合格。

阀门的安装应符合下列规定:

(1)阀门安装前应进行外观检查,工作压力大于1.0 MPa及在主干管上起到切断作用和系统冷、热水运行转换调节功能的阀门和止回阀,应进行壳体强度和阀瓣密封性能的试验,且应试验合格。其他阀门可不单独进行试验。壳体强度试验压力应为常温条件下公称压力的1.5倍,持续时间不应少于5 min,阀门的壳体、填料应无渗漏。严密性试验压力应为公称压力的1.1倍,在试验持续的时间内应保持压力不变,阀门压力试验持续时间与允许泄漏量应符合规范规定。

提示

压力试验的介质为洁净水。用于不锈钢阀门的试验水,氯离子含量不得高于25 mg/L。

(2)阀门的安装位置、高度、进出口方向应符合设计要求,连接应牢固紧密。

(3)安装在保温管道上的手动阀门的手柄不得朝向下。

(4)动态与静态平衡阀的工作压力应符合系统设计要求,安装方向应正确。阀门在系统运行时,应按参数设计要求进行校核、调整。

(5)电动阀门的执行机构应能全程控制阀门的开启与关闭。

补偿器的安装应符合下列规定:

(1)补偿器的补偿量和安装位置应符合设计文件的要求,并应根据设计计算的补偿量进行预拉伸或预压缩。

(2)波纹管膨胀节或补偿器内套有焊缝的一端,水平管路上应安装在水流的流入端,垂直管路上应安装在上端。

(3)填料式补偿器应与管道保持同心,不得歪斜。

(4)补偿器一端的管道应设置固定支架,结构形式和固定位置应符合设计要求,并应在补偿器的预拉伸(或预压缩)前固定。

(5)滑动导向支架设置的位置应符合设计与产品技术文件的要求,管道滑动轴心应与补偿器轴心相一致。

金属管道与设备的现场焊接应符合下列规定:

(1)管道焊接材料的品种、规格、性能应符合设计要求。管道焊接坡口形式和尺寸应符合规范规定。对口平直度的允许偏差应为1%,全长不应大于10 mm。管道与设备的固定焊口应远离设备,且不宜与设备接口中心线相重合。管道的对接焊缝与支、吊架的距离应大于50 mm。

(2)管道现场焊接后,焊缝表面应清理干净,并应进行外观质量检查。

螺纹连接管道的螺纹应清洁规整,断丝或缺丝不应大于螺纹全扣数的10%。管道的连接应牢固,接口处的外露螺纹应为2~3扣,不应有外露填料。镀锌管道的镀锌层应保护完好,局部破损处应进行防腐处理。

法兰连接管道的法兰面应与管道中心线垂直,且应同心。法兰对接应平行,偏差不应大于管道外径的0.15%,且不得大于2 mm。连接螺栓长度应一致,螺母应在同一侧,并应均匀拧紧。紧固后的螺母应与螺栓端部平齐或略低于螺栓。法兰衬垫的材料、规格与厚度应符合设计要求。

风机盘管机组及其他空调设备与管道的连接,应采用耐压值大于或等于1.5倍工作压力的金属或非金属柔性接管,连接应牢固,不应有强扭和瘪管。冷凝水排水管的坡度应符合设计要求。当设计无要求时,管道坡度宜大于或等于0.8%,且应坡向出水口。设备与排水管的连接应采用软接,并应保持畅通。

金属管道的支、吊架的形式、位置、间距、标高应符合设计要求。当设计无要求时,应符合下列规定:

(1)支、吊架的安装应平整牢固,与管道接触应紧密,管道与设备连接处应设置独立支、吊架。当设备安装在减振基座上时,独立支架的固定点应为减振基座。

(2)冷(热)媒水、冷却水系统管道机房内总、干管的支、吊架，应采用承重防晃管架，与设备连接的管道管架宜采取减振措施。当水平支管的管架采用单杆吊架时，应在系统管道的起始点、阀门、三通、弯头处及长度每隔 15 m 处设置承重防晃支、吊架。

(3)无热位移的管道吊架的吊杆应垂直安装，有热位移的管道吊架的吊杆应向热膨胀(或冷收缩)的反方向偏移安装。偏移量应按计算位移量确定。

(4)滑动支架的滑动面应清洁平整，安装位置应满足管道要求，支承面中心应向反方向偏移 1/2 位移量或符合设计文件要求。

(5)管道支、吊架的焊接应符合规定。固定支架与管道焊接时，管道侧的咬边量应小于10% 的管壁厚度，且小于 1 mm。

(6)冷(热)水管道与支、吊架之间，应设置衬垫。衬垫的承压强度应满足管道全重，且应采用不燃与难燃硬质绝热材料或经防腐处理的木衬垫。衬垫的厚度不应小于绝热层厚度，宽度应大于等于支、吊架支承面的宽度。衬垫的表面应平整、上下两衬垫接合面的空隙应填实。

除污器、自动排气装置等管道部件的安装应符合下列规定：

(1)阀门安装的位置及进、出口方向应正确且应便于操作。连接应牢固紧密，启闭应灵活。成排阀门的排列应整齐美观，在同一平面上的允许偏差不应大于 3 mm。

(2)电动、气动等自控阀门安装前应进行单体调试，启闭试验应合格。

(3)冷(热)水和冷却水系统的水过滤器应安装在进入机组、水泵等设备前端的管道上，安装方向应正确，安装位置应便于滤网的拆装和清洗，与管道连接应牢固严密。过滤器滤网的材质、规格应符合设计要求。

(4)闭式管路系统应在系统最高处及所有可能积聚空气的管段高点设置排气阀，在管路最低点应设有排水管及排水阀。

冷却塔安装应符合下列规定：

(1)基础的位置、标高应符合设计要求，允许误差应为 ±20 mm，进风侧距建筑物应大于 1 m。冷却塔部件与基座的连接应采用镀锌或不锈钢螺栓，固定应牢固。

(2)冷却塔安装应水平，单台冷却塔的水平度和垂直度允许偏差应为 0.2%。多台冷却塔安装时，排列应整齐，各台开式冷却塔的水面高度应一致，高度偏差值不应大于 30 mm。当采用共用集管并联运行时，冷却塔集水盘(槽)之间的连通管应符合设计要求。

(3)冷却塔的集水盘应严密、无渗漏，进、出水口的方向和位置应正确。静止分水器的布水应均匀；转动布水器喷水出口方向应一致，转动应灵活、水量应符合设计或产品技术文件的要求。

(4)冷却塔风机叶片端部与塔身周边的径向间隙应均匀。可调整角度的叶片，角度应一致，并应符合产品技术文件要求。

(5)有水冻结危险的地区，冬季使用的冷却塔及管道应采取防冻与保温措施。

水泵及附属设备的安装应符合下列规定：

(1)水泵的平面位置和标高允许偏差应为 ±10 mm，安装的地脚螺栓应垂直，且与设备底座应紧密固定。

(2)垫铁组放置位置应正确、平稳，接触应紧密，每组不应大于 3 块。

(3)整体安装的泵的纵向水平偏差不应大于 0.01%，横向水平偏差不应大于 0.02%。

组合安装的泵的纵、横向安装水平偏差不应大于0.005%。水泵与电机采用联轴器连接时，联轴器两轴芯的轴向倾斜不应大于0.02%，径向位移不应大于0.05 mm。整体安装的小型管道水泵目测应水平，不应有偏斜。

(4)减振器与水泵及水泵基础的连接，应牢固平稳、接触紧密。

(七)防腐与绝热

空调设备、风管及其部件的绝热工程施工应在风管系统严密性检验合格后进行。

制冷剂管道和空调水系统管道绝热工程的施工，应在管路系统强度和严密性检验合格和防腐处理结束后进行。

防腐工程施工时，应采取防火、防冻、防雨等措施，且不应在潮湿或低于5 ℃的环境下作业。绝热工程施工时，应采取防火、防雨等措施。

风管和管道防腐涂料的品种及涂层层数应符合设计要求，涂料的底漆和面漆应配套。

风管和管道的绝热层、绝热防潮层和保护层，应采用不燃或难燃材料，材质、密度、规格与厚度应符合设计要求。

防腐涂料的涂层应均匀，不应有堆积、漏涂、皱纹、气泡、掺杂及混色等缺陷。

设备、部件、阀门的绝热和防腐涂层，不得遮盖铭牌标志和影响部件、阀门的操作功能；经常操作的部位应采用能单独拆卸的绝热结构。

绝热层应满铺，表面应平整，不应有裂缝、空隙等缺陷。当采用卷材或板材时，允许偏差应为5 mm；当采用涂抹或其他方式时，允许偏差应为10 mm。

橡塑绝热材料的施工应符合下列规定：

(1)黏结材料应与橡塑材料相适用，无溶蚀被黏结材料的现象。

(2)绝热层的纵、横向接缝应错开，缝间不应有孔隙，与管道表面应贴合紧密，不应有气泡。

(3)矩形风管绝热层的纵向接缝宜处于管道上部。

(4)多重绝热层施工时，层间的拼接缝应错开。

风管绝热材料采用保温钉固定时，应符合下列规定：

(1)保温钉与风管、部件及设备表面的连接，应采用黏结或焊接，结合应牢固，不应脱落；不得采用抽芯铆钉或自攻螺丝等破坏风管严密性的固定方法。

(2)矩形风管及设备表面的保温钉应均布，风管保温钉数量应符合规范规定。首行保温钉距绝热材料边沿的距离应小于120 mm，保温钉的固定压片应松紧适度、均匀压紧。

(3)绝热材料纵向接缝不宜设在风管底面。

管道采用玻璃棉或岩棉管壳保温时，管壳规格与管道外径应相匹配，管壳的纵向接缝应错开，管壳应采用金属丝、黏结带等捆扎，间距应为300～350 mm，且每节至少应捆扎两道。

风管及管道的绝热防潮层(包括绝热层的端部)应完整，并应封闭良好。立管的防潮层环向搭接缝口应顺水流方向设置；水平管的纵向缝应位于管道的侧面，并应顺水流方向设置；带有防潮层绝热材料的拼接缝应采用粘胶带封严，缝两侧粘胶带黏结的宽度不应小于20 mm。胶带应牢固地粘贴在防潮层面上，不得有胀裂和脱落。

绝热涂抹材料作绝热层时，应分层涂抹，厚度应均匀，不得有气泡和漏涂等缺陷，表面固化层应光滑牢固，不应有缝隙。

金属保护壳的施工应符合下列规定:

(1)金属保护壳板材的连接应牢固严密,外表应整齐平整。

(2)圆形保护壳应贴紧绝热层,不得有脱壳、褶皱、强行接口等现象。接口搭接应顺水流方向设置,并应有凸筋加强,搭接尺寸应为 20~25 mm。采用自攻螺钉紧固时,螺钉间距应匀称,且不得刺破防潮层。

(3)矩形保护壳表面应平整,楞角应规则,圆弧应均匀,底部与顶部不得有明显的凸肚及凹陷。

(4)户外金属保护壳的纵、横向接缝应顺水流方向设置,纵向接缝应设在侧面。保护壳与外墙面或屋顶的交接处应设泛水,且不应渗漏。

(八)系统调试

1. 一般规定

通风与空调工程竣工验收的系统调试,应由施工单位负责,监理单位监督,设计单位与建设单位参与和配合。系统调试可由施工企业或委托具有调试能力的其他单位进行。

系统调试前应编制调试方案,并应报送专业监理工程师审核批准。系统调试应由专业施工和技术人员实施,调试结束后,应提供完整的调试资料和报告。

系统调试所使用的测试仪器应在使用合格检定或校准合格有效期内,精度等级及最小分度值应能满足工程性能测定的要求。

通风与空调工程系统非设计满负荷条件下的联合试运转及调试,应在制冷设备和通风与空调设备单机试运转合格后进行。

净化空调系统运行前,应在回风、新风的吸入口处和粗、中效过滤器前设置临时无纺布过滤器。净化空调系统的检测和调整应在系统正常运行 24 h 及以上,达到稳定后进行。工程竣工洁净室(区)洁净度的检测应在空态或静态下进行。检测时,室内人员不宜多于 3 人,并应穿着与洁净室等级相适应的洁净工作服。

2. 主控项目

通风与空调工程安装完毕后应进行系统调试。系统调试应包括下列内容:设备单机试运转及调试;系统非设计满负荷条件下的联合试运转及调试。

设备单机试运转及调试应符合下列规定:

(1)通风机、空气处理机组中的风机,叶轮旋转方向应正确、运转应平稳、应无异常振动与声响,电机运行功率应符合设备技术文件要求。在额定转速下连续运转 2 h 后,滑动轴承外壳最高温度不得大于 70 ℃,滚动轴承不得大于 80 ℃。

(2)水泵叶轮旋转方向应正确,应无异常振动和声响,紧固连接部位应无松动,电机运行功率应符合设备技术文件要求。水泵连续运转 2 h 滑动轴承外壳最高温度不得超过 70 ℃,滚动轴承不得超过 75 ℃。

(3)冷却塔风机与冷却水系统循环试运行不应小于 2 h,运行应无异常。冷却塔本体应稳固、无异常振动。

(4)制冷机组的试运转除应符合设备技术文件和现行国家标准的规定外,尚应符合下列规定。机组运转应平稳、应无异常振动与声响;各连接和密封部位不应有松动、漏气、漏油等现象;吸、排气的压力和温度应在正常工作范围内;能量调节装置及各保护继电器、安全装置的动作应正确、灵敏、可靠;正常运转不应少于 8 h。

(5)多联式空调(热泵)机组系统应在充灌定量制冷剂后,进行系统的试运转,并应符合下列规定。

①系统应能正常输出冷风或热风,在常温条件下可进行冷热的切换与调控。

②室外机的试运转应符合规定。

③室内机的试运转不应有异常振动与声响,百叶板动作应正常,不应有渗漏水现象,运行噪声应符合设备技术文件要求。

④具有可同时供冷、热的系统,应在满足当季工况运行条件下,实现局部内机反向工况的运行。

(6)电动调节阀、电动防火阀、防排烟风阀(口)的手动、电动操作应灵活可靠,信号输出应正确。

系统非设计满负荷条件下的联合试运转及调试应符合下列规定:

(1)系统总风量调试结果与设计风量的允许偏差应为 -5% ~ +10%,建筑内各区域的压差应符合设计要求。

(2)变风量空调系统联合调试应符合下列规定。

①系统空气处理机组应在设计参数范围内对风机实现变频调速。

②空气处理机组在设计机外余压条件下,系统总风量应满足规范要求,新风量的允许偏差应为 0 ~ +10%。

③变风量末端装置的最大风量调试结果与设计风量的允许偏差应为 0 ~ +15%。

④改变各空调区域运行工况或室内温度设定参数时,该区域变风量末端装置的风阀(风机)动作(运行)应正确。

⑤改变室内温度设定参数或关闭部分房间空调末端装置时,空气处理机组应自动正确地改变风量。

⑥应正确显示系统的状态参数。

(3)空调冷(热)水系统、冷却水系统的总流量与设计流量的偏差不应大于10%。

净化空调系统应符合下列规定:

(1)单向流洁净室系统的系统总风量允许偏差应为 0 ~ +10%,室内各风口风量的允许偏差应为 0 ~ +15%。

(2)单向流洁净室系统的室内截面平均风速的允许偏差应为 0 ~ +10%,且截面风速不均匀度不应大于0.25。

(3)相邻不同级别洁净室之间和洁净室与非洁净室之间的静压差不应小于5 Pa,洁净室与室外的静压差不应小于10 Pa。

(4)室内空气洁净度等级应符合设计要求或为商定验收状态下的等级要求。

(5)各类通风、化学实验柜、生物安全柜在符合或优于设计要求的负压下运行应正常。

空调制冷系统、空调水系统与空调风系统的非设计满负荷条件下的联合试运转及调试,正常运转不应少于8 h,除尘系统不应少于2 h。

链接

根据《通风与空调工程施工规范》,通风系统的连续试运行不应少于2 h,空调系统带冷(热)源的连续试运行不应少于8 h。联合试运行与调试不在制冷期或采暖期时,仅做不带冷(热)源的试运行与调试,并应在第一个制冷期或采暖期内补做。

3. 一般项目

设备单机试运转及调试应符合下列规定：

(1)水泵运行时壳体密封处不得渗漏，紧固连接部位不应松动，轴封的温升应正常，普通填料密封的泄漏水量不应大于60 mL/h，机械密封的泄漏水量不应大于5 mL/h。

(2)冷却塔运行产生的噪声不应大于设计及设备技术文件的规定值，水流量应符合设计要求。冷却塔的自动补水阀应动作灵活，试运转工作结束后，集水盘应清洗干净。

通风系统非设计满负荷条件下的联合试运行及调试应符合下列规定：

(1)系统经过风量平衡调整，各风口及吸风罩的风量与设计风量的允许偏差不应大于15%。

(2)设备及系统主要部件的联动应符合设计要求，动作应协调正确，不应有异常现象。

(3)湿式除尘与淋洗设备的供、排水系统运行应正常。

空调系统非设计满负荷条件下的联合试运转及调试应符合下列规定：

(1)空调水系统应排除管道系统中的空气，系统连续运行应正常平稳，水泵的流量、压差和水泵电机的电流不应出现10%以上的波动。

(2)水系统平衡调整后，定流量系统的各空气处理机组的水流量应符合设计要求，允许偏差应为15%；变流量系统的各空气处理机组的水流量应符合设计要求，允许偏差应为10%。

(3)冷水机组的供回水温度和冷却塔的出水温度应符合设计要求；多台制冷机或冷却塔并联运行时，各台制冷机及冷却塔的水流量与设计流量的偏差不应大于10%。

(4)舒适性空调的室内温度应优于或等于设计要求，恒温恒湿和净化空调的室内温、湿度应符合设计要求。

(5)压差有要求的房间、厅堂与其他相邻房间之间的气流流向应正确。

通风与空调工程通过系统调试后，监控设备与系统中的检测元件和执行机构应正常沟通，应正确显示系统运行的状态，并应完成设备的连锁、自动调节和保护等功能。

链接

根据《通风与空调工程施工规范》，系统无生产负荷下的联合试运行与调试应包括下列内容：监测与控制系统的检验、调整与联动运行；系统风量的测定和调整；空调水系统的测定和调整；变制冷剂流量多联机系统联合试运行与调试；变风量(VAV)系统联合试运行与调试；室内空气参数的测定和调整；防排烟系统测定和调整。

(九)通风与空调工程施工质量验收

供暖通风空调系统节能工程采用的材料、构件和设备施工进场复验应包括下列内容：

(1)散热器的单位散热量、金属热强度。

(2)风机盘管机组的供冷量、供热量、风量、水阻力、功率及噪声。

(3)绝热材料的导热系数或热阻、密度、吸水率。

通风与空调工程的竣工验收应由建设单位组织，施工、设计、监理等单位参加，验收合格后应办理竣工验收手续。

通风与空调工程竣工验收时，各设备及系统应完成调试，并可正常运行。

链接

通风与空调工程中，包含有节能工程部分，其验收应遵循《建筑节能工程施工质量验收标准》的相关规定。主要验收指标包括室内温度，各风口风量，总风量，空调机组的水流量，空调系统的冷热水、冷却水总流量等。

模块四 建筑智能化工程施工技术

一、建筑智能化工程概述

建筑智能化工程即智能建筑的施工。智能建筑是指以建筑物为平台，基于对各类智能化信息的综合应用，集架构、系统、应用、管理及优化组合为一体，具有感知、传输、记忆、推理、判断和决策的综合智慧能力，形成以人、建筑、环境互为协调的整合体，为人们提供安全、高效、便利及可持续发展功能环境的建筑。

根据《建筑工程施工质量验收统一标准》，智能建筑工程可划分为智能化集成系统、信息接入系统、用户电话交换系统、信息网络系统、综合布线系统、移动通信室内信号覆盖系统、卫星通信系统、有线电视及卫星电视接收系统、公共广播系统、会议系统、信息导引及发布系统、时钟系统、信息化应用系统、建筑设备监控系统、火灾自动报警系统、安全技术防范系统、应急响应系统、机房工程、防雷与接地等子分部工程。

二、智能建筑工程施工的基本规定

材料设备准备应符合下列规定：

(1)材料、设备应附有产品合格证、质检报告，设备应有产品合格证、质检报告、说明书等；进口产品应提供原产地证明和商检证明、质量合格证明、检测报告及安装、使用、维护说明书的中文文本。

(2)检查线缆、设备的品牌、产地、型号、规格、数量及外观，主要技术参数及性能等均应符合设计要求，外表无损伤，填写进场检验记录，并封存线缆、器件样品。

(3)有源设备应通电检查，确认设备正常。

(4)按照合同文件和工程设计文件进行的进场验收，应有书面记录和参加人签字，并应经监理工程师或建设单位验收人员确认。

(5)应对材料，设备的外观、规格、型号、数量及产地等进行检查复核。

(6)主要设备、材料应有生产厂家的质量合格证明文件及性能的检测报告。

(7)设备及材料的质量检查应包括安全性、可靠性及电磁兼容性等项目，并应由生产厂家出具相应检测报告。

设备材料进场检验记录和设备开箱检验记录应符合下列规定：

(1)设备材料进场检验记录应由施工单位填写、监理(建设)单位的监理工程师(项目专业工程师)作出检查结论，且记录的格式应符合相关规定。

(2)设备开箱检验记录应符合现行国家标准《智能建筑工程施工规范》的规定。

接口的质量控制除应检查上述规定的内容外，尚应符合下列规定：

(1)接口技术文件应符合合同要求;接口技术文件应包括接口概述、接口框图、接口位置、接口类型与数量、接口通信协议、数据流向和接口责任边界等内容。

(2)根据工程项目实际情况修订的接口技术文件应经过建设单位、设计单位、接口提供单位和施工单位签字确认。

(3)接口测试文件应符合设计要求;接口测试文件应包括测试链路搭建、测试用仪器仪表、测试方法、测试内容和测试结果评判等内容。

(4)接口测试应符合接口测试文件要求,测试结果记录应由接口提供单位、施工单位、建设单位和项目监理机构签字确认。

系统全部安装完成、系统试运行合格后应进行系统检测。系统检测前应提交以下资料:工程技术文件;设备材料进场检验记录和设备开箱检验记录;自检记录;分项工程质量验收记录;试运行记录。

系统检测的组织应符合下列规定:建设单位应组织项目检测小组;项目检测小组应指定检测负责人;公共机构的项目检测小组应由有资质的检测单位组成。

系统检测应符合下列规定:

(1)应依据工程技术文件和规范规定的检测项目、检测数量及检测方法编制系统检测方案,检测方案应经建设单位或项目监理机构批准后实施。

(2)应按系统检测方案所列检测项目进行检测,系统检测的主控项目和一般项目应符合规定。

(3)系统检测应按照先分项工程,再子分部工程,最后分部工程的顺序进行,并填写《分项工程检测记录》《子分部工程检测记录》和《分部工程检测汇总记录》。

(4)分项工程检测记录由检测小组填写,检测负责人作出检测结论,监理(建设)单位的监理工程师(项目专业技术负责人)签字确认,且记录的格式应符合规范规定。

(5)子分部工程检测记录由检测小组填写,检测负责人作出检测结论,监理(建设)单位的监理工程师(项目专业技术负责人)签字确认,且记录的格式应符合规范规定。

(6)分部工程检测汇总记录由检测小组填写,检测负责人作出检测结论,监理(建设)单位的监理工程师(项目专业技术负责人)签字确认,且记录的格式应符合规范规定。

提示

建筑智能化系统调试工作应由项目专业技术负责人主持。

三、综合布线系统施工及检测要求

综合布线系统是指能使建筑物或建筑群内部的语音、数据通信设备、信息交换设备、物业管理及自动化管理设备等系统彼此相连,又能使建筑物内信息通信设备与外部的信息通信网络相连的建筑物或建筑群内部信息通信、设备传输信号的物理链路。

线缆敷设应符合下列规定:

(1)线缆敷设前应就线缆进行导通测试。

(2)线缆应自然平直布放,不应交叉缠绕、打圈,牵引力均衡。

(3)同轴电缆应一线到位,中间无接头。

(4)电缆沟线缆敷设,应敷设在沟道内的支架上或线槽内。当线缆进入建筑物后,线缆沟道与建筑物间应隔离密封。

(5)电缆和电力线平行或交叉敷设时,其间距不得小于0.3 m;电力线与信号线交叉敷设时,宜成直角。

(6)采用明敷和非金属管(槽)敷设的信号传输电缆与具有强磁场、强电场的电气设备之间的净距离,宜大于1.5 m,当采用屏蔽电缆或穿金属保护管或在金属封闭线槽内敷设时,宜大于0.8 m。

光缆敷设应符合下列规定:

(1)敷设光缆前应对光纤进行检查,光纤应无断点,其衰耗值应满足设计要求;核对光缆长度,并应根据施工图的敷设长度来选配光缆;配盘时应使接头避开河沟、交通要道和其他障碍物;架空光缆的接头应设在杆旁1 m以内。

(2)敷设时应对光缆的牵引端头做好技术处理,应合理控制牵引力和牵引速度;牵引力加在加强芯上,其牵引力不应大于150 kg,牵引速度应为10 m/min;一次牵引的直线长度不应大于1 km,光纤接头的预留长度不应小于8 m。

链接

敷设光缆时,其最小动态弯曲半径应大于光缆外径的20倍,最小静态弯曲半径应大于光缆外径的10倍。

穿管(槽)线缆敷设应符合下列规定:

(1)线缆穿管前应检查保护管是否畅通,管口应加护圈,防止穿管时损伤导线。

(2)导线在管内或线槽内不应有接头和扭结。导线接头应在接线盒内焊接或用端子连接。

光缆接续应符合下列规定:

(1)光缆敷设后,应检查光纤有无损伤。

(2)应采用熔接方式接续;不得损伤光纤,纤序对应相接,应采用光功率计或其他仪器进行监视,使接续损耗达到最小。

(3)光缆加强芯在接头盒内必须固定牢固,光缆熔接处应加以保护和固定。

(4)光缆接续完成后,应测量通道的总损耗,宜测量接续点的损耗,并记录光纤通道全程波导衰减特性曲线。

综合布线系统检测应包括电缆系统和光缆系统的性能测试,且电缆系统测试项目应根据布线信道或链路的设计等级和布线系统的类别要求确定。

综合布线的标签和标识应按10%抽检,综合布线管理软件功能应全部检测。检测结果符合设计要求的,应判为检测合格。

四、有线电视及卫星电视接收系统施工及检测要求

有线电视及卫星电视接收系统工程施工前应具备相应的现场勘察、设计文件及图纸等资料,并应按照设计图纸施工。

有线电视及卫星电视接收系统的设备及器材的进场验收,除应符合规范规定外,尚应检

查国家广播电视总局或有资质检测机构颁发的有效认定标识。

对有线电视及卫星电视接收系统进行主观评价和客观测试时，应选用标准测试点，并应符合下列规定：

(1)系统的输出端口数量小于 1 000 时，测试点不得少于 2 个；系统的输出端口数量大于等于 1 000 时，每 1 000 点应选取(2 ~ 3)个测试点。

(2)对于基于 HFC 或同轴传输的双向数字电视系统，主观评价的测试点数应符合上述第(1)条的规定，客观测试点的数量不应少于系统输出端口数量的 5%，测试点数不应少于 20 个。

(3)测试点应至少有一个位于系统中主干线的最后一个分配放大器之后的点。

客观测试应包括下列内容，且检测结果符合设计要求应判定为合格：

(1)应测试卫星接收电视系统的接收频段、视频系统指标及音频系统指标。

(2)应测量有线电视系统的终端输出电平。

五、公共广播系统施工及检测要求

公共广播系统可包括业务广播、背景广播和紧急广播。检测和验收的范围应根据设计要求确定。

室外广播传输线缆应穿管埋地或在电缆沟内敷设，室内广播传输线缆应穿管或用线槽敷设。广播系统的功率传输线线缆应用专用线槽和线管敷设。广播系统功率传输线路，其绝缘电压等级应与其额定传输电压相容，其接头不得裸露，电位不等的接头应分别进行绝缘处理。广播系统传输线缆应减少接头数量，接头应妥善包扎并放在检查盒内。

广播扬声器与广播线路之间的接头应接触良好，不同电位的接头应分别绝缘，宜采用压接套管和压接工具连接。广播扬声器的安装固定应安全可靠。安装扬声器的路杆、桁架、墙体、棚顶和紧固件应具有足够的承载能力。室外安装的广播扬声器应采取防潮、防雨和防霉措施，在有盐雾、硫化物等污染区安装时，应采取防腐蚀措施。

公共广播系统检测时，应打开广播分区的全部广播扬声器，测量点宜均匀布置，且不应在广播扬声器附近和其声辐射轴线上。

公共广播系统检测时，应检测公共广播系统的应备声压级，检测结果符合设计要求的应判定为合格。

公共广播系统检测时，应检测紧急广播的功能和性能，检测结果符合设计要求的应判定为合格。公共广播系统的检测应符合下列规定：

(1)当公共广播系统具有紧急广播功能时，应验证紧急广播具有最高优先权，并应以现场环境噪声为基准，检测紧急广播的信噪比。

(2)当紧急广播系统具有火灾应急广播功能时，应检查传输线缆、电缆槽盒和导管的防火保护措施。

公共广播系统检测时，应检测业务广播和背景广播的功能，符合设计要求的应判定为合格。公共广播系统检测时，应检测公共广播系统的声场不均匀度、漏出声衰减及系统设备信噪比，检测结果符合设计要求的应判定为合格。公共广播系统检测时，应检查公共广播系统的扬声器位置，分布合理、符合设计要求的应判定为合格。

六、建筑设备监控系统施工及检测要求

建筑设备监控系统是指将建筑设备采用传感器、执行器、控制器、人机界面、数据库、通信网络、管线及辅助设施等连接起来，并配有软件进行监视和控制的综合系统，简称监控系统。

（一）建筑设备监控系统施工

建筑设备监控系统的实施程序为：建筑设备自动监控需求调研→监控方案设计与评审→工程承包商的确定→设备供应商的确定→施工图深化设计→工程施工及质量控制→工程检测→管理人员培训→工程验收开通→投入运行。

建筑设备监控系统主要由以下设备组成：

（1）控制台、网络控制器、服务器、工作站等控制中心设备。

（2）温度、湿度、压力、压差、流量、空气质量等各类传感器作为输入设备。

（3）电动调节阀、电动风阀、电动水阀、电磁阀等执行器作为输出设备。

（4）现场控制器。

链接

电动调节阀是由电动执行机构和调节阀组合成的调节装置。根据调节阀的类型选择电动执行机构，电动执行机构的输出方式有直行程、角行程、多转式等。

控制中心设备的安装应符合下列规定：

（1）控制台安装位置应符合设计要求，安装应平稳牢固，且应便于操作维护。

（2）控制台内机架、配线、接地应符合设计要求。

（3）网络控制器宜安装在控制台内机架上，安装应牢固。

（4）服务器、工作站、打印机等设备应按施工图纸要求进行安装，布置应整齐、稳固。

（5）控制中心设备的电源线缆、通信线缆及控制线缆的连接应符合设计要求，理线应整齐，并应避免交叉、做好标识。

传感器、执行器接线盒的引入口不宜朝上，当不可避免时，应采取密封措施。传感器、执行器的安装应严格按照说明书的要求进行，接线应按照接线图和设备说明书进行，配线应整齐，不宜交叉，并应固定牢靠，端部均应标明编号。水管型温度传感器、水管压力传感器、水流开关、水管流量计应安装在水流平稳的直管段，应避开水流流束死角，且不宜安装在管道焊缝处。风管型温、湿度传感器、压力传感器、空气质量传感器应安装在风管的直管段且气流流束稳定的位置，且应避开风管内通风死角。

空气质量传感器应安装在气流稳定，基本上能代表该区域空气质量的位置，不易受到窗、门和风口的影响，并应考虑与其他开关的协调性，尽量美观。

传感器、执行器均不应被保温材料遮盖。风管压力、温度、湿度、空气质量、空气速度等传感器和压差开关应在风管保温完成并经吹扫后安装。传感器、执行器宜安装在光线充足、方便操作的位置；应避免安装在有振动、潮湿、易受机械损伤、有强电磁场干扰、高温的位置。传感器、执行器安装过程中不应敲击、振动，安装应牢固、平正；安装传感器、执行器的各种构件间应连接牢固、受力均匀，并应作防锈处理。水管型温度传感器、水管型压力传感器、蒸汽压力传感器、水流开关的安装宜与工艺管道安装同时进行。水管型压力、压差、蒸汽压力传

感器、水流开关、水管流量计等安装套管的开孔与焊接，应在工艺管道的防腐、衬里、吹扫和压力试验前进行。

链接

关于输入设备，历年考试还会考查下列内容：

(1)现场控制器和传感器的安装应固定牢靠；各连接线的接线应符合设计要求，不得影响维修及人员的作业。镍温度传感器的接线电阻应小于3 Ω，铂温度传感器的接线电阻应小于1 Ω。

(2)电磁流量计应安装在流量调节阀的上游。涡轮流量传感器应水平安装，其壳体上的明显处应有流向标志，且流体的流动方向应与其一致。

电动水阀、电磁阀的安装应符合下列规定：

(1)阀体上箭头的指向应与水流方向一致，并应垂直安装于水平管道上。

(2)阀门执行机构应安装牢固、传动应灵活，且不应有松动或卡涩现象，阀门应处于便于操作的位置。

(3)有阀位指示装置的阀门，其阀位指示装置应面向便于观察的位置。

(二)建筑设备监控系统检测

建筑设备监控系统检测应以系统功能测试为主，系统性能评测为辅。

建筑设备监控系统检测应采用中央管理工作站显示与现场实际情况对比的方法进行。

暖通空调监控系统的功能检测应符合下列规定：

(1)检测内容应按设计要求确定。

(2)冷热源的监测参数应全部检测；空调、新风机组的监测参数应按总数的20%抽检，且不应少于5台，不足5台时应全部检测；各种类型传感器、执行器应按10%抽检，且不应少于5只，不足5只时应全部检测。

(3)抽检结果全部符合设计要求的应判定为合格。

变配电监测系统的功能检测应符合下列规定：

(1)检测内容应按设计要求确定。

(2)对高低压配电柜的运行状态、变压器的温度、储油罐的液位、各种备用电源的工作状态和联锁控制功能等应全部检测；各种电气参数检测数量应按每类参数抽20%，且数量不应少于20点，数量少于20点时应全部检测。

(3)抽检结果全部符合设计要求的应判定为合格。

公共照明监控系统的功能检测应符合下列规定：

(1)检测内容应按设计要求确定。

(2)应按照明回路总数的10%抽检，数量不应少于10路，总数少于10路时应全部检测。

(3)抽检结果全部符合设计要求的应判定为合格。

给排水监控系统的功能检测应符合下列规定：

(1)检测内容应按设计要求确定。

(2)给水和中水监控系统应全部检测；排水监控系统应抽检50%，且不得少于5套，总数少于5套时应全部检测。

(3)抽检结果全部符合设计要求的应判定为合格。

电梯和自动扶梯监测系统应检测启停、上下行、位置、故障等运行状态显示功能。检测结果符合设计要求的应判定为合格。

能耗监测系统应检测能耗数据的显示、记录、统计、汇总及趋势分析等功能。检测结果符合设计要求的应判定为合格。

七、安全技术防范系统施工及检测要求

安全技术防范系统可包括安全防范综合管理系统、入侵报警系统、视频安防监控系统、出入口控制系统、电子巡查系统和停车库(场)管理系统等子系统。

(一)安全技术防范系统施工

安全防范工程中使用的设备、材料必须符合国家法规和现行相关标准的要求,并经检测或认证合格。

安全技术防范系统工程实施的质量控制除应符合规范规定外,对于列入国家强制性认证产品目录的安全防范产品尚应检查产品的认证证书或检测报告。

安全防范工程建设程序应划分项目立项、工程设计、工程施工、工程初步验收与试运行、工程检验验收及移交、系统运行维护等主要阶段。

设备安装前应对设备进行规格型号检查、通电测试。设备安装应平稳、牢固、便于操作维护,避免人身伤害,并与周边环境相协调。

入侵和紧急报警设备安装应符合下列规定:

(1)各类探测器的安装点(位置和高度)应符合所选产品的特性、警戒范围要求和环境影响等。

(2)入侵探测器的安装,应确保对防护区域的有效覆盖,当多个探测器的探测范围有交叉覆盖时应避免相互干扰。

(3)周界入侵探测器的安装,应能保证防区交叉,避免盲区。

(4)需要隐蔽安装的紧急按钮,应便于操作。

视频监控设备安装应符合下列规定:

(1)摄像机、拾音器的安装具体地点、安装高度应满足监视目标视场范围要求,注意防破坏。

(2)在强电磁干扰环境下,摄像机安装应与地绝缘隔离。

(3)电梯厢内摄像机的安装位置及方向应能满足对乘员有效监视的要求。

(4)信号线和电源线应分别引入,外露部分应用软管保护,并不影响云台转动。

(5)摄像机辅助光源等的安装不应影响行人、车辆正常通行。

(6)云台转动角度范围应满足监视范围的要求;云台应运转灵活、运行平稳。云台转动时监视画面应无明显抖动。

出入口控制设备安装应符合下列规定:

(1)各类识读装置的安装应便于识读操作。

(2)感应式识读装置在安装时应注意可感应范围,不得靠近高频、强磁场。

(3)受控区内出门按钮的安装,应保证在受控区外不能通过识读装置的过线孔触及出门按钮的信号线。

(4)锁具安装应保证在防护面外无法拆卸。

停车库(场)安全管理设备安装应符合下列规定:

(1)读卡机(IC 卡机、磁卡机、出票读卡机、验卡票机)与挡车器安装应平整,保持与水平面垂直、不得倾斜,读卡机应方便驾驶员读卡操作;当安装在室外时,应考虑防水及防撞措施。

(2)读卡机与挡车器的中心间距应符合设计要求或产品使用要求。

(3)读卡机(IC 卡机、磁卡机、出票读卡机、验卡票机)与挡车器感应线圈埋设位置与埋设深度应符合设计要求或产品使用要求;感应线圈至机箱处的线缆应采用金属管保护,并注意与环境相协调。

(4)智能摄像机安装的位置、角度,应满足车辆号牌字符、号牌颜色、车身颜色、车辆特征、人员特征等相关信息采集的需要。

(5)车位状况信号指示器应安装在车道出入口的明显位置。安装在室外时,应考虑防水措施。

(6)车位引导显示器应安装在车道中央上方,便于识别与引导。

监控中心设备安装应符合下列规定:

(1)控制、显示等设备屏幕应避免光线直射,当不可避免时,应采取避光措施;在控制台、机柜(架)、电视墙内安装的设备应有通风散热措施,内部接插件与设备连接应牢靠。

(2)控制台、机柜(架)、电视墙不应直接安装在活动地板上。

(3)设备金属外壳、机架、机柜、配线架、各类金属管道、金属线槽、建筑物金属结构等应进行等电位联结并接地。

(4)设备间设备安装应考虑设备安置面的承重能力,必要时应安装散力架。

(二)安全技术防范系统调试与检测

系统调试前,应根据设计文件、设计任务书、施工计划,编制系统调试方案。

系统调试过程中,应及时、真实填写调试记录。

系统调试完毕后,应编写调试报告,系统主要功能、性能指标应满足设计要求。

出入口控制系统调试应至少包括下列内容:

(1)识读装置、控制器、执行装置、管理设备等调试。

(2)各种识读装置在使用不同类型凭证时的系统开启、关闭、提示、记忆、统计、打印等判别与处理。

(3)各种生物识别技术装置的目标识别。

(4)系统出入授权/控制策略,受控区设置、单/双向识读控制、防重入、复合/多重识别、防尾随、异地核准等。

(5)与出入口控制系统共用凭证或其介质构成的一卡通系统设置与管理。

(6)出入口控制子系统与消防通道门和入侵报警、视频监控、电子巡查等子系统间的联动或集成。

(7)指示/通告、记录/存储等。

(8)出入口控制系统的其他功能。

停车库(场)安全管理系统调试应至少包括下列内容:

(1)读卡机、检测设备、指示牌、挡车/阻车器等。
(2)读卡机刷卡的有效性及其响应速度。
(3)线圈、摄像机、射频、雷达等检测设备的有效性及响应速度。
(4)挡车/阻车器的开放和关闭的动作时间。
(5)车辆进出、号牌/车型复核、指示/通告、车辆保护、行车疏导等。
(6)与停车库(场)安全管理系统相关联的停车收费系统设置、显示、统计与管理。
(7)停车库(场)安全管理系统的其他功能。

电子巡查系统调试应至少包括下列内容:
(1)识读装置、采集装置、管理终端等。
(2)巡查轨迹、时间、巡查人员的巡查路线设置与一致性检查。
(3)巡查异常规则的设置与报警验证。
(4)巡查活动的状态监测及意外情况的及时报警。
(5)数据采集、记录、统计、报表、打印等。
(6)电子巡查系统的其他功能。

安全技术防范系统检测应符合下列规定:
(1)子系统功能应按设计要求逐项检测。
(2)摄像机、探测器、出入口识读设备、电子巡查信息识读器等设备抽检的数量不应低于20%,且不应少于3台,数量少于3台时应全部检测。
(3)抽检结果全部符合设计要求的,应判定子系统检测合格。
(4)全部子系统功能检测均合格的,系统检测应判定为合格。

安全防范综合管理系统的功能检测应包括下列内容:
(1)布防/撤防功能。
(2)监控图像、报警信息以及其他信息记录的质量和保存时间。
(3)安全技术防范系统中的各子系统之间的联动。
(4)与火灾自动报警系统和应急响应系统的联动、报警信号的输出接口。
(5)安全技术防范系统中的各子系统对监控中心控制命令的响应准确性和实时性。
(6)监控中心对安全技术防范系统中的各子系统工作状态的显示、报警信息的准确性和实时性。

模块五 电梯工程施工技术

一、电梯工程概述

根据《建筑工程施工质量验收统一标准》,电梯工程可划分为电力驱动的曳引式或强制式电梯工程、液压电梯工程、自动扶梯、自动人行道工程等子分部工程。

电力驱动的曳引式或强制式电梯工程可分为设备进场验收、土建交接检验、驱动主机、导轨、门系统、轿厢、对重、安全部件、悬挂装置、随行电缆、补偿装置、电气装置、整机安装验收等分项工程。

液压电梯工程可分为设备进场验收,土建交接检验,液压系统,导轨,门系统,轿厢,对重，安全部件，悬挂装置，随行电缆，电气装置，整机安装验收等分项工程。

自动扶梯、自动人行道工程可分为设备进场验收，土建交接检验，整机安装验收等分项工程。

二、电梯工程施工要求

电梯的安装、改造、修理，必须由电梯制造单位或者其委托的依法取得相应许可的单位进行。电梯制造单位对电梯安全性能负责。

电梯施工前应按规定办理书面告知和监督检验手续，具体要求如下：

(1)电梯安装、改造、修理的施工单位应当在施工前将拟进行的电梯安装、改造、修理情况书面告知直辖市或者设区的市级人民政府负责特种设备安全监督管理的部门。

提示

书面告知应提交的资料可概括为“一书(特种设备开工告知申请书)、一码(加盖公章的组织机构代码证复印件)、一证(电梯安装资质证原件及加盖公章的复印件)”。

(2)实施电梯安装、改造或者重大维修的施工单位应当在按照规定履行告知后、开始施工前(不包括设备开箱、现场勘测等准备工作)，向检验机构申请监督检验。对于曳引与强制驱动电梯，施工单位应当向检验机构提供符合表1-43所要求的有关文件、资料，安排相关的专业人员配合检验机构实施检验。其中，施工自检报告还须另行提交复印件备存。

表1-43 曳引与强制驱动电梯监督检验技术资料及方法

项目	检验内容与要求	检验方法
制造资料	电梯制造单位应提供以下用中文描述的出厂随机文件： ①制造许可证明文件，许可范围能够覆盖受检电梯的相应参数。 ②电梯整机型式试验证书，其参数范围和配置表适用于受检电梯。 ③产品质量证明文件，注有制造许可证明文件编号、产品编号、主要技术参数，限速器、安全钳、缓冲器、含有电子元件的安全电路(如果有)、可编程电子安全相关系统(如果有)、轿厢上行超速保护装置(如果有)、轿厢意外移动保护装置、驱动主机、控制柜的型号和编号，门锁装置、层门和玻璃轿门(如果有)的型号，以及悬挂装置的名称、型号、主要参数(如直径、数量)，并且有电梯整机制造单位的公章或者检验专用章以及制造日期。 ④门锁装置、限速器、安全钳、缓冲器、含有电子元件的安全电路(如果有)、可编程电子安全相关系统(如果有)、轿厢上行超速保护装置(如果有)、轿厢意外移动保护装置、驱动主机、控制柜、层门和玻璃轿门(如果有)的型式试验证书，以及限速器和渐进式安全钳的调试证书。 ⑤电气原理图，包括动力电路和连接电气安全装置的电路。 ⑥安装使用维护说明书，包括安装、使用、日常维护保养和应急救援等方面操作说明的内容。 注：上述文件如为复印件则必须经电梯整机制造单位加盖公章或者检验专用章；对于进口电梯，则应当加盖国内代理商的公章或者检验专用章	电梯安装施工前审查相应资料

（续表）

项目	检验内容与要求	检验方法
安装资料	安装单位应提供以下安装资料： ①安装许可证明文件和安装告知书，许可范围能够覆盖受检电梯的相应参数。 ②施工方案，审批手续齐全。 ③用于安装该电梯的机房（机器设备间）、井道的布置图或者土建工程勘测图，有安装单位确认符合要求的声明和公章或者检验专用章，表明其通道、通道门、井道顶部空间、底坑空间、楼层间距、井道内防护、安全距离、井道下方人可以到达的空间等满足安全要求。 ④施工过程记录和由电梯整机制造单位出具或者确认的自检报告，检查和试验项目齐全、内容完整，施工和验收手续齐全。 ⑤变更设计证明文件（如安装中变更设计时），履行了由使用单位提出、经电梯整机制造单位同意的程序。 ⑥安装质量证明文件，包括电梯安装合同编号、安装单位安装许可证明文件编号、产品编号、主要技术参数等内容，并且有安装单位公章或者检验专用章以及竣工日期。 注：上述文件如为复印件则必须经安装单位加盖公章或者检验专用章	审查相应资料。①~③在报检时审查，③在其他项目检验时还应当审查；④⑤在试验时审查；⑥在竣工后审查

电梯的制造、安装、改造和维修活动，必须严格遵守安全技术规范的要求。电梯制造单位委托或者同意其他单位进行电梯安装、改造、维修活动的，应当对其安装、改造、维修活动进行安全指导和监控。电梯的安装、改造、维修活动结束后，电梯制造单位应当按照安全技术规范的要求对电梯进行校验和调试，并对校验和调试的结果负责。

三、电梯工程的施工质量验收要求

（一）电力驱动的曳引式或强制式电梯安装工程质量验收

1. 设备进场验收

设备随机文件必须包括下列资料：土建布置图；产品出厂合格证；门锁装置、限速器、安全钳及缓冲器的型式试验证书复印件。

提示

随机文件还应包括下列资料：装箱单；安装、使用维护说明书；动力电路和安全电路的电气原理图。

设备零部件应与装箱单内容相符。设备外观不应存在明显的损坏。

2. 土建交接检验

机房（如果有）内部、井道土建（钢架）结构及布置必须符合电梯土建布置图的要求。

主电源开关必须符合下列规定：

（1）主电源开关应能够切断电梯正常使用情况下最大电流。

（2）对有机房电梯该开关应能从机房入口处方便地接近。

（3）对无机房电梯该开关应设置在井道外工作人员方便接近的地方，且应具有必要的安全防护。

井道必须符合下列规定：

(1)当底坑底面下有人员能到达的空间存在，且对重(或平衡重)上未设有安全钳装置时，对重缓冲器必须能安装在(或平衡重运行区域的下边必须)一直延伸到坚固地面上的实心桩墩上。

(2)电梯安装之前，所有层门预留孔必须设有高度不小于1.2 m的安全保护围封，并应保证有足够的强度。

(3)当相邻两层门地坎间的距离大于11 m时，其间必须设置井道安全门，井道安全门严禁向井道内开启，且必须装有安全门处于关闭时电梯才能运行的电气安全装置。当相邻厢间有相互救援用轿厢安全门时，可不执行上述规定。

链接

井道还应符合下列规定：井道内应设置36 V的永久性电气照明，井道内照度应不得小于50 lx，井道最高点和最低点0.5 m以内应各装一盏灯，再设中间灯，并分别在机房和底坑设置一控制开关。

机房(如果有)还应符合下列规定：

(1)机房内应设有固定的电气照明，地板表面上的照度不应小于200 lx。机房内应设置一个或多个电源插座。在机房内靠近入口的适当高度处应设有一个开关或类似装置控制机房照明电源。

(2)机房内应通风，从建筑物其他部分抽出的陈腐空气，不得排入机房内。

(3)在一个机房内，当有两个以上不同平面的工作平台，且相邻平台高度差大于0.5 m时，应设置楼梯或台阶，并应设置高度不小于0.9 m的安全防护栏杆。当机房地面有深度大于0.5 m的凹坑或槽坑时，均应盖住。供人员活动空间和工作台面以上的净高度不应小于1.8 m。

3. 驱动主机

紧急操作装置动作必须正常。可拆卸的装置必须置于驱动主机附近易接近处，紧急救援操作说明必须贴于紧急操作时易见处。

当驱动主机承重梁需埋入承重墙时，埋入端长度应超过墙厚中心至少20 mm，且支承长度不应小于75 mm。

制动器动作应灵活，制动间隙调整应符合产品设计要求。

驱动主机、驱动主机底座与承重梁的安装应符合产品设计要求。

驱动主机减速箱(如果有)内油量应在油标所限定的范围内。

机房内钢丝绳与楼板孔洞边间隙应为20～40 mm，通向井道的孔洞四周应设置高度不小于50 mm的台缘。

4. 导轨

导轨安装位置必须符合土建布置图要求。

两列导轨顶面间的距离偏差应为：轿厢导轨0～+2 mm；对重导轨0～+3 mm。

导轨支架在井道壁上的安装应固定可靠。预埋件应符合土建布置图要求。锚栓(如膨胀螺栓等)固定应在井道壁的混凝土构件上使用,其连接强度与承受振动的能力应满足电梯产品设计要求,混凝土构件的压缩强度应符合土建布置图要求。

每列导轨工作面(包括侧面与顶面)与安装基准线每 5 m 的偏差均不应大于下列数值:轿厢导轨和设在安全钳的对重(平衡重)导轨为 0.6 mm;不设安全钳的对重(平衡重)导轨为 1.0 mm。轿厢导轨和设有安全钳的对重(平衡重)导轨工作面接头处不应有连续缝隙,导轨接头处台阶不应大于 0.05 mm。如超过应修平,修平长度大于 150 mm。不设安全钳的对重(平衡重)导轨接头处缝隙不应大于 1.0 mm,导轨工作面接头处台阶不应大于 0.15 mm。

5. 门系统

层门地坎至轿厢地坎之间的水平距离偏差为 0 ~ +3 mm,且最大距离严禁超过 35 mm。层门强迫关门装置必须动作正常。动力操纵的水平滑动门在关门开始的 1/3 行程之后,阻止关门的力严禁超过 150 N。层门锁钩必须动作灵活,在证实锁紧的电气安全装置动作之前,锁紧元件的最小啮合长度为 7 mm。

门刀与层门地坎、门锁滚轮与轿厢地坎间隙不应小于 5 mm。层门地坎水平度不得大于 2/1 000,地坎应高出装修地面 2 ~5 mm。层门指示灯盒、召唤盒和消防开关盒应安装正确,其面板与墙面贴实,横竖端正。门扇与门扇、门扇与门套、门扇与门楣、门扇与门口处轿壁、门扇下端与地坎的间隙,乘客电梯不应大于 6 mm,载货电梯不应大于 8 mm。

6. 轿厢

当距轿底面在 1.1 m 以下使用玻璃轿壁时,必须在距轿底面 0.9 ~1.1 m 的高度安装扶手,且扶手必须独立地固定,不得与玻璃有关。

当轿厢有反绳轮时,反绳轮应设置防护装置和挡绳装置。当轿顶外侧边缘至井道壁水平方向的自由距离大于 0.3 m 时,轿顶应装设防护栏及警示性标识。

7. 对重(平衡重)

当对重(平衡重)架有反绳轮,反绳轮应设置防护装置和挡绳装置。对重(平衡重)块应可靠固定。

8. 安全部件

限速器动作速度整定封记必须完好,且无拆动痕迹。当安全钳可调节时,整定封记应完好,且无拆动痕迹。

限速器张紧装置与其限位开关相对位置安装应正确。安全钳与导轨的间隙应符合产品设计要求。轿厢在两端站平层位置时,轿厢、对重的缓冲器撞板与缓冲器顶面间的距离应符合土建布置图要求。轿厢、对重的缓冲器撞板中心与缓冲器中心的偏差不应大于 20 mm。液压缓冲器柱塞铅垂度不应大于 0.5%,充液量应正确。

9. 悬挂装置、随行电缆、补偿装置

绳头组合必须安全可靠,且每个绳头组合必须安装防螺母松动和脱落的装置。钢丝绳严禁有死弯。当轿厢悬挂在两根钢丝绳或链条上,且其中一根钢丝绳或链条发生异常相对伸长时,为此装设的电气安全开关应动作可靠。随行电缆严禁有打结和波浪扭曲现象。

每根钢丝绳张力与平均值偏差不应大于 5%。随行电缆端部应固定可靠且在运行中应

避免与井道内其他部件干涉。当轿厢完全压在缓冲器上时，随行电缆不得与底坑地面接触。补偿绳、链、缆等补偿装置的端部应固定可靠。对补偿绳的张紧轮，验证补偿绳张紧的电气安全开关应动作可靠。张紧轮应安装防护装置。

10. 电气装置

电气设备接地必须符合下列规定：

(1)所有电气设备及导管、线槽的外露可导电部分均必须可靠接地(PE)。

(2)接地支线应分别直接接至接地干线接线柱上，不得互相连接后再接地。

导体之间和导体对地之间的绝缘电阻必须大于1 000 Ω/V，且其值不得小于：

(1)动力电路和电气安全装置电路0.5 MΩ。

(2)其他电路(控制、照明、信号等)0.25 MΩ。

主电源开关不应切断下列供电电路：轿厢照明和通风；机房和滑轮间照明；机房、轿顶和底坑的电源插座；井道照明；报警装置。

机房和井道内应按产品要求配线。软线和无护套电缆应在导管、线槽或能确保起到等效防护作用的装置中使用。护套电缆和橡套软电缆可明敷于井道或机房内使用，但不得明敷于地面。

导管、线槽的敷设应整齐牢固。线槽内导线总面积不应大于线槽净面积60%；导管内导线总面积不应大于导管内净面积40%；软管固定间距不应大于1 m，端头固定间距不应大于0.1 m。

接地支线应采用黄绿相间的绝缘导线。控制柜(屏)的安装位置应符合电梯土建布置图中的要求。

11. 整机安装验收

安全保护验收必须检查以下安全装置或功能；

(1)断相、错相保护装置功能。当控制柜三相电源中任何一相断开或任何二相错接时，断相、错相保护装置或功能应使电梯不发生危险故障。

提示

当错相不影响电梯正常运行时可没有错相保护装置或功能。

(2)短路、过载保护装置。动力电路、控制电路、安全电路必须有与负载匹配的短路保护装置；动力电路必须有过载保护装置。

(3)限速器。限速器上的轿厢(对重、平衡重)下行标志必须与轿厢(对重、平衡重)的实际下行方向相符。限速器铭牌上的额定速度、动作速度必须与被检电梯相符。

(4)安全钳。安全钳必须与其型式试验证书相符。

(5)缓冲器。缓冲器必须与其型式试验证书相符。

(6)门锁装置。门锁装置必须与其型式试验证书相符。

(7)上、下极限开关。上、下极限开关必须是安全触点，在端站位置进行动作试验时必须动作正常。在轿厢或对重(如果有)接触缓冲器之前必须动作，且缓冲器完全压缩时，保持动作状态。

(8)轿顶、机房(如果有)、滑轮间(如果有)、底坑停止装置。位于轿顶、机房(如果有)、滑轮间(如果有)、底坑的停止装置的动作必须正常。

下列安全开关,必须动作可靠:

(1)限速器绳张紧开关。

(2)液压缓冲器复位开关。

(3)有补偿张紧轮时,补偿绳张紧开关。

(4)当额定速度大于 3.5 m/s 时,补偿绳轮防跳开关。

(5)轿厢安全窗(如果有)开关。

(6)安全门、底坑门、检修活板门(如果有)的开关。

(7)对可拆卸紧急操作装置所需要的安全开关。

(8)悬挂钢丝绳(链条)为两根时,防松动安全开关。

限速器安全钳联动试验必须符合下列规定:

(1)限速器与安全钳电气开关在联动试验中必须动作可靠,且应使驱动主机立即制动。

(2)对瞬时式安全钳,轿厢应载有均匀分布的额定载重;对渐进式安全钳,轿厢应载有均匀分布的 125% 额定载重。当短接限速器及安全钳电气开关,轿厢以检修速度下行,人为使限速器机械动作时,安全钳应可靠动作,轿厢必须可靠制动,且轿底倾斜度不应大于 5% 。

层门与轿门的试验必须符合下列规定:

(1)每层层门必须能够用三角钥匙正常开启。

(2)当一个层门或轿门(在多扇门中任何一扇门)非正常打开时,电梯严禁启动或继续运行。

曳引式电梯的曳引能力试验必须符合下列规定:

(1)轿厢在行程上部范围空载上行及行程下部范围载有 125% 额定载重下行,分别停层 3 次以上,轿厢必须可靠地制停(空载上行工况应平层)。轿厢载有 125% 额定载重以正常运行速度下行时,切断电动机与制动器供电,电梯必须可靠制动。

(2)当对重完全压在缓冲器上,且驱动主机按轿厢上行方向连续运转时,空载轿厢严禁向上提升。

曳引式电梯的平衡系数应为 0.4 ~0.5。

电梯安装后应进行运行试验;轿厢分别在空载、额定载荷工况下,按产品设计规定的每小时启动次数和负载持续率各运行 1 000 次(每天不少于 8 h),电梯应运行平稳、制动可靠、连续运行无故障。

运行速度检验应符合下列规定:当电源为额定频率和额定电压、轿厢载有 50% 额定载荷时,向下运行至行程中段(除去加速加减速段)时的速度,不应大于额定速度的 105%,且不应小于额定速度的 92% 。

(二)液压电梯安装工程质量验收

1. 液压系统

液压泵站及液压顶升机构的安装必须按土建布置图进行。顶升机构必须安装牢固,缸体垂直度严禁大于 0.04% 。

液压管路应可靠联接,且无渗漏现象。液压泵站油位显示应清晰、准确。显示系统工作压力的压力表应清晰、准确。

2. 整机安装验收

安全保护验收必须检查以下安全装置或功能:

(1)液压油温升保护装置。当液压油达到产品设计温度时,温升保护装置必须动作,使液压电梯停止运行。

(2)移动轿厢的装置。在停电或电气系统发生故障时,移动轿厢的装置必须能移动轿厢上行或下行,且下行时还必须装设防止顶升机构与轿厢运动相脱离的装置。

额定载重量沉降量试验应符合下列规定:载有额定载重量的轿厢停靠在最高层站时,停梯 10 min,沉降量不应大于 10 mm,但因油温变化而引起的油体积缩小所造成的沉降不包括在 10 mm 内。

液压泵站溢流阀压力检查应符合下列规定:液压泵站上的溢流阀应设定在系统压力为满载压力的 140% ~170% 时动作。

超压静载试验应符合下列规定:将截止阀关闭,在轿内施加 200% 的额定载荷,持续 5 min 后,液压系统应完好无损。

提示

液压电梯与电力驱动的曳引式或强制式电梯结构组成大致相同,只是在动力驱动方面有所差异。所以,关于土建交接检验、导轨、门系统、轿厢、电气装置等的验收要求,可参考曳引式或强制式电梯验收要求进行学习。

(三)自动扶梯、自动人行道安装工程质量验收

1. 设备进场验收

设备进场必须提供以下资料。

(1)技术资料:梯级或踏板的型式试验报告复印件,或胶带的断裂强度证明文件复印件;对公共交通型自动扶梯、自动人行道应有扶手带的断裂强度证书复印件。

(2)随机文件:土建布置图;产品出厂合格证。

提示

随机文件还应提供以下资料:装箱单;安装、使用维护说明书;动力电路和安全电路的电气原理图。

设备零部件应与装箱单内容相符。设备外观不应存在明显的损坏。

2. 土建交接检验

自动扶梯的梯级或自动人行道的踏板或胶带上空,垂直净高度严禁小于 2.3 m。在安装之前,井道周围必须设有保证安全的栏杆或屏障,其高度严禁小于 1.2 m。

土建工程应按照土建布置图进行施工,且其主要尺寸允许误差应为:提升高度 -15 ~ +15 mm;跨度 0 ~ +15 mm。根据产品供应商的要求应提供设备进场所需的通道和搬运空间。在安

装之前，土建施工单位应提供明显的水平基准线标识。电源零线和接地线应始终分开。接地装置的接地电阻值不应大于4 Ω。

3. 整机安装验收

在下列情况下，自动扶梯、自动人行道必须自动停止运行，且第(4)条至第(11)条情况下的开关断开的动作必须通过安全触点或安全电路来完成。

(1)无控制电压。

(2)电路接地的故障。

(3)过载。

(4)控制装置在超速和运行方向非操纵逆转下动作。

(5)附加制动器(如果有)动作。

(6)直接驱动梯级、踏板或胶带的部件(如链条或齿条)断裂或过分伸长。

(7)驱动装置与转向装置之间的距离(无意性)缩短。

(8)梯级、踏板或胶带进入梳齿板处有异物夹住，且产生损坏梯级、踏板或胶带支撑结构。

(9)无中间出口的连续安装的多台自动扶梯、自动人行道中的一台停止运行。

(10)扶手带入口保护装置动作。

(11)梯级或踏板下陷。

应测量不同回路导线对地的绝缘电阻。测量时，电子元件应断开。导体之间和导体对地之间的绝缘电阻应大于1 000 Ω/V，且其值必须大于：动力电路和电气安全装置电路0.5 MΩ；其他电路(控制、照明、信号等)0.25 MΩ。

整机安装检查应符合下列规定：

(1)梯级、踏板、胶带的楞齿及梳齿板应完整、光滑。

(2)在自动扶梯、自动人行道入口处应设置使用须知的标牌。

(3)内盖板、外盖板、围裙板、扶手支架、扶手导轨、护壁板接缝应平整。接缝处的凸台不应大于0.5 mm。

(4)梳齿板梳齿与踏板面齿槽的啮合深度不应小于6 mm。

(5)梳齿板梳齿与踏板面齿槽的间隙不应小于4 mm。

(6)围裙板与梯级、踏板或胶带任何一侧的水平间隙不应大于4 mm，两边的间隙之和不应大于7 mm。当自动人行道的围裙板设置在踏板或胶带之上时，踏板表面与围裙下端之间的垂直间隙不应大于4 mm。当踏板或胶带有横向摆动时，踏板或胶带的侧边与围裙板垂直投影之间不得产生间隙。

(7)梯级间或踏板间的间隙在工作区段内的任何位置，从踏面测得的两个相邻梯级或两个相邻踏板之间的间隙不应大于6 mm。在自动人行道过渡曲线区段，踏板的前缘和相邻踏板的后缘啮合，其间隙不应大于8 mm。

(8)护壁板之间的空隙不应大于4 mm。

性能试验应符合下列规定：

(1)在额定频率和额定电压下，梯级、踏板或胶带沿运行方向空载时的速度与额定速度之间的允许偏差为±5%。

(2)扶手带的运行速度相对梯级、踏板或胶带的速度允许偏差为0～+2%。

自动扶梯、自动人行道制动试验应符合下列规定:

(1)自动扶梯、自动人行道应进行空载制动试验,制停距离应符合表1-44的规定。

表1-44 制停距离

额定速度/(m·s^{-1})	制停距离范围/m	
	自动扶梯	自动人行道
0.5	0.20～1.00	0.20～1.00
0.65	0.30～1.30	0.30～1.30
0.75	0.35～1.50	0.35～1.50
0.90	—	0.40～1.70

注:若速度在上述数值之间,制停距离用插入法计算。制停距离应从电气制动装置动作开始测量。

(2)自动扶梯应进行载有制动载荷的制停距离试验(除非制停距离可以通过其他方法检验),制动载荷应符合表1-45的规定,制停距离应符合表1-44的规定;对自动人行道,制造商应提供按载有表1-45规定的制动载荷计算的制停距离,且制停距离应符合表1-44的规定。

表1-45 制动载荷

梯级、踏板或胶带的名义宽度 Z/m	自动扶梯每个梯级上的载荷/kg	自动人行道第0.4 m长度上的载荷/kg
$Z\leqslant0.6$	60	50
$0.6<Z\leqslant0.8$	90	75
$0.8<Z\leqslant1.1$	120	100

注:a.自动扶梯受载的梯级数量由提升高度除以最大可见梯级踢板高度求得,在试验时允许将总制动载荷分布在所求得的2/3的梯级上。

b.当自动人行道倾斜角度不大于6°,踏板或胶带的名义宽度大于1.1 m时,宽度每增加0.3 m,制动载荷应在每0.4 m长度上增加25 kg。

c.当自动人行道在长度范围内有多个不同倾斜角度(高度不同)时,制动载荷应仅考虑到那些能组合成最不利载荷的水平区段和倾斜区段。

电气装置还应符合下列规定:主电源开关不应切断电源插座、检修和维护所必需的照明电源。配线应符合规范规定。

模块六 消防工程施工技术

一、消防工程概述

消防工程可分为火灾自动报警系统工程,消防给水系统工程,消火栓系统工程,自动喷水灭火系统工程,水喷雾灭火系统工程,细水雾灭火系统工程,气体灭火系统工程,泡沫灭火系统工程,干粉灭火系统工程,防排烟系统工程,防火门窗、防火卷帘工程,钢结构防火保护工程,防火封堵工程,消防系统调试工程,其他建筑消防设施工程。

二、灭火系统工程施工技术

常见的灭火系统包括消火栓系统、自动喷水灭火系统、水喷雾灭火系统、细水雾灭火系统、气体灭火系统、泡沫灭火系统、干粉灭火系统等。此外,广泛应用的还有我国自主研发的自动跟踪定位射流灭火系统。

(一)消火栓系统工程施工技术

1. 消火栓系统的组成

消火栓系统是指由供水设施、消火栓、配水管网和阀门等组成的系统,可分为室内消火栓系统和室外消火栓系统。

2. 消火栓系统施工技术要求

消火栓系统施工一般按以下程序进行:施工准备→干管安装→立管、支管安装→箱体稳固→附件安装→管道强度试验和严密性试验→冲洗→系统调试。

消防给水及消火栓系统的安装应符合下列要求:

(1)消防水泵、消防水箱、消防水池、消防气压给水设备、消防水泵接合器等供水设施及其附属管道安装前,应清除其内部污垢和杂物。

(2)消防供水设施应采取安全可靠的防护措施,其安装位置应便于日常操作和维护管理。

(3)管道的安装应采用符合管材的施工工艺,管道安装中断时,其敞口处应封闭。

室内消火栓系统安装时,管径小于或等于100 mm的镀锌钢管应采用螺纹连接,套丝扣时破坏的镀锌层表面及外露螺纹部分应做防腐处理;管径大于100 mm的镀锌钢管应采用法兰或卡套式专用管件连接,镀锌钢管与法兰的焊接处应二次镀锌。

室内消火栓系统安装完成后应取屋顶层(或水箱间内)试验消火栓和首层取二处消火栓做试射试验,达到设计要求为合格。

安装室内消火栓水龙带,水龙带与水枪和快速接头绑扎好后,应根据箱内构造将水龙带挂放在箱内的挂钉、托盘或支架上。

室内箱式消火栓的安装应符合下列规定:栓口应朝外,并不应安装在门轴侧。栓口中心距地面为1.1 m,允许偏差±20 mm。阀门中心距箱侧面为140 mm,距箱后内表面为100 mm,允许偏差±5 mm。消火栓箱体安装的垂直度允许偏差为3 mm。

消防水泵接合器及室外消火栓安装时,消防水泵接合器和消火栓的位置标志应明显,栓口的位置应方便操作。消防水泵接合器和室外消火栓当采用墙壁式时,如设计未要求,进、出水栓口的中心安装高度距地面应为1.10 m,其上方应设有防坠落物打击的措施。

地下式消防水泵接合器顶部进水口或地下式消火栓的顶部出水口与消防井盖底面的距离不得大于400 mm,井内应有足够的操作空间,并设爬梯。寒冷地区井内应做防冻保护。

消防给水与灭火设施中的供水管道及其他灭火剂输送管道,在安装后应进行强度试验、严密性试验和冲洗。强度试验和严密性试验宜用水进行。干式消火栓系统应做水压试验和气压试验。管网冲洗应在试压合格后分段进行。冲洗顺序应先室外,后室内;先地下,后地上;室内部分的冲洗应按供水干管、水平管和立管的顺序进行。

消防给水及消火栓系统调试应在系统施工完成后进行。消防给水及消火栓系统调试应包括下列内容:水源调试和测试;消防水泵调试;稳压泵或稳压设施调试;减压阀调试;消火栓调试;自动控制探测器调试;干式消火栓系统的报警阀等快速启闭装置调试,并应包含报警阀的附件电动或电磁阀等阀门的调试;排水设施调试;联锁控制试验。

(二)自动喷水灭火系统工程施工技术

自动喷水灭火系统主要由喷头、报警阀组、压力开关、水流指示器、消防水泵、稳压装置等组成,是一种在发生火灾时,能自动打开喷头喷水灭火并同时发出火警信号的消防灭火设施。

1. 自动喷水灭火系统工程的分类

自动喷水灭火系统根据被保护建筑物的性质和火灾发生、发展特性的不同,可以有许多不同的系统形式。通常根据系统中所使用的喷头形式的不同,自动喷火灭火系统分为闭式自动喷水灭火系统和开式自动喷水灭火系统两大类。

闭式自动喷水灭火系统采用闭式喷头,它是一种常闭喷头,喷头的感温、闭锁装置只有在预定的温度环境下,才会脱落,开启喷头。因此,在发生火灾时,这种喷水灭火系统只有处于火焰之中或临近火源的喷头才会开启灭火。其可分为湿式自动喷水灭火系统、干式自动喷水灭火系统、预作用自动喷水灭火系统、重复启闭预作用自动喷水灭火系统等。

提示

预作用系统适用于准工作状态时不允许误喷而造成水渍损失的一些性质重要和建筑装饰要求较高的建筑物内(如档案库等),以及在准工作状态时严禁管道充水的场所(如冷库等),也可用于替代干式系统,还用于灭火要求及时的建筑物。预作用阀之后的管道充气压力最大为0.03 MPa。

开式自动喷水灭火系统采用的是开式喷头,开式喷头不带感温、闭锁装置,处于常开状态。发生火灾时,火灾所处的系统保护区域内的所有开式喷头一起出水灭火。其包括雨淋灭火系统和水幕灭火系统。

2. 自动喷水灭火系统工程施工技术

自动喷水灭火系统施工一般按以下程序进行:施工准备→安装干管→安装报警阀→安装立管→安装分层干、支管→安装喷洒头支管→管道试压→冲洗管道→安装减压装置→安装报警阀配件及其他组件→安装喷洒头→系统进行通水调试。

消防水泵、消防水箱、消防水池、消防气压给水设备、消防水泵接合器等供水设施及其附属管道的安装,应清除其内部污垢和杂物。安装中断时,其敞口处应封闭。

消防水泵的出水管上应安装止回阀、控制阀和压力表,或安装控制阀、多功能水泵控制阀和压力表;系统的总出水管上还应安装压力表;安装压力表时应加设缓冲装置。缓冲装置的前面应安装旋塞;压力表量程应为工作压力的2.0~2.5倍。止回阀或多功能水泵控制阀的安装方向应与水流方向一致。

组装式消防水泵接合器的安装,应按接口、本体、联接管、止回阀、安全阀、放空管、控制阀的顺序进行,止回阀的安装方向应使消防用水能从消防水泵接合器进入系统;整体式消防水泵接合器的安装,按其使用安装说明书进行。

管道连接后不应减小过水横断面面积。热镀锌钢管、涂覆钢管安装应采用螺纹、沟槽式管件或法兰连接。

当管道的公称直径等于或大于 50 mm 时,每段配水干管或配水管设置防晃支架不应少于 1 个,且防晃支架的间距不宜大于 15 m;当管道改变方向时,应增设防晃支架。

管道横向安装宜设 0.2% ~0.5% 的坡度,且应坡向排水管;当局部区域难以利用排水管将水排净时,应采取相应的排水措施。当喷头数量小于或等于 5 只时,可在管道低凹处加设堵头;当喷头数量大于 5 只时,宜装设带阀门的排水管。

喷头安装必须在系统试压、冲洗合格后进行。当喷头的公称直径小于 10 mm 时,应在配水干管或配水管上安装过滤器。当喷头溅水盘高于附近梁底或高于宽度小于 1.2 m 的通风管道、排管、桥架腹面时,喷头溅水盘高于梁底、通风管道、排管、桥架腹面的最大垂直距离应符合相关规定。喷头安装时,不应对喷头进行拆装、改动,并严禁给喷头、隐蔽式喷头的装饰盖板附加任何装饰性涂层。喷头安装应使用专用扳手,严禁利用喷头的框架施拧;喷头的框架、溅水盘产生变形或释放原件损伤时,应采用规格、型号相同的喷头更换。

报警阀组的安装应在供水管网试压、冲洗合格后进行。安装时应先安装水源控制阀、报警阀,然后进行报警阀辅助管道的连接。水源控制阀、报警阀与配水干管的连接,应使水流方向一致。报警阀组安装的位置应符合设计要求;当设计无要求时,报警阀组应安装在便于操作的明显位置,距室内地面高度宜为 1.2 m;两侧与墙的距离不应小于 0.5 m;正面与墙的距离不应小于 1.2 m;报警阀组凸出部位之间的距离不应小于 0.5 m。安装报警阀组的室内地面应有排水设施,排水能力应满足报警阀调试、验收和利用试水阀门泄空系统管道的要求。

管网在安装后,应进行强度试验、严密性试验和冲洗。强度试验和严密性试验宜用水进行。干式喷水灭火系统、预作用喷水灭火系统应做水压试验和气压试验。

系统调试应在系统施工完成后进行。系统调试应包括下列内容:水源测试;消防水泵调试;稳压泵调试;报警阀调试;排水设施调试;联动试验。

调试过程中,系统排出的水应通过排水设施全部排走。

(三)水喷雾灭火系统工程施工技术

水喷雾灭火系统是由水源、供水设备、管道、雨淋报警阀(或电动控制阀、气动控制阀)、过滤器和水雾喷头等组成,向保护对象喷射水雾进行灭火或防护冷却的系统。

水喷雾灭火系统可用于扑救固体物质火灾、丙类液体火灾、饮料酒火灾和电气火灾,并可用于可燃气体和甲、乙、丙类液体的生产、储存装置或装卸设施的防护冷却;但不得用于扑救遇水能发生化学反应造成燃烧、爆炸的火灾,以及水雾会对保护对象造成明显损害的火灾。

喷头的规格、型号应符合设计要求,并应在系统试压、冲洗、吹扫合格后进行安装。喷头应安装牢固、规整,安装时不得拆卸或损坏喷头上的附件。顶部设置的喷头应安装在被保护物的上部,侧向安装的喷头应安装在被保护物体的侧面并应对准被保护物体。

雨淋报警阀组的安装应在供水管网试压、冲洗合格后进行。安装时应先安装水源控制阀、雨淋报警阀，再进行雨淋报警阀辅助管道的连接。水源控制阀、雨淋报警阀与配水干管的连接应使水流方向一致。雨淋报警阀组的安装位置应符合设计要求。

水喷雾灭火系统调试应在系统施工结束和与系统有关的火灾自动报警装置及联动控制设备调试合格后进行。系统调试的内容包括：水源测试；动力源和备用动力源切换试验；消防水泵调试；稳压泵调试；雨淋报警阀、电动控制阀、气动控制阀的调试；排水设施调试；联动试验。

（四）细水雾灭火系统工程施工技术

细水雾灭火系统是由供水装置、过滤装置、控制阀、细水雾喷头等组件和供水管道组成，能自动和人工启动并喷放细水雾进行灭火或控火的固定灭火系统。

细水雾灭火系统适用于扑救相对封闭空间内的可燃固体表面火灾、可燃液体火灾和带电设备的火灾。细水雾灭火系统不适用于扑救下列火灾：可燃固体的深位火灾；能与水发生剧烈反应或产生大量有害物质的活泼金属及其化合物的火灾；可燃气体火灾。

细水雾灭火系统施工可划分为进场检验、系统安装、系统调试和系统验收四个步骤进行。系统安装完毕，施工单位应进行系统调试。当系统需与有关的火灾自动报警系统及联动控制设备联动时，应进行联合调试。

（五）气体灭火系统工程施工技术

1. 气体灭火系统概述

气体灭火系统是指以气体为主要灭火介质的灭火系统。其基本组成应包括管道安装、喷头、选择阀、储存装置、二氧化碳称重检验装置等。气体灭火系统是传统的四大固定式灭火系统（水、气体、泡沫、干粉）之一，应用广泛。

常见的灭火气体包括以下几种类型：

（1）七氟丙烷不导电，不破坏臭氧层，灭火后无残留物，可以扑救A（表面火），B，C类和电气火灾，可用于保护经常有人的场所，但其系统管路长度不宜太长。

链接

七氟丙烷灭火系统至少应由灭火剂瓶组、驱动气体瓶组、单向阀、选择阀（适用于组合分配系统）、驱动装置、集流管、连接管、喷嘴、信号反馈装置（如压力开关）、安全泄放装置（如安全阀）、控制盘、检漏装置、低泄高封阀（适用于具有驱动气体瓶组的系统）、管路管件（如法兰、三通、弯头）等部件构成。

（2）IG541为氩气、氮气、二氧化碳三种气体的混合物，不破坏臭氧层，不导电、灭火后不留痕迹，可以扑救A（表面火），B，C类和电气火灾，可以用于保护经常有人的场所，为很多用户青睐，但该系统为高压系统，对制造、安装要求非常严格。

（3）二氧化碳分为高压、低压两种系统，近年来，低压系统应用相对普遍。二氧化碳灭火系统，可以扑救A，B，C类和电气火灾，不能用于经常有人的场所。低压系统的制冷机组及安全阀是关键部件，对其可靠性的要求极高。

（4）气溶胶灭火后有残留物，属于非洁净灭火剂，可用于扑救A（表面火）、部分B类、电气火灾，不能用于经常有人、易燃易爆的场所，使用中要特别注意残留物对于设备的影响。

2. 气体灭火系统安装

灭火剂的储存容器或容器阀应具有安全泄压和压力显示的功能，管网系统中的封闭管段上应具有安全泄压装置。安全泄压装置应能在设定压力下正常工作，泄压方向不应朝向操作面或人员疏散通道。低压二氧化碳灭火系统的安全泄压装置应通过专用泄压管将泄压气体直接排至室外。高压二氧化碳储存容器应设置二氧化碳泄漏监测装置。

选择阀操作手柄应安装在操作面一侧，当安装高度超过 1.7 m 时应采取便于操作的措施。采用螺纹连接的选择阀，其与管网连接处宜采用活接头。选择阀的流向指示箭头应指向介质流动方向。选择阀上应设置标明防护区或保护对象名称或编号的永久性标志牌，并应便于观察。

安装以重力式机械驱动装置时，应保证重物在下落行程中无阻挡，其下落行程应保证驱动所需距离，且不得小于 25 mm。

灭火剂输送管道穿过墙壁、楼板处应安装套管。管道与套管间的空隙应采用防火封堵材料填塞密实。当管道穿越建筑物的变形缝时，应设置柔性管段。灭火剂输送管道在安装后应进行强度试验、严密性试验和冲洗。

喷嘴安装时应按设计要求逐个核对其型号、规格及喷孔方向。安装在吊顶下的不带装饰罩的喷嘴，其连接管管端螺纹不应露出吊顶；安装在吊顶下的带装饰罩的喷嘴，其装饰罩应紧贴吊顶。

柜式气体灭火装置、热气溶胶灭火装置等预制灭火系统及其控制器、声光报警器的安装位置应符合设计要求，并固定牢靠。

气体喷放指示灯宜安装在防护区入口的正上方。

3. 气体灭火系统调试

气体灭火系统的调试应在系统安装完毕，并宜在相关的火灾报警系统和开口自动关闭装置、通风机械和防火阀等联动设备的调试完成后进行。调试项目应包括模拟启动试验、模拟喷气试验和模拟切换操作试验。

（六）泡沫灭火系统工程施工技术

泡沫灭火系统是指由泡沫发生器、比例混合器、泡沫液储罐、管网及配件、供水设施、消防控制电路等组成，灭火介质为泡沫的灭火系统。

1. 泡沫灭火系统的分类

泡沫灭火系统的分类，如表 1-46 所示。

表 1-46　泡沫灭火系统的分类

分类方式	名称	内容
按发泡倍数分类	低倍数泡沫灭火系统	泡沫发泡倍数低于 20 的灭火系统
	中倍数泡沫灭火系统	泡沫发泡倍数介于 20 ~ 200 之间的灭火系统
	高倍数泡沫灭火系统	泡沫发泡倍数高于 200 的灭火系统

（续表）

分类方式	名称	内容
按系统方式分类	固定式系统	由固定的泡沫消防水泵、泡沫比例混合器（装置）、泡沫产生器（或喷头）和管道等组成的灭火系统
	半固定式系统	由固定的泡沫产生器与部分连接管道，泡沫消防车或机动消防泵与泡沫比例混合器，用水带连接组成的灭火系统
	移动式系统	由消防车、机动消防泵或有压水源，泡沫比例混合器，泡沫枪、泡沫炮或移动式泡沫产生器，用水带等连接组成的灭火系统

2. 泡沫灭火系统工程施工技术

泡沫消防水泵与相关管道连接时，应以消防水泵的法兰端面为基准进行测量和安装。泡沫消防水泵进水管吸水口处设置滤网时，滤网架的安装应牢固；滤网应便于清洗。

泡沫液储罐的安装位置和高度应符合设计要求。储罐周围应留有满足检修需要的通道，其宽度不宜小于0.7 m，且操作面不宜小于1.5 m；当储罐上的控制阀距地面高度大于1.8 m时，应在操作面处设置操作平台或操作凳。储罐上应设置铭牌，并应标识泡沫液种类、型号、出厂日期和灌装日期、有效期及储量等内容，不同种类、不同牌号的泡沫液不得混存。

泡沫比例混合器（装置）安装时，标注方向应与液流方向一致，与管道连接处的安装应严密。压力式比例混合装置应整体安装，并应与基础牢固固定。平衡式比例混合装置的进水管道上应安装压力表，且其安装位置应便于观测。管线式比例混合器应安装在压力水的水平管道上，或串接在消防水带上，并应靠近储罐或防护区，其吸液口与泡沫液储罐或泡沫液桶最低液面的高度不得大于1.0 m。机械泵入式比例混合装置应在水轮机进、出口管道上靠近水轮机进、出口的法兰（沟槽）处安装压力表，压力表的安装位置应便于观察。

水平管道安装时，其坡度、坡向应符合设计要求，且坡度不应小于设计值，当出现U形管时应有放空措施。立管应用管卡固定在支架上，其间距不应大于设计值。管道支架、吊架安装应平整牢固，管墩的砌筑应规整，其间距应符合设计要求。管道安装完毕应进行水压试验。

阀门的安装应符合下列规定：

（1）泡沫混合液管道采用的阀门应按相关标准进行安装，并应有明显的启闭标志。

（2）液下喷射泡沫灭火系统泡沫管道进储罐处设置的钢质明杆闸阀和止回阀应水平安装，其止回阀上标注的方向应与泡沫的流动方向一致。

（3）高倍数泡沫产生器进口端泡沫混合液管道上设置的压力表、管道过滤器、控制阀宜安装在水平支管上。

（4）泡沫混合液管道上设置的自动排气阀应在系统试压、冲洗合格后立式安装。

（5）管道上的放空阀应安装在最低处，埋地管道的放空阀阀井应有排水措施。

泡沫消火栓的安装应符合下列规定：

(1)泡沫混合液管道上设置泡沫消火栓的规格、型号、数量、位置、安装方式、间距应符合设计要求。

(2)泡沫消火栓应垂直安装。

(3)泡沫消火栓的大口径出液口应朝向消防车道。

(4)室内泡沫消火栓的栓口方向宜向下,或与设置泡沫消火栓的墙面成90°,栓口离地面或操作基面的高度宜为1.1 m,允许偏差为±20 mm,坐标的允许偏差为20 mm。

泡沫灭火系统调试应在系统施工结束和与系统有关的火灾自动报警装置及联动控制设备调试合格后进行。

(七)干粉灭火系统工程施工技术

干粉灭火系统是指由干粉供应源通过输送管道连接到固定的喷嘴上,通过喷嘴喷放干粉的灭火系统。

干粉灭火系统可用于扑救下列火灾:灭火前可切断气源的气体火灾;易燃、可燃液体和可熔化固体火灾;可燃固体表面火灾;带电设备火灾。

干粉灭火装置的联动控制组件应按规定的模拟启动的试验方法进行自动模拟启动、手动模拟启动试验,并符合设计要求。干粉灭火装置调试完成并合格后,应将灭火装置恢复至正常工作状态。

(八)自动跟踪定位射流灭火系统工程施工技术

自动跟踪定位射流灭火系统管网安装完毕后,应进行强度试验、严密性试验和冲洗。强度、冲洗和严密性试验宜采用生活用水,不得使用海水或含有腐蚀性化学物质的水。

三、防排烟系统工程施工技术

(一)防排烟系统概述

防排烟系统包括防烟系统和排烟系统。防烟系统是指通过采用自然通风方式,防止火灾烟气在楼梯间、前室、避难层(间)等空间内积聚,或通过采用机械加压送风方式阻止火灾烟气侵入楼梯间、前室、避难层(间)等空间的系统,防烟系统分为自然通风系统和机械加压送风系统。排烟系统是指采用自然排烟或机械排烟的方式,将房间、走道等空间的火灾烟气排至建筑物外的系统,分为自然排烟系统和机械排烟系统。

(二)防排烟系统工程施工技术

防烟、排烟系统中的送风口、排风口、排烟防火阀、送风风机、排烟风机、固定窗等应设置明显永久标识。

风管在进行进场检验时应符合下列规定:

(1)风管的材料品种、规格、厚度等应符合设计要求和现行国家标准的规定。当采用金属风管且设计无要求时,钢板或镀锌钢板的厚度应符合规范规定。

链接

排烟系统风管采用镀锌钢板时,板材最小厚度可按高压系统选定。

(2)有耐火极限要求的风管的本体、框架与固定材料、密封垫料等必须为不燃材料,材料品种、规格、厚度及耐火极限等应符合设计要求和国家现行标准的规定。

防烟、排烟系统中各类阀(口)在进行进场检验时应符合下列规定:

(1)排烟防火阀、送风口、排烟阀或排烟口等必须符合有关消防产品标准的规定,其型号、规格、数量应符合设计要求,手动开启灵活、关闭可靠严密。

(2)防火阀、送风口和排烟阀或排烟口等的驱动装置,动作应可靠,在最大工作压力下工作正常。

(3)防烟、排烟系统柔性短管的制作材料必须为不燃材料。

风管的安装应符合下列规定:

(1)风管安装时,风管的规格、安装位置、标高、走向应符合设计要求,且现场风管的安装不得缩小接口的有效截面。

(2)风管接口的连接应严密、牢固,垫片厚度不应小于3 mm,不应凸入管内和法兰外;排烟风管法兰垫片应为不燃材料,薄钢板法兰风管应采用螺栓连接。

(3)风管与风机的连接宜采用法兰连接,或采用不燃材料的柔性短管连接。当风机仅用于防烟、排烟时,不宜采用柔性连接。

(4)风管与风机连接若有转弯处宜加装导流叶片,保证气流顺畅。

风管(道)系统安装完毕后,应按系统类别进行严密性检验,检验应以主、干管道为主,漏风量应符合设计与规范规定。

排烟防火阀的安装应符合下列规定:

(1)型号、规格及安装的方向、位置应符合设计要求。

(2)阀门应顺气流方向关闭,防火分区隔墙两侧的排烟防火阀距墙端面不应大于200 mm。

(3)手动和电动装置应灵活、可靠,阀门关闭严密。

(4)应设独立的支、吊架,当风管采用不燃材料防火隔热时,阀门安装处应有明显标识。

送风口、排烟阀或排烟口的安装位置应符合标准和设计要求,并应固定牢靠,表面平整、不变形,调节灵活;排烟口距可燃物或可燃构件的距离不应小于1.5 m。

常闭送风口、排烟阀或排烟口的手动驱动装置应固定安装在明显可见、距楼地面1.3~1.5 m之间便于操作的位置,预埋套管不得有死弯及瘪陷,手动驱动装置操作应灵活。

风机外壳至墙壁或其他设备的距离不应小于600 mm。

排烟风机应设在混凝土或钢架基础上,且不应设置减振装置;若排烟系统与通风空调系统共用且需要设置减振装置时,不应使用橡胶减振装置。

风机驱动装置的外露部位应装设防护罩;直通大气的进、出风口应装设防护网或采取其他安全设施,并应设防雨措施。

防排烟系统调试应在系统施工完成及与工程有关的火灾自动报警系统及联动控制设备调试合格后进行。系统调试应包括设备单机调试和系统联动调试。

四、消防工程的验收

(一)基本规定

《建设工程消防设计审查验收管理暂行规定》对消防工程验收做了如下规定:国务院住

房和城乡建设主管部门负责指导监督全国建设工程消防设计审查验收工作。县级以上地方人民政府住房和城乡建设主管部门(以下简称消防设计审查验收主管部门)依职责承担本行政区域内建设工程的消防设计审查、消防验收、备案和抽查工作。跨行政区域建设工程的消防设计审查、消防验收、备案和抽查工作,由该建设工程所在行政区域消防设计审查验收主管部门共同的上一级主管部门指定负责。

(二)特殊建设工程消防验收的相关规定

具有下列情形之一的建设工程是特殊建设工程:

(1)总建筑面积大于20 000 m^2的体育场馆、会堂,公共展览馆、博物馆的展示厅。

(2)总建筑面积大于15 000 m^2的民用机场航站楼、客运车站候车室、客运码头候船厅。

(3)总建筑面积大于10 000 m^2的宾馆、饭店、商场、市场。

(4)总建筑面积大于2 500 m^2的影剧院,公共图书馆的阅览室,营业性室内健身、休闲场馆,医院的门诊楼,大学的教学楼、图书馆、食堂,劳动密集型企业的生产加工车间,寺庙、教堂。

(5)总建筑面积大于1 000 m^2的托儿所、幼儿园的儿童用房,儿童游乐厅等室内儿童活动场所,养老院、福利院,医院、疗养院的病房楼,中小学校的教学楼、图书馆、食堂,学校的集体宿舍,劳动密集型企业的员工集体宿舍。

(6)总建筑面积大于500 m^2的歌舞厅、录像厅、放映厅、卡拉OK厅、夜总会、游艺厅、桑拿浴室、网吧、酒吧,具有娱乐功能的餐馆、茶馆、咖啡厅。

(7)国家工程建设消防技术标准规定的一类高层住宅建筑。

(8)城市轨道交通、隧道工程,大型发电、变配电工程。

(9)生产、储存、装卸易燃易爆危险物品的工厂、仓库和专用车站、码头,易燃易爆气体和液体的充装站、供应站、调压站。

(10)国家机关办公楼、电力调度楼、电信楼、邮政楼、防灾指挥调度楼、广播电视楼、档案楼。

(11)设有本条第(1)项至第(6)项所列情形的建设工程。

(12)本条第(10)项、第(11)项规定以外的单体建筑面积大于40 000 m^2或者建筑高度超过50 m的公共建筑。

对特殊建设工程实行消防验收制度。特殊建设工程竣工验收后,建设单位应当向消防设计审查验收主管部门申请消防验收;未经消防验收或者消防验收不合格的,禁止投入使用。

建设单位组织竣工验收时,应当对建设工程是否符合下列要求进行查验:

(1)完成工程消防设计和合同约定的消防各项内容。

(2)有完整的工程消防技术档案和施工管理资料(含涉及消防的建筑材料、建筑构配件和设备的进场试验报告)。

(3)建设单位对工程涉及消防的各分部分项工程验收合格;施工、设计、工程监理、技术服务等单位确认工程消防质量符合有关标准。

(4)消防设施性能、系统功能联调联试等内容检测合格。

经查验不符合上述规定的建设工程,建设单位不得编制工程竣工验收报告。

建设单位申请消防验收,应当提交下列材料:

(1)消防验收申请表。

(2)工程竣工验收报告。

(3)涉及消防的建设工程竣工图纸。

消防设计审查验收主管部门收到建设单位提交的消防验收申请后,对申请材料齐全的,应当出具受理凭证;申请材料不齐全的,应当一次性告知需要补正的全部内容。

消防设计审查验收主管部门受理消防验收申请后,应当按照国家有关规定,对特殊建设工程进行现场评定。现场评定包括对建筑物防(灭)火设施的外观进行现场抽样查看;通过专业仪器设备对涉及距离、高度、宽度、长度、面积、厚度等可测量的指标进行现场抽样测量;对消防设施的功能进行抽样测试、联调联试消防设施的系统功能等内容。

消防设计审查验收主管部门应当自受理消防验收申请之日起 15 日内出具消防验收意见。对符合下列条件的,应当出具消防验收合格意见:申请材料齐全、符合法定形式;工程竣工验收报告内容完备;涉及消防的建设工程竣工图纸与经审查合格的消防设计文件相符;现场评定结论合格。对不符合上述规定条件的,消防设计审查验收主管部门应当出具消防验收不合格意见,并说明理由。

链接

局部验收:对于大型建设工程需要局部投入使用的部分,根据建设单位的申请,可实施局部建设工程消防验收。申请局部建设工程消防验收的建设工程,应符合下列条件:

(1)与非使用区域有完整的符合消防技术标准要求的防火、防烟分隔。

(2)局部投入使用部分的安全出口、疏散楼梯符合消防技术标准要求。

(3)消防水源、消防电源均满足消防技术标准和消防设计文件要求。

(4)取得局部投入使用部分的各项消防设施技术检测合格报告,并保证其独立运行。

(5)消防安全布局合理,消防车通道能够正常使用。

(三)其他建设工程的消防备案与抽查

其他建设工程是指特殊建设工程以外的其他按照国家工程建设消防技术标准需要进行消防设计的建设工程。

对其他建设工程实行备案抽查制度。其他建设工程经依法抽查不合格的,应当停止使用。

其他建设工程竣工验收合格之日起 5 个工作日内,建设单位应当报消防设计审查验收主管部门备案。建设单位办理备案,应当提交下列材料:

(1)消防验收备案表。

(2)工程竣工验收报告。

(3)涉及消防的建设工程竣工图纸。

消防设计审查验收主管部门收到建设单位备案材料后,对备案材料齐全的,应当出具备案凭证;备案材料不齐全的,应当一次性告知需要补正的全部内容。

消防设计审查验收主管部门应当对备案的其他建设工程进行抽查。抽查工作推行“双随机、一公开”制度,随机抽取检查对象,随机选派检查人员。抽取比例由省、自治区、直辖市人民政府住房和城乡建设主管部门,结合辖区内消防设计、施工质量情况确定,并向社会公示。消防设计审查验收主管部门应当自其他建设工程被确定为检查对象之日起 15 个工作日内,按照建设工程消防验收有关规定完成检查,制作检查记录。检查结果应当通知建设单位,并向社会公示。

建设单位收到检查不合格整改通知后,应当停止使用建设工程,并组织整改,整改完成后,向消防设计审查验收主管部门申请复查。消防设计审查验收主管部门应当自收到书面申请之日起 7 个工作日内进行复查,并出具复查意见。复查合格后方可使用建设工程。

第二章　机电工程项目施工管理

模块一　机电工程项目管理的程序及任务

一、机电工程项目管理概述

机电工程项目管理是指运用系统的理论和方法，对机电工程项目进行的计划、组织、指挥、协调和控制等专业化活动，简称为项目管理。机电工程的项目管理是一个复杂的过程，涉及工程项目管理的全过程和全方面，需要多个方面管理上的相互配合。

（一）机电工程项目的特点

机电工程项目有建设项目普遍的特点，即工程实体的单件性、固着性、建设长期性以及大部分形体的庞大性，但也有其独有的特点：

（1）设计的多样性。由于机电工程涉及许多行业，每个行业各有设计标准及独立的设计风格，因此确定了机电工程项目设计的多样性。

（2）工程运行的危险性。机电工程运行中大部分要动态运行，时常处于高温、高压的环境，并具有易燃、易爆的特点，因此工程实体要能经受这些危险因素的考验。

（3）环境的恶劣性。有些项目建在水下、高山、高寒、多尘砂、多盐雾地区，同样工程实体要能经受这些恶劣环境的考验。

除此之外，机电工程项目建设还具有设备制造的继续、散件装置的组合、制作与安装的结合、特有的长途沿线作业等特点。

（二）机电工程项目范围管理

项目范围管理的基本任务是项目结构分析，包括项目类型、项目组成、工作界面分析等。

1. 项目类型

机电工程项目可根据其建设性质划分为新建项目、改建项目、扩建项目、复建项目和迁建项目五种类型，具体内容如下：

（1）新建项目是指从无到有，新开始建设的项目。

（2）改建项目是指为了提高生产运行效率、提高产品质量，对原有的设备、设施、工程进行改造的项目，包括不增加生产运行规模的辅助设施建设。

（3）扩建项目是指为了扩大生产运行规模，而建设设备、设施、工程的项目。

（4）复建项目是指按原有规模重新恢复起来的项目。在恢复的同时进行扩建的，应作为扩建项目。

（5）迁建项目是指经批准搬迁到另地建设的项目，不包括留在原址的部分。迁建项目中符合新建、扩建、改建条件的，应分别作为新建、扩建或改建项目。

链接

机电工程项目还可根据其建设规模大小分为大型项目、中型项目和小型项目。划分建设规模的标准由国家主管部门制定，一般是按项目建设总规模或总投资来确定的，也可按照项目的重要程度和所在地域情况来确定。

2. 项目组成

机电工程可分为机械设备工程、静置设备与工艺金属结构工程、电气工程、自动化控制仪表工程、建筑智能化工程、管道工程、消防工程、净化工程、通风与空调工程、设备及管道防腐蚀与绝热工程、工业炉工程、电子与通信及广电工程等专业。根据专业性的不同，机电工程项目一般可以由以下一个或多个部分组成：

(1)主要工艺生产装置包括直接参加生产产品和中间产品的工艺生产装置。

(2)辅助工艺生产装置是指为主要生产项目服务的工程项目，包括集中控制室、中央试验室、机修、电修、仪修、汽修、化验、仓库工程等。

(3)公用工程是指为全厂统一设置的公用设施工程项目，如给排水工程(循环水场、给排水泵房、水塔、水池、消防、给排水管网等)、供热工程(锅炉房、热电站、软化水处理设施及全厂热力管网)、供电及电信工程[全厂变(配)电所、电话站、广播站、微波站、全厂输电线路、场地道路照明、电信网络等]。

(4)总图运输包括厂区及竖向大型土石方、防洪、厂区路、桥涵、护坡、沟渠、铁路专用线、运输车辆、围墙大门、厂区绿化等。

(5)生产管理服务性工程是指为办公生产服务的工程，包括传达室、厂部办公楼、厂区食堂、医务室、浴室、哺乳室、倒班宿舍、招待所、培训中心、车库、自行车棚、哨所、公厕等。

(6)生活福利工程是指为职工住宅区服务的生活福利设施工程，如宿舍、住宅、生活区食堂、托儿所、幼儿园、商店、招待所、卫生所、俱乐部以及其他福利设施。

(7)厂外工程是指建设单位的建设、生产、办公等直接服务的厂区以外的工程，如水源工程、输水与排水管线、厂外输电线路、通信线路、输气线路、铁路专用线、公路、桥梁码头等。

3. 工作界面分析

工作界面是指工作单元之间的结合部，或叫接口部位，工作单元之间存在着相互作用、相互联系、相互影响的复杂关系。

二、机电工程项目的建设程序

机电工程项目的建设程序是指建设项目从立项到建成投产所经历的整个过程中的各项工作开展的先后顺序。该程序反映了工程建设各个阶段之间的内在联系，是从事建设工作的各有关部门和人员都必须遵守的原则。

机电工程项目建设主要分为投资决策阶段和实施阶段，其中投资决策阶段工作内容主要包括项目建议书和可行性研究报告的编报和审批；实施阶段工作内容主要包括勘察设计、建设准备、项目施工、竣工验收投入使用等。机电工程项目建设程序的具体内容如图 2-1 所示。

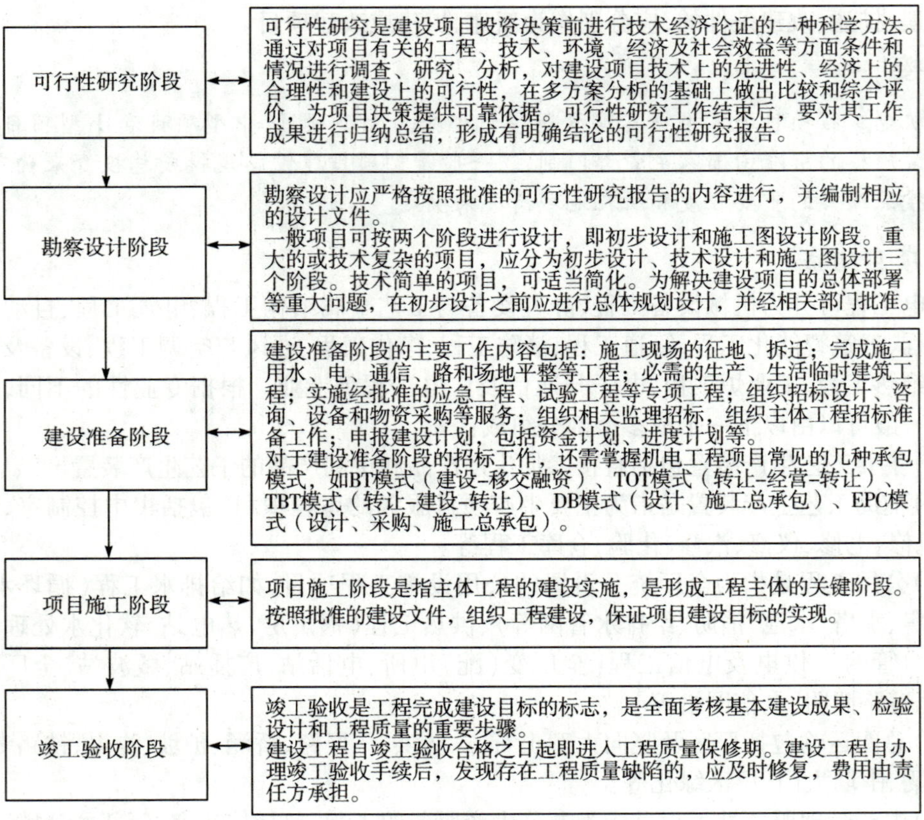

图 2-1　机电工程项目建设程序

链接

建设单位应当在工程竣工验收后3个月内，向城建档案馆报送一套符合规定的建设工程档案。凡建设工程档案不齐全的，应当限期补充。

三、机电工程项目管理的任务

（一）设计阶段项目管理的任务

项目初步设计阶段，项目管理机构应完成项目初步设计任务（包括对项目环境、建设项目标准、投资、规模以及工期进行初步估计），做出设计概算，或对委托的设计承包人初步设计内容实施评审工作，并提出勘察工作需求，完成地勘报告申报管理工作。初步设计完成后，经内部自行评审后，报政府相关部门审批。编制初步设计文件，应当满足编制施工招标文件、主要设备材料订货和编制施工图设计文件的需要。

项目施工图设计阶段，项目管理机构应根据初步设计要求，组织完成施工图设计或审查工作，确定施工图预算，并建立设计文件收发管理制度和流程。施工图设计文件审查后，应按照要求在有关行政管理部门备案。编制施工图设计文件，应当满足设备材料采购、非标准设备制作和施工的需要，并注明建设工程合理使用年限。

项目施工阶段，项目管理机构应编制施工组织设计，组织设计交底、设计变更控制和深化设计，根据施工需求组织或实施设计优化工作，组织关键施工部位的设计验收管理工作。

施工完成后，设计单位应按要求参与竣工验收；投入运营后，应跟随业主开展回访工作，并根据业主提出的改进意见和措施，对设计进行完善。

（二）采购阶段项目管理的任务

采购工作应按下列程序实施：根据项目采购策划，编制项目采购执行计划→采买→对所订购的设备、材料及其图纸、资料进行催交→依据合同约定进行检验→运输与交付→仓储管理→现场服务管理→采购收尾。

提示

采购组可根据采购工作的需要对采购工作程序及其内容进行调整，并应符合项目合同要求。

项目采购的类型按采购内容可划分为工程采购、货物采购和服务采购；按采购方式可划分为直接采购、询价采购和招标采购。采购的方式可以是直接委托或经过招标投标，招标投标可以是公开招标或邀请招标，就招标地域来分可以是国内招标，也可以是境外的国际招标，采用何种方式要视机电工程本身特征来决定。

链接

项目采购的类型中，工程采购与货物采购属于有形采购，服务采购则属于无形采购。其中，服务采购主要在决策阶段，设计、招标投标阶段，施工阶段进行，例如可行性研究、项目评估等咨询服务；工程设计和招标文件编制服务；项目管理、施工监理等执行性服务以及技术援助和培训等服务。

（三）施工阶段项目管理的任务

施工阶段项目管理的任务主要体现在对施工进度、质量、成本、安全的管理。

1. 施工进度管理的任务

施工进度计划应包括施工总进度计划、单项工程进度计划和单位工程进度计划。施工总进度计划应报项目发包人确认。

施工单位应对施工进度建立跟踪、监督、检查和报告的管理机制。

施工单位应检查施工进度计划中的关键路线、资源配置的执行情况，并提出施工进展报告，并宜采用赢得值等技术，测量施工进度，分析进度偏差，预测进度趋势，采取纠正措施。

施工进度计划调整时，施工单位应按规定程序进行协调和确认，并保存相关记录。

2. 施工质量管理的任务

项目质量管理应坚持缺陷预防的原则，按照策划、实施、检查、处置的循环方式进行系统运作。

施工单位应对所需的施工机械、装备、设施、工具和器具的配置以及使用状态进行有效性和安全性检查，必要时进行试验。操作人员应持证上岗，按操作规程作业，并在使用中做好维护和保养。

施工单位应对施工过程的质量控制绩效进行分析和评价，明确改进目标，制定纠正措施，进行持续改进。

施工单位应根据施工质量计划，明确施工质量标准和控制目标。

施工单位应组织对项目分包人的施工组织设计和专项施工方案进行审查。

施工单位应按规定组织或参加工程质量验收。

当实行施工分包时，总承包单位应依据施工分包合同约定，组织项目分包人完成并提交质量记录和竣工文件，并进行评审。

当施工过程中发生质量事故时，应按国家现行有关规定处理。

3. 施工成本管理的任务

组织应建立项目全面成本管理制度，明确职责分工和业务关系，把管理目标分解到各项技术和管理过程。

组织管理层，应负责项目成本管理的决策，确定项目的成本控制重点、难点，确定项目成本目标，并对项目管理机构进行过程和结果的考核。项目管理机构，应负责项目成本管理，遵守组织管理层的决策，实现项目管理的成本目标。

项目管理机构应通过系统的成本策划，按成本组成、项目结构和工程实施阶段分别编制项目成本计划。其中，项目施工成本计划一般由施工单位编制。施工单位应围绕施工组织设计或相关文件进行编制，以确保对施工项目成本控制的适宜性和有效性。

项目管理机构应按规定的会计周期进行项目成本核算。项目成本核算应坚持形象进度、产值统计、成本归集同步的原则。

成本分析程序是实施成本管理的重要过程，组织只有按照规定程序实施成本分析，才能有效保证成本分析结果的准确性和完整性。

组织应根据项目成本管理制度，确定项目成本考核目的、时间、范围、对象、方式、依据、指标、组织领导、评价与奖惩原则。

4. 施工安全管理的任务

施工单位应建立项目安全生产责任制，明确各岗位人员的责任、责任范围和考核标准等。

施工单位应根据项目安全管理实施计划进行施工阶段安全策划，编制施工安全计划，建立施工安全管理制度，明确安全职责，落实施工安全管理目标。

施工单位应按安全检查制度组织现场安全检查，掌握安全信息，召开安全例会，发现和消除隐患。

施工单位应对施工安全管理工作负责，并实行统一的协调、监督和控制。

施工单位应对施工各阶段、部位和场所的危险源进行识别和风险分析，制定应对措施，并对其实施管理和控制。

依据合同约定，工程总承包企业或分包商必须依法参加工伤保险，为从业人员缴纳保险费，鼓励投保安全生产责任保险。

施工单位应建立并保存完整的施工记录。

施工单位应依据分包合同和安全生产管理协议的约定，明确各自的安全生产管理职责和应采取的安全措施，并指定专职安全生产管理人员进行安全生产管理与协调。

工程总承包企业应建立监督管理机制。监督考核项目部安全生产责任制落实情况。

施工单位应当根据建设工程施工的特点、范围，对施工现场易发生重大事故的部位、环节进行监控，制定施工现场生产安全事故应急救援预案。施工单位发生生产安全事故，应当按照国家有关伤亡事故报告和调查处理的规定，及时、如实地向负责安全生产监督管理的部门、建设行政主管部门或者其他有关部门报告；特种设备发生事故的，还应当同时向特种设备安全监督管理部门报告。接到报告的部门应当按照国家有关规定，如实上报。实行施工总承包的建设工程，由总承包单位负责上报事故。发生生产安全事故后，施工单位应当采取措施防止事故扩大，保护事故现场。需要移动现场物品时，应当做出标记和书面记录，妥善保管有关证物。

链接

施工阶段项目管理的任务除了施工进度、质量、成本、安全管理外，一般还有绿色建造与环境管理、资源管理、信息与知识管理等。其中，信息与知识管理主要在于信息技术应用管理，如项目信息系统宜基于互联网并结合下列先进技术进行建设和应用：建筑信息模型（BIM）；云计算；大数据；物联网。在工程项目全生命期（含投资策划、勘察设计、施工、运营维护等阶段）、各参与方（包括建设、勘察设计、施工、总承包、运营维护等单位）综合应用 BIM，是提升项目信息传递和信息共享效率和质量的有效方式。BIM 四维（4D）施工模拟是在立体（3D）模型的基础上，加入时间的概念，让整个施工过程处在一个动态的模型下供相关人员分析。相比在会议上以口头表述的形式，4D 施工模拟提供了可视化的条件，可以让相关的专业人员更加直观地了解整个项目的特点，省去了大量因专业不同而进行名词性解释的时间，大大提升了沟通效率。由于结合了建筑构件与建筑活动，随着时间的进展，建筑的各个构件按照预定计划出现或消失在 3D 模型中。因此，四维（4D）施工模拟主要是加入了时间因素，使管理实时化、动态化，让原来教条的管理变的灵活、准确，节约成本，并且使施工过程更加通俗易懂。

（四）试运行阶段项目管理的任务

施工单位应依据合同约定进行项目试运行管理和服务。

项目试运行管理由试运行经理负责，并适时组建试运行组。在试运行管理和服务过程中，试运行经理应接受项目经理和工程总承包企业试运行管理部门的管理。

依据合同约定，试运行管理内容可包括试运行执行计划的编制、试运行准备（包括技术准备、组织准备、物资准备）、人员培训、试运行过程指导与服务等。

试运行执行计划应按项目特点，安排试运行工作内容、程序和周期。

试运行经理应依据合同约定，负责组织或协助项目发包人编制试运行方案。

项目部应配合项目发包人进行试运行前的准备工作，确保按设计文件及相关标准完成生产系统、配套系统和辅助系统的施工安装及调试工作。

试运行经理应按试运行执行计划和方案的要求落实相关的技术、人员和物资。

试运行经理应组织检查影响合同目标考核达标存在的问题，并落实解决措施。

合同目标考核的时间和周期应依据合同约定和考核计划执行。考核期内，全部保证值达标时，合同双方代表应分项或统一签署合同目标考核合格证书。

依据合同约定，培训服务的内容可包括生产管理和操作人员的理论培训、模拟培训和实际操作培训。

模块二　机电工程施工招标投标管理

一、施工招标的方式

根据《中华人民共和国招标投标法》（以下简称《招标投标法》），招标分为公开招标和邀请招标。公开招标，是指招标人以招标公告的方式邀请不特定的法人或者其他组织投标。

邀请招标,是指招标人以投标邀请书的方式邀请特定的法人或者其他组织投标。

国务院发展改革部门确定的国家重点项目和省、自治区、直辖市人民政府确定的地方重点项目不适宜公开招标的,经国务院发展改革部门或者省、自治区、直辖市人民政府批准,可以进行邀请招标。

根据《中华人民共和国招标投标法实施条例》(以下简称《招标投标法实施条例》),国有资金占控股或者主导地位的依法必须进行招标的项目,应当公开招标;但有下列情形之一的,可以邀请招标:

(1)技术复杂、有特殊要求或者受自然环境限制,只有少量潜在投标人可供选择。

(2)采用公开招标方式的费用占项目合同金额的比例过大。

有上述第(2)项所列情形,属于按照国家有关规定需要履行项目审批、核准手续的依法必须进行招标的项目,由项目审批、核准部门在审批、核准项目时作出认定;其他项目由招标人申请有关行政监督部门作出认定。

二、施工招标的相关要求

(一)施工招标条件

招标项目按照国家有关规定需要履行项目审批手续的,应当先履行审批手续,取得批准。按照国家有关规定需要履行项目审批、核准手续的依法必须进行招标的项目,其招标范围、招标方式、招标组织形式应当报项目审批、核准部门审批、核准。项目审批、核准部门应当及时将审批、核准确定的招标范围、招标方式、招标组织形式通报有关行政监督部门。

依法必须招标的工程建设项目,应当具备下列条件才能进行施工招标:

(1)招标人已经依法成立。

(2)初步设计及概算应当履行审批手续的,已经批准。

(3)有相应资金或资金来源已经落实。

(4)有招标所需的设计图纸及技术资料。

(二)施工招标文件编制的相关要求

招标文件应区分不同类别的招标内容,进行详细的资料收集,在充分研究的基础上有针对性地进行编写。

招标文件编制的主要内容包括:招标公告(或投标邀请书);投标人须知;评标办法;合同条款及格式;工程量清单;图纸;技术标准和要求;投标文件格式;投标人须知前附表规定的其他材料。

(三)施工招标过程的相关要求

公开招标的项目,应当依照招标投标法和招标投标法实施条例的规定发布招标公告、编制招标文件。招标人采用资格预审办法对潜在投标人进行资格审查的,应当发布资格预审公告、编制资格预审文件。依法必须进行招标的项目的资格预审公告和招标公告,应当在国务院发展改革部门依法指定的媒介发布。在不同媒介发布的同一招标项目的资格预审公告或者招标公告的内容应当一致。指定媒介发布依法必须进行招标的项目的境内资格预审公告、招标公告,不得收取费用。

依法必须招标项目的招标公告和公示信息,除依法需要保密或者涉及商业秘密的内容外,应当按照公益服务、公开透明、高效便捷、集中共享的原则,依法向社会公开。

依法必须招标项目的资格预审公告和招标公告，应当载明以下内容：

（1）招标项目名称、内容、范围、规模、资金来源。

（2）投标资格能力要求，以及是否接受联合体投标。

（3）获取资格预审文件或招标文件的时间、方式。

（4）递交资格预审文件或投标文件的截止时间、方式。

（5）招标人及其招标代理机构的名称、地址、联系人及联系方式。

（6）采用电子招标投标方式的，潜在投标人访问电子招标投标交易平台的网址和方法。

（7）其他依法应当载明的内容。

招标人可以对已发出的资格预审文件或者招标文件进行必要的澄清或者修改。澄清或者修改的内容可能影响资格预审申请文件或者投标文件编制的，招标人应当在提交资格预审申请文件截止时间至少3日前，或者投标截止时间至少15日前，以书面形式通知所有获取资格预审文件或者招标文件的潜在投标人；不足3日或者15日的，招标人应当顺延提交资格预审申请文件或者投标文件的截止时间。

潜在投标人或者其他利害关系人对资格预审文件有异议的，应当在提交资格预审申请文件截止时间2日前提出；对招标文件有异议的，应当在投标截止时间10日前提出。招标人应当自收到异议之日起3日内作出答复；作出答复前，应当暂停招标投标活动。

招标人应当在招标文件中载明投标有效期。投标有效期从提交投标文件的截止之日起算。

招标人在招标文件中要求投标人提交投标保证金的，投标保证金不得超过招标项目估算价的2%。投标保证金有效期应当与投标有效期一致。依法必须进行招标的项目的境内投标单位，以现金或者支票形式提交的投标保证金应当从其基本账户转出。招标人不得挪用投标保证金。

招标人可以自行决定是否编制标底。一个招标项目只能有一个标底。标底必须保密。接受委托编制标底的中介机构不得参加受托编制标底项目的投标，也不得为该项目的投标人编制投标文件或者提供咨询。招标人设有最高投标限价的，应当在招标文件中明确最高投标限价或者最高投标限价的计算方法。招标人不得规定最低投标限价。

招标人不得组织单个或者部分潜在投标人踏勘项目现场。

对技术复杂或者无法精确拟定技术规格的项目，招标人可以分两阶段进行招标。第一阶段，投标人按照招标公告或者投标邀请书的要求提交不带报价的技术建议，招标人根据投标人提交的技术建议确定技术标准和要求，编制招标文件。第二阶段，招标人向在第一阶段提交技术建议的投标人提供招标文件，投标人按照招标文件的要求提交包括最终技术方案和投标报价的投标文件。招标人要求投标人提交投标保证金的，应当在第二阶段提出。

招标人终止招标的，应当及时发布公告，或者以书面形式通知被邀请的或者已经获取资格预审文件、招标文件的潜在投标人。已经发售资格预审文件、招标文件或者已经收取投标保证金的，招标人应当及时退还所收取的资格预审文件、招标文件的费用，以及所收取的投标保证金及银行同期存款利息。

招标人不得以不合理的条件限制、排斥潜在投标人或者投标人。招标人有下列行为之一的，属于以不合理条件限制、排斥潜在投标人或者投标人：

（1）就同一招标项目向潜在投标人或者投标人提供有差别的项目信息。

（2）设定的资格、技术、商务条件与招标项目的具体特点和实际需要不相适应或者与合同履行无关。

(3)依法必须进行招标的项目以特定行政区域或者特定行业的业绩、奖项作为加分条件或者中标条件。

(4)对潜在投标人或者投标人采取不同的资格审查或者评标标准。

(5)限定或者指定特定的专利、商标、品牌、原产地或者供应商。

(6)依法必须进行招标的项目非法限定潜在投标人或者投标人的所有制形式或者组织形式。

(7)以其他不合理条件限制、排斥潜在投标人或者投标人。

资格审查分为资格预审和资格后审。资格预审,是指在投标前对潜在投标人进行的资格审查。资格后审,是指在开标后对投标人进行的资格审查。进行资格预审的,一般不再进行资格后审,但招标文件另有规定的除外。

资格审查应主要审查潜在投标人或者投标人是否符合下列条件:

(1)具有独立订立合同的权利。

(2)具有履行合同的能力,包括专业、技术资格和能力,资金、设备和其他物质设施状况,管理能力,经验、信誉和相应的从业人员。

(3)没有处于被责令停业,投标资格被取消,财产被接管、冻结,破产状态。

(4)在最近3年内没有骗取中标和严重违约及重大工程质量问题。

(5)国家规定的其他资格条件。

资格预审应当按照资格预审文件载明的标准和方法进行。国有资金占控股或者主导地位的依法必须进行招标的项目,招标人应当组建资格审查委员会审查资格预审申请文件。资格审查委员会及其成员应当遵守招标投标法和招标投标法实施条例有关评标委员会及其成员的规定。

资格预审结束后,招标人应当及时向资格预审申请人发出资格预审结果通知书。未通过资格预审的申请人不具有投标资格。通过资格预审的申请人少于3个的,应当重新招标。

招标人采用资格后审办法对投标人进行资格审查的,应当在开标后由评标委员会按照招标文件规定的标准和方法对投标人的资格进行审查。

三、施工投标的相关要求

(一)施工投标条件

投标人应当具备承担招标项目的能力;国家有关规定对投标人资格条件或者招标文件对投标人资格条件有规定的,投标人应当具备规定的资格条件。

投标人参加依法必须进行招标的项目的投标,不受地区或者部门的限制,任何单位和个人不得非法干涉。

与招标人存在利害关系可能影响招标公正性的法人、其他组织或者个人,不得参加投标。单位负责人为同一人或者存在控股、管理关系的不同单位,不得参加同一标段投标或者未划分标段的同一招标项目投标。

招标人应当在资格预审公告、招标公告或者投标邀请书中载明是否接受联合体投标。招标人接受联合体投标并进行资格预审的,联合体应当在提交资格预审申请文件前组成。资格预审后联合体增减、更换成员的,其投标无效。联合体各方在同一招标项目中以自己名义单独投标或者参加其他联合体投标的,相关投标均无效。

投标人发生合并、分立、破产等重大变化的，应当及时书面告知招标人。投标人不再具备资格预审文件、招标文件规定的资格条件或者其投标影响招标公正性的，其投标无效。

（二）施工投标文件编制的相关要求

投标人应当按照招标文件的要求编制投标文件。投标文件应当对招标文件提出的实质性要求和条件做出响应。

投标文件分为商务文件和技术文件两部分。商务文件应包括除投标项目施工组织设计以外的全部内容；技术文件是投标项目的施工组织设计。

商务文件一般包括下列内容：

（1）投标报价书及附件。其包括投标报价书，投标保函，授权委托书，投标报价编制说明及工程造价编制人员执业资格核对表。

（2）已标价的工程量清单。

（3）投标辅助资料。其包括计日工单价表（人工、材料、机械），单价分析表，机械台班（时）费表，原材料、中间产品价格表，其他价格资料，资金流估算表，拟投入的人力、设备、财务状况，资质、业绩文件，招标文件要求的其他资料。

技术文件一般应包括工程概况，施工条件，设计方案（如招标文件要求），施工组织机构及现场管理机构，施工方案及施工布置，施工测量，施工程序，施工计划，质量管理，安全管理措施，工期保证，环境保护，文明施工，风险预测和防范，优化方案，施工过程中的重点和难点分析及对策，拟采用的新工艺及保证措施，拟进场的主要机械设备和材料供应计划，拟进场的主要人员情况表和劳动力计划，近期完成工程情况，在建工程情况，附图（施工总平面布置图、施工网络或施工进度计划横道图、其他），招标文件要求的其他资料。

（三）施工投标程序与策略

在购买资格预审文件前的投标决策前期阶段，投标人需要根据招标项目特点和自身实力决定是否参与投标。若投标人决定参与投标，则应按规定的程序进行。

施工投标的主要流程如下：

（1）购买资格预审文件，编制后报送招标人（或招标代理机构）。

（2）报名资格审查通过，在规定的时间内购买招标文件，并研究招标文件。

（3）踏勘现场，参加标前会，并按规定时间对招标文件中不清楚的问题进行询问。

（4）组织有关人员按招标文件的具体要求，编制投标文件。

（5）在规定的时间内向招标人（或招标代理机构）递交投标文件，并递交投标保证金。

（6）经过开标、评标、定标、中标公示、发中标通知等程序。

（7）收到中标通知书后，30 日内与招标人签订施工合同，同时递交履约保证金或履约担保（按照招标文件要求）。

在取得招标文件后递交投标文件前的投标决策后期阶段，投标人应重点关注投标报价策略、复核工程量、编制施工组织设计等内容，具体如下：

（1）确定投标报价策略。在投标书报出之前应当对报价进行多方面的分析，目的是探讨这个报价的合理性、竞争性、盈利性和风险性，从而做出最终的报价策略，报价策略主要研究商务报价策略和技术突出优势的策略。商务报价策略包括投标前突然竞价法、不平衡报价法、多方案报价法、先亏后盈法、增加建议方案法、无利润竞标法等。在投标报价策略中考虑不平衡报价及投标人对报出价格的风险防范，将这些不利的因素考虑周全。投标人在利润和风险之间做出决策是要分析方方面面的因素。

(2)复核工程量。如招标的计价形式为固定总价合同，在编制商务标时，应认真核对招标人提供的工程量，避免因工程量误差且后期不能调整带来的风险。

(3)编制施工组织设计。施工组织设计用以评价投标人的技术实力和经验。技术复杂的项目对技术文件的编写内容及格式均有详细要求，投标人应当认真按照招标文件要求和投标项目特点结合自身实力进行编写。

专家解读

施工组织设计属于投标文件中的技术标部分。在编制时，要突出企业的自身优势，要满足招标文件对工程质量目标、进度目标、安全目标、技术标准等的要求，同时要有合理化建议和具体措施。

典型例题

【单选题】商务报价的策略中不包括(　　)。

A. 不平衡报价　　B. 多方案报价

C. 突出工期目标　　D. 无利润竞标

C。【解析】常见的商务报价的策略有不平衡报价法、多方案报价法、无利润竞标法、先亏后盈法、增加建议方案法、投标前突然竞价法等。选项 C 属于针对技术标所做的一种投标策略。

四、开标、评标和中标的相关要求

开标应当在招标文件确定的提交投标文件截止时间的同一时间公开进行；开标地点应当为招标文件中预先确定的地点。

开标由招标人主持，邀请所有投标人参加。开标时，由投标人或者其推选的代表检查投标文件的密封情况，也可以由招标人委托的公证机构检查并公证；经确认无误后，由工作人员当众拆封，宣读投标人名称、投标价格和投标文件的其他主要内容。

招标人应当按照招标文件规定的时间、地点开标。投标人少于 3 个的，不得开标；招标人应当重新招标。投标人对开标有异议的，应当在开标现场提出，招标人应当当场作出答复，并制作记录。

评标由招标人依法组建的评标委员会负责。依法必须进行招标的项目，其评标委员会由招标人的代表和有关技术、经济等方面的专家组成，成员人数为 5 人以上单数，其中技术、经济等方面的专家不得少于成员总数的 2/3。

评标委员会专家应当从事相关领域工作满 8 年并具有高级职称或者具有同等专业水平，由招标人从国务院有关部门或者省、自治区、直辖市人民政府有关部门提供的专家名册或者招标代理机构的专家库内的相关专业的专家名单中确定；一般招标项目可以采取随机抽取方式，特殊招标项目可以由招标人直接确定。与投标人有利害关系的人不得进入相关项目的评标委员会；已经进入的应当更换。评标委员会成员的名单在中标结果确定前应当保密。

招标项目设有标底的，招标人应当在开标时公布。标底只能作为评标的参考，不得以投标报价是否接近标底作为中标条件，也不得以投标报价超过标底上下浮动范围作为否决投标的条件。

有下列情形之一的，评标委员会应当否决其投标：

(1)投标文件未经投标单位盖章和单位负责人签字。

(2)投标联合体没有提交共同投标协议。

(3)投标人不符合国家或者招标文件规定的资格条件。

(4)同一投标人提交两个以上不同的投标文件或者投标报价，但招标文件要求提交备选投标的除外。

(5)投标报价低于成本或者高于招标文件设定的最高投标限价。

(6)投标文件没有对招标文件的实质性要求和条件作出响应。

(7)投标人有串通投标、弄虚作假、行贿等违法行为。

评标完成后，评标委员会应当向招标人提交书面评标报告和中标候选人名单。中标候选人应当不超过3个，并标明排序。评标报告应当由评标委员会全体成员签字。对评标结果有不同意见的评标委员会成员应当以书面形式说明其不同意见和理由，评标报告应当注明该不同意见。评标委员会成员拒绝在评标报告上签字又不书面说明其不同意见和理由的，视为同意评标结果。

国有资金占控股或者主导地位的依法必须进行招标的项目，招标人应当确定排名第一的中标候选人为中标人。排名第一的中标候选人放弃中标、因不可抗力不能履行合同、不按照招标文件要求提交履约保证金，或者被查实存在影响中标结果的违法行为等情形，不符合中标条件的，招标人可以按照评标委员会提出的中标候选人名单排序依次确定其他中标候选人为中标人，也可以重新招标。

典型例题

【多选题】根据《招标投标法》，由建设单位指定的5名行政领导和1名技术专家组成的评标委员会，存在的错误有(　　)。

A. 人数不是奇数　　B. 缺少经济专家

C. 技术和经济专家未达到2/3以上　　D. 未从专家库随机抽取

E. 总的人数不足

ABCD。【解析】依法必须进行招标的项目，其评标委员会由招标人的代表和有关技术、经济等方面的专家组成，成员人数为5人以上单数，其中技术、经济等方面的专家不得少于成员总数的2/3。专家由招标人从国务院有关部门或者省、自治区、直辖市人民政府有关部门提供的专家名册或者招标代理机构的专家库内的相关专业的专家名单中确定；一般招标项目可以采取随机抽取方式，特殊招标项目可以由招标人直接确定。

五、电子招标投标的相关要求

为了规范电子招标投标活动，促进电子招标投标健康发展，根据《招标投标法》《招标投标法实施条例》，制定《电子招标投标办法》。电子招标投标活动是指以数据电文形式，依托电子招标投标系统完成的全部或者部分招标投标交易、公共服务和行政监督活动。数据电文形式与纸质形式的招标投标活动具有同等法律效力。

电子招标投标系统根据功能的不同，分为交易平台、公共服务平台和行政监督平台。交易平台是以数据电文形式完成招标投标交易活动的信息平台。公共服务平台是满足交易平台之间信息交换、资源共享需要，并为市场主体、行政监督部门和社会公众提供信息服务的信息平台。行政监督平台是行政监督部门和监察机关在线监督电子招标投标活动的信息平台。

除《电子招标投标办法》和技术规范规定的注册登记外，任何单位和个人不得在招标投标活动中设置注册登记、投标报名等前置条件限制潜在投标人下载资格预审文件或者招标文件。

电子招标投标交易平台的运营机构，以及与该机构有控股或者管理关系可能影响招标公正性的任何单位和个人，不得在该交易平台进行的招标项目中投标和代理投标。

投标人应当通过资格预审公告、招标公告或者投标邀请书载明的电子招标投标交易平台递交数据电文形式的资格预审申请文件或者投标文件。

电子招标投标交易平台应当允许投标人离线编制投标文件，并且具备分段或者整体加密、解密功能。投标人应当按照招标文件和电子招标投标交易平台的要求编制并加密投标文件。投标人未按规定加密的投标文件，电子招标投标交易平台应当拒收并提示。

投标人应当在投标截止时间前完成投标文件的传输递交，并可以补充、修改或者撤回投标文件。投标截止时间前未完成投标文件传输的，视为撤回投标文件。投标截止时间后送达的投标文件，电子招标投标交易平台应当拒收。电子招标投标交易平台收到投标人送达的投标文件，应当即时向投标人发出确认回执通知，并妥善保存投标文件。在投标截止时间前，除投标人补充、修改或者撤回投标文件外，任何单位和个人不得解密、提取投标文件。

资格预审申请文件的编制、加密、递交、传输、接收确认等，适用《电子投标招标办法》关于投标文件的规定。

招标人确定中标人后，应当通过电子招标投标交易平台以数据电文形式向中标人发出中标通知书，并向未中标人发出中标结果通知书。招标人应当通过电子招标投标交易平台，以数据电文形式与中标人签订合同。

电子招标投标某些环节需要同时使用纸质文件的，应当在招标文件中明确约定；当纸质文件与数据电文不一致时，除招标文件特别约定外，以数据电文为准。

模块三　机电工程施工合同管理

工程总承包项目合同管理应包括工程总承包合同和分包合同管理。工程总承包合同管理是指对合同订立并生效后所进行的履行、变更、违约、索赔、争议处理、终止或结束的全部活动的管理；分包合同管理是指对分包项目的招标、评标、谈判、合同订立，以及生效后的履行、变更、违约、索赔、争议处理、终止或结束的全部活动的管理。

项目合同管理应遵循的程序为：合同评审→合同订立→合同实施计划→合同实施控制→合同管理总结。

一、施工承包合同的管理

（一）合同评审

合同订立前，组织应进行合同评审，完成对合同条件的审查、认定和评估工作。以招标方式订立合同时，组织应对招标文件和投标文件进行审查、认定和评估。合同评审应包括下列内容：合法性、合规性评审；合理性、可行性评审；合同严密性、完整性评审；与产品或过程有关要求的评审；合同风险评估。

（二）合同订立

组织应依据合同评审和谈判结果，按程序和规定订立合同。

合同订立应符合下列规定：

(1)合同订立应是组织的真实意思表示。

(2)合同订立应采用书面形式，并符合相关资质管理与许可管理的规定。

(3)合同应由当事方的法定代表人或其授权的委托代理人签字或盖章。合同主体是法人或者其他组织时，应加盖单位印章。

(4)法律、行政法规规定需办理批准、登记手续后合同生效时，应依照规定办理。

(5)合同订立后应在规定期限内办理备案手续。

合同协议书与下列文件一起构成合同文件：中标通知书(如果有)；投标函及其附录(如果有)；专用合同条款及其附件；通用合同条款；技术标准和要求；图纸；已标价工程量清单或预算书；其他合同文件。在合同订立及履行过程中形成的与合同有关的文件均构成合同文件组成部分。

《建设工程施工合同(示范文本)》的通用合同条款是合同当事人根据相关法律法规的规定，就工程建设的实施及相关事项，对合同当事人的权利义务作出的原则性约定。项目经理岗位是保证工程项目建设质量、安全、工期的重要岗位。项目经理是指由承包人任命并派驻施工现场，在承包人授权范围内负责合同履行，且按照法律规定具有相应资格的项目负责人。项目经理对工程项目施工过程全面负责，在合同文件中必须明确项目经理的相关要求。《建设工程施工合同(示范文本)》的通用合同条款中关于项目经理的相关要求如下：

(1)项目经理应为合同当事人所确认的人选，并在专用合同条款中明确项目经理的姓名、职称、注册执业证书编号、联系方式及授权范围等事项，项目经理经承包人授权后代表承包人负责履行合同。项目经理应是承包人正式聘用的员工，承包人应向发包人提交项目经理与承包人之间的劳动合同，以及承包人为项目经理缴纳社会保险的有效证明。承包人不提交上述文件的，项目经理无权履行职责，发包人有权要求更换项目经理，由此增加的费用和(或)延误的工期由承包人承担。项目经理应常驻施工现场，且每月在施工现场时间不得少于专用合同条款约定的天数。项目经理不得同时担任其他项目的项目经理。项目经理确需离开施工现场时，应事先通知监理人，并取得发包人的书面同意。项目经理的通知中应当载明临时代行其职责的人员的注册执业资格、管理经验等资料，该人员应具备履行相应职责的能力。承包人违反上述约定的，应按照专用合同条款的约定，承担违约责任。

(2)项目经理按合同约定组织工程实施。在紧急情况下为确保施工安全和人员安全，在无法与发包人代表和总监理工程师及时取得联系时，项目经理有权采取必要的措施保证与工程有关的人身、财产和工程的安全，但应在 48 h 内向发包人代表和总监理工程师提交书面报告。

(3)承包人需要更换项目经理的，应提前 14 天书面通知发包人和监理人，并征得发包人书面同意。未经发包人书面同意，承包人不得擅自更换项目经理。承包人擅自更换项目经理的，应按照专用合同条款的约定承担违约责任。

(4)发包人有权书面通知承包人更换其认为不称职的项目经理，通知中应当载明要求更换的理由。承包人应在接到更换通知后 14 天内向发包人提出书面的改进报告。发包人收到改进报告后仍要求更换的，承包人应在接到第二次更换通知的 28 天内进行更换。承包人无正当理由拒绝更换项目经理的，应按照专用合同条款的约定承担违约责任。

组成合同的各项文件应互相解释,互为说明。除专用合同条款另有约定外,解释合同文件的优先顺序如下:合同协议书;中标通知书(如果有);投标函及其附录(如果有);专用合同条款及其附件;通用合同条款;技术标准和要求;图纸;已标价工程量清单或预算书;其他合同文件。上述各项合同文件包括合同当事人就该项合同文件所作出的补充和修改,属于同一类内容的文件,应以最新签署的为准。

在合同订立及履行过程中形成的与合同有关的文件均构成合同文件组成部分,并根据其性质确定优先解释顺序。

(三)合同实施计划

合同实施计划是保证合同履行的重要手段。合同实施计划需由组织的有关部门和专业人员编制,并经管理层批准。实施计划应包括对分包合同的管理。

合同实施保证体系是全部管理体系的一部分,是为了实现合同目标而需要的组织结构、职责、程序和资源等组成的有机整体。合同实施保证体系与其他管理体系存在密切联系,协调合同管理体系与其他体系的关系是一个重要问题。

(四)合同实施控制

项目管理机构应按约定全面履行合同。合同实施控制包括自合同签订起至合同终止的全部合同管理内容。合同实施控制的主要工作包括合同风险管理、合同变更管理、合同索赔管理、合同的终止与解除管理。

1.合同风险管理

风险管理应贯穿于项目实施全过程,宜分阶段进行动态管理。

合同风险隐含在整个合同的订立、履行、变更或转移、终止的全过程,主要集中体现在履行阶段。按照合同管理的性质,可将合同风险分为可控风险和不可控风险、内部风险和外部风险、主观性风险和客观性风险等。准确把握合同管理风险的类型,分析产生的原因,切实采取有效的防范与控制措施,是降低合同风险的有效途径。

合同风险产生的主要原因如下:

(1)合同主体的风险。例如,合同相对人不具备相应资质、能力;合同相对人无代理权、超越代理权或代理权过期等。

(2)合同标的的风险。例如,合同标的不合法;合同标的不可能给付;合同标的不确定。

(3)合同无效的风险。例如,未按照法定程序或招投标程序签订合同。

(4)合同条款不完整、不准确,存在瑕疵。

(5)合同款项支付及延期支付的风险。

(6)合同价格形式的风险。例如,固定总价合同中由于市场价格波动和工程量变化较大而合同价款不能调整引起的风险。

(7)合同约定,承包人垫资的风险。

(8)合同履行阶段,出现的设计变更、工程签证引起的风险。

(9)业主指定分包单位引起的风险。

(10)材料供应商、设备供应商引起的风险。

国内施工合同风险管理要点应包括:

(1)熟悉和掌握合同相关的法律、法规,依法签订合同,做到诚实守信,公平公正,规范合同行为。

（2）加强合同谈判、合同评审、合同评估、合同履行等环节的风险控制，使用国家标准合同文本。

（3）重点关注合同的风险条款，辨识合同条款内容所隐含的重大风险，采取相应的风险防范措施。可选择一种或多种风险处置方法（风险回避、风险控制、风险转移、风险自留、风险利用等方法），实施风险控制。

（4）应具有风险防范意识，做好索赔证据的收集和保管工作。按照合同约定，采用索赔和反索赔策略。

国际工程项目合同风险的类型及防范措施如表 2-1 所示。

表 2-1　国际工程项目合同风险的类型及防范措施

风险类型	内容	防范措施
法律风险	法律风险是指由于东道国法律环境或国际法律环境的波动而带来的项目成本增加或收入减少的风险	强化专业知识，熟知常用的国际法律和东道国法律；合同中约定，如出现违约、争议的，可以由第三国进行仲裁或选择双方均可接受的国际仲裁机构和仲裁法解决争端
财经风险	财经风险是指因东道国财务环境变化和财务管理不善而招致投资损失的可能性。例如，贷款利率上升、外汇兑换率和可兑换性的变化	加强财务环境预测，选择在经济发展稳定、财务环境良好的国家投资；增加使用人民币支付工程款的比例等
政治风险	政治风险是指东道国的政治环境或东道国与其他国家之间政治关系发生改变而给外国投资企业的经济利益带来的不确定性	与东道国政府签署执行协议或特许经营权协议，在协议中明确主权担保项下的支付义务等
市场和收益风险	市场和收益风险是指市场价格的变化而关联的收益损失的风险和业主资金链发生问题出现停付或延后支付工程款的风险	与东道国政府签署执行协议或特许经营权协议，在协议中明确主权担保项下的支付义务等
不可抗力风险	不可抗力风险是指合同当事人在订立合同时不可预见，在合同履行过程中不可避免、不能克服且不能提前防备的自然灾害和社会性突发事件风险	购买保险
技术风险	技术风险是指在工程建设过程中由于技术因素引起的一种对工程质量和安全结果偏离预期情形的风险	关键技术采用国内标准，采用成熟的施工技术；委托专业化监理单位、监造单位在设备制造、施工过程中进行控制
管理风险	管理风险是指在建设项目各个阶段，因管理原因产生的风险	提高项目管理水平，引进精细化管理理念
建设风险	建设风险是指工程建设期间，存在的工期超期、工程质量不合格、施工安全存在隐患、工程造价超支等方面的风险	选择优秀的承包商；东道国和项目公司共同分担风险
营运风险	营运风险是指工程竣工验收后，项目在营运过程中由于外部环境的复杂性和变动性以及主体对环境的认知能力和适应能力的有限性，而导致的运营失败或使运营活动达不到预期的目标的可能性及其损失的风险	选择分包给专业化的维保单位

专家解读

在国际机电工程项目合同风险防范中，主要包括项目所处的环境风险和项目实施中自身风险两方面。项目所处的环境风险防范主要包括法律风险防范、财经风险防范、政治风险防范、市场与收益风险防范、不可抗力风险防范。项目实施中自身风险防范主要包括技术风险防范、管理风险防范、建设风险防范、营运风险防范。

典型例题

【单选题】规避国际机电工程项目中的营运风险采取的防范措施是(　　)。

A. 选择专业化的维保单位　　B. 提高项目融资管理水平

C. 选择有实力的施工单位　　D. 关键技术采用国内标准

A。【解析】国际机电工程项目中，营运风险主要可以通过选择分包给专业化的维保单位来进行防范。选项B属于防范项目中的管理风险；选项C属于防范项目中的建设风险；选项D属于防范项目中的技术风险。

2. 合同变更管理

合同变更包括约定变更和法定变更。当事人协商一致，可以变更合同，即约定变更；在特定条件下，当事人可以不必经过协商而变更合同，即法定变更。

(1)合同变更的范围。根据《建设工程施工合同(示范文本)》，除专用合同条款另有约定外，合同履行过程中发生以下情形的，应按照约定进行变更：

①增加或减少合同中任何工作，或追加额外的工作。

②取消合同中任何工作，但转由他人实施的工作除外。

③改变合同中任何工作的质量标准或其他特性。

④改变工程的基线、标高、位置和尺寸。

⑤改变工程的时间安排或实施顺序。

专家解读

取消合同中任何一项工作但被取消的工作不能转由发包人或其他人实施。

分包工程的施工单位不按合同规定的期限完成施工的或工程质量达不到合同约定，属于合同违约的行为。发包人有权将该项工作交于其他人实施，并按合同约定扣除部分或全部履约保证金。

(2)合同变更的提出。合同变更应当符合下列条件：原已存在着合同关系；合同内容发生变化；合同的变更须依当事人协议或依法律直接规定及法院裁决，有时依形成权人的意思表示；须遵守法律要求的方式。

发包人和监理人均可以提出变更。变更指示均通过监理人发出，监理人发出变更指示前应征得发包人同意。承包人收到经发包人签认的变更指示后，方可实施变更。未经许可，承包人不得擅自对工程的任何部分进行变更。

涉及设计变更的，应由设计人提供变更后的图纸和说明。如变更超过原设计标准或批准的建设规模时，发包人应及时办理规划、设计变更等审批手续。

(3)合同变更的程序。发包人提出变更的,应通过监理人向承包人发出变更指示,变更指示应说明计划变更的工程范围和变更的内容。

监理人提出变更建议的,需要向发包人以书面形式提出变更计划,说明计划变更工程范围和变更的内容、理由,以及实施该变更对合同价格和工期的影响。发包人同意变更的,由监理人向承包人发出变更指示。发包人不同意变更的,监理人无权擅自发出变更指示。

承包人收到监理人下达的变更指示后,认为不能执行,应立即提出不能执行该变更指示的理由。承包人认为可以执行变更的,应当书面说明实施该变更指示对合同价格和工期的影响,且合同当事人应当按照“变更估价”的约定确定变更估价。

(4)合同变更的估价。除专用合同条款另有约定外,变更估价按照下列约定处理:

①已标价工程量清单或预算书有相同项目的,按照相同项目单价认定。

②已标价工程量清单或预算书中无相同项目,但有类似项目的,参照类似项目的单价认定。

③变更导致实际完成的变更工程量与已标价工程量清单或预算书中列明的该项目工程量的变化幅度超过15%的,或已标价工程量清单或预算书中无相同项目及类似项目单价的,按照合理的成本与利润构成的原则,由合同当事人商定或确定变更工作的单价。

承包人应在收到变更指示后14天内,向监理人提交变更估价申请。监理人应在收到承包人提交的变更估价申请后7天内审查完毕并报送发包人,监理人对变更估价申请有异议,通知承包人修改后重新提交。发包人应在承包人提交变更估价申请后14天内审批完毕。发包人逾期未完成审批或未提出异议的,视为认可承包人提交的变更估价申请。因变更引起的价格调整应计入最近一期的进度款中支付。

3. 合同索赔管理

索赔是指在施工合同履行过程中,承包单位和发包单位就非自身过错,而是应由对方承担责任的情况造成的实际损失向对方提出经济补偿或时间补偿的要求。

(1)索赔的分类。索赔可以从不同的角度、按不同的标准进行分类。

按索赔发生的原因分类,如施工准备、进度控制、质量控制、费用控制及管理等原因引起的索赔,这种分类能明确指出每一项索赔的根源所在,便于审核分析。

按索赔目的分类,索赔可分为工期索赔和费用索赔。工期索赔就是要求业主延长施工工期,使原规定的工程竣工日期顺延,从而避免违约罚金的发生;费用索赔就是要求业主或承包商补偿费用损失,进而调整合同价款。

按索赔有关当事人之间的关系分类,索赔可分为承包人同业主之间的索赔、总承包人和分包人之间的索赔以及承包人同供货人之间的索赔。

按索赔的合同依据分类,索赔可分为合同中明示的索赔和合同中默示的索赔。

按索赔事件所处合同状态分类,索赔可分为正常施工索赔、工程停(缓)建索赔和解除合同索赔。

按索赔依据的范围分类,索赔可分为合同内索赔、合同外索赔和道义索赔。

按索赔的处理方式分类,索赔可分为单项索赔和综合索赔。

按索赔的业务性质分类,索赔可分为施工索赔和商务索赔。

按索赔管理策略主动性分类,索赔可分为索赔和反索赔。

(2)索赔产生的原因。索赔产生的原因包括:合同变更;合同缺陷,例如合同条款用语含糊、不够准确,难以分清双方的责任和权利,合同条款存在漏洞、矛盾、错误等;合同当事人违反合同；意外风险和不可抗力因素，例如在施工过程中发生了如地震、台风、流沙泥、地质断层、天然溶洞、沉陷和地下构筑物等引起的施工索赔；国家政策法规的变化；合同的中止与解除，例如在施工合同还没有履行完毕时发生的，必然导致合同双方或一方的经济损失。

提示

不可抗力是指合同当事人在签订合同时不可预见，在合同履行过程中不可避免且不能克服的自然灾害和社会性突发事件，如地震、海啸、瘟疫、骚乱、戒严、暴动、战争等。

(3)索赔的证据。索赔的证据种类主要有：工程图纸；设计变更记录；技术核定记录；签证单；工程洽商记录；有关会议记录；与合同对方往来的信函文件、电话记录、传真、数据电文等；工程照片、录音和录像等声像记录；各种检查验收报告和技术鉴定报告等；气象报告和资料；施工日志等。

(4)索赔成立的条件。当合同一方向另一方提出索赔时，应有正当的索赔理由和有效证据，并应符合合同的相关约定。索赔成立的条件如下：

①按照合同约定，索赔事件使承包人的工程项目成本或直接工期造成了额外支出或损失。

②按照合同约定，索赔事件使承包人的工程项目费用增加或工期损失的原因，不属于承包人应承担的责任或风险。

③按照合同约定，承包人在规定时间内，按照程序提交了索赔意向通知和索赔报告。

提示

以上三个条件，缺一不可，且必须同时具备。

(5)索赔的程序。根据合同约定，承包人认为有权得到追加付款和(或)延长工期的，应按以下程序向发包人提出索赔：

①承包人应在知道或应当知道索赔事件发生后28天内，向监理人递交索赔意向通知书，并说明发生索赔事件的事由；承包人未在前述28天内发出索赔意向通知书的，丧失要求追加付款和(或)延长工期的权利。

②承包人应在发出索赔意向通知书后28天内，向监理人正式递交索赔报告；索赔报告应详细说明索赔理由以及要求追加的付款金额和(或)延长的工期，并附必要的记录和证明材料。

③索赔事件具有持续影响的，承包人应按合理时间间隔继续递交延续索赔通知，说明持续影响的实际情况和记录，列出累计的追加付款金额和(或)工期延长天数。

④在索赔事件影响结束后28天内，承包人应向监理人(同时报送相关单位)递交最终索赔报告，说明最终要求索赔的追加付款金额和(或)延长的工期，形成正式文件，并附必要的记录和证明材料。正式文件应包括索赔申请表、编制说明、经批复的索赔意向书以及相关附件等。

专家解读

索赔事件发生后，承包人应按照法律、法规以及合同约定的程序和时间开展索赔工作。索赔证据搜集要完整、充分，且应经监理人签字确认。按照合同约定，进行友好协商和调解，若未协商一致，可以按照程序进行仲裁或诉讼。

4. 合同的终止与解除管理

合同的终止，即合同的权利和义务终止，是指合同当事人之间的权利、义务关系归于消灭，在客观上不复存在。

合同的解除，是指合同有效成立后，因一方或双方的意思表示，使基于合同发生的权利、义务关系归于消灭的行为。

合同解除可以分为约定解除和法定解除。当事人协商一致，可以解除合同。

合同解除的法律特征：

(1)合同解除以有效成立的合同为前提。

(2)合同解除必须具备约定或法定的解除条件。

(3)合同解除原则上必须有解除行为。

(4)合同解除产生使合同关系消灭的效果。

链接

根据《中华人民共和国民法典》，有下列情形之一的，当事人可以解除合同：因不可抗力致使不能实现合同目的；在履行期限届满前，当事人一方明确表示或者以自己的行为表明不履行主要债务；当事人一方迟延履行主要债务，经催告后在合理期限内仍未履行；当事人一方迟延履行债务或者有其他违约行为致使不能实现合同目的；法律规定的其他情形。合同解除后，尚未履行的，终止履行；已经履行的，根据履行情况和合同性质，当事人可以请求恢复原状或者采取其他补救措施，并有权请求赔偿损失。合同因违约解除的，解除权人可以请求违约方承担违约责任，但是当事人另有约定的除外。

(五)合同管理总结

项目管理机构应进行项目合同管理评价，总结合同订立和执行过程中的经验和教训，提出总结报告。

项目合同总结报告的重点内容是相关的经验和教训。由于合同的重要性和复杂性，对于合同履行过程中的经验和教训的总结就更为重要，组织管理层需抓好合同的综合评价工作，将项目个体的经验和教训变成组织的财富。

二、施工分包合同的实施

分包合同从广义上说，是指工程总承包企业为完成工程总承包合同，把部分工程或服务分包给其他组织所签订的合同，可以有设计分包合同、采购分包合同、施工分包合同和试运行分包合同等，都属于工程总承包合同的分包合同。

(一)施工分包合同的内容与规定

施工分包合同与施工总承包合同(以下简称总包合同)在主要条款、内容方面基本相似。

承包人应提供总包合同(有关承包工程的价格内容除外)供分包人查阅。当分包人要求时，承包人应向分包人提供一份总包合同(有关承包工程的价格内容除外)的副本或复印件。分包人应全面了解总包合同的各项规定(有关承包工程的价格内容除外)。

除非合同条款另有约定，分包人应履行并承担总包合同中与分包工程有关的承包人的所有义务与责任，同时应避免因分包人自身行为或疏漏造成承包人违反总包合同中约定的承包人义务的情况发生。

分包人须服从承包人转发的发包人或工程师与分包工程有关的指令。未经承包人允许,分包人不得以任何理由与发包人或工程师发生直接工作联系,分包人不得直接致函发包人或工程师,也不得直接接受发包人或工程师的指令。如分包人与发包人或工程师发生直接工作联系,将被视为违约,并承担违约责任。

就分包工程范围内的有关工作,承包人随时可以向分包人发出指令,分包人应执行承包人根据分包合同所发出的所有指令。分包人拒不执行指令,承包人可委托其他施工单位完成该指令事项,发生的费用从应付给分包人的相应款项中扣除。

就分包工程范围内的有关工作,分包人应执行经承包人确认和转发的发包人或工程师发出的所有指令和决定。

承包人应按合同专用条款约定的内容和时间,一次或分阶段完成下列工作:

(1)向分包人提供根据总包合同由发包人办理的与分包工程相关的各种证件、批件、各种相关资料,向分包人提供具备施工条件的施工场地。

(2)按合同专用条款约定的时间,组织分包人参加发包人组织的图纸会审,向分包人进行设计图纸交底。

(3)提供合同专用条款中约定的设备和设施,并承担因此发生的费用。

(4)随时为分包人提供确保分包工程的施工所要求的施工场地和通道等,满足施工运输的需要,保证施工期间的畅通。

(5)负责整个施工场地的管理工作,协调分包人与同一施工场地的其他分包人之间的交叉配合,确保分包人按照经批准的施工组织设计进行施工。

(6)承包人应做的其他工作,双方在合同专用条款内约定。

(二)施工分包合同的管理

工程总承包单位应当自行组织完成所承包的主体工程。对工程中的非主体部分,可以分包给有相应资质的分包单位,但是除总承包合同中约定的分包外,必须经建设单位认可。工程承包单位不得将承包的工程转包。

总承包单位将建设工程分包给其他单位的,应签订分包合同,明确双方权利和义务。分包合同与总承包合同发生抵触的,以总承包合同为准。

总承包单位依法将建设工程分包给其他单位的,分包单位应当按照分包合同的约定对其分包工程的质量向总承包单位负责,总承包单位与分包单位对分包工程的质量承担连带责任。

工程总承包单位应当对分包单位进行分包工程的全过程管理,从施工准备、进场施工、工序交验、竣工验收、工程保修、技术、质量、安全、进度、工程款支付等方面进行管理。

承包人和分包人应当依法签订分包合同,并履行合同约定的义务。分包合同必须遵循承包合同的各项原则,满足承包合同中的质量、安全、进度、环保以及其他技术、经济等要求。承包人应在工程实施前,将经监理审查同意后的分包合同报发包人备案。

承包人应当建立健全相关分包管理制度和台账,对分包工程的质量、安全、进度和分包人的行为等实施全过程管理,按照合同约定对分包工程的实施向发包人负责,并承担赔偿责任。分包合同不免除承包合同中规定的承包人的责任或者义务。

分包人应当依据分包合同的约定,组织分包工程的施工,并对分包工程的质量、安全和进度等实施有效控制。分包人对其分包的工程向承包人负责,并就所分包的工程向发包人承担连带责任。

分包单位应按合同变更程序进行分包合同变更管理,根据分包合同变更的内容和对分包的要求，预测相关费用和进度，并实施和控制。分包合同变更应成为分包合同的组成部分。对于合同变更，分包单位应按规定向工程总承包企业合同管理部门报告。

分包合同必须明确约定支付工程款和劳务工资的时间、结算方式以及保证按期支付的相应措施，确保工程款和劳务工资的支付。

模块四　机电工程设备采购管理

设备采购是指为完成项目而从执行组织外部获取设备的过程，包括采买、催交、检验和运输的过程。

一、工程设备采购

（一）设备采购工作的基本要求

拟采购设备必须符合设计文件的要求和产品质量标准。为确保拟采购设备质量，特别是对于重要设备，可委托监造单位，根据供货合同，按照国家有关法规、规章、技术标准，对设备制造全过程的质量实施监督，也可以采用第三方认证的方法，保证质量。

拟采购设备必须满足项目的整体进度要求。采用监造、催交、催运等方法，确保拟采购设备按照合同约定交货，确保与施工进度合理衔接。

在保证拟采购设备质量和进度的基础上，按双方商定的合理价格进行采购。采购时应优先采购设备主装置、需要先进行施工的设备、处于关键线路上的设备等。

链接

监造的目的是协助和促进制造单位履行设备合同，保证设备制造质量，消灭常见性、多发性、重复性质量问题；执行质量管控制度，把产品缺陷消除在出厂以前，防止不合格品出厂。监造过程中发现问题或出现意见分歧，应向制造单位和业主反映情况，并提出改进意见，督促制造单位严把产品质量关。催交是指从订立采购合同或订单至货物交付期间为促使供货商履行合同义务，按时提交供货商文件、图纸资料和最终产品而采取的一系列督促活动。催交工作的要点是及时发现供货进度已出现或潜在的问题，及时报告，督促供货商采取必要的补救措施，或采取有效的财务控制和其他控制措施，防止进度拖延和费用超支。当某一订单出现供货进度拖延，通过必要的协调手段和控制措施，使其对项目进度的影响控制在最小的范围内。

（二）设备采购工作的程序

1. 组建设备采购组

抽调经验丰富、责任心强的业务骨干组建设备采购组。采购组应根据设备采购量、设备重要程度、技术复杂程度、采购难易程度配备采购人员。明确设备采购职责，规范设备采购流程和程序，确保设备采购工作的科学、合理。

2. 市场调查与需求分析

市场调查是指企业运用科学的方法，有系统、有目的地搜集供应市场信息，记录、整理、分析市场情况，了解市场的现状及其发展趋势，为采购预测提供客观的、正确的资料，是进行需求确定和编制采购计划的基础环节。市场调查的重点包括：调查潜在供应商的生产能力是否能满足设备供货需求;调查拟采购设备或类似设备的市场价格、生产周期等情况;调查设备生产原材料的市场供给情况;调查类似设备的生产业绩等。

需求分析是指采用科学的方法,对拟采购设备的制造水平、技术水平、售后服务以及对监造单位的检查要求、监造人员的业务水平等进行全面、细致的分析。

3. 采购寻源与确定采购策略

采购寻源应收集供应商基本信息,对供应商进行能力调查和综合能力评估。供应商基本信息至少包括法人资格证书,营业执照,基本存款账户,资质证书,质量,环境、安全、职业健康管理体系证明文件,业绩及社会信誉等。应对供应商基本信息的真实性核实和确认。能力评估内容宜至少包括寻源供应商财务状况、商务能力、技术与服务能力、生产能力、质量能力、生产周期、地理位置和分布、交通运输能力等。

确定采购策略,可采用公开招标、邀请招标和单一来源采购等方式进行采买。

4. 编制设备采购计划

采购计划应由采购经理负责组织编制,并经项目经理批准后实施。编制设备采购计划应符合总体进度计划、阶段性进度计划、月进度计划、工程施工计划以及资金计划的要求。

设备采购计划的主要内容包括采购工作范围、采购内容、采购信息(包括采购标的名称、数量、规格、服务标准和技术标准、质量规范)、采购验收和检验标准、采购预算、供应商的资质审核要求、采购实现的功能或者目标、采购建议和措施。

提示

上述环节属于设备采购的准备阶段。

5. 采购实施阶段

实施阶段的工作包括接收请购文件、确定合格厂商、采购文件编制、招标或询价、报价评审或评标定标、召开供应商协调会、签订采购合同、调整采购计划、催交、检验、包装及运输等。

(1)采购文件编制。项目采购经理应根据不同类别的招标内容,依据合同、已确定的采购计划、设备请购书以及业主方的采购规定,进行详细的资料收集,在充分研究的基础上进行有针对性的编制。初稿编制完成后,应有技术或设计部门对技术参数和指标进行复核,并报进度和费用管控部门审核后由项目经理审批执行。

采购文件包括商务文件和技术文件两部分。商务文件包括询价函,报价须知,项目采购基本条件,对包装、运输、交付、付款和服务的要求,报价回函和商务报价表模板、合同(应列有主要条款)等。技术文件根据设计和技术部门提交的请购文件编制,包括请购单及其附件等。

(2)招标或询价活动。以询价方式进行的采买按以下程序进行:进行供应商资格预审,确认合格供应商,编制设备询价供应商名单;编制询价文件;实施询价,接受报价;组织报价评审,确定中标供应商;签订采购合同或订单。

采用公开招标时,潜在投标供货商可以按照招标公告的条件要求,进行报名并参与投标,招标人按照资格预审文件规定,对供货商进行资格审查,通过资格审查的,均可参与投标。

采用邀请招标时,招标人可从企业建立的与本企业生产经营有关的供应商或承包商名单及其相关产品信息的资料库中选取合格供应商。采购人可依据入库供应商或承包商及其产品的业绩情况、管理能力、价格竞争力、质量安全环保管理体系、交付能力、服务能力、技术能力、战略合作意愿、信息化和创新管理水平进行分级管理。在项目实施前，根据项目的实际情况和特点，从资料库里分等级选取供货商，形成“短名单”，这样可以有效地避免不同等级供货商之间的恶性竞标。

资料库和“短名单”的选定，应按照一定的评审流程，在监督部门的监督下形成，并报建设单位或相关部门审批。

合格供货商资格审查的主要内容有：

①具有有效的制造许可(含特种设备制造许可)并满足拟采购设备制造要求。

②具有制造拟采购设备的生产能力、技术水平能力、相关业绩，能够保证质量和进度。

③具有相应的资信状况和社会信誉，以及质量、环境、安全、职业健康管理体系证明文件(根据招标人要求)。

④最近 1 年的财务状况。

⑤当年的生产负荷状况。

⑥拟采购设备的运输条件。

⑦外包商生产的产品的能力、质量以及外包商的生产能力。

链接

EPC 项目投标时，项目业主在招标文件中一般采用《设计任务书》的形式制定拟采购设备的主要参数和技术要求等。投标单位应根据要求，制定设备采购总体方案，初步确定拟投标设备的主要参数，并向供货商进行询价，作为投标价的依据。这个阶段也称为预询价阶段。

(3)评标工作。招标人应按照招标文件要求和相关法律法规，组建评标委员会，评标委员会应依照法律和招标文件规定的评标办法进行评审。评审根据招标文件评标办法一般分为技术评审、商务评审和综合评审。

技术评审依据招标文件中的评标办法、技术评审规定，由项目设计经理组织内部专家或聘请外部专家进行，并对合格的投标人按照得分从高到低的顺序进行推荐。技术标评审采用合格制，各评委按照招标文件的评标细则进行评审，技术标合格的投标人进入商务标的评审。

商务评审也是邀请内部专家或聘请外部专家，由采购工程师或费用控制工程师组织进行。依据招标文件的商务评标细则(未列入评标细则的指标，在评标时不能使用)，对投标人的商务标逐条做出评价，重点评审商务报价构成的合理性与竞争力，按照得分从高到低的顺序进行推荐。

技术评审和商务评审结束后，应进行综合评审。采用同样的评审原则，由采购经理组织进行，根据评标细则，可以从信誉、业绩、运输条件、质量、进度、费用等方面进行综合评定，并按照得分从高到低的顺序进行推荐。

确定中标候选人后，应按照程序报业主和上级主管单位审批。如第一中标候选人投标报价高于已批准的预算价格时，则按照程序由费用控制部门办理审批手续，并按重新批准的预算费用，进行控制。

典型例题

【单选题】设备采购实施阶段的工作不包括（　　）。

A. 报价评审　　B. 接收请购文件

C. 包装及运输　　D. 编制采购计划

D。【解析】设备采购工作分为准备阶段、实施阶段和收尾阶段。实施阶段的工作主要包括接收请购文件、确定合格供应商、采购文件编制、招标或询价、报价评审或评标定标、召开供应商协调会、签订合同、调整采购计划、催交、检验、包装及运输等。选项D属于准备阶段的工作。

6. 采购收尾阶段

采购收尾包括订单关闭、设备交接、文件归档、剩余材料处理、供应商评定、采购完工报告编制以及项目采购工作总结等。

二、工程设备监造

设备监造是以国家和行业相关法规、规章、标准及设备供货合同为依据，按合同确定的设备质量见证项目，在制造过程中监督检查合同设备的生产制造过程是否符合设备供货合同、有关规范、标准的要求。

（一）设备监造的基本要求

设备监造的基本要求如表2-2所示。

表2-2　设备监造的基本要求

项目	内容
监造大纲	(1)编制依据:法律、法规及规范、技术标准和工艺文件、图纸、供货合同等。 (2)编制内容:制定监造计划,编制控制及管理措施;确定设备监造单位和人员;明确监造范围和原则,选择设备制造全过程监造或重要环节监造;确定监造技术要点和验收要求
监造人员	(1)品德良好,作风正派,能认真、公正、诚实、廉洁地履行职责,遵守职业道德;身体健康,能够胜任设备监造工作;具有一定的组织协调以及处理技术问题的能力。 (2)熟悉相关法律、法规和专业标准,具有丰富的专业理论知识和工程设备制造、检验实践经验。总监理工程师和重要岗位的监造人员应为注册设备监理工程师。 (3)熟练掌握专业配套的技术标准、规范和规程、工艺流程等;熟知生产工艺流程及设备质量影响的因素。 (4)掌握质量管理的基本知识,并能够对质量管理体系进行审核
审查内容	(1)审查供应商的质量管理体系及运行情况。 (2)监督见证主要生产工序的生产工艺设备、操作规程、检测手段、测量试验设备和有关人员的上岗资格(例如特种作业人员资格证)、设备制造和装配场所的环境。 (3)审查特种作业文件、生产工艺文件、质量验收文件、质量证明文件(例如质量检查验收报告)。 (4)监督见证外购主要原材料、组部件的质量证明文件、试验及检验报告和外协加工件、委托加工材料的质量证明以及供应商提交的进厂检验资料,并与实物相核对。 (5)在制造现场对主要及关键组部件的制造工序、工艺和制造质量进行监督和见证。 (6)停工待检点见证。 (7)监督见证供应商制造各阶段的检验或测试。 (8)检查设备包装质量(资料清单)、存放管理和装车发运准备情况

（续表）

项目	内容
审核质量保证体系文件	(1)供应商的质量管理体系文件(例如作业工艺文件)以及质量保证体系运行状况。 (2)设备制造过程中不合格品控制及纠正措施。 (3)监造记录、监督员工作记录及定期工作报告等

（二）设备监造的见证方式

设备监造的见证方式如表 2-3 所示。

表 2-3　设备监造的见证方式

见证方式	内容	设置对象
停工待检(H)点	停工待检(H)点是指重要工序节点、隐蔽工程、关键的试验验收点或不可重复试验验收点。停工待检项目必须有用户和(或)监造代表参加,现场检验签证后方能转入下道工序	设备安全或性能最重要的相关检验
现场见证(W)点	现场见证(W)点是指在现场对产品制造过程中的某些过程进行监督检查。现场见证项目应有监造代表(或用户与监造代表共同参加)在场对制造单位的试验、检验等过程进行现场监督检查,对符合要求的予以签认	设备安全或性能重要的相关检验
文件见证(R)点	文件见证(R)点是指查阅制造单位提供的有关合同设备原材料、元器件、外购外协件及制造过程中的检验、试验记录等资料。由监造代表对符合要求的资料予以签认	文件资料

典型例题

【多选题】设备采购监造时,停工待检点应包括(　　)。

A. 重要工序节点　　B. 隐蔽工程

C. 设备性能重要的相关检验　　D. 不可重复试验的验收点

E. 关键试验的验收点

ABDE。【解析】停工待检(H)点是指重要工序节点、隐蔽工程、关键的试验验收点或不可重复试验验收点。停工待检项目必须有用户(或)监造代表参加,现场检验签证后方可转入下道工序。

（三）现场监造工作

监造人员应以日常巡检的方式跟踪检查制造单位的工艺纪律、工序质量以及各种工艺文件贯彻执行情况;对发现的不合格品,按照不合格品控制程序规定进行标识、记录、评价、隔离和处置,防止非预期的使用或交付。

监造机构或监造工程师可根据需要组织相关单位定期召开专题会议,会议主要是针对各方提出相关要求,明确各方责任,如要求各方分析质量、进度等问题产生的原因,并研究处理方案。

制造单位根据设备供货合同或设备监造协议的要求,在质量见证点实施前及时通知用户和监造代表参加见证。R 点随着生产过程中质量记录的产生随时由监造代表进行文件见证,W 点、H 点在预定见证日期以前(H 点不少于 5 天,W 点不少于 3 天),制造单位应通知监造代表,监造代表通知用户。若制造单位未按规定提前通知监造代表,致使用户和(或)监造代表不能如期参加现场见证,用户和(或)监造代表有权要求重新见证。

如用户和监造代表未按规定程序提出变更见证时间而又未能在规定时间参加见证时,制造单位将认为用户和监造代表放弃监造,可进行下道工序。W 点则转为 R 点见证;但 H 点没有用户书面意见时,制造单位不得自行转入下道工序,应与用户联系商定更改见证日期。如更改时间后,用户未按时到达,即 H 点可转为 R 点随后进行见证。

监造人员在发现质量问题时,应填写设备监造质量问题通知单并书面通知制造单位。设备监造质量问题通知单至少应包括编号、制造单位、产品名称、产品编号、质量问题描述、问题处理措施及结果、问题处理结果验证、签名等内容。当发现重大质量问题时,还可要求设备暂停转入下道工序或出厂,并立即向业主报告,协助业主召开质量分析会。

监造单位可采用周报、月报等方式定期向业主提供监造工作简报,简报内容包括设备在制造过程中加工、试验和总装生产的进度,以及对存在问题的处理情况等。

设备监造工作结束后(指完成全部监造协议规定的项目),负责该设备的监理工程师应及时汇总整理监造工作的有关资料、记录等文件,并编写设备监造工作总结(一般 30 天以内)报设备监理单位,设备监理单位提交给委托人。

三、工程设备验收

(一)基本要求

建设单位收到设备验收报告后,应组织施工单位、监理单位、设备供货商等组建验收组织机构,明确参加验收人员必须具备的相应资格后进行验收。

进口设备应先向海关办理报关、通关手续,再按进口设备的规定进行设备验收工作。

设备安装前施工现场应具备相应的基本条件,设备开箱验收及现场暂时存放应满足相应要求。

设备到场后应做下列检查:

(1)包装及密封应良好。

(2)开箱检查,型号、规格应符合设计要求,附件、备件应齐全。

(3)产品的技术文件应齐全。

(4)外观检查应完好无损。

(二)设备验收的主要内容

设备验收项目主要包括核对验证、外观检查、运转调试检验和技术资料验收四项,主要内容如表 2-4 所示。

表 2-4　设备验收的主要内容

项目	内容
核对验证	(1)核对设备(含主要部件)的外观、规格、型号、生产厂家、数量及产地等。 (2)设备附件、专用工具、备品备件应齐全、完整,数量应与装箱单相符,应符合设计和制造商出厂文件的规定。当设备及设计有特殊要求时,应符合特殊要求。 (3)验证产品图样及设计文件完整性,是否符合技术文件和相关标准的规定。 (4)购置合同的要求是否实现,技术方案变更是否落实等

（续表）

项目	内容
外观检查	(1)各类设备、零部件、连接件、栓固件等应装配完整、齐全，安装方法正确，不应出现错装、漏装现象。 (2)管缆布置时，各种连接管路、线缆应布置整齐、走向合理、安装牢固，尺寸符合设计要求。 (3)各类工作台面应平整。 (4)加工表面和非加工面，不应有裂纹等影响设备性能和外观的缺陷存在；暴露的加工表面应进行防腐处理。 (5)焊接结构件的形状尺寸应符合设计的要求，不应有碰伤、弯曲、扭曲、变形等缺陷，检查所有焊缝，所允许的外部缺陷偏差应符合规范要求。 (6)各种标志应符合制造商技术文件的规定和用户的要求，产品标志还应符合相关特定产品标准的规定。标志位置合理、字符清晰、内容正确、固定牢固等。 (7)涂漆的质量、颜色和油漆的品种应符合制造商的书面规定和(或)用户的要求。 (8)贮存方式应符合规范标准。如试验后排放、防锈、密封面保护、接口、非金属材料、连接件、备件及附件专用工具、序列化等应符合相关规定。 (9)设备出厂时的包装应符合相关的规定，且应符合用户的特殊要求。 (10)设备应按用户书面规定的方式进行运输，各运输单元的尺寸、重量等应符合国家和(或)行业的有关规定(用户有特殊要求的除外)。运输包装收发货标志应符合相关的规定
运转调试检验	(1)设备的调试和运转应按制造商的书面规范逐项进行。 (2)所有待试的动力设备，传动、运转设备应按规定加注燃油、润滑油(脂)、液压油、冷却液等。 (3)相关配套辅助设备均应处于正常状态。 (4)记录有关数据形成运转调试检验报告
技术资料验收	(1)设备出厂验收文件也称为设备随机文件，一般应为文本文件，根据用户要求也可提供电子文档。 (2)随机文件的内容应符合国家、行业的有关法律、法规和相关标准的规定，简明、准确、真实、完整，易于阅读和理解。 (3)文件的文字、标识、图、符号、表格式样应整齐一致，在产品的使用寿命期内始终能够清晰、醒目

链接

除了上述内容，工程设备验收还需掌握其验收的依据，即根据签订的设备采购合同、监造大纲以及相关的技术文件标准等进行验收，工程设备的验收依据如表 2-5 所示。

表 2-5　工程设备的验收依据

依据	内容
设备采购合同	设备的名称、型号、规格、性能参数、数量、包装等要求；设备供货时间以及备品备件(包括配件性备件、设备性备品和材料性备品)的数量；设备安装、使用、维修维护服务等的要求
监造大纲	批准的监造大纲
技术文件标准	国家法律、法规、规范、标准；设计图纸、设备技术规格书、设备材料规格书和数据表等

模块五　机电工程施工组织设计

一、施工组织设计的基本规定

施工组织设计是指以施工项目为对象编制的，用以指导施工的技术、经济和管理的综合性文件。

施工组织设计根据编制对象的不同，可分为三类：施工组织总设计；单位工程施工组织设计；施工方案。其中，施工方案也被称为分部（分项）工程施工组织设计或专项工程施工组织设计。

链接

施工组织设计根据编制阶段的不同，可分为两类：投标前编制的施工组织设计（简称标前设计）；签订工程承包合同后编制的施工组织设计（简称标后设计）。标前设计是在工程项目投标前由施工单位经营管理层编制的用于指导工程投标和合同签订的规划性、控制性的技术经济文件，以确保中标和实现经济效益为主要追求目标。标后设计是在工程项目签订施工合同后由项目管理层编制的用于指导施工全过程的实施性的指导性文件，目标是实现质量、工期、成本三大目标，追求施工效率和效益，使企业经济效益最大化。

各类施工组织设计的相关概念如表 2-6 所示。

表 2-6　各类施工组织设计的相关概念

名称	概念
施工组织总设计	以若干单位工程组成的群体工程或特大型项目为主要对象编制的施工组织设计，对整个项目的施工过程起统筹规划、重点控制的作用
单位工程施工组织设计	以单位（子单位）工程为主要对象编制的施工组织设计，对单位（子单位）工程的施工过程起指导和制约作用
施工方案	以分部（分项）工程或专项工程为主要对象编制的施工技术与组织方案，用以具体指导其施工过程

提示

施工方案包括下列两种情况：专业承包公司独立承包项目中的分部（分项）工程或专项工程所编制的施工方案；作为单位工程施工组织设计的补充，由总承包单位编制的分部（分项）工程或专项工程施工方案。由总承包单位编制的分部（分项）工程或专项工程施工方案，单位工程施工组织设计中已包含的内容可省略。

施工组织设计的编制必须遵循工程建设程序，并应符合下列原则：

（1）符合施工合同或招标文件中有关工程进度、质量、安全、环境保护、造价等方面的要求。

（2）积极开发、使用新技术和新工艺，推广应用新材料和新设备。

（3）坚持科学的施工程序和合理的施工顺序，采用流水施工和网络计划等方法，科学配置资源，合理布置现场，采取季节性施工措施，实现均衡施工，达到合理的经济技术指标。

（4）采取技术和管理措施，推广建筑节能和绿色施工。

（5）与质量、环境和职业健康安全三个管理体系有效结合。

施工组织设计应以下列内容作为编制依据：

(1)与工程建设有关的法律、法规和文件。

(2)国家现行有关标准和技术经济指标。

(3)工程所在地区行政主管部门的批准文件，建设单位对施工的要求。

(4)工程施工合同或招标投标文件。

(5)工程文件，主要包括施工图纸、会议纪要、主要设备材料清单及技术文件、技术协议、新产品工艺性试验资料等。

(6)工程施工范围内的现场条件，工程地质及水文地质、气象等自然条件。

(7)与工程有关的资源供应情况。

(8)施工企业的生产能力、机具设备状况、技术水平等。

施工组织设计的编制和审批应符合下列规定：

(1)施工组织设计应由项目负责人主持编制，可根据需要分阶段编制和审批。

(2)施工组织总设计应由总承包单位技术负责人审批；单位工程施工组织设计应由施工单位技术负责人或技术负责人授权的技术人员审批；施工方案应由项目技术负责人审批；重点、难点分部(分项)工程和专项工程施工方案应由施工单位技术部门组织相关专家评审，施工单位技术负责人批准。

(3)由专业承包单位施工的分部(分项)工程或专项工程的施工方案，应由专业承包单位技术负责人或技术负责人授权的技术人员审批；有总承包单位时，应由总承包单位项目技术负责人核准备案。

(4)规模较大的分部(分项)工程和专项工程的施工方案应按单位工程施工组织设计进行编制和审批。

施工组织设计应实行动态管理，并符合下列规定：

(1)项目施工过程中，发生以下情况之一时，施工组织设计应及时进行修改或补充。

①工程设计有重大修改。

②有关法律、法规、规范和标准实施、修订和废止。

③主要施工方法有重大调整。

④主要施工资源配置有重大调整。

⑤施工环境有重大改变。

(2)经修改或补充的施工组织设计应重新审批后实施。

(3)项目施工前，应进行施工组织设计逐级交底；项目施工过程中，应对施工组织设计的执行情况进行检查、分析并适时调整。

提示

施工组织设计一经批准，参建单位应认真贯彻执行，未经批准不得擅自修改，如需修改，应履行原审批手续，经批准后实施。

典型例题

【单选题】下列施工组织设计编制依据中，属于工程文件的是(　　)。

A. 投标书　　B. 标准规范

C. 工程合同　　D. 会议纪要

D。【解析】施工组织设计编制依据中的工程文件主要包括施工图纸、会议纪要、主要设备材料清单及技术文件、技术协议、新产品工艺性试验资料等。

二、施工组织设计的编制内容

根据《建筑施工组织设计规范》，施工组织设计应包括编制依据、工程概况、施工部署、施工进度计划、施工准备与资源配置计划、主要施工方法、施工现场平面布置及主要施工管理计划等基本内容。

（一）施工组织总设计

1. 工程概况

工程概况应包括项目主要情况和项目主要施工条件等。

2. 总体施工部署

施工组织总设计应对项目总体施工做出下列宏观部署：确定项目施工总目标，包括进度、质量、安全、环境和成本等目标；根据项目施工总目标的要求，确定项目分阶段（期）交付的计划；确定项目分阶段（期）施工的合理顺序及空间组织。

对于项目施工的重点和难点应进行简要分析。总承包单位应明确项目管理组织机构形式，并宜采用框图的形式表示。对于项目施工中开发和使用的新技术、新工艺应做出部署。对主要分包项目施工单位的资质和能力应提出明确要求。

专家解读

项目管理组织机构形式应根据施工项目的规模、复杂程度、专业特点、人员素质和地域范围确定，大中型项目宜设置矩阵式项目管理组织，远离企业管理层的大中型项目宜设置事业部式项目管理组织，小型项目宜设置直线职能式项目管理组织。

3. 施工总进度计划

施工总进度计划应按照项目总体施工部署的安排进行编制。施工总进度计划可采用网络图或横道图表示，并附必要说明。施工总进度计划宜优先采用网络计划。

4. 总体施工准备与主要资源配置计划

总体施工准备应包括技术准备、现场准备和资金准备等。技术准备、现场准备和资金准备应满足项目分阶段（期）施工的需要。

主要资源配置计划应包括劳动力配置计划和物资配置计划等。

5. 主要施工方法

施工组织总设计应对项目涉及的单位（子单位）工程和主要分部（分项）工程所采用的施工方法进行简要说明。

对脚手架工程、起重吊装工程、临时用水用电工程、季节性施工等专项工程所采用的施工方法应进行简要说明。

6. 施工总平面布置

施工总平面布置应符合下列原则：

(1)平面布置科学合理,施工场地占用面积少。

(2)合理组织运输,减少二次搬运。

(3)施工区域的划分和场地的临时占用应符合总体施工部署和施工流程的要求,减少相互干扰。

(4)充分利用既有建(构)筑物和既有设施为项目施工服务,降低临时设施的建造费用。

(5)临时设施应方便生产和生活,办公区、生活区和生产区宜分离设置。

(6)符合节能、环保、安全和消防等要求。

(7)遵守当地主管部门和建设单位关于施工现场安全文明施工的相关规定。

施工总平面布置图应符合下列要求:

(1)根据项目总体施工部署,绘制现场不同施工阶段(期)的总平面布置图。

(2)施工总平面布置图的绘制应符合国家相关标准要求并附必要说明。

施工总平面布置图应包括下列内容:

(1)项目施工用地范围内的地形状况。

(2)全部拟建的建(构)筑物和其他基础设施的位置。

(3)项目施工用地范围内的加工设施、运输设施、存贮设施、供电设施、供水供热设施、排水排污设施、临时施工道路和办公、生活用房等。

(4)施工现场必备的安全、消防、保卫和环境保护等设施。

(5)相邻的地上、地下既有建(构)筑物及相关环境。

链接

施工总平面的管理权限属于建设单位,建设单位可以统一管理,也可以委托施工总承包单位负责管理,并进行动态管理。若没有施工总承包,建设单位也可以委托主体工程分包单位负责施工总平面的管理。

分包单位的平面布置需要变动时应提出书面申请,经施工总平面图管理单位批准后才能实施。

(二)单位工程施工组织设计

1. 工程概况

工程概况应包括工程主要情况、各专业设计简介和工程施工条件等。

2. 施工部署

工程施工目标应根据施工合同、招标文件以及本单位对工程管理目标的要求确定,包括进度、质量、安全、环境和成本等目标。各项目标应满足施工组织总设计中确定的总体目标。

3. 施工进度计划

施工进度计划是施工部署在时间上的体现,反映了施工顺序和各个阶段工程进展情况,应均衡协调、科学安排。

一般工程画横道图即可,对工程规模较大、工序比较复杂的工程宜采用网络图表示,通过对各类参数的计算,找出关键线路,选择最优方案。

4. 施工准备与资源配置计划

施工准备包括技术准备、现场准备和资金准备等。

资源配置计划包括劳动力配置计划和物资配置计划等。

5. 主要施工方案

单位工程应按照《建筑工程施工质量验收统一标准》《工业安装工程施工质量验收统一标准》中分部、分项工程的划分原则，对主要分部、分项工程制定施工方案。对脚手架工程、起重吊装工程、临时用水用电工程、季节性施工等专项工程所采用的施工方案应进行必要的验算和说明。

6. 施工现场平面布置

施工现场平面布置图应参照规范的规定并结合施工组织总设计，按不同施工阶段分别绘制。

(三) 施工方案

1. 工程概况

工程概况应包括工程主要情况、设计简介和工程施工条件等。

工程主要情况应包括：分部(分项)工程或专项工程名称，工程参建单位的相关情况，工程的施工范围，施工合同、招标文件或总承包单位对工程施工的重点要求等。

设计简介应主要介绍施工范围内的工程设计内容和相关要求。

工程施工条件应重点说明与分部(分项)工程或专项工程相关的内容。

2. 施工安排

工程施工目标包括进度、质量、安全、环境和成本等目标，各项目标应满足施工合同、招标文件和总承包单位对工程施工的要求。

工程施工顺序及施工流水段应在施工安排中确定。

针对工程的重点和难点，进行施工安排并简述主要管理和技术措施。

工程管理的组织机构及岗位职责应在施工安排中确定，并应符合总承包单位的要求。

根据分部(分项)工程或专项工程的规模、特点、复杂程度、目标控制和总承包单位的要求设置项目管理机构，该机构各种专业人员配备齐全，完善项目管理网络，建立健全岗位责任制。

3. 施工进度计划

分部(分项)工程或专项工程施工进度计划应按照施工安排，并结合总承包单位的施工进度计划进行编制。施工进度计划可采用网络图或横道图表示，并附必要说明。

施工进度计划的编制应内容全面、安排合理、科学实用，在进度计划中应反映出各施工区段或各工序之间的搭接关系、施工期限和开始、结束时间。同时，施工进度计划应能体现和落实总体进度计划的目标控制要求；通过编制分部(分项)工程或专项工程进度计划进而体现总进度计划的合理性。

4. 施工准备与资源配置计划

(1)施工准备。

①技术准备：包括施工所需技术资料的准备、图纸深化和技术交底的要求、试验检验和测试工作计划、样板制作计划以及与相关单位的技术交接计划等。

②现场准备：包括生产、生活等临时设施的准备以及与相关单位进行现场交接的计划等。

③资金准备：编制资金使用计划等。

(2)资源配置计划。

①劳动力配置计划：确定工程用工量并编制专业工种劳动力计划表。

②物资配置计划：包括工程材料和设备配置计划、周转材料和施工机具配置计划以及计量、测量和检验仪器配置计划等。

5. 施工方法及工艺要求

施工方法是工程施工期间所采用的技术方案、工艺流程、组织措施、检验手段等。它直接影响施工进度、质量、安全以及工程成本。

明确分部(分项)工程或专项工程施工方法并进行必要的技术核算,对主要分项工程(工序)明确施工工艺要求。

对易发生质量通病、易出现安全问题、施工难度大、技术含量高的分项工程(工序)等应做出重点说明。

对开发和使用的新技术、新工艺以及采用的新材料、新设备应通过必要的试验或论证并制定计划。

对季节性施工应提出具体要求。根据施工地点的实际气候特点,提出具有针对性的施工措施。在施工过程中,还应根据气象部门的预报资料,对具体措施进行细化。

提示

除了上述内容,施工方案编制还需编制质量保证措施和安全环境保证措施。其中,质量保证措施主要包括设置质量控制点和明确工序质量控制方法等。质量控制点主要针对一些对项目质量有重大影响的、技术要求较高、施工难度较大的环节或部位设置,是施工过程中质量控制的重点对象。在施工质量控制过程中,只有控制目标是远远不够的,还需要有与之相适应的质量控制方法,二者相辅相成,才可以有效地保证工程质量。

(四)主要施工管理计划

施工管理计划应包括进度管理计划、质量管理计划、安全管理计划、环境管理计划、成本管理计划以及其他管理计划等内容。

三、施工方案的实施

(一)施工方案的交底

施工方案中采用的新技术、新工艺、新材料、新设备,应按照有关规定进行评审、鉴定。施工前应对新采用的施工工艺进行评价,并制定专项施工方案,同时做好施工方案交底。

施工方案交底时,一般先由编制施工方案的人员向施工现场管理人员进行交底,再由施工现场管理人员向作业人员进行交底。施工方案交底内容包括主要施工工艺、施工程序和顺序、质量控制、操作方法和要领、安全措施等。

(二)施工方案的优化

施工方案的优化是指实施性施工组织设计编制和实施过程中,为降低工程项目建设成本,争取工程项目最佳效益,对工程项目施工人员、机械设备、材料、施工方法、环境条件等生产要素的合理组合和对施工过程中施工方案进行有效的预先谋划和比选过程。

施工方案的优化一般可以从下列方面进行考虑:施工方法、施工顺序、施工劳动的组织形式、施工机械的组合以及劳动作业人员的组合等。

在选择确定施工方案时,对几种可能采用的施工方案作技术经济比较,不仅应分析技术的先进性、经济合理性和重要性,还应考虑其对进度、质量、安全等方面的影响。在多方案分析的基础上做出比较和综合评价,其目的就是从众多的施工方案中选出一个工期短、质量好、材料省、劳动力安排合理、工程成本低、施工安全的最优方案。在拟定出若干方案中,如果各施工方案均能满足要求，则最经济的方案就是最优方案。

施工方案技术经济评价一般采用综合评价法。当有两个以上的可行方案时，为了选择更加合理的施工方案，应对所有施工方案进行技术经济比较，选出最佳的施工方案。施工方案的技术经济比较内容如表 2-7 所示。

表 2-7　施工方案的技术经济比较内容

项目	比较内容
技术先进性	各方案的技术先进水平、技术效率、创新程度、创新技术点数、实施安全性等
经济合理性	一次性投资总额、资金时间价值、产值贡献率、对进度时间和费用的影响、对环境影响的程度、综合性价比等
重要性	推广应用价值、社会效益等

典型例题

【多选题】多个施工方案进行经济合理性比较时，其内容包括（　　）。

A. 资金时间价值　　B. 技术效率

C. 实施的安全性　　D. 对环境影响的损失

E. 综合性价比

ADE。【解析】施工方案技术经济比较包括经济合理性、技术先进性、重要性等方面的比较。其中经济合理性比较的内容包括一次性投资总额、资金时间价值、产值贡献率、对进度时间和费用的影响、对环境影响的程度（如损失）、综合性价比等。

四、危险性较大的分部分项工程专项施工方案的相关要求

根据《危险性较大的分部分项工程安全管理规定》，危险性较大的分部分项工程（以下简称“危大工程”），是指房屋建筑和市政基础设施工程在施工过程中，容易导致人员群死群伤或者造成重大经济损失的分部分项工程。

（一）危大工程专项施工方案的编制

施工单位应当在危大工程施工前组织工程技术人员编制专项施工方案。实行施工总承包的，专项施工方案应当由施工总承包单位组织编制。危大工程实行分包的，专项施工方案可以由相关专业分包单位组织编制。专项施工方案应当由施工单位技术负责人审核签字、加盖单位公章，并由总监理工程师审查签字、加盖执业印章后方可实施。危大工程实行分包并由分包单位编制专项施工方案的，专项施工方案应当由总承包单位技术负责人及分包单位技术负责人共同审核签字并加盖单位公章。

危大工程专项施工方案的主要内容应当包括：

（1）工程概况：危大工程概况和特点、施工平面布置、施工要求和技术保证条件。

（2）编制依据：相关法律、法规、规范性文件、标准、规范及施工图设计文件、施工组织设计等。

（3）施工计划：包括施工进度计划、材料与设备计划。

（4）施工工艺技术：技术参数、工艺流程、施工方法、操作要求、检查要求等。

（5）施工安全保证措施：组织保障措施、技术措施、监测监控措施等。

（6）施工管理及作业人员配备和分工：施工管理人员、专职安全生产管理人员、特种作业

人员、其他作业人员等。

(7)验收要求:验收标准、验收程序、验收内容、验收人员等。

(8)应急处置措施。

(9)计算书及相关施工图纸。

(二)危大工程专项施工方案的专家论证

对于超过一定规模的危大工程,施工单位应当组织召开专家论证会对专项施工方案进行论证。实行施工总承包的,由施工总承包单位组织召开专家论证会。专家论证前专项施工方案应当通过施工单位审核和总监理工程师审查。

超过一定规模的危大工程专项施工方案专家论证会的参会人员应当包括:专家;建设单位项目负责人;有关勘察、设计单位项目技术负责人及相关人员;总承包单位和分包单位技术负责人或授权委派的专业技术人员、项目负责人、项目技术负责人、专项施工方案编制人员、项目专职安全生产管理人员及相关人员;监理单位项目总监理工程师及专业监理工程师。

专家论证的主要内容应当包括:

(1)专项施工方案内容是否完整、可行。

(2)专项施工方案计算书和验算依据、施工图是否符合有关标准规范。

(3)专项施工方案是否满足现场实际情况,并能够确保施工安全。

专家论证会后,应当形成论证报告,对专项施工方案提出通过、修改后通过或者不通过的一致意见。专家对论证报告负责并签字确认。超过一定规模的危大工程专项施工方案经专家论证后结论为“通过”的,施工单位可参考专家意见自行修改完善;结论为“修改后通过”的,专家意见要明确具体修改内容,施工单位应当按照专家意见进行修改,并履行有关审核和审查手续后方可实施,修改情况应及时告知专家。专项施工方案经论证不通过的,施工单位修改后应当按照规定的要求重新组织专家论证。

(三)机电工程项目危大工程范围

机电工程项目危大工程范围如下:

(1)起重吊装及起重机械安装拆卸工程。采用非常规起重设备、方法,且单件起吊重量在10 kN及以上的起重吊装工程;采用起重机械进行安装的工程;起重机械安装和拆卸工程。

(2)钢结构安装工程。

机电工程项目超过一定规模的危大工程范围如下:

(1)起重吊装及起重机械安装拆卸工程。采用非常规起重设备、方法,且单件起吊重量在100 kN及以上的起重吊装工程;起重量300 kN及以上,或搭设总高度200 m及以上,或搭设基础标高在200 m及以上的起重机械安装和拆卸工程。

(2)跨度36 m及以上的钢结构安装工程。

(3)重量1 000 kN及以上的大型结构整体顶升、平移、转体等施工工艺。

链接

电力建设工程中超过一定规模的危大工程的范围包括(但不限于):

(1)通用工程部分中的起重吊装及安装拆卸工程,包括采用非常规起重设备、方法,且单件起吊重量在100 kN及以上的起重吊装工程;起重量600 kN及以上的起重设备安装工程;高度200 m及以上内爬起重设备的拆除工程。

(2)送变电及新能源工程,包括高度超过80 m及以上的高塔组立工程;运输质量在20 kg及以上、牵引力在10 kN及以上的重型索道运输作业工程;风机(含海上)吊装工程。

模块六 机电工程施工资源管理

施工资源共包括五方面，即人力资源、工程材料和设备、施工机具、施工技术、资金。机电工程施工资源管理主要是对五大施工资源所进行的计划、组织、指挥、协调和控制等活动。

一、人力资源管理的要求

（一）概述

人力资源是指在一定时间和空间条件下，现实和潜在的劳动力的数量和质量的总和。人力资源的特点包括自有性、生物性、时效性、创造性、能动性、连续性。

人力资源管理是指工程项目组织为了实现既定的目标，运用现代管理措施和手段，对人力资源的取得、开发、保持和运用等方面进行管理的一系列活动的总和。

链接

人力资源预测是人力资源管理中较为重要的一个阶段，分为人力资源需求预测和人力资源供给预测。其中，人力资源需求预测分为当前人力资源需求预测、未来人力资源需求预测和未来流失人力资源需求的预测三部分。

（二）人员配置要求

机电施工企业在承接工程项目后，应当在施工现场设立项目管理机构并配备相应的管理人员（主要管理人员、专业管理人员）、技能人员，且专业、数量应满足工程建设需要。

施工企业项目现场须配备项目经理、项目技术负责人等主要管理人员和项目部技术人员，并要自行配备项目施工员、劳务员、材料员、资料员、质量员、安全员、标准员、机械员等专业管理人员（可统称为现场施工管理人员），专业管理人员可在同一工程上兼任。

提示

现场施工管理人员的组成包括施工员、质量员、安全员、标准员、材料员、机械员、劳务员、资料员，俗称“八大员”。八大员需持证上岗。

施工现场项目人员应具备以下条件：与施工企业签订劳动合同或聘用合同；由施工企业发放工资；持有符合任职条件的岗位证书。

项目部负责人一般包括项目经理、项目副经理和项目技术负责人。项目经理必须具有建造师注册证书和项目负责人安全生产考核合格证（B 类证书），并在其注册证书载明的专业和级别范围内从事建设工程施工管理活动。项目技术负责人由具备与工程项目相适应的专业技术职称人员担任，有从事工程施工技术管理工作经验且其工作年限符合相关规定。

项目部技术人员和主要技术工人应按分部、分项工程和专业配备齐全，且根据项目大小与具体情况，配备相应的人员数量。

项目部现场施工管理人员也应该根据项目需要配备，其中安全员应根据项目的大小配备；施工员和质量员应满足项目专业的需要。

（三）人员管理要求

机电工程通常会涉及锅炉、压力容器、压力管道、电梯、起重机械等特种设备，以及焊接、起重等特种作业，因此，应加强相关作业人员的管理，包括特种设备焊接作业人员、特种设备无损检测人员、特种作业人员等。与此同时，为了顺利完成工程建设，施工现场也需要一定量的劳动力从事工程中的劳务作业，也应加强劳动力的管理。

1. 特种设备焊接作业人员的管理要求

从事《特种设备安全监察条例》中规定的锅炉、压力容器（含气瓶，下同）、压力管道（统称为承压类设备）和电梯、起重机械、客运索道、大型游乐设施、场（厂）内专用机动车辆（统称为机电类设备）焊接操作人员（以下简称焊工），应按规定考核合格，持有《特种设备安全管理和作业人员证》。

焊工考试包括基本知识考试和焊接操作技能考试两部分。考试内容应当与焊工所申请的项目范围相适应。基本知识考试采用计算机答题方法，焊接操作技能考试采用施焊试件并且进行检验评定的方法。

持证焊工应当按照规定，承担与合格项目相应的特种设备焊接工作。《特种设备安全管理和作业人员证》在全国各地同等有效。

《特种设备安全管理和作业人员证》每4年复审1次，首次取得的合格项目在第一次复审时，需要重新进行考试；第二次以后（含第二次）复审时，可以在合格项目范围内抽考。

持证手工焊焊工或者焊机操作工某焊接方法中断特种设备焊接作业6个月以上，该手工焊焊工或者焊机操作工若再使用该焊接方法进行特种设备焊接作业前，应当复审抽考。年龄超过55岁的焊工，需要继续从事特种设备焊接作业，根据情况由发证机关决定是否需要进行考试。

2. 特种设备无损检测人员的管理要求

特种设备无损检测人员是指从事《特种设备目录》适用范围内特种设备无损检测工作的人员。无损检测人员应当按照要求，取得相应的《特种设备检验检测人员证（无损检测人员）》（以下简称《检测人员证》），方可从事相应的无损检测工作。

无损检测方法，包括射线检测、超声检测、磁粉检测、渗透检测、声发射检测、涡流检测、漏磁检测。无损检测人员级别，分为Ⅰ级（初级）、Ⅱ级（中级）和Ⅲ级（高级）。

《检测人员证》有效期为5年。有效期满需要继续从事无损检测工作的，应当按照规定办理换证。

Ⅰ级无损检测人员的工作职责如下：正确调整和使用无损检测仪器；按照无损检测操作指导书进行无损检测操作；记录无损检测数据，整理无损检测资料；了解和执行有关安全防护规则。

Ⅱ级无损检测人员的工作职责如下：从事或者监督Ⅰ级无损检测人员的工作；按照工艺文件要求调试和校准无损检测仪器，实施无损检测操作；根据无损检测工艺规程编制针对具体工件的无损检测操作指导书；编制和审核无损检测工艺规程（限持Ⅱ级资格4年以上的人员）；按照规范、标准规定，评定检测结果，编制或者审核无损检测报告；对Ⅰ级无损检测人员进行技能培训和工作指导。

Ⅲ级无损检测人员的工作职责如下:从事或者监督Ⅰ级和Ⅱ级无损检测人员的工作;负责无损检测工程的技术管理、无损检测装备性能和人员技能评价;编制和审核无损检测工艺规程;确定用于特定对象的特殊无损检测方法、技术和工艺规程;对无损检测结果进行分析、评定或者解释;对Ⅰ级和Ⅱ级无损检测人员进行技能培训和工作指导。未设置Ⅲ级项目的,Ⅲ级无损检测人员的工作由Ⅱ级无损检测人员承担。

3. 特种作业人员的管理要求

特种作业是指容易发生事故,对操作者本人、他人的安全健康及设备、设施的安全可能造成重大危害的作业。特种作业的范围由特种作业目录规定。特种作业人员是指直接从事特种作业的从业人员。

特种作业人员必须经专门的安全技术培训并考核合格,取得特种作业操作证后,方可上岗作业。

特种作业人员的安全技术培训、考核、发证、复审工作实行统一监管、分级实施、教考分离的原则。特种作业人员应当接受与其所从事的特种作业相应的安全技术理论培训和实际操作培训。已经取得职业高中、技工学校及中专以上学历的毕业生从事与其所学专业相应的特种作业,持学历证明经考核发证机关同意,可以免予相关专业的培训。特种作业操作资格考试包括安全技术理论考试和实际操作考试两部分。考试不及格的,允许补考1次。经补考仍不及格的,重新参加相应的安全技术培训。

特种作业操作证有效期为6年,在全国范围内有效。特种作业操作证由应急管理部统一式样、标准及编号。特种作业操作证每3年复审1次。特种作业人员在特种作业操作证有效期内,连续从事本工种10年以上,严格遵守有关安全生产法律法规的,经原考核发证机关或者从业所在地考核发证机关同意,特种作业操作证的复审时间可以延长至每6年1次。

特种作业操作证申请复审或者延期复审前,特种作业人员应当参加必要的安全培训并考试合格。安全培训时间不少于8个学时,主要培训法律、法规、标准、事故案例和有关新工艺、新技术、新装备等知识。

离开特种作业岗位6个月以上的特种作业人员,应当重新进行实际操作考试,经确认合格后方可上岗作业。

提示

项目部现场施工管理人员、特种设备焊接作业人员、特种设备无损检测人员、特种作业人员均需要持证上岗。

4. 劳动力的管理要求

劳动力管理是对劳动者进行的组织、计划、指挥、监督和调节等工作的总称。劳动力管理应在保证生产需要的基础上,合理分配使用劳动力,提高劳动效率和劳动生产率。

劳动力管理应采用动态管理的手段,根据生产任务和施工条件的变化,对劳动力的配置进行有效的调整,使其满足工作的需要,避免出现劳动力紧张或过剩的情况,从而实现劳动力动态的优化组合。

劳动力优化配置的依据包括:

(1)项目的进度计划。劳动力配置的时间安排应依据项目的进度计划。

(2)劳动力资源供应环境。应对劳动力资源进行平衡和优化,并根据劳动力来源,确定劳动力优化配置计划。

(3)所需劳动力的数量和种类。

劳动力优化配置可采取下列方法:

(1)劳动力配置计划。对各单项工程(或分部分项工程)劳动力进行测算,并根据施工进度计划安排各时间段劳动力需求量和工作时间。

(2)劳动力配置应充分利用各种资源,有效地避免由于数据不通畅带来的重复性劳动,大大提高效率,并显著降低成本。

(3)在编制劳动力优化配置计划时,要充分考虑劳动力的来源,做到综合考虑,统筹兼顾,总体平衡。

此外,用人单位应当为劳动者创造符合国家职业卫生标准和卫生要求的工作环境和条件,并采取措施保障劳动者获得职业卫生保护。

劳务工应遵守各项规章制度,并服从用工单位的工作安排,能胜任安排的各项工作。从事特种作业岗位工作的,需持有相应作业类别的特种作业操作有效证件。

二、工程材料管理的要求

工程材料管理是指施工现场项目部为顺利完成工程项目施工任务,合理使用和节约材料,努力降低材料成本,围绕材料计划申请、订货、采购、运输、存储、发放及消耗等所进行的一系列组织和管理工作。施工现场项目部应制定材料管理制度,规定材料的使用、限额领料、使用监督、回收过程,并应建立材料使用台账。

(一)工程材料的采购管理要求

1. 确定采购计划

材料计划的编制应满足施工进度计划的需要,并应根据施工图纸、预算定额进行编制。材料计划的内容应包括拟采购材料的名称、种类、规格、数量、进场时间、技术要求、工程项目等。项目管理机构的相关部门(例如采购部、经营部、工程部等)应配合编制材料采购计划。

材料计划的类型和编制要求如表 2-8 所示。

表 2-8 材料计划的类型和编制要求

类型	编制要求
供应备料计划	供应备料的依据,开工前提出的一次性计划
调整供料月计划	动态供料的依据,施工过程中受到工程变更及施工预算的影响,对供料月计划进行及时的调整
加工制品计划	供应商组织加工和向现场送货的依据,在加工周期允许的时间内,根据施工图纸及施工进度进行制定
施工设施用料计划	送料的依据,根据现场设施的设计,按使用期进行制定

链接

对于各种材料计划的执行情况，应按月进行检查，并根据检查情况进行改进和调整，以确保材料得到及时供应。

2. 市场调研、合理选择

审核查验材料生产经营单位的各类生产经营手续是否完备齐全。实地考察企业的生产规模、诚信观念、销售业绩、售后服务等情况。重点考察企业的质量控制体系是否具有国家及行业的产品质量认证，以及材料质量在同类产品中的地位。从建筑业界同行中了解，获得更准确、更细致、更全面的信息。组织对供应商进行有关技术和商务的综合评审，并制定选择、评审和重新评审的准则。

3. 材料价格的控制

对材料的采购价格进行控制。企业应通过市场调研或者通过咨询机构，了解材料的市场价格，在保证质量的前提下，货比三家，选择较低的材料采购价格。对材料采购时的运费进行控制。要合理地组织运输，材料采购进行价格比较时要把运输费用考虑在内。在材料价格相同时，就近购料，选用最经济的运输方法，以降低运输成本。要合理地确定进货的批次和批量，还要考虑资金的时间价值，确定经济批量。

4. 材料的进场检验

材料进场时应当经过验收、复验工作。材料进场验收的依据主要有进料计划、送料凭证、质量保证书或产品合格证。验收工作应按照质量验收规范和计量检测规定对品种、规格、型号、质量、数量、证件等进行验收。验收时，应注意对材料的质量、数量进行严格地把控。验收要做好记录、办理验收手续，对于不符合、不合格的材料应拒绝接收。对于要求复检的材料，应具备取样送检的证明报告。

典型例题

【多选题】关于材料进场验收要求的说法，正确的有(　　)。

A. 要求进场复验的材料应有取样送检证明报告

B. 验收工作应按质量验收规范和计量检测规定进行

C. 验收内容应完整，验收要做好记录，办理验收手续

D. 甲供的材料只做好标识

E. 对不符合计划要求的材料可暂缓接受

ABC。【解析】甲供的材料需做好记录，并办理手续。故选项 D 错误。对于不符合、不合格的材料应拒绝接收。故选项 E 错误。

(二) 工程材料的现场管理要求

1. 材料分类方法

ABC 分类法，全称为 ABC 分类库存控制法，又称帕雷托分析法或主次因素分析法，是项目管理中常用的一种方法。它是根据事物在技术或经济方面的主要特征，进行分类排队，分清重点和一般，从而有区别地确定管理方式的一种分析方法。由于它把被分析的对象分成

A(特别重要的库存)、B(一般重要的库存)、C(不重要的库存)三类,所以又称为 ABC 分析法。

ABC 分类法应遵循下列步骤进行分类:

(1)计算每一种材料的金额。

(2)按照金额由大到小排序并列成表格。

(3)计算每一种材料金额占库存总金额的比率。

(4)计算累计比率。

(5)分类。累计比率在0% ~80%之间的,为最重要(或特别重要)的 A 类材料;累计比率在80% ~90%之间的,为次重要(或一般重要)的 B 类材料;累计比率在 90% ~100%之间的,为不重要的 C 类材料。

链接

工程材料的分类方法有很多,如应用价值工程或利用存储理论进行分类,在实际工程中,需结合具体情况选择合适的材料分类方法。

2. 材料存放管理

材料的存放管理需符合下列要求:

(1)材料应根据材料的不同性质存放于符合要求的专门材料库房。存放区域内宜设置待验区和合格品区,也可采取控制物料待检和合格状态的措施。不合格品应设置专区存放。

(2)材料库房实行专人管理责任制。

(3)各种材料应按平面布置图进行放置,标识清楚,不存在安全隐患。库房保持整洁、干燥、通风,装卸和维护用具摆放整齐。

(4)应建立材料台账,记载各种材料出入库时间、品种、数量、等级、质量、包装和生产日期等,应在材料出入库时或定期核对账目,做到账、货、清单相符。定期对库存材料进行盘点,清查材料生产日期、品名、规格和数量,确保材料账实相符。同时根据库存情况,及时备货。

3. 材料发放管理

材料发放应建立各种原始记录、台账、报表,要求格式统一,数据准确,并由专人负责。建立限额领料制度,凡是有定额的工程用料,按照施工进度情况,通过施工预算模型自动提取材料需求计划,并根据材料需求计划指导施工,进而控制班组限额领料,避免材料超支。施工设施用料,也应按照计划进行控制,应做到定额发料。对超限额的用料,在用料前应办理手续,填写限额领料单,说明超耗原因,经签发批准后实施;建立领发料台账,记录领发和节超状况。

4. 材料组织管理

材料组织管理是现场材料管理的实施阶段,其包括材料的搬运、材料的使用和材料回收等内容,具体要求如表 2-9 所示。

表 2-9　材料组织管理的具体要求

项目	要求
材料的搬运	(1)材料搬运前,应根据其外形尺寸、重量和产品说明书要求、安全生产要求、采购合同条款等,选择适宜的搬运设备和工具,并制订安全、可行的搬运方案。 (2)对于超大、超长、超宽、超高、超重的材料,以及易燃、易爆、有毒物品的搬运应按批准的专项方案执行,同时应注意保护产品上有关防护标识。 (3)二次搬运工作,一般是在库房内或施工现场内进行,在搬运过程中应当注意对成品进行保护,避免碰坏或划伤已完工成品,必要时应采取防护措施并由领料人监督和检查。 (4)对于有危险性的材料进行搬运时,搬运人员应按规定使用防护用具,并按经批准后的搬运方案执行。搬运方案应严格按照职业健康安全管理体系和环境管理体系规定进行编制
材料的使用	施工单位应当将进入施工现场的材料纳入本单位统一管理。在施工过程中,应当指派材料管理部门进行现场监督和检查,发现存在材料损坏、环境污染严重、给劳动者造成损害的情形,应当要求其立即整改,必要时可以按照制度进行处罚。施工时,应做到合理用料,严格执行周转性材料需用计划的领用、维修、消耗、保管、报废制度。应按相应技术标准、材料规格、设计参数对各工序进行用料交底和交接,做到合理用料。针对进场的材料要制定安全措施,防止材料出现丢失现象。根据材料的性质来确定防雨、防潮、防刮、防撞、防锈、防挥发等措施。施工完毕后,做到工完、料净、场清,并办理退库手续
材料的回收	施工收尾阶段,组织多余材料退库,做好废旧材料的回收和利用

(三)材料的管理职责要求

材料采购管理应由采购经理负责,并适时组建项目采购组。在项目实施过程中,采购经理应接受项目经理和工程总承包企业采购管理部门的管理。

现场材料管理的全面领导责任者是项目经理,现场材料管理的直接责任者是项目部主管材料人员。材料管理人员应在项目经理及主管负责人的领导下,具体负责现场材料管理,制定材料管理规划,及时提供用料信息,组织材料进场,加强现场材料的验收、保管、发放、核算,保证生产需要,努力做到降低消耗,场容整洁,现场文明。

班组材料员在主管材料员的指导下,协助班组长组织和监督本班组合理领、用、退料工作。现场材料人员应建立材料管理岗位责任制。

(四)危险物资的管理要求

危险物资管理的主要任务是在购、运、储、发的全过程,严格执行有关安全的特别规定,控制及消除各种不安全因素,防止各类事故发生,确保生产顺利进行。

危险物资的管理人员,必须确定专人负责培训上岗,了解危险物资的理化性质,熟悉其相关性质,严格执行相关安全规定。

储存危险物资的单位应当建立危险物资出入库核查、登记制度。材料入库前必须严格检查。发现不安全因素,不得入库。

危险物资应按有关规定存放在符合要求的专用仓库、专用场地或专用存储室内。存储方式、方法和存储数量应符合国家有关标准规定,并由专人负责管理。危险物资应放置在干燥、阴凉及通风处,储存易燃、易爆物品的场所及其周边不得使用明火且标示清楚,防止混用。易爆物品移动时应轻拿轻放,不得剧烈震动。设立明显的防火标识,配备相应种类和数量的灭火器材、消防设施等安全设施。安全设施、设备定期进行检测、检验。

储存易燃、易爆、有毒物品的库房宜布置在施工现场全年最小频率风向的上风侧及边缘地区，并应远离火源、主要建(构)筑物和人员集中的地带。危险品存放库房应有明显的标识或标志，并应有专人负责管理。库房应采取相应的防火、防尘、防潮、防腐、防爆、防有毒有害气体泄漏等技术措施和救护措施。危险物品存放时，应严格按安全操作规程。

危险物资发放时，接收危险品的人员必须熟悉接收危险品的性质、可能的危险和预防措施。物资管理人员只有在明确领料人员已了解所领物品的基本特性、可能造成的危害和领用必须注意的主要事项的前提下，才能向领料人员发放有关危险物资。危险品的发放必须在领料单上填写品种、规格、数量、领用单位、领用人和领用日期等，并经领料部门领导签字后，由物资管理人员发放。

使用危险物资时，应严格按照使用要求、操作说明进行操作和使用，并必须加强安全技术措施和个人防护措施。施工作业任务完成后，剩余危险物资应及时处理，不得在作业现场随意摆放。使用单位应及时将剩余危险物资及其包装物进行回收，物资管理部门应将回收的危险物资按规定进行处理。应对无用的危险物资包装物进行登记分类存放，按照领导审批的处理意见，及时处理。

三、工程设备管理的要求

工程设备是指构成或计划构成永久工程一部分的设备。注意与施工机械设备相区分。

(一)工程设备的运输、卸车及搬运管理要求

工程设备的运输应制定运输方案。特别是对外运输方式的选择，应结合厂址地区交通运输现状、运输设备特征、来源及去向等因素，对各种运输方式进行技术、安全和经济等综合比较后确定。

大件运输作业严格执行许可制度，现场承运负责人按照大件运输任务单，办理大件运输作业许可证，会同技术、安全、设备管理人对照许可证列出的有关内容进行逐项确认、填写。符合要求后，由现场技术负责人、现场安全负责人及单位主管领导现场审核。安全措施、作业人员、现场指挥、监护人员已落实到位，具备大件运输条件后，方可签发许可证。运输前应对作业人员进行交底(包含技术交底和安全交底)。

运输前，应检查运输、起重吊装机械和绑扎工器具，确保机械和工器具性能完好、安全可靠；检查有特殊要求(防潮、防振)的大件防护措施是否有效。

运输途中，应做好运输沿途公安、交通、路政、市政、通信、电力等相关部门的信息沟通，按照方案规定要求和规定的时间、线路行驶。

由于施工现场道路一般均为临时道路且施工环境较差，因此在大型设备进入现场前，应确保沿途道路畅通，搬离途经的障碍物；上方如有输电线路，应确保能在安全距离内通过，否则必须采取隔离措施；沿途道路和作业区内，应采用厚钢板、大石块等进行加固，增加承载力。

大件及精密设备卸车和搬运作业前，宜按批准的施工安全技术措施方案和作业程序指导书实施，施工前应对全体作业人员进行分工及安全技术交底。

由于每种设备的材质、形状、易碎程度等均不一样，因此卸车和搬运时，必须根据产品的相关要求和方案实施，同时做好设备的保护措施，避免因卸车和搬运造成对设备的损伤。进入存放区，卸车前，应会同起重人员，确定适合的卸车方式，做到一次卸车到位，避免出现再次移动设备的现象。

链接

对外运输方式可采用公路、水路、铁路进行联合运输。大件设备的运输宜采用水路和公路联运的方式。进口设备如具有水运条件时,宜采用水运或水陆联运的方式。

(1)公路运输。公路运输一般可作为首选方案。优点是灵活、便捷、可靠;缺点是工作量大,准备周期长,可能需要对道路、桥梁进行加固。运输前对道路进行调查,做好地下管线的位置检查,通过测量、计算,确定合理的行驶路线和必要的安全措施。如遇到桥梁,应对桥梁通过的可能性进行验算,根据桥梁设计荷载、现状等条件制订加固措施。

(2)水路运输。三种运输方式中,其花费的时间最长,并且应保证可以进入码头或港口。

(3)铁路运输。运输便捷且费用较低,一般有铁路专线时,可以优先采用。

(二)工程设备的验收、出入库及仓储管理

设备开箱、验收工作应由业主负责组织相关单位根据装箱清单、合同附件等文件共同进行,并应做好记录。开箱应先取出随机资料和装箱清单,且应避免重力敲击或以铁器插入箱内。开箱后应以装箱清单为依据检查箱内零件是否齐全、有无缺损,成套设备是否完整。

特种设备应当随附符合国家安全技术规范要求的设计文件、产品质量合格证明、安装及使用维护保养说明、监督检验证明等相关技术资料和文件,并在特种设备显著位置设置产品铭牌、安全警示标志及其说明。

设备在到达施工现场并验收合格后,应当由设备负责人、采购人员及设备管理人员共同进行确认,并办理入库手续。验收记录应包括设备型号、规格、数量等内容。设备质量合格证明文件应齐全。之后,设备管理人员应对设备进行分类储存与保管,并进行唯一性的标识,以实现设备的可追溯性,且应对设备做日常维护。对于只能露天保管的设备,应根据设备的维护要求,做出相应的防护措施,如防风、防雨、防火等,并进行经常性检查,以保证设备的完好。

链接

工程设备的追溯性是指通过对设备编码和标识,对设备管理、使用和位置予以追踪的能力。设备的建档、收发、检验、报废和设备的运输、存放、使用各环节应建立追溯体系。追溯编码和标识应清晰、完整,并具有唯一性。追溯信息应准确、真实、完整,一般包括设备的名称、规格、型号、批号、数量、出厂日期、制造厂商、相关的性能试验报告和质量证明、经办人等信息。

设备保管工作应严格按照相关制度进行操作,应建立岗位责任制,实行多级化管理。设备仓库应设专门保管人员,保管人员经培训考核合格后方可上岗。

设备保管人员应按照设备制造厂家提供的技术要求进行维护保养并做好记录。设备仓库应设置消防器材和设备,并放置在明显且不妨碍通行的地方。

设备出库时,应由使用的施工班组长填写设备领用单,并经上级管理人员签字后领用。领用时,双方应认真核对设备的品名、规格、型号、数量并检查质量,对符合要求的设备开具出库单。出库单注明设备的种类、规格、数量、批次、发放人、领用人、日期等。领用单由库房管理员留存备查。

四、施工机具管理的要求

施工机具管理包括施工机械管理和仪器仪表管理。此部分主要介绍施工机械管理。

为保证机械设备经常处于良好的技术状态，随时可以投入运行，减少故障停机时间和机械磨损，提高机械完好率、利用率，延长机械使用寿命，降低机械运行和维修成本，确保安全生产，必须强化对施工机械的管理。

（一）施工机械的配置要求

施工机械配置要经济、合理配套。应在满足施工进度的前提下，加强机械设备的平衡调度，提高机械设备的利用率，而机械利用率又受机械设备完好率的影响。因此，除加强施工机械设备的合理使用和平衡调度外，还需提高机械的完好率。

提示

施工方案编制时，应进行施工机械设备配置，配置时应遵循切合需要、实际可能、经济合理的原则。施工机械设备配置方法包括：

(1)单位工程量成本法。根据施工机械完成单位工程量的成本支出大小，进行比较，配置合适的机械。

(2)界限使用时间选择法。计算不同机械单位工程量成本相等的作业时间，进行比较，配置合适的机械。

(3)折算费用选择法(年等值成本法)。计算施工机械的折旧费用，进行比较，选择费用低的施工机械。

(4)综合评分法。综合考虑机械的主要特性，例如价格、工作效率、平均耗费、维修费等，进行综合评分，进行比较，配置合适的机械。

（二）施工机械的人员管理要求

施工机械操作人员必须熟悉设备的操作方法，掌握安全技术规程；必须经过专业培训，持证上岗，上岗前要进行安全技术交底。特种设备操作人员应经过专业培训、考核合格取得建设行政主管部门颁发的操作证，并应经过安全技术交底后持证上岗。

施工机械操作人员，应身体健康、精神状态良好，禁止操作前饮酒，应遵守工作纪律、交接班等制度。

施工机械操作人员应遵守施工机械有关操作规程和保养规定，经常保持机械完好状态。在工作中操作人员应按规定穿戴劳动防护用品。

施工机械操作人员应做到懂性能、懂原理、懂结构、懂用途、会操作、会保养、会排除故障（简称“四懂三会”）的要求。

施工机械管理人员应认真填写机械设备运行记录、维修记录，真实反映当前机械设备的运行状态。

（三）施工机械的使用管理要求

项目经理部在机械作业前应向操作人员进行安全操作交底，使操作人员清楚了解施工要求、场地环境、气候等安全生产要素。项目经理部按机械设备的安全操作要求安排工作和进行指挥，不得要求操作人员违章操作，也不得强令机械带故障作业，更不得指挥和允许操作人员野蛮施工。

施工机械在使用时，应严格按照“定岗位责任、定机、定人”的三定制度执行，确保“人机固定”，切实保证操作者了解和掌握机械性能及技术状况。

实行多班作业的设备，应执行交接班制度，认真填写交接班记录，接班司机经检查确认无误后，方可开机作业。

建筑起重机械安装工、司机、信号工、司索工作业时应密切配合，按规定的指挥信号执行。当信号不清或错误时，操作人员应拒绝执行；对违章指挥或强令冒险作业，有权拒绝执行。

大型移动式起重机吊装前，施工现场内运输通道应畅通，吊装场地应平整、坚实。吊装前应对周围环境进行详细检查，尤其是起重机吊杆及尾部回转范围内的障碍物应拆除或采取妥善安全措施保护。起重机起吊前，应对安全装置进行检查，确认合格后方可起吊；安全装置失灵时，不得起吊。

作业时，加力应平稳，不得超载使用。作业中应注意声响及温升，发现异常应立即停机检查并采取应急措施。夜间作业时，机上及作业区域应有符合安全规定和施工要求的照明。

起重机械如发生异常要及时报告处理，应修理好后再投入工作，严禁带故障作业。

特别重要的施工机械操作应保证专机专人，持证上岗，实行机长负责制。

司机在操作起重机械时，不允许从事分散注意力的其他操作。司机体力和精神不适时，不得操作起重设备。操作时要集中精力，应注意信号和作业场区。

在机械使用过程中，应掌握机械设备的磨损规律，采取全过程的技术管理措施（例如规范使用、定期保养、及时维修等措施），可以从一定程度上减少机械磨损。

（四）施工机械的维护保养管理要求

机械设备的维护保养是指对机械设备进行清洁、紧固、润滑、防腐、修换个别易损零件，使机械保持良好状态的一系列工作，是减少机械磨损，延长使用寿命，提高机械完好率，保证安全生产的主要措施之一。

所有机械设备全部实行“谁使用、谁保养、谁维护”的责任制度，如因机械设备维护保养不善或违章操作造成事故，应根据不同情况追究当事人责任。

机械设备的保养可以分为定期保养、特殊保养、分级保养、日常保养等。定期保养是指机械运行一定间隔期后，有计划地对机械强制进行的全面维护和保养作业；特殊保养一般是根据需要临时安排或列入短期计划的保养；分级保养一般是指换季保养、停用保养等，根据机械运行的时间来划分保养级别；日常保养是确保机械正常运行的基本条件和基础，一般在操作人员上下班或交接班时进行。

施工现场的施工机械及配件必须由专人管理，定期进行检查、维修和保养，建立相应的资料档案，并按照国家有关规定及时报废。

起重机应实施各级保养。转场时，应做转场保养，并应有记录。每班作业应作好例行保养，并应做好记录。

五、施工技术管理的要求

（一）一般要求

项目技术管理是在遵守国家相关法规的基础上，项目管理机构对项目全过程或部分过程实施的技术工作进行控制，为项目的施工组织、后期运营进行系统筹划和保障的行为。

项目管理机构应实行分级技术负责制，要通过层层落实责任制和签订责任书，把技术管理工作的领导责任、部门责任、技术责任等落实到个人，并加强问责。做到工作实行统一领导、统一规范、分级管理。

项目管理机构应实施项目技术管理策划，确定项目技术管理措施，进行项目技术应用活动。项目技术管理措施应包括下列主要内容：

(1)技术规格书。

(2)技术管理规划。

(3)施工组织设计、施工措施、施工技术方案。

(4)采购计划。

技术管理规划应是承包人根据招标文件要求和自身能力编制的、拟采用的各种技术和管理措施，以满足发包人的招标要求。技术管理规划应明确下列内容：

(1)技术管理目标与工作要求。

(2)技术管理体系与职责。

(3)技术管理实施的保障措施。

(4)技术交底要求，图纸自审、会审，施工组织设计与施工方案，专项施工技术，新技术的推广与应用，技术管理考核制度。

(5)各类方案、技术措施报审流程。

(6)根据项目内容与项目进度需求，拟编制技术文件、技术方案、技术措施计划及责任人。

(7)新技术、新材料、新工艺、新产品的应用计划。

(8)对设计变更及工程洽商实施技术管理制度。

(9)各项技术文件、技术方案、技术措施的资料管理与归档。

项目管理机构要定期安排专业技术人员到工地现场检查指导，落实有关管理制度和措施，及时处理施工技术问题；督促作业人员严格按工艺规程和技术方案进行操作，制止违章指挥和违反施工工艺程序行为；如出现所处环境条件已发生变化或者其他客观条件发生变化，需要及时修改技术方案。

(二)技术交底的管理要求

施工技术交底是指在某一项工程开工之前，由专业的技术人员对实施操作的施工人员进行的技术性交代。其主要的作用是让施工人员对工程项目的特点、施工方法、技术质量要求以及安全生产等方面的内容有较为全面的了解，以便高效、安全地完成目标任务，避免不必要的意外发生。各项技术交底记录也是工程技术档案资料中不可缺少的部分，所以无论什么形式的交底，都应保存其记录。在工程开工前应界定哪些项目的技术交底是重要的，对于重要项目的技术交底，其交底文件编制完成后应由项目技术负责人审核或批准，交底时技术负责人应到位。

施工技术交底可分层次、分阶段进行，交底的层次、阶段及形式需根据工程的规模和施工的复杂、难易程度及施工人员的素质确定。

施工技术交底分为设计交底、设计变更交底、施工组织设计交底、施工方案交底等。

施工技术交底的内容一般包括质量要求和目标、安全要求、技术要求、施工工艺与方法、施工部位、验收标准、使用的材料、施工机具、环境要求、进度规定及操作要点等。

技术交底应有书面记录，交底记录应注明交底时间、接受交底范围及人员、交底内容，并应在交底现场双方签字。技术交底书面资料至少一式四份，分别由项目技术负责人、交底人（项目施工工长或专业工程师）、施工班组保存，另一份由项目资料员作为竣工资料归档。

链接

安全技术交底的内容应针对施工过程中的潜在危险因素，明确安全技术措施内容和作业程序要求。安全技术交底的内容应包括：工程项目和分部分项工程的概况；施工过程的危险部位和环节及可能导致生产安全事故的因素；针对危险因素采取的具体预防措施、作业中应遵守的安全操作规程以及应注意的安全事项、作业人员发现事故隐患应采取的措施、发生事故后应及时采取的避险和救援措施。例如，高空作业，大件物品的运输、吊装、装卸，地下作业和有限空间作业，大型设备试运行等作业前，必须进行安全技术交底。

施工单位应建立分级、分层次的安全技术交底制度。安全技术交底应有书面记录，交底双方应履行签字手续，书面记录应在交底者、被交底者和安全管理者三方留存备查。

（三）图纸会审的管理要求

项目技术负责人应组织图纸会审工作，并组织项目经理部相关人员参加。图纸应按用途发给项目各专业工程师和施工班组。

正式图纸会审应在开工前进行，项目技术负责人应主动与建设单位联系确定会审时间。

项目经理、项目技术负责人应参加正式会审。图纸会审前，工程技术人员应认真看图、审图，做好自审记录。对图中的疑问和问题，图纸会审时与设计、建设及监理各方交流讨论，并载入会审记录。

（四）设计变更的管理要求

在项目施工的逐步推进过程中，可能会发现一些设计方面存在的问题或者因施工方的原因需要进行设计变更的情况，施工单位应当及时地提出设计变更申请，办理签证后方可更改。

设计变更是指自机电工程初步设计批准之日起至通过竣工验收正式交付使用之日止，对已批准的初步设计文件、技术设计文件或施工图设计文件所进行的修改、完善等活动。

设计变更的原因有：建设单位因外界因素如市场环境，所做出的对工程项目的部分功能、用途、规模和标准的调整；设计单位对设计图纸的完善；施工单位根据施工现场环境所提出的变更；监理单位根据现场施工情况提出的有助于项目目标实现的变更等。

设计变更一般包括三类，具体如表 2-10 所示。

表 2-10 设计变更

项目	内容
重大设计变更	重大设计变更是指工程建设过程中，工程的设计规模扩大、设计标准提高、总体布局和布置方案调整、主要建筑物结构形式改变、新增单项工程和主要工艺设备、重大技术问题的处理措施、施工组织设计和工艺方案变化等方面，对工程的质量、安全、工期、投资、效益产生重大影响的设计变更。重大设计变更实行审批制。未经审查批准的设计变更不得实施。其变更审批手续为：项目部总工程师研究论证提出设计变更申请单→现场建设（组织）、设计、监理、施工单位再次论证审核→设计单位签发设计变更通知书（附工程变更预算书）→建设、监理、施工单位会签生效。经批准的设计变更一般不得再次变更

（续表）

项目	内容
一般设计变更	例如，当压力钢管等金属结构设备投资占整个工程投资比重较小，且其位置、型式、数量及主要设计参数的变化不致对工程安全或工程效益的发挥产生较大影响时，可视为一般设计变更。其变更审批手续为：项目部专业工程师提出设计变更申请单→项目部技术管理部门审核→现场建设（监理）单位代表签字同意→设计单位签发设计变更通知书→现场建设（监理）单位签字生效
小型设计变更	小型设计变更是指不涉及变更设计原则，不影响质量和安全、经济运行，不影响整洁美观，且不增减概（预）算费用的变更事项，如图纸尺寸差错更正、原材料等强换算代用、图纸细部增补详图、图纸间矛盾问题处理等。其变更审批手续为：项目部提出设计变更申请单→项目部技术管理部门审核→现场设计、建设（监理）单位代表签字同意→生效

链接

设计变更如超出建设单位和设计单位审批权限时，建设单位应报上级主管部门审批后执行。

（五）机电安装工程新技术的管理要求

机电安装工程新技术包括基于 BIM 的管线综合技术、导线连接器应用技术、可弯曲金属导管安装技术、工业化成品支吊架技术、机电管线及设备工厂化预制技术、薄壁金属管道新型连接安装施工技术、内保温金属风管施工技术、金属风管预制安装施工技术、超高层垂直高压电缆敷设技术、机电消声减振综合施工技术、建筑机电系统全过程调试技术。

特别注意，机电管线及设备工厂化预制技术中工厂模块化预制技术是将建筑给排水、采暖、电气、智能化、通风与空调工程等领域的建筑机电产品按照模块化、集成化的思想，从设计、生产到安装和调试深度结合集成，通过这种模块化及集成技术对机电产品进行规模化的预加工，工厂化流水线制作生产，从而实现建筑机电安装标准化、产品模块化及集成化。利用这种技术，不仅能提高生产效率和质量水平，降低建筑机电工程建造成本，还能减少现场施工工程量、缩短工期、减少污染、实现建筑机电安装全过程绿色施工。

（六）施工技术档案的管理要求

施工技术档案是指施工过程中形成的工程原始记录，具有保存价值的文字、图纸、图表、声像等各种载体的文件材料。这些材料是施工过程中用以积累经验、吸取教训的重要资料。工程项目竣工后，项目管理部门应负责将所有形式的施工技术档案进行归档。施工技术档案归档的内容包括以下几个方面：

（1）工程技术文件，包括施工组织设计、施工方案、施工作业指导书、施工技术记录等。

（2）变更、签证类文件，包括工程设计变更、材料设备代用记录、工程签证、工程洽商等。

（3）工程验收类文件，包括隐蔽工程验收记录、中间验收记录、竣工验收记录等。

（4）图纸类文件，包括施工图纸及图纸会审记录、工程竣工图等。

（5）标准、规范及有关技术类文件，包括需要特别注意的标准、规范及有关技术类文件清单等。

（6）质量类文件，包括主要原材料、构件和设备出厂证件、材料的检验试验记录、质量记录、工程质量问题和质量事故处理的相关资料等。

(7)合同类文件,包括合同、协议书、相关会议记录和文件等。

(8)其他类文件,包括工程总结(包含有利于积累工程经验的总结)、工程声像资料等。

施工技术档案应在工程结束后,及时进行移交。移交前应按照规范标准和建设、监理单位要求整理并经其检验合格后,移交建设单位或运行单位。档案份数应首先满足工程移交的需要,同时也应由技术档案管理部门存档。

技术档案发放时,文件领用人按照发放部门编制的发放登记台账进行签字登记,每份文件应有唯一的编号,便于追溯。

当技术档案领用人的文件或资料破损严重,影响使用时,应填写“文件和资料补发申请”。经部门负责人批准后的申请,交到文件管理部门办理更换手续,交回破损文件或资料,补发新文件或资料且沿用原编号。文件管理部门将破损文件销毁。

当技术档案丢失时,应填写“文件和资料补发申请”,并在报告中说明丢失的原因。报告由部门负责人作出确认。

任何部门均可填写“文件更改申请”要求更改文件,更改文件需由原审批人进行审核(若因特殊原因,原审批人不能审批的,可委托他人进行审批)。更改状态、日期、更改原因、内容等需在新文件上注明。

新版的文件产生后,文件管理部门须根据该文件的旧版发放记录回收各部门的旧版文件,并加盖“作废”章,及时销毁。旧文件的正本加盖“作废”章后同原“文件发放回收记录表”一起保存。

六、资金使用管理的要求

项目管理机构应按资金使用计划控制资金使用,节约开支;应按会计制度规定设立资金台账,记录项目资金收支情况,实施财务核算和盈亏盘点。

(一)资金使用计划

1. 编制原则

资金使用计划的编制原则,具体有以下几个方面:

(1)资金的使用计划要能够确保项目资金正常良性运转,要留有一定的余地。

(2)通过科学规划、合理设计、积极投入、精心管理等措施,使资金使用计划能降低建设成本,提高资金使用效率。

(3)资金的使用应本着保证生产、开源节流、适度负债、合理使用的原则进行管理。

2. 资金的使用定额

资金的使用定额是编制资金使用计划的基础及依据,常用的定额制定方法包括因素分析法、比较计算法、定额日数法、余额计算法等,具体内容如表 2-11 所示。

表 2-11　制定资金使用定额的方法

方法	公式	特点
因素分析法	计划期资金需要量 =(基期资金平均占用额 − 不合理资金占用额)×(1 + 计划期产值增减率)×(1 − 计划期资金加速周转率)	(1)分析各因素对分析指标的影响,例如对经济指标的影响等。需要从数量上去理解他们之间的关系。 (2)计算简便,容易掌握,但预测结果不太精确。 (3)通常用于品种繁多、规格复杂、资金用量较小的项目

（续表）

方法	公式	特点
比较计算法	计划产值资金率=（基期实际流动资金平均余额－不合理资金占用）÷基期总工作量	计算简单但具有一定局限性
定额日数法	流动资金定额=流动资金平均每日需要量×流动资金定额日数	（1）根据资金占用日数核定流动资金定额，定额日数是指确定流动资金定额时，应采用的资金合理占用日数。 （2）计算工作量大，但准确。 （3）通常用于主要材料使用资金的核定
余额计算法	计划期资金定额=计划期期初资金余额+计划期增加额－计划期减少额	（1）是以流动资金项目上年度的平均余额或年末余额为基础，并预计计划年度发生额和摊销额，来核定流动资金定额的一种方法。 （2）仅用于占用资金比较稳定的项目

（二）资金的使用控制

资金的使用控制是项目部对资金运动和日常财务活动进行管理的控制，是内部控制的重点。资金使用控制是资金会计管理的一个环节，贯穿于整个施工管理活动的全过程。其内容包括储备金控制、生产资金控制、结算资金控制等。

资金使用控制应采用资金使用考核指标进行衡量，主要有以下三种指标：

（1）资金周转率。资金周转率是反应资金流转速度的指标。企业资金（包括固定资金和流动资金）在生产经营过程中不间断地循环周转，从而使企业取得收入。若企业用尽可能少的资金占用，取得尽可能多的收入，说明资金周转速度快，资金利用效果好。

（2）资金产值率。资金产值率是企业在一定时期占用的流动资金与同期完成的总产值之比，用以衡量企业流动资金周转速度快慢和检查企业资金的利用程度。

（3）资金利润率。资金利润率是一定时期资金占用与实现利润的比值，反映一定数量的资金占用产生一定数量的利润。

（三）资金的结算制度

物资运动与资金运动应紧密结合，做到“钱出去、货进来、货出去、钱进来、钱货两清、互不拖欠”。严格执行结算制度、工程预付款制度。

结算双方要守信用，做到不开空头支票，不赊销商品和预收、预付货款等。不允许出租、出借或者以其他形式非法使用公司账户。不得克扣和拖欠工程款。按合同规定及时支付工程进度款，并防止承包人高估冒算、虚报冒领工程款。

模块七　机电工程施工协调管理

沟通协调是指为保证工程进度，与工程所涉及的内部和外部有关组织及个人进行沟通协调，通常采用工程例会、访问等沟通协调方式。沟通协调一般分为外部沟通协调和内部沟通协调。

一、外部沟通协调管理

（一）与有合同关系的外部单位沟通协调管理

施工单位与有合同关系的外部单位开展沟通协调时，首先以签订的合法合同为依据，按照双方权利和义务相对应的内容进行协调沟通。若因合同内容不清晰，引起的协调行为，应本着平等协商、及时沟通、达成共识、避免诉讼的原则，可采用会议座谈的形式进行协调。协调结论应有记录。

（二）与没有合同关系的外部单位沟通协调管理

没有合同关系的外部单位包括设计单位、市政单位（例如供水、供气、供电、供热、市政运输、网络通信、污水排放等单位）、与工程建设有关的监督检查单位（例如工程质量监督机构、安全监督机构等），以及与项目部生活相关的单位（例如公安、医疗、居民等）。

与没有合同关系的外部单位沟通协调的内容如表2-12所示。

表2-12　与没有合同关系的外部单位沟通协调的内容

协调单位	内容
设计单位、市政单位（例如供水、供气、供电、供热、市政运输、网络通信、污水排放等单位）	（1）这类单位与施工单位一般没有合同关系，但与工程建设有着密切的联系，通常会存在洽谈协商记录。 （2）协调方法应以会议座谈为主，协调结论应有记录。在开展协调工作时，因这类单位一般与业主有合同关系，故邀请业主共同参与，能够起到事半功倍的效果。 （3）施工单位应以施工总进度计划为主，可根据施工组织设计或施工方案中存在需要协调的难点，提前主动准备协调内容，多承担协调工作，既方便了业主，也方便了自己，能够促进工程建设的顺利进行，达到良好的协调效果。多承担部分若不属于合同范围内的工作，后期可以向业主进行索赔从而得到相应的费用补偿
与工程建设有关的监督检查单位（例如工程质量监督机构、安全监督机构等）	（1）为确保迎检工作有序进行，施工单位应做好迎接监督检查的各项准备工作，为监督检查工作人员提供工作和生活上的各项便利条件。例如施工单位应提前了解监督检查的法律、法规以及管理、技术方面执行的现行规范和标准，才能高效地配合监督检查工作。 （2）施工单位应与实施监督检查部门及时沟通，掌握监督检查动向和工作安排，避免出现暂停施工等待监督检查现象。监督检查过程中，施工单位要提高思想认识，依法接受监督检查工作，应按监督检查要求积极配合工作，不能有抵触情绪
与项目部生活相关的单位（例如公安、医疗、居民等）	（1）定期访问这类单位，与其积极沟通协调，了解对方所需，帮助对方解决困难，同时也有利于对方为施工单位提供更多方便和支持。 （2）与周边群众搞好关系，可以寻求业主帮忙做好周边群众工作，并采取有效的噪声污染防治措施和其他扰民措施，减少对周边群众生活和身心健康的影响。对影响范围内的群众可以给予一定的经济补偿

二、内部沟通协调管理

施工单位内部沟通协调的目的是加强内部组织和人员的沟通，分享现场管理经验和技能。内部沟通主要包括施工现场项目部的各个部门之间的沟通，例如工程管理部、财务管理部、技术服务部、经营管理部、安全部、材料设备管理部等部门与各专业分包队、施工队、劳务队之间的沟通。内部沟通协调可采用授权、会议、文件、培训、检查、项目进展报告、思想教育、考核与激励及电子媒体等方式。

施工单位内部沟通协调可以使项目部的决策层、管理层和执行层充分获取项目的大量信息，及时掌握项目实施各方面的实际情况，并与计划进行对比，分析偏差情况，然后通过计划任务的调整安排，对偏差控制调整，促使计划与实际的一致性。内部协调管理贯穿于施工管理的全过程。

项目部要建立内部沟通协调机制，明确常态化沟通协调的人员，以项目经理或授权人的指令形式或者通过召开协调会议，采取内部协调管理措施（如组织措施、制度措施、教育措施和经济措施），就优化内部协调管理，需要协调解决的重大问题的先进经验进行沟通交流，增强内部协调管理的有效性。

链接

内部协调管理措施中，组织措施主要是建立协调会议制度、召开协调会；制度措施主要是健全制度、明确责任；教育措施主要是服从协调管理的指示；经济措施主要是受益者要按规定收取费用，受损者要给予适当补偿。

施工单位内部沟通协调的分类及内容如表 2-13 所示。

表 2-13　内部沟通协调的分类及内容

名称	内容
与施工质量管理的沟通协调	保证施工进度计划应与质量监督检查、试验和检测计划编制的一致性；保证施工实体进度与质量监督检查、工程验收记录的同步性；保证各个工序交接的及时性；保证质量事故处理的及时性和作业人员的协同性；保证工程施工质量问题的认定和及时解决
与施工安全管理的沟通协调	协调安全检查计划安排的内容、时间、顺序；协调施工现场安全设施的正常使用；协调解决施工现场存在的安全危险因素以及采取的预防措施；协调应急预案的编制、培训、演练以及评价等
与施工进度计划的沟通协调	机电工程施工进度计划安排中的制约因素有工程实体现状、设备材料进场时机、安装工艺规律、施工作业人员配备、施工场地环境等。施工进度计划协调管理的作用是将制约因素进行转化和消除，使机电项目得到顺利开展，进而满足施工总进度计划的要求
与施工生产资源配备的沟通协调	施工生产资源共包括五方面，即人力资源、工程材料和设备、施工机具、施工技术、资金。其中，施工资金是保证其他方面协调管理的基础。沟通协调的内容主要是进行设备材料有序供应、施工机具优化配置、工程资金合理分配、人力资源及岗位分工等施工资源合理配备，并考虑异常状况
与施工工程资料的沟通协调	各种专业资料的协调和汇总，做到无丢失、无遗漏、有序移交

（续表）

名称	内容
与施工作业面安排的沟通协调	机电安装工程贯穿于土建工程的各阶段，与土建工程同步交叉施工，且机电安装工程专业种类较多，存在同一工作面上由不同专业作业人员在不同时段进行工作。故应重点协调各专业的施工顺序，保证共用临时设施的使用；保证不同专业作业人员的作业开始和结束时间，以及不同专业作业的搭接时间；保证已完工程的成品保护等

典型例题

【多选题】机电工程施工进度计划安排中的制约因素有（　　）。

A. 工程实体现状　　B. 设备材料进场时机

C. 安装工艺规律　　D. 施工作业人员配备

E. 施工监理方法

ABCD。【解析】机电工程施工进度计划安排中的制约因素有工程实体现状、设备材料进场时机、安装工艺规律、施工作业人员配备、施工场地环境等。

模块八　机电工程施工进度管理

一、施工进度计划

施工进度计划是指为实现项目设定的工期目标，对各项施工过程的施工顺序、起止时间和相互衔接关系所作的统筹策划和安排。施工进度计划应满足项目工期要求并动态调整，可采用横道图或网络图表示，并应附必要的文字说明。对于工程规模较大或较复杂的工程，宜采用网络图表示。

链接

正确合理的施工进度计划，是承包单位进行施工的重要依据。根据项目实施不同阶段的进度控制要求，可按计划周期分别编制年、季、月、旬、周进度计划；也可根据项目分类不同，编制总体进度计划、单项工程或单位工程进度计划以及分部分项工程进度计划；还可根据专业不同，编制电气工程、管道工程等专业工程进度计划。

（一）施工进度计划的表示形式

1. 横道图

横道图又叫甘特图，是一种最直观的工期计划方法，是用横线表示的工作（或工序）置于时间坐标之上，用以表示整个计划中各项工作（或工序）的起始时间和持续时间的工序流程图。

通常横道图的表头为工作及其简要说明，项目进展表示在时间表格上。横道图用横坐标表示时间（时间单位可以为小时、天、周、月等），工作内容在图的左侧纵向排列（工作内容可按照时间先后、责任、项目对象、同类资源等进行排序），以工作所对应的横道位置表示工作的起始时间，横道的长短表示工作持续时间的长短。它实质上是图和表的结合形式。横道图示意图如图 2-2 所示。

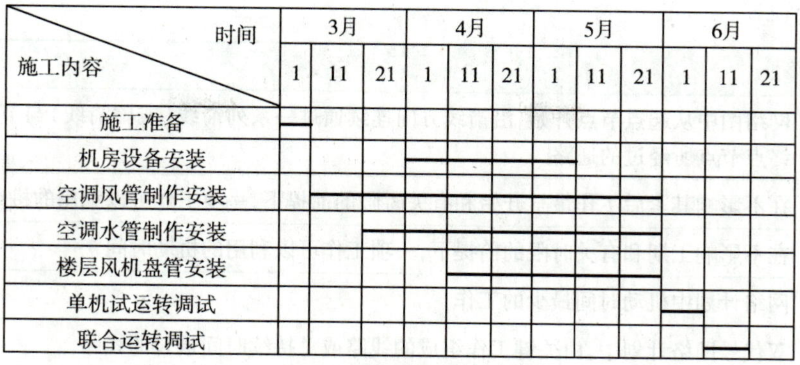

图 2-2　横道图示意图

横道图能够清楚地表达工作的开始时间、结束时间和持续时间，一目了然，易于理解，并能够为各层次的人员所掌握和运用。其使用方便，制作简单，不仅能够安排工期，而且可以与劳动力计划、材料计划、资金计划相结合。

横道图很难表达工作之间的逻辑关系和工作自身所具有的机动时间。如果一个工作提前或推迟，或延长持续时间，很难分析出它会影响哪些后续的工作。横道图不能表达工作的重要性，如哪些是关键的工作、哪些工作有推迟或拖延的余地（即工作时差），不能反映出关键线路。横道图所能表达的信息量较少，不能用计算机处理，即对一个复杂的工程不能进行工期计算，更不能进行工期方案的优化，不利于动态控制施工进度。

横道图一般用于小型项目或大型项目的子项目中。

2. 网络图

网络图是指由箭线和节点组成的，用来表示工作流程的有向、有序网状图形，包括双代号网络图和单代号网络图。其中，双代号网络图应用比较广泛。

双代号网络图是以箭线及其两端节点的编号表示工作的网络图。双代号网络图示意图如图 2-3 所示。

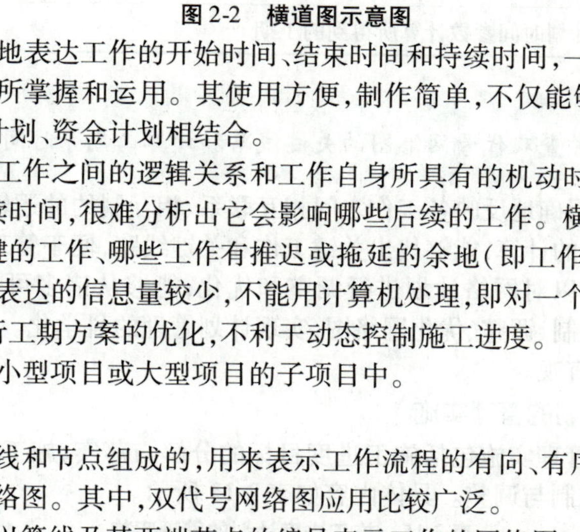

①,②,③,④,⑤,⑥—网络图的节点；A,B,C,D,E,F—工作

图 2-3　双代号网络图

网络图的相关术语如表 2-14 所示。

表 2-14　网络图的相关术语

名称	定义
工作	计划任务按需要粗细程度划分而成的、消耗时间或资源的一个子项目或子任务
箭线	网络图中一端带箭头的实线。双代号网络计划中，箭线表示一项工作
节点	网络图中箭线端部的圆圈或其他形状的封闭图形。在双代号网络计划中，表示工作开始或完成的时刻

（续表）

名称	定义
线路	网络图中从起点节点开始，沿箭线方向连续通过一系列箭线（或虚箭线）与节点，最后达到终点节点所经过的通路
自由时差	在不影响其紧后工作最早开始和有关时限的前提下，一项工作可以利用的机动时间
总时差	在不影响工期和有关时限的前提下，一项工作可以利用的机动时间
关键工作	网络计划中机动时间最少的工作
关键线路	双代号网络计划中，由关键工作组成的线路或总持续时间最长的线路
计算工期	根据网络计划时间参数计算所得到的工期

提示

历年考试中会考查双代号网络图的关键线路和计算工期等时间参数的确定。

网络图能全面而明确地反映各工作之间相互联系、相互制约的逻辑关系，确定工作的机动时间；通过时间参数的计算，能够找出关键工作和关键线路，便于管理者抓住主要矛盾；通过时间参数的计算，可以对网络计划进行调整和优化；能够从诸多可行方案中选出最优方案；可以利用计算机绘制、调整、优化网络图，实现计划管理的科学化。但网络图绘图较为麻烦，不宜看懂，表达不直观。

（二）施工进度计划的管理实施

施工进度计划的管理实施包括施工进度目标的分解与落实、施工进度计划的检查与跟踪、施工进度计划的控制与调整。具体内容如表 2-15 所示。

表 2-15　施工进度计划的管理实施

管理阶段	内容
分解与落实	单位工程施工进度计划由总承包单位负责编制，编制时必须确定施工总进度目标，并分解落实到每个分包单位，以作为每个分包单位的施工进度计划目标。分包单位应按该目标和计划工期，根据单位工程施工进度计划继续编制和分解成年度、月度（或周）施工进度计划，通过施工任务书的形式，逐级落实到每个班组，确保每个班组的施工任务按照分解计划完成
检查与跟踪	应根据施工进度计划对照工程的实际施工进度进行检查、跟踪，科学客观地记录各项施工工作的实际开始日期、实际完成日期、现场施工情况、每日完成工作量以及影响进度计划的因素排除情况。应基于工程量以及人工、材料、机械等因素对施工进度计划进行检查，并做好统计与分析，形成统计报表
控制与调整	（1）为确保总进度计划按期完成，应对确定的分解施工进度计划进行有效控制，制定目标和任务并落实到具体的执行人，采用检查和考核的方法来保证总进度计划的实现。 （2）分包单位应根据分包工程施工进度计划任务，认真组织实施，采取有效的控制手段。施工总承包单位将分包单位列入控制管理的范畴，并协助分包单位解决碰到的实际问题。 （3）落实资源供应计划和外部协作条件是保证施工进度计划的关键。如资源供应不能满足要求且影响施工进度计划时，应及时调整资源供应计划。 （4）建设单位和施工单位都可以按照合同约定的工期，对施工进度计划的执行情况，进行控制和监督，当发现现场实际进展与进度计划不相符时，应分析原因，及时解决和调整进度计划

二、施工进度的监测与调整

(一)施工进度的监测

1.影响施工进度的原因及因素

影响施工进度的原因主要有五大方面,即建设方、施工方、第三方、不利的施工条件、意外事件的原因等。具体如下:

(1)建设方原因,包括不能及时、足额支付工程款;未按合同约定提供现场“三通一平”条件;对工程的功能特性提出新的要求及变化。

(2)施工方原因,包括施工组织管理不力和施工技术失误两方面。

(3)第三方原因,涉及监理方、政府或上级机关、设计方及供应方等。

(4)不利的施工条件,包括施工区异常恶劣气候、施工区水文地质及周围环境的影响。

(5)意外事件,包括社会动乱、工人罢工、自然灾害等不可抗力因素;地下障碍物的发现、处理等;临时停水、停电、交通中断等。

影响施工进度的因素大体可分为以下几个方面:

(1)资金的影响。工程施工的顺利进行必须具备足够的资金。一般来说,资金的影响主要来自业主,或者是由于没有及时给足工程预付款,或者是由于拖欠了工程进度款,这些都会影响到承包单位流动资金的周转,进而造成施工进度延误。

(2)设计变更的影响。在施工过程中,出现设计变更是在所难免的,可能是由于原设计有问题需要修改,可能是由于业主提出了新的要求,可能是规范标准的修订都会导致施工图纸不能够及时提供。项目进度控制人员应加强图纸审查,严格控制随意变更,特别对业主的变更要求应引起重视。

(3)施工条件的影响。在施工过程中,一旦遇到气候、水文、地质及周围环境等方面的不利因素,必然会影响到施工进度。此时,承包单位应利用自身的技术组织能力予以克服。监理单位应积极疏通关系,协助承包单位解决那些自身不能解决的问题。

(4)物资供应进度的影响。施工过程中需要的材料、构配件、机具和设备等如果不能按期运抵施工现场或者运抵施工现场后发现其质量不符合有关标准的要求,都会对施工进度产生影响。因此,项目进度控制人员应严格把关,采取有效措施控制好物资供应进度。

(5)各种风险因素的影响。风险因素包括政治、经济、技术及自然等方面的各种预见因素。政治方面的因素有战争、内乱、罢工、拒付债务、制裁等;经济方面的因素有延迟付款、汇率浮动、换汇控制、通货膨胀、分包单位违约等;技术方面的因素有工程事故、试验失败、标准变化等;自然方面的因素有地震、洪水等。

(6)承包单位自身管理能力的影响。施工现场的情况千变万化,承包单位的施工方案或者施工方法不当造成返工、计划不周、管理不善、解决问题不及时等,都会影响工程项目的施工进度。

正是由于上述各种因素的影响,施工进度计划的执行过程难免会产生偏差,一旦发现进度偏差,就应及时分析产生的原因,采取必要纠偏措施或调整原进度计划,这种调整过程是一种动态控制的过程。

2.施工进度的监测方法

(1)横道图。可直接用横道线并列标于原计划的横道线处,进行直观比较。横道线右端落在检查日期的左侧,则进度拖后;横道线右端落在检查日期的右侧,则进度超前;如与检查日期重合,则实际进度与计划进度一致。

(2)网络图。当采用时标网络计划时,绘制实际进度前锋线记录计划的实际执行情况;当采用非时标网络计划时,宜在网络图上直接用文字、数字,或列表记录计划的实际执行情况。

3. 施工进度的监测分析

对施工进度进行监测后,应进行下列分析判断:

(1)计划进度与实际进度严重不符时,应对施工进度进行调整。

(2)对时标网络计划,利用已画出的实际进度前锋线,分析计划实施情况及其变化趋势,对未来的进度作出预测判断,找出偏离计划目标的原因。

(3)对非时标网络计划,按表 2-16 的规定记录计划的实施情况,并对计划中的未完工作进行计算判断。

表 2-16　网络计划检查结果分析表

工作名称	检查时尚需作业时间	按计划最迟完成前尚需时间	总时差		自由时差		情况分析
			原有	目前尚有	原有	目前尚有	
H	3	4	2	1	2	1	拖后 1 周,但不影响工期

网络计划执行情况的检查与分析,可采用进度偏差和进度绩效指数进行分析。

提示

根据表 2-16 可分析进度偏差及其影响。分析进度偏差时,应先判断该工作是否为关键工作,若为关键工作,则其发生偏差必定影响后续工作和总工期。若非关键工作,但其发生偏差若大于其总时差,则必定影响后续工作和总工期;若其发生偏差小于其总时差,则不影响总工期,是否影响后续工作需要进一步判断;若其发生偏差小于其自由时差,则不影响后续工作;若其发生偏差大于其自由时差,则必定影响后续工作。

(二)施工进度的调整

1. 施工进度的调整方法及其内容

(1)调整关键线路。调整关键线路时,可选用下列方法:

①实际进度比计划进度提前,当不需要提前工期时,应选择资源占用量大或直接费用率高的后续关键工作,适当延长其持续时间,以降低其资源强度或费用;当需要提前工期时,应将计划的未完成部分作为一个新计划,重新计算时间参数并确定关键工作,按新计划实施。

②实际进度比计划进度延误,当工期允许延长时,应将计划的未完成部分作为一个新计划,重新计算时间参数并确定关键工作,按新计划实施;当工期不允许延长时,应在未完成的关键工作中,选择资源强度小或直接费用率低的,缩短其持续时间,并把计划的未完成部分作为一个新计划,按工期优化方法进行调整。

(2)利用时差调整非关键工作的开始时间、完成时间或工作持续时间。非关键工作的调整应在其时差范围内进行,每次调整后应计算时间参数,判断调整对计划的影响。进行调整可采用下列方法:

①将工作在最早开始时间与最迟完成时间范围内移动。

②延长工作持续时间。

③缩短工作持续时间。

(3)增减工作项目。增、减工作项目时,应对局部逻辑关系进行调整,并重新计算时间参数，判断对原网络计划的影响。当对工期有影响时，应采取措施，保证计划工期不变。增加工作项目，只是对原遗漏或不具体的逻辑关系进行补充，减少工作项目，只是对提前完成了的工作项目或原不应设置而设置了的工作项目予以消除。只有这样，才是真正的调整，而不是重编计划。

(4)调整逻辑关系。当改变施工方法或组织方法时，应调整逻辑关系，并应避免影响原定计划工期和其他工作。

链接

一般说来，只能调整组织关系，而工艺关系不宜进行调整，以免打乱原计划，调整逻辑关系是以不影响原定计划工期和其他工作的顺序为前提的。调整的结果绝对不应形成对原计划的否定。用这种方法调整的效果是很显著的，例如可以把依次进行的有关工作改变为平行、互相搭接或者分成几个施工段进行流水施工等方式，都可以达到缩短工期的目的。

(5)重新估计某些工作的持续时间。当发现某些工作的原持续时间有误或实现条件不充分时，应重新估算其持续时间，并应重新计算时间参数。

(6)调整资源投入。当资源供应发生异常时，即因供应满足不了需要(中断或强度降低)，影响到计划工期的实现时，应采用资源优化方法对计划进行调整或采取应急措施，使其对工期影响最小。

可以只调整上述六项内容中的一项，也可以同时调整多项。只要能达到预期目标，调整越少越好。

2. 施工进度的控制措施

施工进度的控制措施主要包括组织措施、合同措施、技术措施、经济措施四个方面，具体内容如表 2-17 所示。

表 2-17 施工进度的控制措施

措施类型	内容
组织措施	相关部门应建立健全完善施工进度计划保证体系，建立进度目标控制体系，确保进度计划有效实施。要求项目生产管理相关岗位分工明确，明确进度控制人员及其分工，责任和任务落实到人。在施工过程中一定要做好以下工作： (1)推行全面计划管理，控制工程进度。建立进度信息沟通网络和进度报告制度，实行进度检查分析制度，确保总进度计划的实施。 (2)严格坚持落实例行工地施工进度协调会议制度，做好每日工程进度的安排，确保各项计划落实，决不能流于形式。 (3)把控好设计图纸会审、设计变更等工作
合同措施	合同措施是进行进度控制的重要手段，主要内容有： (1)在合同中严格约定工期违约责任、明确具体奖罚措施。 (2)按合同双方签订的合同进行管理，在工程实施过程中，遇到任何进度问题，均应依据合同规定进行处理，不能主观臆断。 (3)合同专用条款中应对与进度有关的内容作出明确规定，如开工日期、竣工时间、主要事件完成时间、工程预付款和进度款支付的手续和审核时间等。 (4)严格索赔管理等事项

（续表）

措施类型	内容
技术措施	(1)项目部要认真研究施工图纸和施工工艺，不断优化施工方案，积极使用新技术、新工艺，降低施工难度，提高施工效率，缩短施工工期。 (2)根据工程特点，结合现场条件，科学划分流水段，合理进行工序穿插，缩短工期。 (3)将各施工阶段划分为若干施工段，组织段与段之间流水施工。在满足进度要求的情况下，配备足够的人力、机械、材料等资源，提高计划的可实施性。在保证上道工序质量的前提下，下道工序提前插入施工。 (4)采用网络计划技术及其他科学实用的计划方法，并结合电子计算机的应用，对建设工程进度实施动态控制
经济措施	(1)项目部应提前做好资金需求计划和资金应急预案，应满足资金供给，在业主资金不到位的情况下，项目部应做好垫付准备，从而确保施工计划按期完成。 (2)明确奖罚结合的激励机制。如若提前竣工，可给予物质和经济奖励；若工期延后，则采取一定的经济处罚。 (3)按合同约定，及时办理工程款支付手续

专家解读

上述四种措施的区分，应重点记忆关键词。如："制度、体系、人员、分工"等属于组织措施；"合同、索赔"等属于合同措施；"方案、方法、技术"等属于技术措施；"资金、费用、奖罚"等属于经济措施。

三、费用、进度偏差分析与控制

（一）费用、进度偏差分析

费用、进度偏差分析在工程项目施工管理中起着至关重要的作用，通常采用赢得值分析法对费用、进度进行偏差分析。赢得值分析法是一种能全面衡量工程进度、费用状况的整体方法，其基本要素是用货币量代替工程量来测量工程的进度，它不以投入资金的多少来反映工程的进展，而是以资金已经转化为工程成果的量来衡量，是一种完整和有效的工程项目监控方法。

1. 赢得值的定义及特点

赢得值是指已完工作的预算费用，用以度量项目进展完成状态的尺度。赢得值具有反映进度和费用的双重特性。

采用赢得值管理技术对项目的费用、进度综合控制，可以克服过去费用、进度分开控制的缺点，即当费用超支时，很难判断是由于费用超出预算，还是由于进度提前；当费用低于预算时，很难判断是由于费用节省，还是由于进度拖延。引入赢得值管理技术即可定量地判断进度、费用的执行效果。

2. 赢得值法的基本参数与评价指标

用赢得值管理技术进行费用、进度综合控制，其基本参数有三项：

(1)计划工作的预算费用(BCWS)。它是根据进度计划安排，在某一确定时间内所应完成的工作内容计划消耗的成本。它是反映按进度计划应完成的任务的工作量，可以表示为在某一确定时间内计划完成的工作量与预算单价的乘积。计算公式为：BCWS = 计划工作量 × 预算单价。

（2）已完工作的预算费用（BCWP）。它也称为赢得值，是根据实际进度完成状况在某一确定时间内已经完成的工作内容计划消耗的成本，可以表示为在某一确定时间内已经完成的工作量与预算单价的乘积。计算公式为：BCWP = 已完成工作量 × 预算单价。

（3）已完工作的实际费用（ACWP）。它是根据实际进度完成状况在某一确定时间内已经完成的工作内容实际消耗的成本。它是反映费用执行效果的一个重要指标，可以表示为在某一确定时间内已经完成的工作量与实际单价的乘积。计算公式为：ACWP = 已完成工作量 × 实际单价。

在项目实施过程中，以上三个参数可以形成三条曲线（也称 S 曲线），即 BCWS，BCWP，ACWP 曲线，如图 2-4 所示。

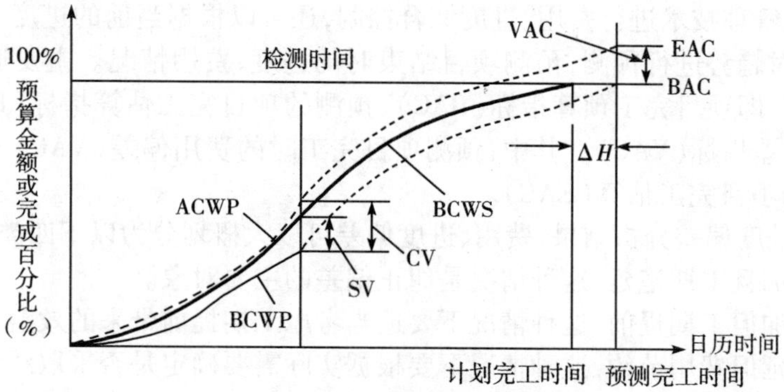

图 2-4　赢得值曲线

上图中：费用偏差（CV）= BCWP − ACWP，由于两项参数均以已完工作为计算基准，所以两项参数之差，反映项目进展的费用偏差；进度偏差（SV）= BCWP − BCWS，由于两项参数均以预算值作为计算基准，所以两者之差，反映项目进展的进度偏差。进而得出：费用绩效指数 = BCWP/ACWP，用“CPI”表示；进度绩效指数 = BCWP/BCWS，用“SPI”表示。显而易见，CV 和 SV 反映的是绝对偏差；CPI 和 SPI 反映的是相对偏差。绝对偏差比较直观，但仅适合同一项目的偏差分析；相对偏差无论对同一项目还是不同项目的偏差分析都适用。

赢得值法的四个评价指标在实际应用中的意义如表 2-18 所示。

表 2-18　赢得值法的四个评价指标在实际应用中的意义

指标	代表内容
费用偏差（CV）	CV = 0，表示实际消耗费用与预算费用相符。 CV > 0，表示实际消耗费用低于预算费用。 CV < 0，表示实际消耗费用高于预算费用，即超预算
进度偏差（SV）	SV = 0，表示实际进度符合计划进度。 SV > 0，表示实际进度比计划进度提前。 SV < 0，表示实际进度比计划进度拖后
费用绩效指数（CPI）	CPI = 1，表示实际消耗费用与预算费用相符。 CPI < 1，表示实际消耗费用高于预算费用，即超预算。 CPI > 1，表示实际消耗费用低于预算费用

（续表）

指标	代表内容
进度绩效指数（SPI）	SPI=1，表示实际进度符合计划进度。 SPI<1，表示实际进度比计划进度拖后。 SPI>1，表示实际进度比计划进度提前

提示

不管是投资偏差CV、进度偏差SV还是投资绩效指数CPI、进度绩效指数SPI，偏差为负值或者绩效指数小于1时表示不好的情况，即投资超支或进度延误；偏差为正值或者绩效指数小于1时时表示好的情况，即投资节余或进度提前。

采用赢得值管理技术进行费用、进度综合控制，还可以根据当前的进度、费用偏差情况，通过原因分析，对趋势进行预测，预测项目结束时的进度、费用情况。主要通过采用三个预测指标进行预测，即项目完工预算指标（BAC）、预测的项目完工估算指标（EAC）、预测项目完工时的费用偏差指标（VAC）。其中，预测项目完工时的费用偏差（VAC）=项目完工预算（BAC）-预测的项目完工估算（EAC）。

根据费用、进度偏差分析结果，费用、进度偏差可以大概划分为以下四类：

（1）费用增加且工期拖延，这种情况是纠正偏差的主要对象。

（2）费用增加但工期提前，这种情况下要适当考虑工期提前带来的效益。

（3）工期拖延但费用节约，这种情况下要根据实际需要确定是否采取纠偏措施。

（4）工期提前且费用节约，这种情况是最理想的。

（二）费用、进度偏差控制

费用、进度偏差控制措施应根据费用、进度偏差的具体类型进行选择，具体内容如表2-19所示。

表2-19 费用、进度偏差控制措施

偏差类型	项目执行情况	偏差情况	偏差分析	控制措施
费用增加且工期拖延	BCWP < BCWS < ACWP	CV <0，SV <0	效率低，费用超，进度慢	用工作效率高的人员更换一批工作效率低的人员
	BCWP < ACWP < BCWS	CV <0，SV <0		增加高效人员的投入
费用增加但工期提前	BCWS < BCWP < ACWP	CV <0，SV >0	效率低，费用超，进度快	抽出部分人员，增加少量骨干人员
工期拖延但费用节约	ACWP < BCWP < BCWS	CV >0，SV <0	效率高，费用余，进度慢	迅速增加人员投入
工期提前且费用节约	ACWP < BCWS < BCWP	CV >0，SV >0	效率高，费用余，进度快	若偏离不大，维持现状
	BCWS < ACWP < BCWP	CV >0，SV >0		抽出部分人员，放慢进度

模块九　机电工程施工成本管理

根据《建设工程项目管理规范》，项目成本管理应遵循下列程序：掌握生产要素的价格信息；确定项目合同价；编制成本计划，确定成本实施目标；进行成本控制；进行项目过程成本分析；进行项目过程成本考核；编制项目成本报告；项目成本管理资料归档。

一、施工成本计划管理

（一）施工成本计划与目标成本

1. 施工成本计划

施工成本计划是保证实现项目施工目标成本的管理计划，包括成本预测、实施、分析、采取的必要措施和计划变更等。施工成本计划是以货币形式编制施工项目的计划期内的生产费用、成本水平、成本降低率以及为降低成本所采取的主要措施和规划的书面方案，是建立施工项目成本管理责任制，开展成本控制和核算的基础，同时也是项目降低成本的指导性文件以及设立目标成本的依据。可以说，施工成本计划是目标成本的一种形式。

链接

施工成本计划管理是依靠项目全体成员共同开展的一项管理工作，是寻求进一步降低成本的途径，通过科学、有效地施工成本计划管理工作，能够在工期管理、物料和劳动力消耗管理、技术质量管理工作中得到良好的效果体现。

2. 施工目标成本

施工目标成本是项目预期要达到的施工成本，是通过项目全体员工共同奋斗、不断努力，采取有效的降低施工成本措施和方法，挖潜增效，而达到的预期的成本目标，也是项目管理目标的核心和基础。项目管理的最终的目标是“低成本、高质量、短工期”。

链接

施工目标成本的相关计算公式：

（1）施工目标成本＝项目预结算收入－预交税金－项目目标利润。

（2）施工目标成本降低率＝（项目预算成本－项目目标成本）/项目预算成本×100%。

（二）施工成本计划的编制要求

根据《建设工程项目管理规范》，施工成本计划应根据项目成本控制要求编制、确定。施工单位应围绕施工组织设计或相关文件进行编制，以确保对施工项目成本控制的适宜性和有效性。施工成本计划的编制要求如表 2-20 所示。

表 2-20　施工成本计划的编制要求

名称	内容
编制依据	合同文件；项目管理实施规划；相关设计文件；价格信息；相关定额；类似项目的成本资料；施工成本预测资料等

（续表）

名称	内容
编制程序	大型项目采用分级编制方式，从各部门计划开始编制，项目部汇总后，进行项目整体计划编制；小型项目采用集中编制方式，由项目部先编制各部门计划，再汇总编制项目整体计划。具体的编制程序如下： (1)预测项目成本。 (2)确定项目总体成本目标。 (3)编制项目总体成本计划。 (4)项目管理机构与组织的职能部门根据其责任成本范围，分别确定自己的成本目标，并编制相应的成本计划。 (5)针对成本计划制定相应的控制措施。 (6)由项目管理机构与组织的职能部门负责人分别审批相应的成本计划
编制原则	成本计划的编制原则首先应做到合法性和合规性，其次要具有可行性，实施过程中应有弹性，考核时应具有可比性

（三）施工成本计划的编制方法

施工成本计划的编制方法有定额估算法、计划成本法、定率估算法。其中，计划成本法包括施工预算法、成本习性法、技术节约措施法；定率估算法包括加权平均法、三点估算法。本部分主要介绍计划成本法。

1. 施工预算法

施工预算法是指根据施工图纸和实物量定额计算出各类人工、材料、机械的实物消耗量，再根据预算编制期的人工、材料、机械价格计算出直接费，最后再依据费用定额计算其他直接费、间接费、利润和税金等。采用该方法时，应考虑采用技术节约措施计划带来的节约额。计算公式为：计划成本＝施工预算工料消耗费用－技术节约措施计划节约额。

2. 成本习性法

成本习性法计算时，将成本分成固定成本和变动成本两类，以此作计划成本。固定成本一般与工程量无直接关系或关系非常小；变动成本一般与工程量有直接关系，随着工程量的增减，变动成本也会增减。计算公式为：工程项目计划成本＝项目变动成本总额＋项目固定成本总额。

提示

固定成本包括：人工费中的计时工资；施工机械使用费中的折旧费、大修理费、人工费；企业管理费中的管理人员工资、生产工人辅助工资、工资附加费、办公费等。变动成本包括：人工费中的计件工资；材料费；施工机械使用费中的燃料动力费、税费；措施费；企业管理费中的检验试验费等。另外，施工机械的安拆费及场外运费、经常修理费属于固定成本和变动成本之间的半变动成本，计算时可按一定比例分为固定成本与变动成本。

3. 技术节约措施法

技术节约措施法是指通过相关的技术措施、组织措施、节约措施，使得成本降低，根据成本降低额计算计划成本的方法。计算公式为：计划成本＝预算成本－计划节约额（即计划成本降低额）；计划成本降低率 = 计划成本降低额/预算成本 × 100%。

提示

此外，还可以采用清单测算法编制成本计划。

（四）施工成本计划的编制内容

施工成本计划根据施工成本的构成，一般可以分为施工直接成本计划和施工间接成本计划。

施工直接成本计划通常反映了施工成本的预算价格，通过计划降低额或计划降低率可以直接体现施工直接成本计划的变化。采用工程量清单计价模式时，施工直接成本计划具体内容如下：

（1）编制说明。主要是对编制范围、编制依据以及上级下达的目标成本等内容的介绍和说明。

（2）计划成本指标。项目部根据公司制定的目标成本，计划拟完成的成本指标。

（3）单位工程的计划成本汇总表。采用清单计价模式下的计划成本汇总表。

（4）计划成本汇总表编制完成后，就可以对人、机、材、措施费、管理费、利润、税金进行分析汇总，形成单位工程成本计划表。

施工间接成本计划通常反映了施工成本的现场管理费，通过预算收入或降低额可以直接体现施工间接成本计划的变化。一般以项目总管理费为基础，分解制定各部门的管理费用计划。

提示

项目开工前，应编制完成施工成本计划和施工方案。施工方案的不同，决定着施工成本计划的不同。成本计划编制后，还需要通过各种成本计划表的形式将降低成本任务落实到整个项目的施工过程，从而实现对成本的控制。成本计划表通常由成本计划任务表、间接成本计划表、技术组织措施表和降低成本计划表组成。

（五）施工成本计划的实施

项目施工成本计划应经过施工企业授权人批准后实施，实施步骤为：成本计划→成本控制→成本核算→成本分析→成本考核。

提示

为了确保成本计划的准确性，大型工程项目应在成本计划编制前，进行成本预测。成本预测是成本计划的依据，是指通过取得的历史数据资料，采用经验总结、统计分析及数学模型的方法（定性预测和定量预测）进行判断和推测未来成本情况和可能发展趋势。

1. 成本计划

成本计划是成本控制的依据。一般在成本预测的基础上开展，属于成本管理工作的事前工作，是对成本水平的筹划。

2. 成本控制

成本控制是贯穿于工程项目全过程（决策、投标、设计、施工、竣工验收和保修阶段）的管理活动，是以项目成本目标的实现为指导思想，在施工过程中，针对监督发现的成本目标偏差，而及时采取的控制、调整等措施。成本控制应着重对人工费、材料费、机械费、管理费等进行控制。

3. 成本核算

成本核算是指利用会计核算体系，对项目建设过程中所发生的各项费用进行归集，统计其实际发生额，并计算项目总成本和单位工程成本的管理工作。

成本核算包括两个基本环节：一是按照规定的成本开支范围对施工费用进行归集和分配，计算出施工费用的实际发生额；二是根据成本核算对象，采用适当的方法，计算出该施工项目的总成本和单位成本。

成本核算的方法有表格核算法和会计核算法。前者用于岗位成本的核算和控制；后者用于施工成本核算。

成本核算所提供的各种成本信息，是成本预测、成本计划、成本控制、成本分析和成本考核等各个环节的依据。

项目管理机构应按规定的会计周期进行成本核算。成本核算应坚持形象进度、产值统计、成本归集同步的原则。

成本必须按规定进行核算。成本的核算对象依据项目的建设规模确定，应当满足竣工财务决算编制和成本管理的需要。大型项目以单位工程和费用明细项目为核算对象，中小型项目以单项工程和费用明细项目为核算对象。成本核算对象一经确定，不得任意变更。应当为每一成本核算对象设置工程成本明细账，以便组织各成本核算对象的成本计算。暂估成本、预算成本或计划成本不能用于成本核算。

4. 成本分析

成本分析是采用一定的方法，按照“量价分离”的原则，利用成本计划、成本核算和其他有关资料，揭示成本计划完成情况，查明成本升降的原因，寻求降低成本的途径和方法，以达到用最少的劳动消耗取得最大的经济效益的目的。

成本分析是成本考核的依据，一般应每月开展成本分析工作，并编制成本分析报告。

成本分析程序是实施成本管理的重要过程，组织只有按照规定程序实施成本分析，才能有效保证成本分析结果的准确性和完整性。

成本分析方法需满足成本分析的内在需求，包括：

(1)基本方法：比较法、因素分析法、差额分析法和比率法。

(2)综合成本分析方法：分部分项成本分析、年季月(或周、旬等)度成本分析、竣工成本分析。

(3)其他方法。例如，对成本盈亏异常情况、工期成本、资金成本、技术组织措施执行效果等进行专项成本分析。

5. 成本考核

成本考核是指在项目完成后，按成本目标责任制的有关规定，将成本的实际指标与计划、定额、预算进行对比和考核，评定成本计划的完成情况和各责任者的业绩，并以此给予相应的奖励和处罚。

施工单位应根据成本管理制度，确定成本考核目的、时间、范围、对象、方式、依据、指标、组织领导、评价与奖惩原则，并应对项目管理机构的成本和效益进行全面评价、考核与奖惩。

项目管理机构应根据成本考核结果对相关人员进行奖惩。

成本降低额和成本降低率作为成本考核主要指标，是一般施工单位常见的成本考核内容。其他项目相关方可以参照或采用其他成本考核指标。

二、施工成本控制

施工成本控制是项目在施工过程中，随着施工成本的动态变化，对施工成本进行动态控制的过程。目的是严格按照批复的成本计划，控制施工过程中各种消耗支出，计算和分析实际成本与计划成本的差异，并找出原因，拿出有效的解决措施，确保将实际成本控制在目标成本内，并认真总结动态控制过程中的先进经验，最终实现预期的成本目标，并为以后更好地开展施工成本工作，打下良好的基础。

（一）成本控制的依据

施工成本控制应依据下列内容：

(1)合同文件。

(2)成本计划。

(3)进度报告。

(4)工程变更与索赔资料。

(5)各种资源的市场信息。

（二）成本控制的方法

成本控制的方法如表 2-21 所示。

表 2-21　成本控制的方法

方法	内容
以目标成本控制成本支出	施工成本控制的过程也是对成本目标分解落实的过程，这就要求在项目施工的每个阶段都必须有自己的成本目标。通过对成本目标的控制，检查、对照成本目标的实现情况，从而实现成本控制的目的
以工期－成本同步的方法控制成本	成本与进度存在必然的同步关系，成本是伴随着施工进行而发生的，施工的进度直接影响施工的费用成本。如果成本与进度不对应，必然出现虚亏和虚盈的不正常现象
以施工图预算控制成本支出	在对施工成本进行控制的过程中，按照施工图预算实行"以收定支、收支平衡、略有结余"，是最直接、有效的方法之一

（三）成本控制的程序

施工成本控制应遵循下列程序：

(1)确定施工成本管理分层次目标。

(2)采集成本数据，监测成本形成过程。

(3)找出偏差，分析原因。

(4)制定对策，纠正偏差。

(5)调整改进成本管理方法。

链接

成本偏差可分为实际偏差和计划偏差，实际偏差为计划成本和实际成本的差值；计划偏差为预算成本和计划成本的差值。

（四）成本控制的具体要求

控制施工成本的途径应该是既开源又节流。投标阶段的成本控制是施工企业开源阶段；施工准备工作阶段、施工阶段，一直到竣工验收阶段等过程的成本控制是施工企业节流阶段，全过程直接关系到施工企业效益的好坏。

成本控制的具体要求如表 2-22 所示。

表 2-22 成本控制的具体要求

阶段	要求
投标阶段	投标阶段的成本控制工作是编制竞争力强的投标报价，通过对工程项目事前的目标成本预测控制，确定工程项目的成本期望值，考虑适当的利润确定投标报价
施工准备阶段	在施工准备阶段，要制定科学先进、经济合理的施工组织设计（如施工方案）。施工组织设计是指导施工的主要依据，项目施工中要充分发挥技术人员的主观能动性，合理配置资源，制定节约和综合利用资源的目标与措施，确定合理的施工程序和施工顺序，保证工程施工的顺利进行。此外，应根据优化施工方案编制具体的成本计划并进行分解，根据项目具体情况编制间接费用预算并进行控制
施工阶段	施工阶段的成本控制是事中目标成本控制，在项目经理的领导下，从成本的影响因素着手，制定相应的措施，将实际发生的成本控制在目标计划成本内。其主要有以下几个途径： (1)成本计划分解后，应认真落实，加强施工阶段的成本控制管理。 (2)核对施工任务单和限额领料单的结算资料和施工预算；做好成本原始资料的收集和整理，计算实际成本费用，同时分析成本差异，及时制定对策，采取纠偏措施。 (3)加强工程变更管理的相关工作
竣工验收阶段	竣工验收阶段的成本控制工作包括做好工程结算、完成工程竣工收尾工作、竣工验收、工程交付等。通过编制工程竣工结算，施工企业可以从中总结经验教训，进而寻找出施工过程中对成本管理不到位的方面，以提高施工企业项目施工管理水平。项目整体竣工验收后，应对实际发生成本认真分析，严格按照规定进行考评，落实责任考核与奖惩制度。在保修阶段，应加强保修费用的支出管理工作

（五）降低施工成本的措施

降低施工成本的主要措施可以从人工费、材料费、工程设备费、施工机械费、其他直接费和间接费等方面考虑。如采用劳动定额管理、实行计件工资等都属于人工费成本的控制措施；在量、价方面控制材料采购属于材料费成本的控制措施；控制工程设备采购成本、质量成本、运输成本等属于工程设备费成本的控制措施；控制施工机械租赁、提高施工机械的利用率等属于施工机械方面成本的控制措施。

（六）成本控制的要点

健全成本管理责任制度，要突出成本管理制度的落实，将考评奖励机制与常态管理结合起来，促进管理人员的成本意识和控制的能力。

健全项目财务管理制度，要突出财务管理制度的落实，应按固定的审批程序和管理权限办理资金的使用、结算支付工作。

施工单位必须建立与健全物资的采购、调运、保管和分配等制度，严格控制材料用量，主要材料要实行限额领料制度，要采取各种措施节约材料，降低原材料及燃油料消耗，用成本目标值控制各种生产要素的采购价格，同时编制应急措施，防止出现不可预见的成本风险。

紧盯影响工作效率、消耗量的相关因素，严格控制成本增加。

模块十　机电工程施工预结算

一、施工图预算及预算定额的应用

（一）施工图预算的定义与编制依据

施工图预算是指以施工图设计文件为依据，按照规定的程序、方法和依据，在工程施工前对工程项目的工程费用进行的预测与计算。

链接

建设项目施工图预算的作用主要体现在：

(1)是施工图设计阶段合理确定和有效控制工程造价的重要依据。

(2)是工程招投标阶段确定招标控制价、投标报价的依据。

(3)是合同签订阶段确定合同价格的依据。

(4)是工程竣工验收阶段确定工程结算的依据。

施工图预算的编制依据应包括下列内容：

(1)国家、行业和地方有关规定。

(2)相应工程造价管理机构发布的预算定额。

(3)施工图设计文件及相关标准图集和规范。

(4)项目相关文件、合同、协议等。

(5)工程所在地的人工、材料、设备、施工机械市场价格。

(6)施工组织设计和施工方案。

(7)项目的管理模式、发包模式及施工条件。

(8)其他应提供的资料。

（二）施工图预算的编制要求

施工图预算的编制应保证编制依据的合法性、全面性和有效性，以及预算编制成果文件的准确性、完整性。

施工图预算价格的计算，可以按照统一的预算定额、费用定额计算。一些有实力的施工企业，也可以按照自行编制的企业定额，计算施工图预算价格。

施工图预算根据建设项目实际情况可采用三级预算编制或二级预算编制形式。当建设项目有多个单项工程时,应采用三级预算编制形式,三级预算编制形式由建设项目施工图总预算、单项工程综合预算、单位工程施工图预算组成。当建设项目只有一个单项工程时,应采用二级预算编制形式,二级预算编制形式由建设项目施工图总预算和单位工程施工图预算组成。

单位工程施工图预算的编制应根据施工图设计文件、预算定额(或综合单价)以及人工、材料及施工机械台班等价格资料进行编制。单位工程施工图预算一般按建筑工程和安装工程两大类编制,包括建筑工程施工图预算和安装工程施工图预算。

单位工程施工图预算的编制方法,主要有以下两种:

(1)工料单价法。工料单价法是指分部分项工程的单价仅包括完成分部分项工程的人、材、机费用,主要做法是以分部分项工程量乘以对应分部分项工程单价汇总后另加企业管理费、利润、税金生成施工图预算造价。

(2)工程量清单单价法。工程量清单单价法也叫综合单价法,是指招标人按照设计图纸和国家统一的工程量计算规则提供工程数量,采用综合单价的形式计算工程造价的方法。综合单价是指完成一个规定计量单位的分部分项工程量清单项目或措施清单项目所需的人工费、材料费、施工机械使用费和企业管理费与利润,以及一定范围内的风险费用。按照单价综合的内容不同,综合单价法可分为全费用综合单价和清单综合单价,具体内容如表 2-23 所示。

表 2-23　综合单价法

方法	内容	计算公式
清单综合单价	综合单价包括人工费、材料费、施工机械费、企业管理费、利润及一定范围的风险费,不包括措施项目费、规费和税金。人材机价差也计入综合单价中	单位工程施工图预算价格 = Σ(分项工程量 × 分项工程综合单价) + 措施项目费 + 规费 + 税金
全费用综合单价	综合单价是包括人工费、材料费、施工机械费、企业管理费、利润、规费和税金,以及一定范围的风险费用和人材机价差的全费用单价	单位工程施工图预算价格 = Σ(分项工程量 × 分项工程全费用综合单价) + 措施项目完全费用

链接

施工图预算的编制方法还有实物量法。实物量法是依据施工图纸和预算定额的项目划分及工程量计算规则,先计算出分部分项工程量,然后套用预算定额(实物量定额)来编制施工图预算的方法。

(三)预算定额的应用

预算定额是指在正常的施工条件下,完成一定计量单位合格分项工程和结构构件所需消耗的人工、材料、施工机械台班数量及其费用标准。预算定额是一种计价性定额,基本反映完成分项工程或结构构件的人、材、机消耗量及其相应费用,以施工定额为基础综合扩大编制而成,主要用于施工图预算的编制,也可用于工程量清单计价中综合单价的计算,是施工发承包阶段工程计价的基础。

预算定额是编制施工图预算,确定建筑安装工程造价的基础;是合理编制招标最高限价(招标控制价)、投标报价的基础;是工程结算的依据;是施工单位编制施工组织设计、进行经济活动分析的依据;是编制单位估价表(价目表)、概算定额及概算指标的基础;是设计单位对设计方案进行技术经济分析的依据。

为保证预算定额的质量,充分发挥预算定额的作用,实际使用简便,在编制工作中应遵循按社会平均水平确定预算定额及简明适用的原则。

预算定额的编制依据如下:

(1)现行施工定额。预算定额是在现行施工定额或劳动定额、材料消耗量定额、机械台班消耗量定额的基础上编制的。预算定额中人工、材料、机械台班消耗水平,需要根据施工定额取定;预算定额计量单位的选择,也要以施工定额为参考,从而保证两者的协调和可比性,减轻预算定额的编制工作量,缩短编制时间。

(2)现行设计规范、施工及验收规范、质量评定标准和安全操作规程。

(3)具有代表性的典型工程施工图及有关标准图。对这些图纸进行仔细分析研究,并计算出工程数量,作为编制定额时选择施工方法确定定额含量的依据。

(4)成熟推广的新技术、新结构、新材料和先进的施工方法等。这类资料是调整定额水平和增加新的定额项目所必需的依据。

(5)有关科学实验、技术测定和统计、经验资料。这类资料是确定定额水平的重要依据。

(6)现行的预算定额、材料单价、机械台班单价及有关文件规定等,包括过去定额编制过程中积累的基础资料,也是编制预算定额的依据和参考。

二、工程量清单计价

为了适应我国建设工程管理体制改革以及建设市场发展的需要,规范建设工程各方的计价行为,进一步深化工程造价管理模式的改革,建立健全我国统一的建设工程计价、计量规范标准体系,我国逐渐从定额模式的计价方式走向了工程量清单计价模式。目前现行的规范有《建设工程工程量清单计价规范》和《通用安装工程工程量计算规范》等计量规范。本部分主要介绍工程量清单的组成与编制。

(一)一般规定

招标工程量清单是工程量清单计价的基础,应作为编制招标控制价、投标报价、计算或调整工程量、索赔等的依据之一。

招标工程量清单应以单位(项)工程为单位编制,应由分部分项工程项目清单、措施项目清单、其他项目清单、规费和税金项目清单组成。

(二)分部分项工程项目

分部分项工程项目清单必须载明项目编码、项目名称、项目特征、计量单位和工程量。分部分项工程项目清单必须根据相关工程现行国家计量规范规定的项目编码、项目名称、项目特征、计量单位和工程量计算规则进行编制。

工程量清单的项目编码,应采用十二位阿拉伯数字表示,一至九位应按《通用安装工程工程量计算规范》附录的规定设置,十至十二位应根据拟建工程的工程量清单项目名称和项目特征设置,同一招标工程的项目编码不得有重码。各位数字的含义是:一、二位为专业工程代码(01-房屋建筑与装饰工程;02-仿古建筑工程;03-通用安装工程;04-市政工程;05-园林绿化工程;06-矿山工程;07-构筑物工程;08-城市轨道交通工程;09-爆破工程。以后进入国标的专业工程代码以此类推);三、四位为附录分类顺序码;五、六位为分部工程顺序码；七、八、九位为分项工程项目名称顺序码；十至十二位为清单项目名称顺序码。

当同一标段（或合同段）的一份工程量清单中含有多个单位工程且工程量清单是以单位工程为编制对象时，在编制工程量清单时应特别注意对项目编码十至十二位的设置不得有重码的规定。例如一个标段（或合同段）的工程量清单中含有三个单位工程，每一单位工程中都有项目特征相同的电梯，在工程量清单中又需反映三个不同单位工程的电梯工程量时，则第一个单位工程的电梯的项目编码应为030107001001，第二个单位工程的电梯的项目编码应为030107001002，第三个单位工程的电梯的项目编码应为030107001003，并分别列出各单位工程电梯的工程量。

工程量清单的项目名称应按《通用安装工程工程量计算规范》附录的项目名称结合拟建工程的实际确定。

工程量清单项目特征应按《通用安装工程工程量计算规范》附录中规定的项目特征，结合拟建工程项目的实际予以描述。

分部分项工程量清单中所列工程量应按《通用安装工程工程量计算规范》中规定的工程量计算规则计算。

分部分项工程量清单的计量单位应按《通用安装工程工程量计算规范》中规定的计量单位确定。

链接

在编制工程量清单时，当出现《通用安装工程工程量计算规范》附录中未包括的清单项目时，编制人应作补充。在编制补充项目时应注意以下三个方面：

(1)补充项目的编码应按《通用安装工程工程量计算规范》的规定确定。具体做法如下：补充项目的编码由《通用安装工程工程量计算规范》的代码03与B和三位阿拉伯数字组成，并应从03B001起顺序编制，同一招标工程的项目不得重码。

(2)在工程量清单中应附补充项目的项目名称、项目特征、计量单位、工程量计算规则和工作内容。

(3)将编制的补充项目报省级或行业工程造价管理机构备案。

（三）措施项目

措施项目是指为完成工程项目施工，发生于该工程施工准备和施工过程中的技术、生活、安全、环境保护等方面的项目。

计量规范将措施项目划分为两类：一类是不能计算工程量的项目，如文明施工和安全防护、临时设施等，就以“项”计价，称为“总价项目”；另一类是可以计算工程量的项目，如脚手架、降水工程等，就以“量”计价，更有利于措施费的确定和调整，称为“单价项目”。

措施项目清单必须根据相关工程现行国家计量规范的规定编制。措施项目清单应根据拟建工程的实际情况列项。

提示

措施项目还能划分为组织措施项目和技术措施项目。

（四）其他项目

其他项目清单应按照下列内容列项：暂列金额；暂估价，包括材料暂估单价、工程设备暂估单价、专业工程暂估价；计日工；总承包服务费。

暂列金额应根据工程特点按有关计价规定估算。暂估价中的材料、工程设备暂估单价应根据工程造价信息或参照市场价格估算，列出明细表；专业工程暂估价应分不同专业，按有关计价规定估算，列出明细表。计日工应列出项目名称、计量单位和暂估数量。总承包服务费应列出服务项目及其内容等。

提示

工程建设标准的高低、工程的复杂程度、工程的工期长短、工程的组成内容、发包人对工程管理要求等都直接影响其他项目清单的具体内容。

（五）规费

规费项目清单应按照下列内容列项：社会保险费，包括养老保险费、失业保险费、医疗保险费、工伤保险费、生育保险费；住房公积金。规费作为政府和有关权力部门规定必须缴纳的费用，编制人对《建筑安装工程费用项目组成》未包括的规费项目，在编制规费项目清单时应根据省级政府或省级有关权力部门的规定列项。

（六）税金

税金项目清单主要内容为增值税。税金必须按国家或省级、行业建设主管部门的规定计算，不得作为竞争性费用。增值税的计税方法，包括一般计税方法（税率 9%）和简易计税方法（税率 3%）。

提示

分部分项工程费、措施项目费、其他项目费、规费和增值税之和为建筑安装工程费。

三、合同价款期中支付

根据《建设工程工程量清单计价规范》，合同价款的期中支付（预付款、安全文明施工费、进度款）应遵循下列规定。

（一）预付款

预付款是发包人为解决承包人在施工准备阶段资金周转问题提供的协助。具体内容如下。

（1）预付款的用途：用于承包人为合同工程施工购置材料、工程设备，购置或租赁施工设备以及组织施工人员进场。预付款应专用于合同工程。

（2）预付款的支付比例：包工包料的工程不得低于签约合同价（扣除暂列金额，下同）的 10%，不宜高于签约合同价的 30%。

（3）预付款的支付前提：承包人应在签订合同或向发包人提供与预付款等额的预付款保函（如有）后向发包人提交预付款支付申请。

（4）预付款的支付时限：发包人应在收到支付申请的 7 天内进行核实，向承包人发出预付款支付证书，并在签发支付证书后的 7 天内向承包人支付预付款。

（5）未按约定支付预付款的后果：发包人没有按合同约定按时支付预付款的，承包人可催告发包人支付；发包人在预付款期满后的 7 天内仍未支付的，承包人可在付款期满后的第 8 天起暂停施工。发包人应承担由此增加的费用和(或)延误的工期,并向承包人支付合理利润。

(6)预付款的扣回:预付款应从每一个支付期应支付给承包人的工程进度款中扣回,直到扣回的金额达到合同约定的预付款金额为止。

(7)预付款保函的期限:承包人的预付款保函(如有)的担保金额根据预付款扣回的数额相应递减,但在预付款全部扣回之前一直保持有效。发包人应在预付款扣完后的14天内将预付款保函退还给承包人。

(二)安全文明施工费

安全文明施工费是指在合同履行过程中,承包人按照国家法律、法规、标准等规定,为保证安全施工、文明施工,保护现场内外环境和搭拆临时设施等所采用的措施而发生的费用。

安全文明施工费包括的内容和使用范围,应符合国家有关文件和计量规范的规定。

发包人应在工程开工后的28天内预付不低于当年施工进度计划的安全文明施工费总额的60%,其余部分应按照提前安排的原则进行分解,并应与进度款同期支付。

发包人没有按时支付安全文明施工费的,承包人可催告发包人支付;发包人在付款期满后的7天内仍未支付的,若发生安全事故,发包人应承担相应责任。承包人对安全文明施工费应专款专用,在财务账目中应单独列项备查,不得挪作他用,否则发包人有权要求其限期改正;逾期未改正的,造成的损失和延误的工期应由承包人承担。

提示

根据《建设工程施工合同(示范文本)》,除专用合同条款另有约定外,发包人应在开工后28天内预付安全文明施工费总额的50%,其余部分与进度款同期支付。考试中注意区分所依据的文件。

(三)进度款

发承包双方应按照合同约定的时间、程序和方法,根据工程计量结果,办理期中价款结算,支付进度款。进度款支付周期应与合同约定的工程计量周期一致。

已标价工程量清单中的单价项目,承包人应按工程计量确认的工程量与综合单价计算;综合单价发生调整的,以发承包双方确认调整的综合单价计算进度款。

已标价工程量清单中的总价项目和按规范规定形成的总价合同,承包人应按合同中约定的进度款支付分解,分别列入进度款支付申请中的安全文明施工费和本周期应支付的总价项目的金额中。

发包人提供的甲供材料金额,应按照发包人签约提供的单价和数量从进度款支付中扣除,列入本周期应扣减的金额中。承包人现场签证和得到发包人确认的索赔金额应列入本周期应增加的金额中。

进度款的支付比例按照合同约定,按期中结算价款总额计,不低于60%,不高于90%。

承包人应在每个计量周期到期后的7天内向发包人提交已完工程进度款支付申请一式四份,详细说明此周期认为有权得到的款额,包括分包人已完工程的价款。支付申请应包括下列内容:

(1)累计已完成的合同价款。

(2)累计已实际支付的合同价款。

(3)本周期合计完成的合同价款。具体包括:本周期已完成单价项目的金额;本周期应支付的总价项目的金额；本周期已完成的计日工价款；本周期应支付的安全文明施工费；本周期应增加的金额。

（4）本周期合计应扣减的金额。具体包括：本周期应扣回的预付款；本周期应扣减的金额。

（5）本周期实际应支付的合同价款。

发包人应在收到承包人进度款支付申请后的14天内，根据计量结果和合同约定对申请内容予以核实，确认后向承包人出具进度款支付证书。若发承包双方对部分清单项目的计量结果出现争议，发包人应对无争议部分的工程计量结果向承包人出具进度款支付证书。

发包人应在签发进度款支付证书后的14天内，按照支付证书列明的金额向承包人支付进度款。

若发包人逾期未签发进度款支付证书，则视为承包人提交的进度款支付申请已被发包人认可，承包人可向发包人发出催告付款的通知。发包人应在收到通知后的14天内，按照承包人支付申请的金额向承包人支付进度款。

发包人未按照规定支付进度款的，承包人可催告发包人支付，并有权获得延迟支付的利息；发包人在付款期满后的7天内仍未支付的，承包人可在付款期满后的第8天起暂停施工。发包人应承担由此增加的费用和延误的工期，向承包人支付合理利润，并应承担违约责任。

发现已签发的任何支付证书有错、漏或重复的数额，发包人有权予以修正，承包人也有权提出修正申请。经发承包双方复核同意修正的，应在本次到期的进度款中支付或扣除。

四、合同价款的调整

下列事项（但不限于）发生，发承包双方应当按照合同约定调整合同价款：法律法规变化；工程变更；项目特征不符；工程量清单缺项；工程量偏差；计日工；物价变化；暂估价；不可抗力；提前竣工（赶工补偿）；误期赔偿；索赔；现场签证；暂列金额；发承包双方约定的其他调整事项。本部分主要介绍因工程变更而引起的合同价款调整。

提示

因工程变更引起合同价款调整是实际施工过程中较为常见的事项，也是必须掌握的知识点。

因工程变更引起已标价工程量清单项目或其工程数量发生变化时，应按照下列规定调整：

（1）已标价工程量清单中有适用于变更工程项目的，应采用该项目的单价；但当工程变更导致该清单项目的工程数量发生变化，且工程量偏差超过15%时，该项目单价应按照工程量偏差的规定调整。

（2）已标价工程量清单中没有适用但有类似于变更工程项目的，可在合理范围内参照类似项目的单价。

（3）已标价工程量清单中没有适用也没有类似于变更工程项目的，应由承包人根据变更工程资料、计量规则和计价办法、工程造价管理机构发布的信息价格和承包人报价浮动率提出变更工程项目的单价，并应报发包人确认后调整。承包人报价浮动率可按下列公式计算：对于招标工程，承包人报价浮动率$L=(1-\text{中标价}/\text{招标控制价})\times100\%$；对于非招标工程，承包人报价浮动率$L=(1-\text{报价}/\text{施工图预算})\times100\%$。

(4)已标价工程量清单中没有适用也没有类似于变更工程项目,且工程造价管理机构发布的信息价格缺价的,应由承包人根据变更工程资料、计量规则、计价办法和通过市场调查等取得有合法依据的市场价格提出变更工程项目的单价,并应报发包人确认后调整。

工程变更引起施工方案改变并使措施项目发生变化时,承包人提出调整措施项目费的,应事先将拟实施的方案提交发包人确认,并应详细说明与原方案措施项目相比的变化情况。拟实施的方案经发承包双方确认后执行,并应按照下列规定调整措施项目费:

(1)安全文明施工费应按照实际发生变化的措施项目依据规范的规定计算。

(2)采用单价计算的措施项目费,应按照实际发生变化的措施项目,按规范的规定确定单价。

(3)按总价(或系数)计算的措施项目费,按照实际发生变化的措施项目调整,但应考虑承包人报价浮动因素,即调整金额按照实际调整金额乘以承包人报价浮动率计算。

如果承包人未事先将拟实施的方案提交给发包人确认,则应视为工程变更不引起措施项目费的调整或承包人放弃调整措施项目费的权利。

五、竣工结算与支付

根据《建设工程工程量清单计价规范》,竣工结算应遵循下列规定。

(一)一般规定

工程完工后,发承包双方必须在合同约定时间内办理工程竣工结算。

工程竣工结算应由承包人或受其委托具有相应资质的工程造价咨询人编制,并应由发包人或受其委托具有相应资质的工程造价咨询人核对。

(二)编制和复核

工程竣工结算应根据下列依据编制和复核:《建设工程工程量清单计价规范》;工程合同;发承包双方实施过程中已确认的工程量及其结算的合同价款;发承包双方实施过程中已确认调整后追加(减)的合同价款;建设工程设计文件及相关资料;投标文件;其他依据。

分部分项工程和措施项目中的单价项目应依据发承包双方确认的工程量与已标价工程量清单的综合单价计算;发生调整的,应以发承包双方确认调整的综合单价计算。

措施项目中的总价项目应依据已标价工程量清单的项目和金额计算;发生调整的,应以发承包双方确认调整的金额计算,其中安全文明施工费应按规范规定计算。

其他项目应按下列规定计价:

(1)计日工的费用应按发包人实际签证确认的数量和合同约定的相应单价计算。

(2)暂估价中的材料是招标采购的,其单价按中标价在综合单价中调整;暂估价中的材料为非招标采购的,其单价按发承包双方最终确认的单价在综合单价中调整。暂估价中的专业工程是招标采购的,其金额按中标价计算;暂估价中的专业工程为非招标采购的,其金额按发、承包双方与分包人最终确认的金额计算。

(3)总承包服务费应依据合同约定的金额计算,若发承包双方依据合同约定对总承包服务费进行了调整,应按调整后的金额计算。

(4)索赔事件产生的费用在办理竣工结算时应在其他项目中反映。索赔金额应依据发承包双方确认的索赔项目和金额计算。

(5)现场签证发生的费用在办理竣工结算时应在其他项目中反映。现场签证金额依据发承包双方签证确认的金额计算。

(6)合同价款中的暂列金额在用于各项价款调整、索赔与现场签证后,若有余额,则余额归发包人,若出现差额,则由发包人补足并反映在相应工程的合同价款中。

规费和税金应按现行规范规定计算。

发承包双方在合同工程实施过程中已经确认的工程计量结果和合同价款,在竣工结算办理中应直接进入结算。

(三)竣工结算

合同工程完工后,承包人应在经发承包双方确认的合同工程期中价款结算的基础上汇总编制完成竣工结算文件,应在提交竣工验收申请的同时向发包人提交竣工结算文件。承包人未在合同约定的时间内提交竣工结算文件,经发包人催告后 14 天内仍未提交或没有明确答复的,发包人有权根据已有资料编制竣工结算文件,作为办理竣工结算和支付结算款的依据,承包人应予以认可。

发包人应在收到承包人提交的竣工结算文件后的 28 天内核对。发包人经核实,认为承包人还应进一步补充资料和修改结算文件,应在上述时限内向承包人提出核实意见,承包人在收到核实意见后的 28 天内应按照发包人提出的合理要求补充资料,修改竣工结算文件,并应再次提交给发包人复核后批准。

发包人应在收到承包人再次提交的竣工结算文件后的 28 天内予以复核,将复核结果通知承包人,并应遵守下列规定:

(1)发包人、承包人对复核结果无异议的,应在 7 天内在竣工结算文件上签字确认,竣工结算办理完毕。

(2)发包人或承包人对复核结果认为有误的,无异议部分按照规定办理不完全竣工结算;有异议部分由发承包双方协商解决;协商不成的,应按照合同约定的争议解决方式处理。

发包人在收到承包人竣工结算文件后的 28 天内,不核对竣工结算或未提出核对意见的,应视为承包人提交的竣工结算文件已被发包人认可,竣工结算办理完毕。

承包人在收到发包人提出的核实意见后的 28 天内,不确认也未提出异议的,应视为发包人提出的核实意见已被承包人认可,竣工结算办理完毕。

发包人委托工程造价咨询人核对竣工结算的,工程造价咨询人应在 28 天内核对完毕,核对结论与承包人竣工结算文件不一致的,应提交给承包人复核;承包人应在 14 天内将同意核对结论或不同意见的说明提交工程造价咨询人。工程造价咨询人收到承包人提出的异议后,应再次复核,复核后按规定办理。承包人逾期未提出书面异议的,应视为工程造价咨询人核对的竣工结算文件已经承包人认可。

对发包人或发包人委托的工程造价咨询人指派的专业人员与承包人指派的专业人员经核对后无异议并签名确认的竣工结算文件,除非发承包人能提出具体、详细的不同意见,发承包人都应在竣工结算文件上签名确认,如其中一方拒不签认的,按下列规定办理:若发包人拒不签认的,承包人可不提供竣工验收备案资料,并有权拒绝与发包人或其上级部门委托的工程造价咨询人重新核对竣工结算文件。若承包人拒不签认的,发包人要求办理竣工验收备案的,承包人不得拒绝提供竣工验收资料,否则,由此造成的损失,承包人承担相应责任。

合同工程竣工结算核对完成,发承包双方签字确认后,发包人不得要求承包人与另一个或多个工程造价咨询人重复核对竣工结算。

发包人对工程质量有异议,拒绝办理工程竣工结算的,已竣工验收或已竣工未验收但实际投入使用的工程，其质量争议应按该工程保修合同执行，竣工结算应按合同约定办理；已竣工未验收且未实际投入使用的工程以及停工、停建工程的质量争议，双方应就有争议的部分委托有资质的检测鉴定机构进行检测，并应根据检测结果确定解决方案，或按工程质量监督机构的处理决定执行后办理竣工结算，无争议部分的竣工结算应按合同约定办理。

链接

根据《建设工程价款结算暂行办法》，工程竣工结算分为单位工程竣工结算、单项工程竣工结算和建设项目竣工总结算。

（四）结算款支付

承包人应根据办理的竣工结算文件向发包人提交竣工结算款支付申请。申请内容包括竣工结算合同价款总额、累计已实际支付的合同价款、应预留的质量保证金、实际应支付的竣工结算款金额。

发包人应在收到承包人提交竣工结算款支付申请后 7 天内予以核实，向承包人签发竣工结算支付证书。

发包人签发竣工结算支付证书后的 14 天内，应按照竣工结算支付证书列明的金额向承包人支付结算款。

发包人在收到承包人提交的竣工结算款支付申请后 7 天内不予核实，不向承包人签发竣工结算支付证书的，视为承包人的竣工结算款支付申请已被发包人认可；发包人应在收到承包人提交的竣工结算款支付申请 7 天后的 14 天内，按照承包人提交的竣工结算款支付申请列明的金额向承包人支付结算款。

发包人未按照上述规定支付竣工结算款的，承包人可催告发包人支付，并有权获得延迟支付的利息。发包人在竣工结算支付证书签发后或者在收到承包人提交的竣工结算款支付申请 7 天后的 56 天内仍未支付的，除法律另有规定外，承包人可与发包人协商将该工程折价，也可直接向人民法院申请将该工程依法拍卖。承包人应就该工程折价或拍卖的价款优先受偿。

（五）质量保证金

发包人应按照合同约定的质量保证金比例从结算款中预留质量保证金。承包人未按照合同约定履行属于自身责任的工程缺陷修复义务的，发包人有权从质量保证金中扣除用于缺陷修复的各项支出。经查验，工程缺陷属于发包人原因造成的，应由发包人承担查验和缺陷修复的费用。

（六）最终结清

缺陷责任期终止后，承包人应按照合同约定向发包人提交最终结清支付申请。发包人对最终结清支付申请有异议的，有权要求承包人进行修正和提供补充资料。承包人修正后，应再次向发包人提交修正后的最终结清支付申请。

发包人应在收到最终结清支付申请后的 14 天内予以核实，并应向承包人签发最终结清支付证书。发包人应在签发最终结清支付证书后的 14 天内，按照最终结清支付证书列明的金额向承包人支付最终结清款。

模块十一　机电工程施工现场职业健康安全与环境管理

一、风险管理

（一）风险识别

风险是指不利事件或事故发生的概率（频率）及其损失的组合。

风险是管理目的与实施成果之间的不确定性。风险包括负面（不利）风险和正面（有利）风险。负面风险往往是威胁，正面风险往往是机遇。施工企业经常面临的风险一般可分为内部风险和外部风险两大类。常见的内部风险有战略风险、运营风险、财务风险等；常见的外部风险有法律风险、市场风险等。

风险识别的目的是为了发现、列举和描述可能影响到既定的项目或项目阶段性目标的实现的风险。该过程也可以揭示风险管理的机会。有效的风险管理从根本上取决于对风险的识别。因此，它应当是一个系统性的过程。

风险识别应按下列步骤进行：

（1）风险识别小组成员（一般由施工指挥者牵头，组织安全、技术、施工等部门相关人员和工人参与），应核查施工活动的各项环节，列出每一施工步骤相关的潜在危害。

（2）明确风险管理的对象、内容和目的，并对施工作业步骤进行详细分解，分区域、分步骤实施风险识别工作。

施工过程中应重点对以下作业进行识别：

（1）施工技术和施工要点尚不熟悉的作业，如“四新”作业。

（2）临时发生的作业，如设备清扫检修作业。

（3）极易造成事故的作业，如动火作业。

（4）危险程度高且存在严重伤害的作业，如高处作业、起重吊装作业。

（5）即使采取了专门安全防护措施，仍不能把风险降低到可接受程度的作业，如有毒有害作业。

提示

风险识别在考试中需要针对具体背景灵活运用。

（二）风险评估

风险评估是指通过风险识别、风险分析、风险评价，确认施工过程中需要防范的风险的过程。风险评估后应出具风险评估报告。风险评估报告应由评估人签字确认，并经批准后发布。风险评估应按表 2-24 做好准备工作。

表 2-24　风险评估准备工作

名称	内容
评估方法	主观推断法、专家估计法、会议评审法
评估范围	施工现场，包括施工区、办公区和生活区
评估对象	人、机、法、料、环五个方面
评估内容	风险因素发生的概率、风险损失量或效益水平的估计、风险等级评估

风险分析是风险评估过程中一项重要的工作，主要识别风险的限度和影响范围、识别风险与项目之间的依赖关系、确定风险发生的可能性以及对既定目标的相关影响。

风险分析可以分为定性分析与定量分析。当缺少数据或数据不可靠时，初步的定性分析可以在项目生命周期的前期进行，当有较多可得资料时可以进行定量分析。常用的分析方法包括安全检查表法、现场调查法、作业条件危险性评价法（格雷厄姆－金尼法或 LEC 法）、故障树分析（FTA）、工作危害分析法等。

风险评价是指根据设定的风险分级标准及接受准则，对工程风险进行等级评定、风险排序和风险决策的过程。

机电安装工程应根据保护对象的安全需求，通过风险评价确定需要防范的具体风险，至少应包括以下步骤：

（1）应对识别出的各种风险发生的可能性和造成后果（包括损失和不良影响）的严重性进行评价。

（2）应将风险分析结果与预先设定的风险准则相比较，进行风险评价，确定各种风险的等级。

链接

风险发生可能性可分为几乎不可能、很小、偶尔、很可能、经常五个等级。风险后果严重性可分为很小、小、一般、严重、非常严重五个等级。风险评价结果可定性分为五个等级，分别为Ⅰ级风险（可忽略）、Ⅱ级风险（可容许）、Ⅲ级风险（中度）、Ⅳ级风险（重大）、Ⅴ级风险（不容许）。

（三）风险应对

风险应对是指根据项目风险识别和评估结果，制定项目风险应对措施或专项方案；对项目重大风险应制定应急预案，并实施控制。

风险控制根据阶段不同，可以分为事前控制、事中控制、事后控制三个阶段。

风险控制的不同阶段采取的技术措施和管理措施，如表 2-25 所示。

表 2-25　风险控制的技术措施和管理措施

分类	内容
技术措施	（1）作业前，对施工作业人员进行风险控制与降低措施的交底。 （2）通过对施工作业活动的危险性分析，制定配套的危险预防措施。 （3）采取风险控制和降低措施，方可进行作业。 （4）监督和检查在施工中是否落实风险控制和降低措施，对在施工过程中发现的不落实情况或不符的情况，要求责任相关单位及时改正。 （5）制定在发生紧急情况时的应急预案，以便在发生重大事故、火灾、洪水等异常紧急情况时，能够按预案紧急采取相应措施，有序救援，减小事故损失，尽快恢复施工
管理措施	（1）制定有效的管理制度、管理程序、操作规程。 （2）加强从业人员的职业健康、安全管理和教育培训。 （3）重视和掌握内部和外部环境信息的变化，引起风险的变化。 （4）建立监督检查和考核奖惩机制。 （5）以实现风险应对计划为目标，开展经常性检查工作，防止出现工作进度偏差，保证风险应对措施的有效实施。 （6）按风险管理要求进行风险绩效评估

典型例题

【单选题】机电工程安装风险控制的技术措施是(　　)。

A. 降低风险的措施　　B. 完善管理程序和操作规程

C. 风险绩效评估　　D. 安全和环境教育培训

A。【解析】采取风险控制和降低措施,方可进行作业。降低风险的措施属于技术措施。选项 B,C,D 属于管理措施。

(四)风险监控

风险监控的主要目的是识别新出现的风险,并确保风险处理保持有效。风险管理过程的有效性也应当进行评审。

风险监控应当在项目生命周期内持续进行。它应当包括对项目预算、项目系统与来自项目的其他输入的检查。主要监控活动可在项目活动的关键阶段或项目环境发生重大改变时进行。

二、施工现场职业健康管理

(一)职业健康管理的内容

项目部应按施工企业的职业健康方针,制定项目职业健康管理计划,并按规定程序批准实施。项目职业健康管理计划宜包括:项目职业健康管理目标;项目职业健康管理组织机构和职责;项目职业健康管理的主要措施。

项目部应对项目职业健康管理计划的实施进行管理,并应符合下列规定:应为实施、控制和改进项目职业健康管理计划提供必要的资源;应进行职业健康的培训;应对项目职业健康管理计划的执行进行监视和测量,动态识别潜在的危险源和紧急情况,采取措施,预防和减少伤害。

项目部应制定项目职业健康的检查制度,对影响职业健康的因素采取措施,记录并保存检查结果。

(二)职业病及其防治

1. 职业病危害因素及常见职业病

职业病是指企业、事业单位和个体经济组织等用人单位的劳动者在职业活动中,因接触粉尘、放射性物质和其他有毒、有害因素而引起的疾病。

职业病危害因素又称职业性有害因素,是指在职业活动中产生和(或)存在的、可能对职业人群健康、安全和作业能力造成不良影响的因素或条件,包括粉尘、化学因素、物理因素、放射性因素、生物因素、其他因素等。

根据国家《职业病分类和目录》,常见的职业病名单如下:

(1)职业性化学中毒。例如,氯气中毒、二氧化硫中毒、氨中毒、汽油中毒等。

(2)尘肺病。例如,矽肺、电焊工尘肺等。

(3)物理因素所致职业病。例如,中暑、手臂振动病等。

(4)职业性皮肤病。例如,接触性皮炎、光敏性皮炎、电光性皮炎等。

(5)职业性眼病。例如,化学性眼部灼伤、电光性眼炎、白内障(含放射性白内障)等。

(6)职业性耳鼻喉口腔疾病。例如,噪声聋、牙酸蚀病等。

(7)职业性放射性疾病。例如,外照射慢性放射病、内照射放射病、放射性皮肤疾病等。

(8)职业性传染病。例如,炭疽、森林脑炎等。

(9)职业性肿瘤。例如,石棉所致肺癌、苯所致白血病等。

(10)其他职业病。例如,金属烟热、滑囊炎等。

提示

新型冠状病毒不属于法定职业病。

机电工程施工中会涉及大量的机械设备和电气设备安装、电焊等作业,存在噪声、高温、高处作业、工频磁场和电场、紫外线、红外线、锰及其化合物、一氧化碳、氮氧化物、臭氧、电焊烟尘等职业病危害因素,易引发噪声聋、中暑、中毒、电光性眼炎、电焊工尘肺、金属烟热等职业病。

2. 职业病防治

用人单位应当建立、健全职业病防治责任制,加强对职业病防治的管理,提高职业病防治水平,对本单位产生的职业病危害承担责任。

用人单位工作场所存在职业病目录所列职业病的危害因素的,应当及时、如实向所在地卫生行政部门申报危害项目,接受监督。

产生职业病危害的用人单位,应当在醒目位置设置公告栏,公布有关职业病防治的规章制度、操作规程、职业病危害事故应急救援措施和工作场所职业病危害因素检测结果。对产生严重职业病危害的作业岗位,应当在其醒目位置,设置警示标识和中文警示说明。警示说明应当载明产生职业病危害的种类、后果、预防以及应急救治措施等内容。

对从事接触职业病危害的作业的劳动者,用人单位应当按照国务院卫生行政部门的规定组织上岗前、在岗期间和离岗时的职业健康检查,并将检查结果书面告知劳动者。职业健康检查费用由用人单位承担。用人单位不得安排未经上岗前职业健康检查的劳动者从事接触职业病危害的作业;不得安排有职业禁忌的劳动者从事其所禁忌的作业;对在职业健康检查中发现有与所从事的职业相关的健康损害的劳动者,应当调离原工作岗位,并妥善安置;对未进行离岗前职业健康检查的劳动者不得解除或者终止与其订立的劳动合同。

用人单位必须采用有效的职业病防护设施,并为劳动者提供个人使用的职业病防护用品。用人单位为劳动者个人提供的职业病防护用品必须符合防治职业病的要求;不符合要求的,不得使用。

用人单位应当对劳动者进行上岗前的职业卫生培训和在岗期间的定期职业卫生培训,普及职业卫生知识,督促劳动者遵守职业病防治法律、法规、规章和操作规程,指导劳动者正确使用职业病防护设备和个人使用的职业病防护用品。

机电工程施工企业应为作业人员提供的职业病防护用品包括(但不限于)耳塞、耳罩、隔热手套、隔热阻燃鞋、隔热服、防放射性服(护目镜、手套、服装)、安全帽、安全带、安全网、防毒面具、空气呼吸器、防尘口罩、安全帽、安全带、安全网等。

三、施工现场危险源及生产安全事故

（一）危险源

危险源由潜在危险性、存在条件和触发因素等三个要素构成。机电工程项目的危险源是指不能满足基础安全、使用功能安全、环境安全、工艺单元及设备安全、管道安全和操作安全等的潜在危害和有害因素。

根据《职业健康安全管理体系 要求及使用指南》，危险源可能是物理的、化学的、生物的、心理的、机械的、电的或基于运动或能量的。

根据《生产过程危险和有害因素分类与代码》，生产过程危险和有害因素共分为四大类，分别是：

（1）人的因素。在生产活动中，来自人员自身或人为性质的危险和有害因素。

（2）物的因素。机械、设备、设施、材料等方面存在的危险和有害因素。

（3）环境因素。生产作业环境中的危险和有害因素。

（4）管理因素。管理和管理责任缺失所导致的危险和有害因素。

根据《企业职工伤亡事故分类》，事故类型包括物体打击、车辆伤害、机械伤害、起重伤害、触电、淹溺、灼烫、火灾、高处坠落、坍塌、冒顶片帮、透水、放炮、火药爆炸、瓦斯爆炸、锅炉爆炸、容器爆炸、其他爆炸、中毒和窒息、其他伤害共 20 种。机电工程项目中常见的事故类型主要有物体打击、车辆伤害、机械伤害、起重伤害、触电、高处坠落、坍塌、火灾、爆炸等。

施工现场的重大危险源有基坑（槽）、脚手架（包含落地式、附着式、悬挑式等）、作业平台与通道、模板与支撑、起重吊装、物料提升机、施工电梯、高处作业、临边作业、坍塌、机械打击、火灾、中毒等。

（二）生产安全事故

1. 生产安全事故等级

根据生产安全事故（以下简称事故）造成的人员伤亡或者直接经济损失，事故一般分为以下等级：

（1）特别重大事故，是指造成 30 人以上死亡，或者 100 人以上重伤（包括急性工业中毒，下同），或者 1 亿元以上直接经济损失的事故。

（2）重大事故，是指造成 10 人以上 30 人以下死亡，或者 50 人以上 100 人以下重伤，或者 5 000 万元以上 1 亿元以下直接经济损失的事故。

（3）较大事故，是指造成 3 人以上 10 人以下死亡，或者 10 人以上 50 人以下重伤，或者 1 000万元以上 5 000 万元以下直接经济损失的事故。

（4）一般事故，是指造成 3 人以下死亡，或者 10 人以下重伤，或者 1 000 万元以下直接经济损失的事故。

提示

上述所称的“以上”包括本数，所称的“以下”不包括本数。

2. 生产安全事故报告

生产安全事故发生后，事故现场有关人员应当立即向本单位负责人报告；单位负责人接到报告后，应当于1 h内向事故发生地县级以上人民政府应急管理部门和负有安全生产监督管理职责的有关部门报告。情况紧急时，事故现场有关人员可以直接向事故发生地县级以上人民政府应急管理部门和负有安全生产监督管理职责的有关部门报告。

应急管理部门和负有安全生产监督管理职责的有关部门接到事故报告后，应当依照规定上报事故情况，并通知公安机关、劳动保障行政部门、工会和人民检察院。应急管理部门和负有安全生产监督管理职责的有关部门依照规定上报事故情况，应当同时报告本级人民政府。

应急管理部门和负有安全生产监督管理职责的有关部门逐级上报事故情况，每级上报的时间不得超过2 h。

报告事故应当包括下列内容：

(1)事故发生单位概况。

(2)事故发生的时间、地点以及事故现场情况。

(3)事故的简要经过。

(4)事故已经造成或者可能造成的伤亡人数(包括下落不明的人数)和初步估计的直接经济损失。

(5)已经采取的措施。

(6)其他应当报告的情况。

3. 生产安全事故调查

事故调查组的组成应当遵循精简、效能的原则。根据事故的具体情况，事故调查组由有关人民政府、应急管理部门、负有安全生产监督管理职责的有关部门、监察机关、公安机关以及工会派人组成，并应当邀请人民检察院派人参加。事故调查组可以聘请有关专家参与调查。

事故调查组应当自事故发生之日起60日内提交事故调查报告；特殊情况下，经负责事故调查的人民政府批准，提交事故调查报告的期限可以适当延长，但延长的期限最长不超过60日。

事故调查报告应当包括下列内容：

(1)事故发生单位概况。

(2)事故发生经过和事故救援情况。

(3)事故造成的人员伤亡和直接经济损失。

(4)事故发生的原因和事故性质。

(5)事故责任的认定以及对事故责任者的处理建议。

(6)事故防范和整改措施。

四、安全生产管理与应急预案

(一)安全生产管理

1. 安全生产管理的一般规定

施工企业必须建立安全生产组织体系，明确企业安全生产的决策、管理、实施的机构或岗位。施工企业安全生产组织体系应包括各管理层的主要负责人，各相关职能部门及专职安全生产管理机构，相关岗位及专兼职安全管理人员。

施工企业应建立和健全与企业安全生产组织相对应的安全生产责任体系，并应明确各管理层、职能部门、岗位的安全生产责任。施工企业应认真履行安全生产主体责任，做到安全投入到位、安全培训到位、基础管理到位、应急救援到位，确保安全生产。

施工企业应依据法律法规，结合企业的安全管理目标、生产经营规模、管理体制建立安全生产管理制度。施工企业安全生产管理制度应包括安全生产教育培训，安全费用管理，施工设施、设备及劳动防护用品的安全管理，安全生产技术管理，分包(供)方安全生产管理，施工现场安全管理，应急救援管理，生产安全事故管理，安全检查和改进，安全考核和奖惩等制度。

2. 安全生产管理机构设置

安全生产管理机构是指建筑施工企业设置的负责安全生产管理工作的独立职能部门。

专职安全生产管理人员是指经建设主管部门或者其他有关部门安全生产考核合格取得安全生产考核合格证书，并在建筑施工企业及其项目从事安全生产管理工作的专职人员。

建筑施工企业应当依法设置安全生产管理机构，在企业主要负责人的领导下开展本企业的安全生产管理工作。

建筑施工企业应当实行建设工程项目专职安全生产管理人员委派制度。建设工程项目的专职安全生产管理人员应当定期将项目安全生产管理情况报告企业安全生产管理机构。

建筑施工企业应当在建设工程项目组建安全生产领导小组。建设工程实行施工总承包的，安全生产领导小组由总承包企业、专业承包企业和劳务分包企业项目经理、技术负责人和专职安全生产管理人员组成。

安全生产领导小组应按规定履行其主要职责。

项目专职安全生产管理人员具有以下主要职责：

(1)负责施工现场安全生产日常检查并做好检查记录。

(2)现场监督危险性较大工程安全专项施工方案实施情况。

(3)对作业人员违规违章行为有权予以纠正或查处。

(4)对施工现场存在的安全隐患有权责令立即整改。

(5)对于发现的重大安全隐患，有权向企业安全生产管理机构报告。

(6)依法报告生产安全事故情况。

总承包单位配备项目专职安全生产管理人员应当满足下列要求：

(1)建筑工程、装修工程按照建筑面积配备。1 万 m^2 以下的工程不少于 1 人；1 万～5 万 m^2 的工程不少于 2 人；5 万 m^2 及以上的工程不少于 3 人，且按专业配备专职安全生产管理人员。

(2)土木工程、线路管道、设备安装工程按照工程合同价配备。5 000 万元以下的工程不少于 1 人；5 000 万～1 亿元的工程不少于 2 人；1 亿元及以上的工程不少于 3 人，且按专业配备专职安全生产管理人员。

分包单位配备项目专职安全生产管理人员应当满足下列要求：

(1)专业承包单位应当配备至少 1 人，并根据所承担的分部分项工程的工程量和施工危险程度增加。

(2)劳务分包单位施工人员在50人以下的,应当配备1名专职安全生产管理人员;50~200人的,应当配备2名专职安全生产管理人员;200人及以上的,应当配备3名及以上专职安全生产管理人员,并根据所承担的分部分项工程施工危险实际情况增加,不得少于工程施工人员总人数的0.5%。

采用新技术、新工艺、新材料或致害因素多、施工作业难度大的工程项目,项目专职安全生产管理人员的数量应当根据施工实际情况,在上述规定的配备标准上增加。

施工作业班组可以设置兼职安全巡查员,对本班组的作业场所进行安全监督检查。建筑施工企业应当定期对兼职安全巡查员进行安全教育培训。

3. 安全生产教育培训

施工企业安全生产教育培训应贯穿于生产经营的全过程,教育培训应包括计划编制、组织实施和人员持证审核等工作内容。安全教育和培训的类型应包括各类上岗证书的初审、复审培训,三级教育(企业、项目、班组)、岗前教育、日常教育、年度继续教育。

施工企业的从业人员上岗应符合下列要求:

(1)企业主要负责人、项目负责人和专职安全生产管理人员必须经安全生产知识和管理能力考核合格,依法取得安全生产考核合格证书。

(2)企业的各类管理人员必须具备与岗位相适应的安全生产知识和管理能力,依法取得必要的岗位资格证书。

(3)特殊工种作业人员必须经安全技术理论和操作技能考核合格,依法取得建筑施工特种作业人员操作资格证书。

4. 施工现场安全管理

工程项目部应建立健全安全生产责任体系,安全生产责任体系应符合下列要求:

(1)项目经理应为工程项目安全生产第一责任人,应负责分解落实安全生产责任,实施考核奖惩,实现项目安全管理目标。

(2)工程项目总承包单位、专业承包和劳务分包单位的项目经理、技术负责人和专职安全生产管理人员,应组成安全管理组织,并应协调、管理现场安全生产;项目经理应按规定到岗带班指挥生产。

(3)总承包单位、专业承包和劳务分包单位应按规定配备项目专职安全生产管理人员,负责施工现场各自管理范围内的安全生产日常管理。

5. 安全检查和改进

施工企业安全检查和改进管理应包括安全检查的内容、形式、类型、标准、方法、频次、整改、复查,以及安全生产管理评价与持续改进等工作内容。

施工企业安全检查应包括下列内容:

(1)安全管理目标的实现程度。

(2)安全生产职责的履行情况。

(3)各项安全生产管理制度的执行情况。

(4)施工现场管理行为和实物状况。

(5)生产安全事故、未遂事故和其他违规违法事件的报告调查、处理情况。

(6)安全生产法律法规、标准规范和其他要求的执行情况。

施工企业安全检查的形式应包括各管理层的自查、互查以及对下级管理层的抽查等;安全检查的类型应包括日常巡查、专项检查、季节性检查、定期检查、不定期抽查等。

施工企业安全检查应配备必要的检查、测试器具,对存在的问题和隐患,应定人、定时间、定措施组织整改,并应跟踪复查直至整改完毕。施工企业对安全检查中发现的问题,宜按隐患类别分类记录,定期统计,并应分析确定多发和重大隐患类别,制订实施治理措施。

链接

施工安全检查的重点是违章指挥和违章作业、直接作业环节的安全保证措施等。如设备吊装指挥信号不明确或多人同时指挥;个别电焊工无证上岗;雨天高空作业;临时楼梯未设置护栏等。

(二)应急预案

根据《生产安全事故应急预案管理办法》,生产经营单位主要负责人负责组织编制和实施本单位的应急预案,并对应急预案的真实性和实用性负责;各分管负责人应当按照职责分工落实应急预案规定的职责。

1. 应急预案的编制

应急预案是指针对可能发生的事故,为最大程度减少事故损害而预先制定的应急准备工作方案。

生产经营单位应急预案分为综合应急预案、专项应急预案和现场处置方案,具体内容如表2-26所示。

表2-26　生产经营单位应急预案具体内容

项目	内容
综合应急预案	综合应急预案是指生产经营单位为应对各种生产安全事故而制定的综合性工作方案,是本单位应对生产安全事故的总体工作程序、措施和应急预案体系的总纲。生产经营单位风险种类多、可能发生多种类型事故的,应当组织编制综合应急预案。综合应急预案应当规定应急组织机构及其职责、应急预案体系、事故风险描述、预警及信息报告、应急响应、保障措施、应急预案管理等内容
专项应急预案	专项应急预案是指生产经营单位为应对某一种或者多种类型生产安全事故,或者针对重要生产设施、重大危险源、重大活动防止生产安全事故而制定的专项性工作方案。对于某一种或者多种类型的事故风险,生产经营单位可以编制相应的专项应急预案,或将专项应急预案并入综合应急预案。专项应急预案应当规定应急指挥机构与职责、处置程序和措施等内容
现场处置方案	现场处置方案是指生产经营单位根据不同生产安全事故类型,针对具体场所、装置或者设施所制定的应急处置措施。对于危险性较大的场所、装置或者设施,生产经营单位应当编制现场处置方案。现场处置方案应当规定应急工作职责、应急处置措施和注意事项等内容。事故风险单一、危险性小的生产经营单位,可以只编制现场处置方案

生产经营单位编制的各类应急预案之间应当相互衔接,并与相关人民政府及其部门、应

急救援队伍和涉及的其他单位的应急预案相衔接。

矿山、金属冶炼企业和易燃易爆物品、危险化学品的生产、经营(带储存设施的,下同)、储存、运输企业,以及使用危险化学品达到国家规定数量的化工企业、烟花爆竹生产、批发经营企业和中型规模以上的其他生产经营单位,应当对本单位编制的应急预案进行评审,并形成书面评审纪要。

参加应急预案评审的人员应当包括有关安全生产及应急管理方面的专家。评审人员与所评审应急预案的生产经营单位有利害关系的,应当回避。

应急预案的评审或者论证应当注重基本要素的完整性、组织体系的合理性、应急处置程序和措施的针对性、应急保障措施的可行性、应急预案的衔接性等内容。

生产经营单位的应急预案经评审或者论证后,由本单位主要负责人签署,向本单位从业人员公布,并及时发放到本单位有关部门、岗位和相关应急救援队伍。

易燃易爆物品、危险化学品等危险物品的生产、经营、储存、运输单位,矿山、金属冶炼、城市轨道交通运营、建筑施工单位,以及宾馆、商场、娱乐场所、旅游景区等人员密集场所经营单位,应当在应急预案公布之日起20个工作日内,按照分级属地原则,向县级以上人民政府应急管理部门和其他负有安全生产监督管理职责的部门进行备案,并依法向社会公布。

2. 应急预案的实施

生产经营单位应当组织开展本单位的应急预案、应急知识、自救互救和避险逃生技能的培训活动,使有关人员了解应急预案内容,熟悉应急职责、应急处置程序和措施。

生产经营单位应当制定本单位的应急预案演练计划,根据本单位的事故风险特点,每年至少组织1次综合应急预案演练或者专项应急预案演练,每半年至少组织1次现场处置方案演练。易燃易爆物品、危险化学品等危险物品的生产、经营、储存、运输单位,矿山、金属冶炼、城市轨道交通运营、建筑施工单位,以及宾馆、商场、娱乐场所、旅游景区等人员密集场所经营单位,应当至少每半年组织1次生产安全事故应急预案演练,并将演练情况报送所在地县级以上地方人民政府负有安全生产监督管理职责的部门。

应急预案演练结束后,应急预案演练组织单位应当对应急预案演练效果进行评估,撰写应急预案演练评估报告,分析存在的问题,并对应急预案提出修订意见。

提示

各类应急预案应当每3年至少修订1次。应急预案修订后,预案制定机关或单位应当书面通知有关部门预案变更情况,有关部门应当及时对相关应急预案予以更新。

应急预案编制单位应当建立应急预案定期评估制度,对预案内容的针对性和实用性进行分析,并对应急预案是否需要修订作出结论。矿山、金属冶炼、建筑施工企业和易燃易爆物品、危险化学品等危险物品的生产、经营、储存、运输企业、使用危险化学品达到国家规定数量的化工企业、烟花爆竹生产、批发经营企业和中型规模以上的其他生产经营单位,应当每3年进行1次应急预案评估。应急预案评估可以邀请相关专业机构或者有关专家、有实际应急救援工作经验的人员参加,必要时可以委托安全生产技术服务机构实施。

生产经营单位应当按照应急预案的规定,落实应急指挥体系、应急救援队伍、应急物资及装备，建立应急物资、装备配备及其使用档案，并对应急物资、装备进行定期检测和维护，使其处于适用状态。

小型企业或者微型企业等规模较小的生产经营单位，可以不建立应急救援队伍，但应当指定兼职的应急救援人员，并且可以与邻近的应急救援队伍签订应急救援协议。

应急救援队伍的应急救援人员应当具备必要的专业知识、技能、身体素质和心理素质。应急救援队伍建立单位或者兼职应急救援人员所在单位应当按照国家有关规定对应急救援人员进行培训；应急救援人员经培训合格后，方可参加应急救援工作。应急救援队伍应当配备必要的应急救援装备和物资，并定期组织训练。

五、文明施工

工程文明施工，是指在工程施工中，按照规定采取措施，加强施工现场管理，保护施工现场作业环境，保持环境和保障施工人员身心健康，并有效减少对周边环境影响的活动。

（一）文明施工的组织

工程文明施工由工程施工单位负责，施工实行总承包的，由总承包单位负责；未实行总承包的，由各施工单位按照承包范围分别负责，施工单位工程项目经理为文明施工责任人。建设单位、监理单位分别负责工程文明施工的协调、督促指导工作。

项目经理是施工现场文明施工的第一责任人，全面负责施工现场的文明施工管理工作。要建立以项目经理为首的施工现场文明施工领导小组，领导现场文明施工的开展。

项目部应当根据有关规定以及建设单位提出的文明施工要求，对文明施工管理工作进行总体部署，同时项目部及分包单位应结合项目特点、实际情况编制文明施工专项方案和实施细则。

施工现场文明施工管理的内容、目标如表 2-27 所示。

表 2-27　施工现场文明施工管理的内容、目标

名称	内容
管理内容	（1）施工场地管理：总平面布置、现场围挡、封闭管理、施工场地、材料堆放、施工现场标牌。 （2）辅助施工区管理：现场住宿、现场防火、治安综合治理、生活设施、保健急救、社区服务
管理目标	（1）保证施工人员的身体健康。 （2）保持有序、规范、整洁、安全、文明的施工现场环境。 （3）减少对周边居民和环境的影响。 （4）施工组织科学，质量管理到位，安全生产规范，场地整洁有序，环境文明和谐

（二）施工现场的文明施工管理要求

1. 工地围挡

施工现场围挡应沿工地四周连续设置，不得留有缺口；围挡底部应封闭，不得有泥浆外泄。

施工现场的围挡高度不低于 1.8 m；车站、广场以及市区内影响市容景观的施工现场的围挡不低于 2.5 m；最高不超过 3.5 m。

禁止将建筑材料、构件靠围挡堆放，严禁将围挡做挡土墙使用。

2. 工地出入口

施工现场的出入口处应设置大门，大门应牢固美观，大门口应标有企业名称或企业标识；出入口处应有整齐明显的工程概况牌、管理人员名单及监督电话牌、消防保卫牌、安全生产牌、文明施工牌和施工现场总平面图等牌图。

出入口处应设置门卫室，配备专职门卫，制定门卫制度、来访进出登记制度。外来人员必须按照来访登记准许的时限进出工地，与工程无关人员严禁进入施工现场。

每个大门内侧均应设置车辆冲洗台，四周设置排水沟，上盖钢篦，设置两级沉淀池，排水沟与沉淀池相连，沉淀池大小应满足冲洗要求，没有经过处理的废水不得直接排入市政排水管网或者河道，鼓励废水经二次沉淀后循环使用或用于洒水降尘。

3. 施工区域

施工现场应按照平面布置图设置。各类建材应按规定设置标牌，实施分类堆放。建材堆放应整齐有序，稳定牢固，材料要立杆设栏、块料要起堆叠放，各类材料堆放距离沟槽边不小于0.5 m，堆放高度不大于2 m。

施工现场主要道路、加工区、生活办公区应做硬化处理。用作车辆通行的道路应铺设混凝土，混凝土强度不少于C20的混凝土，浇筑厚度不小于200 mm，道路宽度不少于3.5 m，满足车辆安全行驶要求，并在其外侧设置排水沟；围挡以内基坑压顶梁外侧其他场地可采用混凝土、碎石或铺砖等硬化方式。

建筑垃圾应集中、分类堆放，应委托有资质的运输单位及时清运；建筑物内的垃圾的清运，必须采用相应容器或管道运输，禁止凌空抛撒；在清理各类脚手架竹笆面上垃圾时，应采取有效的降尘措施。

施工工地对易扬尘性建材实施加工作业时，应在有防泄尘性的房室内实施。禁止露天敞开堆放易扬尘性建材。

施工道路沿线应设置提示和警示标志。

六、绿色施工

（一）《绿色施工导则》中相关规定

绿色施工是指工程建设中，在保证质量、安全等基本要求的前提下，通过科学管理和技术进步，最大限度地节约资源与减少对环境负面影响的施工活动，实现四节一环保（节能、节地、节水、节材和环境保护）。

1. 绿色施工的原则

绿色施工是建筑全寿命周期中的一个重要阶段。实施绿色施工，应进行总体方案优化。在规划、设计阶段，应充分考虑绿色施工的总体要求，为绿色施工提供基础条件。

实施绿色施工，应对施工策划、材料采购、现场施工、工程验收等各阶段进行控制，加强对整个施工过程的管理和监督。

2. 绿色施工总体框架

绿色施工总体框架由施工管理、环境保护、节材与材料资源利用、节水与水资源利用、节能与能源利用、节地与施工用地保护6个方面组成。

提示

这6个方面涵盖了绿色施工的基本指标，同时包含了施工策划、材料采购、现场施工、工程验收等各阶段的指标的子集。

3. 绿色施工要点

（1）绿色施工管理。绿色施工管理主要包括组织管理、规划管理、实施管理、评价管理和人员安全与健康管理5个方面。

（2）环境保护技术要点。环境保护主要包括扬尘控制，噪音与振动控制，光污染控制，水污染控制，土壤保护，建筑垃圾控制，地下设施、文物和资源保护等方面，具体内容如表2-28所示。

表2-28　环境保护技术要点

内容	技术要点
扬尘控制	①运送土方、垃圾、设备及建筑材料等，不污损场外道路。运输容易散落、飞扬、流漏的物料的车辆，必须采取措施封闭严密，保证车辆清洁。施工现场出口应设置洗车槽。 ②土方作业阶段，采取洒水、覆盖等措施，达到作业区目测扬尘高度小于1.5 m，不扩散到场区外。 ③结构施工、安装装饰装修阶段，作业区目测扬尘高度小于0.5 m。对易产生扬尘的堆放材料应采取覆盖措施；对粉末状材料应封闭存放；场区内可能引起扬尘的材料及建筑垃圾搬运应有降尘措施，如覆盖、洒水等；浇筑混凝土前清理灰尘和垃圾时尽量使用吸尘器，避免使用吹风器等易产生扬尘的设备；机械剔凿作业时可用局部遮挡、掩盖、水淋等防护措施；高层或多层建筑清理垃圾应搭设封闭性临时专用道或采用容器吊运。 ④施工现场非作业区达到目测无扬尘的要求。对现场易飞扬物质采取有效措施，如洒水、地面硬化、围挡、密网覆盖、封闭等，防止扬尘产生。 ⑤构筑物机械拆除前，做好扬尘控制计划。可采取清理积尘、拆除体洒水、设置隔挡等措施。 ⑥构筑物爆破拆除前，做好扬尘控制计划。可采用清理积尘、淋湿地面、预湿墙体、屋面敷水袋、楼面蓄水、建筑外设高压喷雾状水系统、搭设防尘排栅和直升机投水弹等综合降尘。选择风力小的天气进行爆破作业。 ⑦在场界四周隔挡高度位置测得的大气总悬浮颗粒物（TSP）月平均浓度与城市背景值的差值不大于0.08 mg/m^3
噪音与振动控制	①现场噪音排放不得超过国家标准的规定。 ②在施工场界对噪音进行实时监测与控制。 ③使用低噪音、低振动的机具，采取隔音与隔振措施，避免或减少施工噪音和振动
光污染控制	①尽量避免或减少施工过程中的光污染。夜间室外照明灯加设灯罩，透光方向集中在施工范围。 ②电焊作业采取遮挡措施，避免电焊弧光外泄

（续表）

内容	技术要点
水污染控制	①施工现场污水排放应达到国家标准的要求。 ②在施工现场应针对不同的污水，设置相应的处理设施，如沉淀池、隔油池、化粪池等。 ③污水排放应委托有资质的单位进行废水水质检测，提供相应的污水检测报告。 ④保护地下水环境。采用隔水性能好的边坡支护技术。在缺水地区或地下水位持续下降的地区，基坑降水尽可能少地抽取地下水；当基坑开挖抽水量大于50万m^3时，应进行地下水回灌，并避免地下水被污染。 ⑤对于化学品等有毒材料、油料的储存地，应有严格的隔水层设计，做好渗漏液收集和处理
土壤保护	①保护地表环境，防止土壤侵蚀、流失。因施工造成的裸土，及时覆盖砂石或种植速生草种，以减少土壤侵蚀；因施工造成容易发生地表径流土壤流失的情况，应采取设置地表排水系统、稳定斜坡、植被覆盖等措施，减少土壤流失。 ②沉淀池、隔油池、化粪池等不发生堵塞、渗漏、溢出等现象。及时清掏各类池内沉淀物，并委托有资质的单位清运。 ③对于有毒有害废弃物如电池、墨盒、油漆、涂料等应回收后交有资质的单位处理，不能作为建筑垃圾外运，避免污染土壤和地下水。 ④施工后应恢复施工活动破坏的植被（一般指临时占地内）。与当地园林、生态环境部门或当地植物研究机构进行合作，在先前开发地区种植当地或其他合适的植物，以恢复剩余空地地貌或科学绿化，补救施工活动中人为破坏植被和地貌造成的土壤侵蚀
建筑垃圾控制	①制定建筑垃圾减量化计划，如住宅建筑，每万平方米的建筑垃圾不宜超过400 t。 ②加强建筑垃圾的回收再利用，力争建筑垃圾的再利用和回收率达到30%，建筑物拆除产生的废弃物的再利用和回收率大于40%。对于碎石类、土石方类建筑垃圾，可采用地基填埋、铺路等方式提高再利用率，力争再利用率大于50%。 ③施工现场生活区设置封闭式垃圾容器，施工场地生活垃圾实行袋装化，及时清运。对建筑垃圾进行分类，并收集到现场封闭式垃圾站，集中运出
地下设施、文物和资源保护	①施工前应调查清楚地下各种设施，做好保护计划，保证施工场地周边的各类管道、管线、建筑物、构筑物的安全运行。 ②施工过程中一旦发现文物，立即停止施工，保护现场并通报文物部门并协助做好工作。 ③避让、保护施工场区及周边的古树名木。 ④逐步开展统计分析施工项目的CO_2排放量，以及各种不同植被和树种的CO_2固定量的工作

（3）节材与材料资源利用技术要点。图纸会审时，应审核节材与材料资源利用的相关内容，达到材料损耗率比定额损耗率降低30%。

根据施工进度、库存情况等合理安排材料的采购、进场时间和批次，减少库存。

现场材料堆放有序。储存环境适宜，措施得当。保管制度健全，责任落实。

材料运输工具适宜，装卸方法得当，防止损坏和遗洒。根据现场平面布置情况就近卸载，避免和减少二次搬运。

采取技术和管理措施提高模板、脚手架等的周转次数。

优化安装工程的预留、预埋、管线路径等方案。

结构材料：推广使用预拌混凝土和商品砂浆。结构工程使用散装水泥。推广使用高强钢筋和高性能混凝土，减少资源消耗。

周转材料：推广使用定型钢模、钢框竹模、竹胶板。推广采用外墙保温板替代混凝土施工模板的技术。

围护材料和装饰装修材料利用技术要点的具体内容参考《绿色施工导则》。

（4）节水与水资源利用的技术要点。节水与水资源利用主要包括提高用水效率、非传统水源利用、用水安全等方面，具体内容如表 2-29 所示。

表 2-29　节水与水资源利用的技术要点

内容	技术要点
提高用水效率	①施工中采用先进的节水施工工艺。 ②施工现场喷洒路面、绿化浇灌不宜使用市政自来水。现场搅拌用水、养护用水应采取有效的节水措施，严禁无措施浇水养护混凝土。 ③施工现场供水管网应根据用水量设计布置，管径合理、管路简捷，采取有效措施减少管网和用水器具的漏损。 ④现场机具、设备、车辆冲洗用水必须设立循环用水装置。施工现场办公区、生活区的生活用水采用节水系统和节水器具，提高节水器具配置比率。项目临时用水应使用节水型产品，安装计量装置，采取针对性的节水措施。 ⑤施工现场建立可再利用水的收集处理系统，使水资源得到梯级循环利用。 ⑥施工现场分别对生活用水与工程用水确定用水定额指标，并分别计量管理。 ⑦大型工程的不同单项工程、不同标段、不同分包生活区，凡具备条件的应分别计量用水量。在签订不同标段分包或劳务合同时，将节水定额指标纳入合同条款，进行计量考核。 ⑧对混凝土搅拌站点等用水集中的区域和工艺点进行专项计量考核。施工现场建立雨水、中水或可再利用水的搜集利用系统
非传统水源利用	①优先采用中水搅拌、中水养护，有条件的地区和工程应收集雨水养护。 ②处于基坑降水阶段的工地，宜优先采用地下水作为混凝土搅拌用水、养护用水、冲洗用水和部分生活用水。 ③现场机具、设备、车辆冲洗、喷洒路面、绿化浇灌等用水，优先采用非传统水源，尽量不使用市政自来水。 ④大型施工现场，尤其是雨量充沛地区的大型施工现场建立雨水收集利用系统，充分收集自然降水用于施工和生活中适宜的部位。 ⑤力争施工中非传统水源和循环水的再利用量大于 30%
用水安全	在非传统水源和现场循环再利用水的使用过程中，应制定有效的水质检测与卫生保障措施，确保避免对人体健康、工程质量以及周围环境产生不良影响

（5）节能与能源利用的技术要点。节能与能源利用主要包括节能措施，机械设备与机具，生产、生活及办公临时设施，施工用电及照明等方面，具体内容如表 2-30 所示。

表 2-30　节能与能源利用的技术要点

内容	技术要点
节能措施	①制订合理施工能耗指标,提高施工能源利用率。 ②优先使用国家、行业推荐的节能、高效、环保的施工设备和机具,如选用变频技术的节能施工设备等。 ③施工现场分别设定生产、生活、办公和施工设备的用电控制指标,定期进行计量、核算、对比分析,并有预防与纠正措施。 ④在施工组织设计中,合理安排施工顺序、工作面,以减少作业区域的机具数量,相邻作业区充分利用共有的机具资源。安排施工工艺时,应优先考虑耗用电能的或其他能耗较少的施工工艺。避免设备额定功率远大于使用功率或超负荷使用设备的现象。 ⑤根据当地气候和自然资源条件,充分利用太阳能、地热等可再生能源
机械设备与机具	①建立施工机械设备管理制度,开展用电、用油计量,完善设备档案,及时做好维修保养工作,使机械设备保持低耗、高效的状态。 ②选择功率与负载相匹配的施工机械设备,避免大功率施工机械设备低负载长时间运行。机电安装可采用节电型机械设备,如逆变式电焊机和能耗低、效率高的手持电动工具等,以利节电。机械设备宜使用节能型油料添加剂,在可能的情况下,考虑回收利用,节约油量。 ③合理安排工序,提高各种机械的使用率和满载率,降低各种设备的单位耗能
生产、生活及办公临时设施	①利用场地自然条件,合理设计生产、生活及办公临时设施的体形、朝向、间距和窗墙面积比,使其获得良好的日照、通风和采光。南方地区可根据需要在其外墙窗设遮阳设施。 ②临时设施宜采用节能材料,墙体、屋面使用隔热性能好的材料,减少夏天空调、冬天取暖设备的使用时间及耗能量。 ③合理配置采暖、空调、风扇数量,规定使用时间,实行分段分时使用,节约用电
施工用电及照明	①临时用电优先选用节能电线和节能灯具,临电线路合理设计、布置,临电设备宜采用自动控制装置。采用声控、光控等节能照明灯具。 ②照明设计以满足最低照度为原则,照度不应超过最低照度的 20%

(6)节地与施工用地保护的技术要点。节地与施工用地保护主要包括临时用地指标、临时用地保护、施工总平面布置等方面,具体内容如表 2-31 所示。

表 2-31　节地与施工用地保护的技术要点

内容	技术要点
临时用地指标	①根据施工规模及现场条件等因素合理确定临时设施,如临时加工厂、现场作业棚及材料堆场、办公生活设施等的占地指标。临时设施的占地面积应按用地指标所需的最低面积设计。 ②要求平面布置合理、紧凑,在满足环境、职业健康与安全及文明施工要求的前提下尽可能减少废弃地和死角,临时设施占地面积有效利用率大于 90%
临时用地保护	①应对深基坑施工方案进行优化,减少土方开挖和回填量,最大限度地减少对土地的扰动,保护周边自然生态环境。 ②红线外临时占地应尽量使用荒地、废地,少占用农田和耕地。工程完工后,及时对红线外占地恢复原地形、地貌,使施工活动对周边环境的影响降至最低。

（续表）

内容	技术要点
临时用地保护	③利用和保护施工用地范围内原有绿色植被。对于施工周期较长的现场，可按建筑永久绿化的要求，安排场地新建绿化
施工总平面布置	①施工总平面布置应做到科学、合理，充分利用原有建筑物、构筑物、道路、管线为施工服务。 ②施工现场搅拌站、仓库、加工厂、作业棚、材料堆场等布置应尽量靠近已有交通线路或即将修建的正式或临时交通线路，缩短运输距离。 ③临时办公和生活用房应采用经济、美观、占地面积小、对周边地貌环境影响较小，且适合于施工平面布置动态调整的多层轻钢活动板房、钢骨架水泥活动板房等标准化装配式结构。生活区与生产区应分开布置，并设置标准的分隔设施。 ④施工现场围墙可采用连续封闭的轻钢结构预制装配式活动围挡，减少建筑垃圾，保护土地。 ⑤施工现场道路按照永久道路和临时道路相结合的原则布置。施工现场内形成环形通路，减少道路占用土地。 ⑥临时设施布置应注意远近结合（本期工程与下期工程），努力减少和避免大量临时建筑拆迁和场地搬迁

（二）《建筑工程绿色施工规范》中相关规定

参建各方应积极推进建筑工业化和信息化施工。建筑工业化宜重点推进结构构件预制化和建筑配件整体装配化。

施工单位应强化技术管理，绿色施工过程技术资料应收集和归档。

绿色施工的组织与管理如表 2-32 所示。

表 2-32　绿色施工的组织与管理

参建单位	履行职责
建设单位	（1）在编制工程概算和招标文件时，应明确绿色施工的要求，并提供包括场地、环境、工期、资金等方面的条件保障。 （2）应向施工单位提供建设工程绿色施工的设计文件、产品要求等相关资料，保证资料的真实性和完整性。 （3）应建立工程项目绿色施工的协调机制
设计单位	（1）应按国家现行有关标准和建设单位的要求进行工程的绿色设计。 （2）应协助、支持、配合施工单位做好建筑工程绿色施工的有关设计工作
监理单位	（1）应对建筑工程绿色施工承担监理责任。 （2）应审查绿色施工组织设计、绿色施工方案或绿色施工专项方案，并在实施过程中做好监督检查工作
施工单位	（1）施工单位是建筑工程绿色施工的实施主体，应组织绿色施工的全面实施。 （2）实行总承包管理的建设工程，总承包单位应对绿色施工负总责。

（续表）

参建单位	履行职责
施工单位	(3)总承包单位应对专业承包单位的绿色施工实施管理，专业承包单位应对工程承包范围的绿色施工负责。 (4)施工单位应建立以项目经理为第一责任人的绿色施工管理体系，制定绿色施工管理制度，负责绿色施工的组织实施，进行绿色施工教育培训，定期开展自检、联检和评价工作。 (5)绿色施工组织设计、绿色施工方案或绿色施工专项方案编制前，应进行绿色施工影响因素分析，并据此制定实施对策和绿色施工评价方案

（三）《建筑工程绿色施工评价标准》中相关规定

绿色施工评价应以建筑工程施工过程为对象进行评价。

(1)评价框架体系。评价阶段宜按地基与基础工程、结构工程、装饰装修与机电安装工程进行。

建筑工程绿色施工应依据环境保护、节材与材料资源利用、节水与水资源利用、节能与能源利用和节地与土地资源保护 5 个要素进行评价。

评价要素应由控制项、一般项、优选项 3 类评价指标组成。评价等级应分为不合格、合格和优良。

提示

控制项是绿色施工过程中必须达到的基本要求条款。一般项是绿色施工过程中根据实施情况进行评价，难度和要求适中的条款。优选项是绿色施工过程中实施难度较大、要求较高的条款。

绿色施工评价框架体系应由评价阶段、评价要素、评价指标、评价等级构成。

(2)评价指标。环境保护、节材与材料资源利用、节水与水资源利用、节能与能源利用和节地与土地资源保护评价指标包括控制项、一般项、优选项，具体内容参考《建筑工程绿色施工评价标准》。

(3)评价方法。绿色施工项目自评价次数每月不应少于 1 次，且每阶段不应少于 1 次。

评价方法主要包括控制项判定合格的标准、一般项的打分标准、优选项的加分标准，具体内容参考《建筑工程绿色施工评价标准》。

单位工程绿色施工等级应按表 2-33 进行判定。

表 2-33　单位工程绿色施工等级判定标准

等级	判定标准
不合格	控制项不满足要求；单位工程总得分 $W<60$ 分；结构工程阶段得分 <60 分。一项不满足则为不合格
合格	控制项全部满足要求；单位工程总得分 60 分 $\leqslant W<80$ 分，结构工程得分 $\geqslant 60$ 分；至少每个评价要素各有一项优选项得分，优选项总分 $\geqslant 5$。全部满足才算合格
优良	控制项全部满足要求；单位工程总得分 $W\geqslant 80$ 分，结构工程得分 $\geqslant 80$ 分；至少每个评价要素中有两项优选项得分，优选项总分 $\geqslant 10$。全部满足才算优良

(4)评价组织和程序。绿色施工评价组织和程序如表 2-34 所示。

表 2-34　绿色施工评价组织和程序

名称	内容
评价组织	①单位工程绿色施工评价应由建设单位组织,项目施工单位和监理单位参加,评价结果应由建设、监理、施工单位三方签认。 ②单位工程施工阶段评价应由监理单位组织,项目建设单位和施工单位参加,评价结果应由建设、监理、施工单位三方签认。 ③单位工程施工批次评价应由施工单位组织,项目建设单位和监理单位参加,评价结果应由建设、监理、施工单位三方签认。 ④企业应进行绿色施工的随机检查,并对绿色施工目标的完成情况进行评估。 ⑤项目部会同建设和监理单位应根据绿色施工情况,制定改进措施,由项目部实施改进。 ⑥项目部应接受建设单位、政府主管部门及其委托单位的绿色施工检查
评价程序	①单位工程绿色施工评价应在批次评价和阶段评价的基础上进行。 ②单位工程绿色施工评价应由施工单位书面申请,在工程竣工验收前进行评价。 ③单位工程绿色施工评价应检查相关技术和管理资料,并应听取施工单位《绿色施工总体情况报告》,综合确定绿色施工评价等级。 ④单位工程绿色施工评价结果应在有关部门备案
评价资料	单位工程绿色施工评价资料应包括:绿色施工组织设计专门章节,施工方案的绿色要求、技术交底及实施记录;绿色施工要素评价表;绿色施工批次评价汇总表;绿色施工阶段评价汇总表;反映绿色施工要求的图纸会审记录;单位工程绿色施工评价汇总表;单位工程绿色施工总体情况总结;单位工程绿色施工相关方验收及确认表;反映评价要素水平的图片或影像资料

模块十二　机电工程施工质量管理

本部分主要介绍工程项目质量管理、施工质量的预控、施工质量检验、施工质量的统计分析方法、工程质量问题和质量事故等内容。

一、工程项目质量管理

(一)项目质量管理制度

施工企业应建立并实施工程项目质量管理制度,对工程项目质量管理策划、工程设计、施工准备、过程控制、变更控制和交付与服务作出规定。质量管理制度的制定应包含从工程项目管理策划至保修(包括变更)管理的全过程。

项目管理机构的质量管理需与国家有关质量管理法律法规和标准要求相一致:建立项目质量管理制度,包括质量终身责任和竣工后永久性标牌制度,对项目负责人履行质量责任不到位的情况进行追究;制定项目质量管理评定考核制度,包括合理配备质量管理资源及明确各自的质量责任和义务,以监督落实项目负责人的质量终身责任。

项目部应负责实施工程项目质量管理活动。施工企业应对项目部的质量管理活动进行指导、监督、检查和考核。

（二）项目质量管理策划

1.项目质量管理策划的内容

施工企业应实施工程项目质量管理策划，并明确下列策划内容：

(1)质量目标。

(2)项目质量管理组织机构和职责。

(3)工程项目质量管理的依据。

(4)影响工程质量因素和相关设计、施工工艺及施工活动分析。

(5)人员、技术、施工机具及设施资源的需求和配置。

(6)进度计划及偏差控制措施。

(7)施工技术措施和采用新技术、新工艺、新材料、新设备的专项方法。

(8)工程设计、施工质量检查和验收计划。

(9)质量问题及违规事件的报告和处理。

(10)突发事件的应急处置。

(11)信息、记录及传递要求。

(12)与工程建设相关方的沟通、协调方式。

(13)应对风险和机遇的专项措施。

(14)质量控制措施。

(15)工程施工其他要求。

2.项目质量管理策划的要点

工程项目质量管理策划的内容是施工企业各项要求在工程项目的具体应用。策划结果根据规定所形成的文件是全面安排项目施工质量管理的文件，是指导施工的主要依据。施工企业需明确规定该文件编制的内容及相关职责、权限。在编制前，有关人员需充分了解工程项目质量管理的要求，包括确保外包(分包)过程受控的要求。

施工企业需策划质量控制措施，确定关键工序并明确其质量控制点及控制方法。影响工程质量的因素包括与施工质量有关的人员、施工机具、工程材料、构配件和设备、施工方法和环境因素等。

下列影响因素可列为工序的质量控制点：

(1)对施工质量有重要影响的关键质量特性、关键部位或重要影响因素。

(2)工艺上有严格要求，对下道工序的活动有重要影响的关键质量特性、部位。

(3)严重影响项目质量的材料的质量和性能。

(4)影响下道工序质量的技术间歇时间。

(5)与施工质量密切相关的技术参数。

(6)容易出现质量通病的部位。

(7)紧缺工程材料、构配件和工程设备或可能对生产安排有严重影响的关键项目。

(8)隐蔽工程验收。

工程项目质量管理策划可根据项目的规模、复杂程度分阶段实施。策划结果所形成的文件可是一个或一组文件，可采用包括施工组织设计、质量计划在内的多种文件形式，内容需覆盖并符合规范的要求，其繁简程度宜根据工程项目的规模和复杂程度而定。

（三）项目质量计划

项目质量计划是关于项目质量管理体系过程和资源的文件，质量计划需与施工组织设计、施工方案等文件相协调与匹配，体现项目从资源投入到完成工程最终检验试验的全过程质量管理与控制要求，质量计划对外是质量保证文件，对内是质量控制文件。质量计划可以作为项目实施规划的一部分或单独成文。质量计划由组织管理制度规定的责任人负责编制，并按照规定程序进行审批。

项目质量计划应包括下列内容：

（1）质量目标和质量要求。

（2）质量管理体系和管理职责。

（3）质量管理与协调的程序。

（4）法律法规和标准规范。

（5）质量控制点的设置与管理。

（6）项目生产要素的质量控制。

（7）实施质量目标和质量要求所采取的措施。

（8）项目质量文件管理。

项目质量计划应在项目管理策划过程中编制。项目质量计划作为对外质量保证和对内质量控制的依据，体现项目全过程质量管理要求。

二、施工质量的预控

施工质量的事前控制为施工全过程质量控制的首要环节，也称施工质量预控。所谓工程施工质量预控就是根据主动控制原理对工程质量实施控制。

（一）施工质量预控实施的主要内容

施工质量预控主要分施工前的预控和施工过程中的预控。施工前的预控主要是对施工单位质量管理制度以及施工质量影响因素的控制，施工过程中的预控则主要针对质量发展趋势做出针对性的预控。以下主要介绍施工前的预控。

1. 施工单位质量管理制度

施工单位应建立质量管理制度和质量责任制，编制质量目标计划，层层分解落实任务，将责任落实到人，通过考核标准，对有质量责任和权力的单位和人员，进行标准化考核，确保施工质量预控目标的实现。确定施工单位主要负责人、主管质量工作负责人、总工程师、质量管理部门负责人以及工程项目的项目经理、技术负责人、质量员、实测实量人员、施工员等人员工作制度和责任制。

2. 施工质量影响因素

施工质量影响因素主要包括人、料、机、法、环五个方面，简称“4M1E”，其控制具体如表2-35所示。

表 2-35　施工质量影响因素控制

因素	控制内容
对于人员的控制	(1)应根据建设单位的要求,并结合工程项目的性质、特点和质量技术要求,明确人员的需求计划。 (2)对人员的配备情况进行控制并建立控制台账;参加建设的施工人员,上岗前应按施工质量文件的要求,进行业务培训和技术交底,对不合格人员应及时撤换。 (3)对项目的关键和特殊的质量控制点,应规定施工人员的配备和资格要求等,应满足生理、心理、健康的基本要求;对于需要持证上岗的岗位,施工人员应依法参加培训并考核合格。 (4)注意人员的职业素养要求,包括职业道德知识、职业态度、行为规范、质量意识等的监督评价
对于材料的控制	(1)采购组应按采购执行计划开展工作,严格控制采购质量、采购程序、采购标准和目标。采购前应验证供应商营业执照、产品生产许可证、使用许可证等资质证明资料;事先对拟采购的物资进行抽样检查,验证产品质量。 (2)对材料依据合同约定进行质量控制,必须保证合格的材料用于工程。对材料的外观、规格、型号、材质、数量、批次和质量证明文件等进行验收。对于特殊的材料需要进行复验和试验。未经检验或检验不合格的,不得运进施工现场。对不合格工程材料、设备进行记录、标识、隔离,以防误用。 (3)建立健全材料运输、储存、发放、领退、使用、销毁等管理制度。正确选择材料的保管储存方式,装卸及搬运方法尽量机械化、自动化
对于施工机械的控制	(1)应确保投入使用的施工机具与设施性能和状态合格,应检验合格并办理准入手续。对于进场使用的机械设备,应检查配置情况、状态是否良好,机械性能参数是否符合施工对象特点和质量要求等。 (2)定期进行维护和保养,形成运行使用记录。机械设备不应超铭牌规定的技术要求运行,不应"带病工作"。 (3)编制机械设备使用计划,满足能够控制施工质量的要求;正确使用机械设备,熟练掌握操作要领、操作规程
对于施工方法的控制	(1)编制施工组织设计、施工方案、作业指导书等,这是施工的指导文件,要求内容具体和可操作性强,为工程质量和作业安全提供直接的技术保证。 (2)根据施工状态的控制需求,施工企业应进行施工过程标识,重要过程应具有可追溯性。 (3)合理布置施工现场,并实施动态管理。 (4)制定质量控制要点,包括重点部位和关键环节施工要点、质量通病的预防措施等;制定成品保护措施,包括对上道工序成品的保护措施、对本道工序成品的保护措施等。 (5)采用科学、技术先进的质量管理方法和手段,例如,BIM 技术的应用
对于施工环境的控制	环境条件包括风、雨、雪、雾及雷电等气候变化、环境照度、电磁场辐射等情况。应采取有效措施降低不利因素对施工质量的干扰

链接

除上述五方面主要影响因素外，测量因素也对施工质量有一定影响。对于测量因素，主要从以下方面进行控制：

(1)选用的计量设备必须满足测量准确度和量程要求，性能完好。

(2)采购的计量设备应进行验证，并由计量员进行标识，按配置计划进行发放，做好发放记录。

(3)制定计量设备周检计划，定期进行计量设备校准、检定。

(4)应定期对计量设备进行维护和保养。

(二)施工质量预控方案的编制

施工质量预控方案是在对影响施工质量的因素特性分析后，针对施工过程中可能出现的质量问题所提出的方案。其应当包括工序名称、可能出现的质量问题和解决措施三个部分。通常可用文字、图表等方式表达。表2-36列出了几种质量预控方案的表达方式。

表2-36　质量预控方案的表达方式

表达方式	内容
文字形式	用文字表达信息时应注意简洁、明了，以及文字表达的准确性与协调性
列表形式	通过表格的形式，对质量预控方案的内容进行表达。优点是清晰直观，针对性强；缺点是共性问题表示不如文字形式方便
预控图形式	预控图又叫彩虹图，是一种基于规格界限来控制过程的简单运算法则图，具有简单易懂的程序，抽样检测工作量少。通常预控图控制区域分为目标区、警戒区、不良区三个区域。预控图经常用于某一分部分项工程的质量预控

(三)施工质量预控的方法

施工前，应确定质量预控的对象，并对其进行工序分解。预控对象可以是分部工程、分项工程，也可以是施工工序。根据预控对象的特点，进行分析，找出从中存在的质量问题、原因和影响因素，并有针对性地制定质量预控措施。

施工过程中，对监测的质量数据统计、分析，主要是指在质量监督工作中，对产品的形成过程以及质量管理中的相关数据信息进行整理、归纳和分析的过程，找出质量不合格原因，并制定消除质量问题的措施。

三、施工质量检验

(一)施工质量检验的相关规定

施工单位必须按照工程设计要求、施工技术标准和合同约定，对建筑材料、建筑构配件、设备和商品混凝土进行检验，检验应当有书面记录和专人签字；未经检验或者检验不合格的，不得使用。

施工单位必须建立、健全施工质量的检验制度，严格工序管理，作好隐蔽工程的质量检查和记录。隐蔽工程在隐蔽前，施工单位应当通知建设单位和建设工程质量监督机构。

施工人员对涉及结构安全的试块、试件以及有关材料，应当在建设单位或者工程监理单位监督下现场取样，并送具有相应资质等级的质量检测单位进行检测。

（二）施工质量检查制度

建筑工程企业施工质量一般实行自检、互检、专检三级检查制度，即“三检制”。其主要包括实行操作者的自检、工人之间的互检和专职检验人员的专检。

自检就是操作者对自己所作业的内容，按照图纸、工艺或合同中规定的技术标准自行进行检验，并作出是否合格的判断。通过自我检验，操作者可以充分了解自己作业的内容在质量上存在的问题，并寻找到问题的原因，进而提出改进措施。

互检就是施工人员相互之间进行检验。互检的形式主要有：下道工序对上道工序流转过来的施工内容进行抽检，即抽样检验；同一施工工序轮班交接时进行的相互检验，即交接检；施工小组质量员或班组长对本小组工人施工内容进行抽检。

专检就是由专职质量检验人员进行的检验。专检是现代化建设工程的客观要求，它是互检和自检不能取代的。

（三）施工质量检验的分类及内容

1. 施工质量检验的分类

施工质量检验一般可分为施工过程中的检验、质量验收检验和质量监督检验。

（1）施工过程检验主要是指由施工单位主导的对各施工过程的检验。施工过程检验应严格执行“三检制”。

（2）质量验收检验则是指由监理单位或建设单位主导的工程验收过程中的检验，包括对检验批、分项工程、分部工程、单位工程以及隐蔽工程等的验收检验。

对于机电工程，可按照《工业安装工程施工质量验收统一标准》《建筑工程施工质量验收统一标准》的要求实施检验批、分项工程、分部工程、单位工程验收检验工作。

隐蔽工程是指在下一工序完成后，该工序形成的实体被隐蔽不可逆向作业的工程。因此，隐蔽工程在隐蔽前应由施工单位通知监理（建设）等单位进行验收，并应形成验收文件，验收合格后方可继续施工。隐蔽工程经承包人自检确认具备覆盖条件的，承包人应在共同检查前 48 h 书面通知监理人检查，通知中应载明隐蔽检查的内容、时间和地点，并应附有自检记录和必要的检查资料。

（3）质量监督检验主要是指工程质量监督管理。工程质量监督管理包括工程实体质量监督和工程质量行为实施监督。工程实体质量监督是指主管部门对涉及工程主体结构安全、主要使用功能的工程实体质量情况实施监督。工程质量行为监督是指主管部门对工程质量责任主体和质量检测等单位履行法定质量责任和义务的情况实施监督。

工程质量监督管理的具体工作可以由县级以上地方人民政府建设主管部门委托所属的工程质量监督机构实施。监督机构经考核合格后，方可依法对工程实施质量监督，并对工程质量监督承担监督责任。

工程质量监督管理应当包括下列内容：

（1）执行法律法规和工程建设强制性标准的情况。

（2）抽查涉及工程主体结构安全和主要使用功能的工程实体质量。

（3）抽查工程质量责任主体和质量检测等单位的工程质量行为。

(4)抽查主要建筑材料、建筑构配件的质量。

(5)对工程竣工验收进行监督。

(6)组织或者参与工程质量事故的调查处理。

(7)定期对本地区工程质量状况进行统计分析。

(8)依法对违法违规行为实施处罚。

2. 施工质量检验的内容

施工质量检验主要针对材料质量和工序质量两方面内容进行检验。

进行材料质量检验时，首先是对其品种、规格、包装、外观和尺寸等"可视质量"进行检查验收，即材料实体质量检验。其次是对质量证明文件的核查。由于进场验收时对"可视质量"的检查只能检查材料和设备的外观质量，其内在质量难以判定，需由各种质量证明文件加以证明，故进场验收必须对材料和设备附带的质量证明文件进行核查。此外，对于建筑质量影响较大的材料和设备应实施抽样试验复验，以验证其质量是否符合要求。

当发现施工材料不符合要求且已经有部分使用在工程当中时，质量管理人员应立即叫停施工，并通知监理单位和建设单位。对不合格材料，应停止使用并清点统计，联系供货单位提出更换或退货要求。对已经使用不合格产品形成的过程产品，应组织相关人员对其质量进行评审，决定处置措施并实施。

工序是指划分的若干个具体施工过程或施工步骤。工序质量检验是工程质量检验中最基础的工作。在机电工程中，可采用实测检验法、试验检验法、感官检验法等方法进行。

对于不合格工序，可通过返工、返修、降级使用、报废等方式处理，也可不做处理，例如不影响安全结构和使用功能的可不做处理。

典型例题

【单选题】机电工程工序质量检查的基本方法不包括(　　)。

A. 试验检验法　　B. 实测检验法

C. 抽样检验法　　D. 感官检验法

C。【解析】抽样检验法用于收集成批样品的质量数据，不适用工序质量的检查。

四、施工质量的统计分析方法

(一)质量数据的搜集

质量数据的搜集是质量统计分析的前提。常见的质量数据搜集方法可分为全数检验法和抽样检验法。

全数检验法是对送交检验的全部产品逐件进行试验测定，进而全面搜集检测对象的质量数据，从而获得对检测对象质量水平的结论的检验方法，又称全面检验法。但由于其工作量较大、检验周期长、耗费资源较多，一般只在重要的、关键的和贵重的材料上使用。

抽样检验法是指从总体中随机抽取一定数目的个体单位作为样本进行数据搜集，使每个个体单位都有一定的概率被选入样本，从而根据样本所做出的结论对总体进行估计的检验方法。抽样检验法较全数检验法可以节省大量的资源和时间。抽样检验一般用于流程性材料检验、破坏性检验、数量较多的检验等。

抽样检验的方法多种多样，常见的有简单随机抽样、系统抽样、分层抽样等：

(1)简单随机抽样是指按照规定的样本量从样本总体中随机抽取样本的一种抽取方法。

(2)系统抽样是按照一定的间隔从已经按顺序编号的总体中抽取样本的方法。

(3)分层抽样是先将总体分成若干层次，再从各层次分别随机抽取样本的方法。

(二)常用的质量统计分析方法

常见的质量统计分析方法有排列图法、因果分析图法、分层法、调查表法、直方图法、控制图法等。本部分主要介绍排列图法、因果分析图法和分层法。

1. 排列图法

排列图法是根据"关键的少数和次要的多数"的原理而形成的，是一种对多个因素进行重要性排序的方法。

排列图由两个纵坐标、一个横坐标，几个直方形和一条曲线所组成。左纵坐标表示各因素频数(各因素出现的次数)，右纵坐标表示累计频率(百分比率)，横坐标表示影响产品质量的各个因素或项目，按影响质量程度的大小从左至右依次排列；每个直方形的高度表示该因素影响的大小；曲线上每点的高度表示该因素累计百分数的大小，该曲线又称为帕累托曲线。

为了利用排列图较准确地找到影响产品质量的主要因素，通常把曲线的累计百分数分为三级作为判断标准，与此三级相对应的因素分为三类：

(1)累计百分数在0% ~80%为A类因素，在这一区间的因素是关键因素(主要因素)，一般这种关键因素有一两个，是解决问题的入手处。

(2)累计百分数在80% ~90%的为B类因素，是次要因素。

(3)累计百分数在90% ~100%的为C类因素，这一区间的因素是一般影响因素。

专家解读

某机电安装公司对底漆喷涂质量缺陷进行排列图法分析步骤：

(1)列质量影响因素统计表，如表2-37所示。

表2-37　质量影响因素统计表

序号	缺陷名称	缺陷点数	占缺陷总数的百分比/%
1	局部脱皮	20	10.0
2	大面积气泡	29	14.5
3	返锈	131	65.5
4	流挂	6	3.0
5	针孔	9	4.5
6	漏涂	5	2.5

(2)按照各因素出现频率从大到小排序,并计算累计频率,列表,如表 2-38 所示。

表 2-38　累计频率表

序号	缺陷名称	缺陷点数	频数	频率/%	累计频率/%
1	返锈	131	131	65.5	65.5
2	大面积气泡	29	29	14.5	80.0
3	局部脱皮	20	20	10.0	90.0
4	针孔	9	9	4.5	94.5
5	流挂	6	6	3.0	97.5
6	漏涂	5	5	2.5	100
合计		200	200	100	—

(3)根据表 2-38 累计频率绘制排列图。如图 2-5 所示。

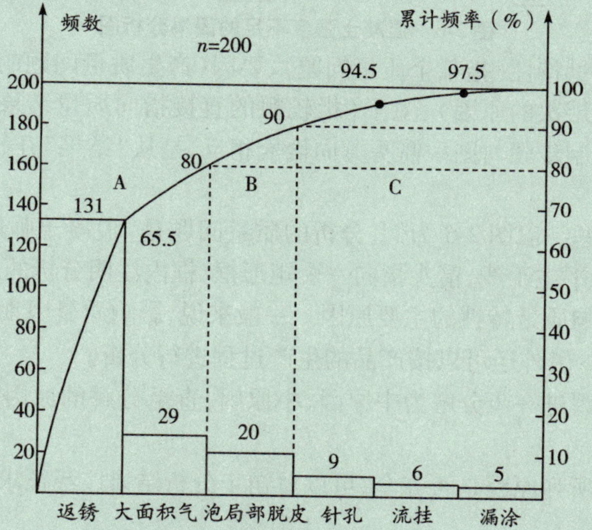

图 2-5　排列图

(4)根据排列图分析各类因素:A 类因素包括返锈、大面积气泡;B 类因素包括局部脱皮;C 类因素包括针孔、流挂、漏涂。

2. 因果分析图法

因果分析图可以将影响质量的所有原因及原因间相互关系(即因果关系)分析并表示出来,该图条理清楚、形象直观,指出了解决问题的入手点,是寻找某个质量问题(结果)与其产生原因之间关系的有效工具。因果分析图也称特性要因图,又因其形状常被称为树枝图或鱼刺图。

因果分析图基本形式如图 2-6 所示。

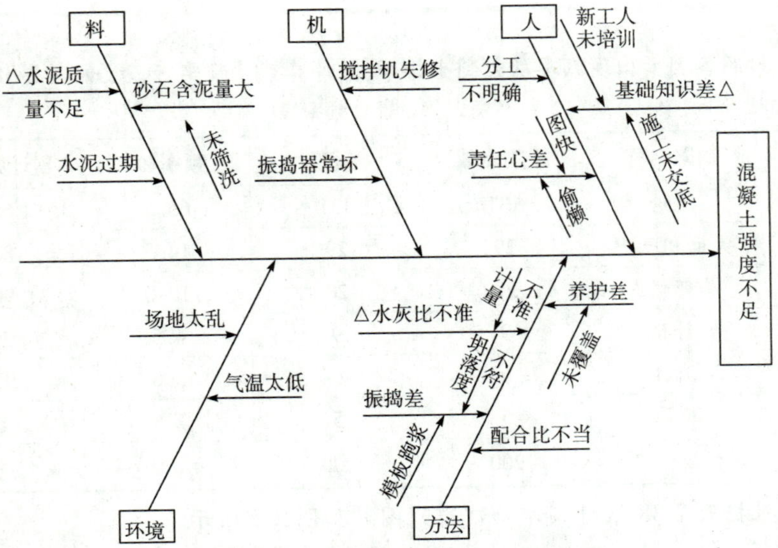

图 2-6　混凝土强度不足的因果分析图

因果分析图由质量特性(指某个质量问题)、要因(产生质量问题的主要原因)、枝干(指一系列箭线表示不同层次的原因)、主干(指较粗的直接指向质量结果的水平箭线)等所组成。因果分析图的绘制步骤与图中箭头方向恰恰相反,是从“结果”开始将原因逐层分解的,具体步骤如下:

(1)明确质量问题。以图 2-6 为例,分析的质量问题是“混凝土强度不足”,作图时首先由左至右画出一条水平主干线,箭头指向一个矩形框,框内注明分析的质量问题。

(2)分析确定影响质量特性的主要原因。一般来说,影响质量因素有五大方面,即人、机械、材料、方法、环境。另外还可以按产品的生产过程进行分析。

(3)将每种大原因进一步分解为中原因、小原因,直至分解的原因可以采取具体措施加以解决为止。

(4)检查图中的所列原因是否齐全,可以对初步分析结果广泛征求意见并做必要的补充及修改。

(5)选择出影响大的关键因素,做出标记“△”,以便重点采取措施。

3. 分层法

分层法又称分类法,是将收集来的数据根据不同的目的,按其性质、来源、影响因素等加以分类和分层进行研究的方法。它是分析影响质量原因的一种重要方法。它可以使杂乱的数据和错综复杂的因素系统化、条理化,从而找到主要问题,采取相应的措施。

分层的目的主要是为了分清责任,找出原因。应用分层法研究质量影响因素时,可先对操作人、机器、材料、方法、测量、环境和时间等方面进行分层,然后在小范围内再分层。分层的目的不同,分层的标志也不一样。

分层法原则是使同一层次内的数据波动幅度尽可能小,而层与层之间的差别尽可能大,否则就起不到归类汇总的作用。

分层法的实施步骤为:收集数据→将收集到的数据根据目的的不同选择分层标志→分层与归类→画分层归类图(表)→分析比较。

五、工程质量问题和质量事故

根据《工程建设施工企业质量管理规范》,工程质量问题是指工程质量不符合规定要求,包括质量缺陷、质量不合格和质量事故等。事故是质量问题的特殊情况,一般负面影响和后果比较严重。

(一)工程质量问题

1. 工程质量问题的监督管理

质量监督人员在检查中发现工程质量存在问题时,有权签发整改通知,责令限期改正;发现存在涉及结构安全和使用功能的严重质量缺陷、工程质量管理失控时,有权责令暂停施工或局部暂停施工等强制措施,以便立即改正;对发现结构质量隐患的工程有权责令进行检测,根据检测结果,要求建设单位整改。需要行政处罚的,由工程质量监督机构报政府委托部门查处。

2. 工程质量问题的处理

发生质量问题后,应首先进行质量问题调查。检查人员或现场人员,发现质量问题的,应立即要求停止现场作业,当场提出检查意见并做好标识、隔离、记录。施工单位项目部应开展质量问题调查,并编写质量问题调查报告,并及时提交给本单位管理部门、监理单位和建设单位。

其次进行事故原因分析。项目部应对造成工程质量问题的原因进行分析。必要时可邀请建设单位、监理单位、设计单位、供应商、专家等召开专题会议进行分析、研究。

最后是制定处理方案并实施,进行检查验收。找到质量问题的主要原因之后,要根据质量问题的范围、性质、原因和影响程度来确定处置方案。质量问题的处置方案由施工单位项目部制定,并应经过建设单位、监理单位同意并批准,方可实施。质量问题按处置方案整改完成后,要按验收规范进行验收。

链接

可以返工处理的质量问题,可以不编制处置方案,而是制定整改措施。整改措施应明确整改的方法、时间、人员,以及应达到的质量要求。

常见的工程质量问题处理方法具体如下:

(1)修补处理。这是最常用的一类处理方案,也称返修处理。通常当工程的某个检验批、分项或分部的质量虽未达到规定的规范、标准或设计要求,存在一定缺陷,但通过修补或更换器具、设备后还可达到要求的标准,又不影响使用功能和外观要求,在此情况下,可以进行修补处理。

(2)返工处理。当工程质量未达到规定的标准和要求,存在着严重质量问题,对结构的使用和安全构成重大影响,且又无法通过修补处理的情况下,可对检验批、分项、分部甚至整个工程返工处理。

(3)不做处理。某些工程质量问题虽然不符合规定的要求和标准构成质量事故,但视其严重情况,经过分析、论证、法定检测单位鉴定和设计等有关单位认可,对工程或结构使用及安全影响不大，也可不做专门处理。

(4)限制使用。当工程质量缺陷按修补方法处理后，无法保证达到规定的使用要求和安全要求，而又无法返工处理的情况下，不得已时可作出限制使用的决定。

(5)报废处理。经上述处理方法，仍不能满足安全或重要使用要求的分部工程及单位工程，按照报废处理。

施工单位对施工中出现质量问题的建设工程或者竣工验收不合格的建设工程，应当负责返修。

(二)工程质量事故

工程质量事故，是指由于建设、勘察、设计、施工、监理等单位违反工程质量有关法律法规和工程建设标准，使工程产生结构安全、重要使用功能等方面的质量缺陷，造成人身伤亡或者重大经济损失的事故。

1. 质量事故等级划分

根据工程质量事故造成的人员伤亡或者直接经济损失，工程质量事故分为4个等级：

(1)特别重大事故，是指造成30人以上死亡，或者100人以上重伤，或者1亿元以上直接经济损失的事故。

(2)重大事故，是指造成10人以上30人以下死亡，或者50人以上100人以下重伤，或者5 000万元以上1亿元以下直接经济损失的事故。

(3)较大事故，是指造成3人以上10人以下死亡，或者10人以上50人以下重伤，或者1 000万元以上5 000万元以下直接经济损失的事故。

(4)一般事故，是指造成3人以下死亡，或者10人以下重伤，或者100万元以上1 000万元以下直接经济损失的事故。

提示

上述所称的“以上”包括本数，所称的“以下”不包括本数。

2. 质量事故报告

工程质量事故发生后，事故现场有关人员应当立即向工程建设单位负责人报告；工程建设单位负责人接到报告后，应于1 h内向事故发生地县级以上人民政府住房和城乡建设主管部门及有关部门报告。情况紧急时，事故现场有关人员可直接向事故发生地县级以上人民政府住房和城乡建设主管部门报告。

3. 质量事故调查

住房和城乡建设主管部门应当按照有关人民政府的授权或委托，组织或参与事故调查组对事故进行调查，并履行下列职责：

(1)核实事故基本情况，包括事故发生的经过、人员伤亡情况及直接经济损失。

(2)核查事故项目基本情况，包括项目履行法定建设程序情况、工程各参建单位履行职责的情况。

(3)依据国家有关法律法规和工程建设标准分析事故的直接原因和间接原因，必要时组织对事故项目进行检测鉴定和专家技术论证。

(4)认定事故的性质和事故责任。

(5)依照国家有关法律法规提出对事故责任单位和责任人员的处理建议。

(6)总结事故教训,提出防范和整改措施。

(7)提交事故调查报告。

4. 质量事故处理

住房和城乡建设主管部门应当依据有关人民政府对事故调查报告的批复和有关法律法规的规定,对事故相关责任者实施行政处罚。处罚权限不属本级住房和城乡建设主管部门的,应当在收到事故调查报告批复后15个工作日内,将事故调查报告(附具有关证据材料)、结案批复、本级住房和城乡建设主管部门对有关责任者的处理建议等转送有权限的住房和城乡建设主管部门。

住房和城乡建设主管部门应当依据有关法律法规的规定,对事故负有责任的建设、勘察、设计、施工、监理等单位和施工图审查、质量检测等有关单位分别给予罚款、停业整顿、降低资质等级、吊销资质证书其中一项或多项处罚,对事故负有责任的注册执业人员分别给予罚款、停止执业、吊销执业资格证书、终身不予注册其中一项或多项处罚。

(三)特种设备事故

特种设备事故是指列入特种设备目录的特种设备因其本体原因及其安全装置或者附件损坏、失效,或者特种设备相关人员违反特种设备法律法规规章、安全技术规范造成的事故。特种设备事故分为特别重大事故、重大事故、较大事故、一般事故。

1. 事故报告

特种设备发生事故后,事故发生单位应当按照应急预案采取措施,组织抢救,防止事故扩大,减少人员伤亡和财产损失,保护事故现场和有关证据,并及时向事故发生地县级以上人民政府负责特种设备安全监督管理的部门和有关部门报告。

县级以上人民政府负责特种设备安全监督管理的部门接到事故报告,应当尽快核实情况,立即向本级人民政府报告,并按照规定逐级上报。必要时,负责特种设备安全监督管理的部门可以越级上报事故情况。对特别重大事故、重大事故,国务院负责特种设备安全监督管理的部门应当立即报告国务院并通报国务院应急管理部门等有关部门。

与事故相关的单位和人员不得迟报、谎报或者瞒报事故情况,不得隐匿、毁灭有关证据或者故意破坏事故现场。

2. 事故调查与处理

特别重大事故由国务院或者国务院授权有关部门组织事故调查组进行调查。重大事故由国务院特种设备安全监督管理部门会同有关部门组织事故调查组进行调查。较大事故由省、自治区、直辖市特种设备安全监督管理部门会同有关部门组织事故调查组进行调查。一般事故由设区的市的特种设备安全监督管理部门会同有关部门组织事故调查组进行调查。

事故调查报告应当由负责组织事故调查的特种设备安全监督管理部门的所在地人民政府批复,并报上一级特种设备安全监督管理部门备案。有关机关应当按照批复,依照法律、行政法规规定的权限和程序,对事故责任单位和有关人员进行行政处罚,对负有事故责任的国家工作人员进行处分。

特种设备安全监督管理部门应当在有关地方人民政府的领导下，组织开展特种设备事故调查处理工作。有关地方人民政府应当支持、配合上级人民政府或者特种设备安全监督管理部门的事故调查处理工作，并提供必要的便利条件。

特种设备安全监督管理部门应当对发生事故的原因进行分析，并根据特种设备的管理和技术特点、事故情况对相关安全技术规范进行评估；需要制定或者修订相关安全技术规范的，应当及时制定或者修订。

模块十三　机电工程试运行管理

一、试运行的基本规定

试运行是指工厂或项目完成施工验收后，由业主及总承包单位组织进行的包括单机试车（也称单机试运行或单机试运转）、联动试车（也称联动试运行或联动试运转）和投料试车（也称负荷试运行或负荷试运转）等全部活动。试运行的内容如表 2-39 所示。

表 2-39　试运行的内容

内容	定义	组织者	参与者
单机试车	现场安装的单台动设备、单元机或机组，在不带物料或无载荷情况下进行的试运转，或以水、空气为替代介质进行的负荷运转	施工单位（总承包单位）	建设单位、设计单位、监理单位等
联动试车	对规定范围内的设备、管道、电气、自动控制系统等，在各自达到试车要求后，以水、空气、生产物料或其相似替代物为介质所进行的系统模拟运行	建设单位	施工单位（总承包单位）、设计单位、监理单位等
投料试车	对工厂或项目的全部生产装置按设计文件规定的流程进行各装置之间、各系统之间首尾衔接、以实际物料为介质并打通整个生产流程的运行过程	建设单位	施工单位（总承包单位）、设计单位、监理单位等

常见的机电工程试运行一般按以下程序进行：工程安装→单机试车→机械竣工及中间交接→联机试车→投料试车。本部分主要介绍机械竣工及中间交接。

机械竣工是指工程完成安装检查与整改、单机试运行合格，达到了验收条件，取得机械竣工证明文件的过程。

项目施工结束后，总承包单位应组织业主、设计、施工、监理和试运行技术人员，按单元或系统分专业进行“三查四定”。“三查”是指查设计漏项、查未完工程、查施工质量隐患；“四定”是指对检查出的问题定任务内容、定负责人员、定整改措施、定完成时间。“三查四定”后的相关整改工作应在机械竣工前完成，确实难以及时整改的问题，应做出书面处理意见由专人负责跟踪，并应在联动试车前完成。

中间交接是指工厂或项目的某个子项、单元或独立系统已施工完毕，经相关方检查符合设计和相关规范要求，取得机械竣工证书，施工单位向业主或总承包单位办理交接手续的过程。中间交接只是界区内的所有装置、设备或设施的保管及使用责任发生移交，但尚未解除总承包单位或施工单位对施工质量的责任，遗留的工作仍由施工单位完成。

工程中间交接应包括下列内容：

(1)按设计内容对工程实物进行核实、查验交接。

(2)施工技术资料审查与交接。

(3)安装专用工器具、随机备品备件、安装剩余材料归还交接。

(4)供货商随机技术资料交接。

(5)签署遗留问题处理意见备忘录。

(6)签署工程中间交接证书。

中间交接的其他要求下面以典型例题的形式进行讲解。

典型例题

【单选题】中间交接时建设单位生产管理部门应确认的情况不包括(　　)。

A. 工程文件汇总　　B. 静设备无损检测

C. 管道系统吹扫　　D. 管道耐压试验

A。【解析】中间交接时，建设单位生产管理部门应对以下情况予以确认：(1)电气、仪表的联校情况，装置区临时设施的清理情况。(2)大型机组试运行和联锁保护情况。(3)动设备单体试运行情况。(4)静设备无损检测、强度试验和清扫情况。(5)工艺、动力管道耐压试验和系统吹扫情况。

二、单机试车

(一)单机试车的目的

单机试车的目的主要是考核单台动设备、单元机或机组的制造质量、安装质量、设备性能等是否符合相关要求。

(二)单机试车的要求

单机试车的要求，具体如表 2-40 所示。

表 2-40　单机试车的要求

单机试车	要求
一般规定	(1)通用机泵、搅拌机械、驱动装置、大机组等转动设备及与其相关的电气、仪表和自控系统安装完成后，应进行单机试车。 (2)设备安装完成后，应运用检测仪器、仪表和科学的方法，按设计要求对设备进行检查诊断，确定设备本身质量、机械性能、安装质量是否符合运转条件
条件	机电工程项目单机试车应具备下列条件： (1)试车范围内的设备应按设计文件的内容、制造商提供的安装说明文件，以及相关的质量标准全部安装完毕。 (2)设备施工安装记录和检验合格文件应齐全。 (3)与试车设备相连的管道吹扫、清洗、试压已完毕并应检查合格，施工记录应完整。

（续表）

单机试车	要求
条件	(4)机器润滑油、密封液、液压油、控制油等填充或置换应完成。 (5)单机试车时需要增加的临时管线、阀门、盲板、过滤网等临时设施的安装准备工作应完毕。 (6)与试车设备相关的电气和仪表系统调试应合格。 (7)单机试车方案应得到总承包单位或业主的批准。 (8)单机试车人员应提前经过相关培训、实习,并应经考试合格,取得相应上岗证;单机试车时应按机械说明书、试车方案和操作方法进行指挥和操作。 (9)单机试车时工具、检测仪表、记录表格应齐备,保修人员应就位。 (10)相关参建单位的责任分工已明确。 (11)单机试车需要的动力、介质、材料、机具、检验仪器,应符合单机试车的要求
实施规定	(1)单机试车的具体内容应达到设计文件、试车方案及制造商提供文件所规定的要求,并应在试车过程中重点检查下列内容: ①机械装置连接应正确,应达到制造商文件规定的要求。 ②管路连接应正确,应无渗漏现象,阀门安装应到位,开启应正常。 ③电气、仪表连接应正确,具备条件的保护性联锁和报警等自控装置应一并进行调试,且应达到实际控制效果。 ④设备启动时转向应正确,启动或急停应正常,试车期间,设备本体不应有过热、震动、杂音等异常现象。 (2)单机试车过程中应指定专人记录试车数据;单机试车合格后,应由参与试车的有关人员在规定的表格上共同签字确认。 (3)单机试车必须划定试车区,无关人员不得进入;试车必须包括保护性联锁和报警等自动控制装置。 (4)单机试车时需要增加的临时设施(如管线、阀门、盲板、过滤网等),由施工单位提出计划,建设(生产)单位审核,施工单位施工
试车后应完成的主要工作	单机空负荷试运转后,应进行下列工作: (1)切断电源和其他动力源。 (2)放气、排水、排污和防锈涂油。 (3)对蓄能器和蓄势腔及机械设备内剩余压力,应卸压。 (4)空负荷试运转后,应对润滑剂的清洁度进行检查,清洗过滤器;必要时可更换新的润滑剂。 (5)拆除试运转中的临时装置和恢复临时拆卸的设备部件及附属装置。 (6)清理和清扫现场,将机械设备盖上防护罩。 (7)整理试运转的各项记录

专家解读

单机试车前应具备的条件总结如下:责任分工已明确,有关分项工程验收合格,施工过程资料齐全,资源条件、技术措施、准备工作已到位并满足要求。

（三）常见机械设备的单机试车要求

1. 压缩机的单机试运转要求

压缩机单机试运转可分为空负荷试运转和空气负荷试运转。空负荷试运转的目的是检查各运动部件在空负荷下运转是否正常。空负荷试运转后，应进行以空气为介质的空气负荷试运转，以考核安装的质量。

压缩机空负荷试运转，应符合下列要求：

（1）应将各级吸、排气阀拆下。

（2）应启动冷却系统、润滑系统，其运转应正常。

（3）应检查盘车装置，应处于压缩机启动所要求的位置。

（4）点动压缩机，应在检查各部位无异常现象后，依次运转 5 min、30 min 和 2 h 以上，每次启动运转前，应检查压缩机润滑情况且应正常。

（5）运转中润滑油压不得小于 0.10 MPa，曲轴箱或机身内润滑油的温度不应高于 70 ℃。

（6）各级冷却水排水温度应符合随机技术文件的规定；无规定时，各级冷却水排水温度不应高于 45 ℃。

（7）运转中各运动部件应无异常声响，各紧固件应无松动。

压缩机空气负荷试运转，应符合下列要求：

（1）空气负荷试运转前，应先装上空气滤清器，并应逐级装上吸、排气阀，再启动压缩机进行吹扫；应从一级开始，逐级连通吹扫，每级吹扫不应小于 30 min，直至排出的空气清洁为止。

（2）吹扫后，应拆下各级吸、排气阀清洗洁净，且应随即装上复原。

（3）升压运转的程序、压力和运转时间应符合随机技术文件的规定；无规定，且排气压力为额定压力的 1/4 时，应连续运转 1 h；排气压力为额定压力的 1/2 时，应连续运转 2 h；排气压力为额定压力的 3/4 时，应连续运转 2 h；在额定压力下连续运转不应小于 3 h；升压运转过程中，应在前一级压力下运转无异常现象后再将压力逐渐升高。

（4）压缩介质不是空气的压缩机，当采用空气进行负荷试运转时，其最高排气压力应符合随机技术文件的规定。

（5）一级吸气压力、各级排气温度和末级排气压力应符合随机技术文件的规定。

（6）运转中润滑油压不得低于 0.10 MPa；曲轴箱或机身内润滑油的温度，氧气压缩机不应高于 60 ℃，其他压缩机不应高于 70 ℃。

（7）各级冷却水排水温度应符合随机技术文件的规定；无规定时，各级冷却水排水温度不应高于 45 ℃。

（8）压缩机运转时的振动速度有效值或峰－峰值应符合随机技术文件的规定。

压缩机在空气负荷试运转中，应进行下列各项检查和记录：

（1）润滑油的压力、温度和各部位的供油情况。

（2）各级吸、排气的温度和压力。

（3）各级进、排水的温度、压力和冷却水的供应情况。

（4）各级吸、排气阀的工作应无异常。

（5）运动部件应无异常响声。

(6)连接部位应无漏气、漏油或漏水。

(7)连接部位应无松动。

(8)气量调节装置应灵敏。

(9)主轴承、滑道、填函等主要摩擦部位的温度。

(10)电动机的电流、电压、温升。

(11)自动控制装置应灵敏、可靠。

(12)机组的振动。

压缩机空气负荷试运转后,应排除气路和气罐中的剩余压力,清洗油过滤器和更换润滑油,排除进气管及冷凝收集器和汽缸及管路中的冷凝液;需检查曲轴箱时,应在停机 15 min 后再打开曲轴箱。

2. 泵的单机试运转要求

泵试运转应符合下列要求:

(1)试运转的介质宜采用清水;当泵输送介质不是清水时,应按介质的密度、比重折算为清水进行试运转,流量不应小于额定值的 20%;电流不得超过电动机的额定电流。

(2)润滑油不得有渗漏和雾状喷油;轴承、轴承箱和油池润滑油的温升不应超过环境温度 40 ℃,滑动轴承的温度不应大于 70 ℃;滚动轴承的温度不应大于 80 ℃。

(3)泵试运转时,各固定连接部位不应有松动;各运动部件运转应正常,无异常声响和摩擦;附属系统的运转应正常;管道连接应牢固、无渗漏。

(4)轴承的振动速度有效值应在额定转速、最高排出压力和无气蚀条件下检测,检测及其限值应符合随机技术文件的规定。

(5)泵的静密封应无泄漏;填料函和轴密封的泄漏量不应超过随机技术文件的规定。

(6)润滑、液压、加热和冷却系统的工作应无异常现象。

(7)泵的安全保护和电控装置及各部分仪表应灵敏、正确、可靠。

(8)泵在额定工况下连续试运转时间不应少于表 2-41 规定的时间;高速泵及特殊要求的泵试运转时间应符合随机技术文件的规定。

表 2-41　泵在额定工况下连续试运转时间

泵的轴功率/kW	连续试运转时间/min
<50	30
50～100	60
100～400	90
>400	120

(9)系统在试运转中应检查下列各项,并应做好记录:润滑油的压力、温度和各部分供油情况;吸入和排出介质的温度、压力;冷却水的供水情况;各轴承的温度、振动;电动机的电流、电压、温度。

离心泵试运转时除应符合上述的规定外,尚应符合下列要求:

(1)机械密封的泄漏量不应大于 5 mL/h,高压锅炉给水泵机械密封的泄漏量不应大于

10 mL/h；填料密封的泄漏量不应大于表 2-42 的规定，且温升应正常；杂质泵及输送有毒、有害、易燃、易爆等介质的泵，密封的泄漏量不应大于设计的规定值。

表 2-42 填料密封的泄漏量

设计流量/（$m^3 \cdot h^{-1}$）	≤50	>50～100	>100～300	>300～1 000	>1 000
泄漏量/（$mL \cdot min^{-1}$）	15	20	30	40	60

（2）工作介质比重小于 1 的离心泵用水进行试运转时，控制电动机的电流不得超过额定值，且水流量不应小于额定值的 20%；用有毒、有害、易燃、易爆颗粒等介质进行运转的泵，其试运转应符合随机技术文件的规定。

（3）低温泵不得在节流情况下运转。

（4）泵的振动值的检测及其限值，应符合随机技术文件的规定；无规定时，应符合规范规定。

离心泵停止试运转后，应符合下列要求：

（1）离心泵应关闭泵的入口阀门，待泵冷却后应再依次关闭附属系统的阀门。

（2）高温泵的停机操作应符合随机技术文件的规定；停机后应每隔 20～30 min 盘车半圈，并应直到泵体温度降至 50 ℃为止。

（3）低温泵停机，当无特殊要求时，泵内应经常充满液体；吸入阀和排出阀应保持常开状态；采用双端面机械密封的低温泵，液位控制器和泵密封腔内的密封液应保持为泵的灌泵压力。

（4）输送易结晶、凝固、沉淀等介质的泵，停泵后，应防止堵塞，并应及时用清水或其他介质冲洗泵和管道。

（5）应放净泵内积存的液体。

典型例题

【单选题】离心泵在给水试运转后，不必进行的工作是（　　）。

A. 关闭泵的入口阀门　　B. 关闭附属系统阀门

C. 用清水冲洗离心泵　　D. 放净泵内积存液体

C。【解析】当泵内输送易结晶、凝固、沉淀等介质时，才需要用清水冲洗离心泵。

3. 风机的单机试运转要求

风机试运转前，应符合下列要求：

（1）轴承箱和油箱应经清洗洁净、检查合格后，加注润滑油；加注润滑油的规格、数量应符合随机技术文件的规定。

（2）电动机、汽轮机和尾气透平机等驱动机器的转向应符合随机技术文件的要求。

（3）盘动风机转子，不得有摩擦和碰刮。

（4）润滑系统和液压控制系统工作应正常。

（5）冷却水系统供水应正常。

（6）风机的安全和连锁报警与停机控制系统应经模拟试验，并应符合下列要求：冷却系统压力不应低于规定的最低值；润滑油的油位和压力不应低于规定的最低值；轴承的温度和温升不应高于规定的最高值;轴承的振动速度有效值或峰-峰值不应超过规定值;喘振报警和气体释放装置应灵敏、正确、可靠;风机运转速度不应超过规定的最高速度。

(7)机组各辅助设备应按随机技术文件的规定进行单机试运转,且应合格。

(8)风机传动装置的外露部分、直接通大气的进口,其防护罩(网)应安装完毕。

(9)主机的进气管和与其连接的有关设备应清扫洁净。

离心通风机、轴流通风机、罗茨和叶氏鼓风机、离心鼓风机、轴流鼓风机、防爆通风机和消防排烟通风机等风机的试运转要求可以参考《风机、压缩机、泵安装工程施工及验收规范》。

三、联动试车

(一)联动试车的目的

联动试车应达到下列效果:

(1)整个试车系统应实现首尾衔接、稳定操作,控制系统工作应正常,各项指标应接近或达到规定的指标值,应稳定连续运行达到规定时间。

(2)验证试车范围内的设备性能应达到相关要求。

(3)试车人员应掌握试车系统的开车、停车、事故处理和工艺条件调整操作技能。

(4)应消除联动试车中发现的缺陷,试车系统应达到投料试车条件。

联动试车的目的主要是为了考核联动机组或整条生产线的电气联锁,检验设备的制造、安装质量及性能是否符合设计要求和规范,其主要的试车范围应当包括设备机组、电气系统、管道系统、自动控制系统等。

(二)联动试车的要求

机电工程项目联动试车应具备下列条件:

(1)除留待投料试车阶段进行单机试车的设备外,联动试车范围内的设备,其单机试车应全部合格,并应完成工程机械竣工及中间交接。

(2)联动试车范围内的设备及系统应已按规范规定完成调试及相关准备工作。

(3)职业卫生及安全消防设施,气防器材,温感、烟感、有毒有害可燃气体报警、防雷防静电、监视系统、紧急照明及呼叫等设施,应处于完好(备用)状态。

(4)涉及尘、毒、噪声及放射性等危害的区域,其监测点应确定,并应设置标识牌或警示牌。

(5)试车现场有碍安全的临时设备、材料和杂物等应清理干净,紧急疏散通道应满足疏散要求。

(6)试车所需生产记录报表应齐全,并应配发到岗位;机械设备、电气、仪表等专业维修设备和测试仪表、试验及化验仪器应备齐。

(7)专业工程师、班组长、操作员工应到位,需经考试合格并取得上岗证。

(8)试车方案和相关操作规程应已批准,并应印发到班组和关键岗位。

(9)生产管理机构应建立,各级岗位责任应明确。

(10)通信系统应畅通。

(11)保运队伍应已组成并到位。

联动试车应符合下列规定：

(1)应按批准的试车方案和操作规程实施。

(2)不受工艺条件影响的仪表、保护性联锁、报警系统均应参与联动试车，并应逐步投用自动控制系统。

(3)各岗位试车人员应按要求上岗，相关专业人员应共同参与，并应服从统一指挥。

(4)联动试车前应划定试运行区，无关人员不得进入。

(5)应按试车方案的规定做好联动运行记录，并应签字确认。

四、投料试车

(一)投料试车的目的

投料试车实现的主要预期目标，应包括下列内容：

(1)从生产原料投入装置到产出最终产品，实现全过程试车不中断，各主要控制点正常平稳到达，生产装置运行稳定，产品质量合格。

(2)不发生重大的设备、操作、人身事故，不发生火灾和爆炸事故。

(3)安全及消防、职业卫生及环保设施运行正常，相关检测指标符合或接近标准要求。

(4)做好物料平衡，控制好试车成本。

(二)投料试车的要求

机电工程项目投料试车应具备下列条件：

(1)投料试车方案应已经批准公布，投料试车方案的主要内容可按相关规定执行。

(2)各系统的联动试车应完成。

(3)应按规范要求进行检查及确认，且查出的问题应整改完毕。

(4)工艺参数表应已确认签署，并应正式下发。

投料试车应符合下列规定：

(1)应按试车方案操作，循序渐进，步骤明确，相关装置协调一致。

(2)投料试车应由试车指挥系统进行指挥，且应避免多头指挥、越级指挥。

(3)投料试车阶段关键岗位宜实行监护操作制度，并应对重要设备加强巡回检查。

(4)参加投料试车的人员应佩戴试车证件，无关人员未经允许不得进入投料试车区域。

(5)应坚持条件不具备不开车、程序不清楚不开车、指挥不在场不开车、出现问题不解决不开车的“四不开车”原则。

模块十四 机电工程竣工验收管理

一、竣工验收的基本内容

(一)竣工验收的相关规定

工程竣工验收由建设单位负责组织实施。

工程完工后，施工单位向建设单位提交工程竣工报告，申请工程竣工验收。实行监理的工程，工程竣工报告须经总监理工程师签署意见。

建设单位收到工程竣工报告后，对符合竣工验收要求的工程，组织勘察、设计、施工、监理等单位组成验收组，制定验收方案。对于重大工程和技术复杂工程，根据需要可邀请有关专家参加验收组。

建设单位应当在工程竣工验收7个工作日前将验收的时间、地点及验收组名单书面通知负责监督该工程的工程质量监督机构。

链接

对于某些特殊情况，工程施工虽未全部按照批准的设计文件完成，但已满足投产或使用的条件，也可进行竣工验收。

（二）竣工验收的依据

项目竣工验收的主要依据：

(1)项目审批部门批准的项目建议书、可行性研究报告、初步设计及批准文件。

(2)政府有关部门对规划、土地、环保、节能、施工许可、消防、生产安全、资源使用及其他有关事项的批复。

(3)施工图纸、设计变更单、设备技术说明书。

(4)国务院、省政府和行业行政主管部门颁布的建设标准、现行设计和施工技术规范、验收规范和质量标准等有关规定。

(5)建设项目的勘察、设计、施工、监理以及重要设备、材料招标投标文件及其合同。

(6)引进技术或成套设备的建设项目，还应出具签订的合同和国外提供的设计文件等资料。

（三）竣工验收的组织

竣工验收可根据工程规模大小和复杂程度组成验收委员会或验收组，应由建设单位组织接管单位(使用单位)、施工单位、勘察设计单位、监理单位、设备供应商等单位参加验收工作，涉及消防、环保的，还应邀请消防、生态环境部门参加：

(1)对于规模和工程复杂程度大的项目，由组建的建设项目验收委员会进行验收。

(2)对于规模小而工程简易的项目，由组建的建设项目验收组进行验收。

(3)特别复杂和重要的特大型项目，除验收委员会外，应另组织专家咨询机构为竣工验收做细致的准备和复核工作。

二、竣工验收的实施

（一）竣工验收的条件

工程符合下列要求方可进行竣工验收：

(1)完成工程设计和合同约定的各项内容。

(2)施工单位在工程完工后对工程质量进行了检查，确认工程质量符合有关法律、法规和工程建设强制性标准，符合设计文件及合同要求，并提出工程竣工报告。工程竣工报告应经项目经理和施工单位有关负责人审核签字。

(3)对于委托监理的工程项目，监理单位对工程进行了质量评估，具有完整的监理资料，并提出工程质量评估报告。工程质量评估报告应经总监理工程师和监理单位有关负责人审核签字。

(4)勘察、设计单位对勘察、设计文件及施工过程中由设计单位签署的设计变更通知书进行了检查,并提出质量检查报告。质量检查报告应经该项目勘察、设计负责人和勘察、设计单位有关负责人审核签字。

(5)有完整的技术档案和施工管理资料。

(6)有工程使用的主要建筑材料、建筑构配件和设备的进场试验报告,以及工程质量检测和功能性试验资料。

(7)建设单位已按合同约定支付工程款。

(8)竣工决算报告已编制完成。

(9)有施工单位签署的工程质量保修书。

(10)建设主管部门及工程质量监督机构责令整改的问题全部整改完毕。

(11)法律、法规规定的其他条件。

(二)竣工验收准备工作

竣工验收前,应由建设单位组织施工、设计、勘察、监理等单位,做好下述验收准备工作:

(1)核实项目的完成情况,列出已完成工程和未完成工程一览表。

(2)收集、整理、汇总建设项目的档案资料,分类编目,绘制好工程竣工图,并装订成册。

(3)检查建设项目质量,查明须返工或修补的工程,提出竣工时间。

(4)落实项目投入使用的准备工作,提出业务试运行考核情况报告。

(5)编制竣工决算报表和竣工决算说明书。

(6)编制竣工验收报告。

(三)预验收

建设项目规模和复杂程度较大的项目,应进行预验收。

预验收应进行的主要工作有:

(1)核查工程竣工验收资料和施工技术资料的完整性、准确性。

(2)检查项目的建设标准和施工质量,对工程质量作出评价,对工程存在的隐患和质量问题提出处理意见,最终达到质量验收标准。

(3)核查返工或返修的工程内容及时间以及生产准备工作和试车调试检查情况。

(4)解决可能影响正式验收的相关问题,协调各方面的关系,为正式验收做准备。

(5)编制完成竣工预验收报告和生产准备情况。

链接

预验收阶段,应由施工单位在自我检查整改的基础上,进行竣工预验收的复验。

(四)正式验收

正式竣工验收应进行以下主要工作:

(1)听取项目主管单位、项目建设单位以及勘察、设计、施工、监理等单位对项目建设过程的情况汇报。

(2)竣工验收报告的审议。审议验收申请报告、预验收报告,以及遗留问题和工程初期运行所发现问题的处理情况。

(3)审查竣工验收档案资料,包括向有关部门调查核实项目的有关审批文件,设计资料、竣工图纸、各种合同、有关会议纪要、往来文件等。

(4)实地查验工程质量,并签署查验意见。

(5)审查生产准备及调试、试车内容与要求。

(6)移交工程清单。

(7)有遗留问题的项目,对遗留问题必须有具体处理意见,且有限期处理的明确要求并落实责任人。

(8)审核竣工决算的真实性、合法性、效益情况。

(9)对工程勘察、设计、施工、设备安装质量和各管理环节等方面作出全面评价,形成经验收组人员签署的工程竣工验收意见,签署验收会议纪要,由建设单位签发《工程竣工验收报告》。

链接

对于一些特殊工程,竣工验收之前应进行专项验收,专项验收的项目应当包括消防、节能、卫生、环保、规划、档案、防雷、人防、绿化等。

典型例题

【单选题】工业建设项目正式竣工验收会议的主要任务不包括(　　)。

A. 编制竣工决算　　B. 查验工程质量

C. 审查生产准备　　D. 核定遗留尾工

A。【解析】工业建设项目正式竣工验收会议的主要任务包括听取项目建设工作汇报、审议竣工验收报告、审查工程档案资料、查验工程质量、审查生产准备、核定遗留尾工、核实移交工程清单、审核竣工决算、做出全面评价结论、签署竣工验收会议纪要等。编制竣工决算属于竣工验收的准备阶段的任务。

三、竣工验收备案管理

建设单位应当自工程竣工验收合格之日起15日内,按照规定向工程所在地的县级以上地方人民政府建设主管部门(以下简称备案机关)备案。

建设单位办理工程竣工验收备案应当提交下列文件:

(1)工程竣工验收备案表。

(2)工程竣工验收报告。竣工验收报告应当包括工程报建日期,施工许可证号,施工图设计文件审查意见,勘察、设计、施工、工程监理等单位分别签署的质量合格文件及验收人员签署的竣工验收原始文件,有关质量检测和功能性试验资料以及备案机关认为需要提供的有关资料。

(3)法律、行政法规规定应当由规划、生态环境等部门出具的认可文件或者准许使用文件。

(4)法律规定应当由消防设计审查验收主管部门出具的对大型的人员密集场所和其他特殊建设工程验收合格的证明文件。

(5)施工单位签署的工程质量保修书。

(6)法规、规章规定必须提供的其他文件。

备案机关收到建设单位报送的竣工验收备案文件,验证文件齐全后,应当在工程竣工验收备案表上签署文件收讫。工程竣工验收备案表一式两份,一份由建设单位保存,一份留备案机关存档。

工程质量监督机构应当在工程竣工验收之日起 5 日内,向备案机关提交工程质量监督报告。

备案机关发现建设单位在竣工验收过程中有违反国家有关建设工程质量管理规定行为的,应当在收讫竣工验收备案文件 15 日内,责令停止使用,重新组织竣工验收。

建设单位在工程竣工验收合格之日起 15 日内未办理工程竣工验收备案的,备案机关责令限期改正,处 20 万元以上 50 万元以下罚款。

建设单位将备案机关决定重新组织竣工验收的工程,在重新组织竣工验收前,擅自使用的,备案机关责令停止使用,处工程合同价款 2% 以上 4% 以下罚款。

模块十五　机电工程保修与回访管理

一、工程保修管理

(一)工程保修制度

建设工程实行质量保修制度。建设工程承包单位在向建设单位提交工程竣工验收报告时,应当向建设单位出具质量保修书。质量保修书中应当明确建设工程的保修范围、保修期限和保修责任等。

建设工程的保修期,自竣工验收合格之日起计算。

在正常使用条件下,建设工程的最低保修期限为:

(1)基础设施工程、房屋建筑的地基基础工程和主体结构工程,为设计文件规定的该工程的合理使用年限。

(2)屋面防水工程、有防水要求的卫生间、房间和外墙面的防渗漏,为 5 年。

(3)供热与供冷系统,为 2 个采暖期、供冷期。

(4)电气管线、给排水管道、设备安装和装修工程,为 2 年。

其他项目的保修期限由发包方与承包方约定。

提示

此知识点在历年真题中经常考查。

建设工程在保修范围和保修期限内发生质量问题的,施工单位应当履行保修义务,并对造成的损失承担赔偿责任。

建设工程在超过合理使用年限后需要继续使用的,产权所有人应当委托具有相应资质等级的勘察、设计单位鉴定,并根据鉴定结果采取加固、维修等措施,重新界定使用期。

典型例题

【单选题】根据《建设工程质量管理条例》，建设工程在正常使用条件下，最低保修期要求的说法，错误的是(　　)。

A. 设备安装工程保修期为2年

B. 电气管线安装工程保修期为3年

C. 供热系统保修期为2个供暖期

D. 供冷系统保修期为2个供冷期

B。【解析】电气管线、给排水管道、设备安装和装修工程的保修期限为2年。故选项B错误。

(二)工程保修的实施

工程在保修期限内出现质量缺陷，建设单位应当向施工单位发出保修通知。施工单位接到保修通知后，应当到现场核查情况，在保修书约定的时间内予以保修。发生涉及结构安全或者严重影响使用功能的紧急抢修事故，施工单位接到保修通知后，应当立即到达现场抢修。

发生涉及结构安全的质量缺陷，建设单位应当立即向当地建设行政主管部门报告，采取安全防范措施；由原设计单位或者具有相应资质等级的设计单位提出保修方案，施工单位实施保修，原工程质量监督机构负责监督。

保修完成后，由建设单位组织验收。涉及结构安全的，应当报当地建设行政主管部门备案。

施工单位不按工程质量保修书约定保修的，建设单位可以另行委托其他单位保修，由原施工单位承担相应责任。

(三)工程保修费用的承担

保修费用由质量缺陷的责任方承担。

保修期内，修复的费用按照以下约定处理：

(1)保修期内，因承包人原因造成工程的缺陷、损坏，承包人应负责修复，并承担修复的费用以及因工程的缺陷、损坏造成的人身伤害和财产损失。

(2)保修期内，因发包人使用不当造成工程的缺陷、损坏，可以委托承包人修复，但发包人应承担修复的费用，并支付承包人合理利润。

(3)因其他原因造成工程的缺陷、损坏，可以委托承包人修复，发包人应承担修复的费用，并支付承包人合理的利润，因工程的缺陷、损坏造成的人身伤害和财产损失由责任方承担。

二、工程回访管理

工程回访是指在工程保修期内为了解工程使用情况、维护良好的合作关系对已投入使用的工程进行的访问工作，一般由项目负责人带领技术、施工、质量、经营等部门参与。

工程回访可通过以下方式进行：

（1）季节性回访。例如夏季回访重点是屋面及防水工程和空调工程、墙面防水；冬季回访重点是采暖工程。

（2）现场回访。即项目部指派专人进行现场回访，与业主就竣工交验后的工程使用情况和存在问题交换看法，并提出合理的使用建议和注意事项。

（3）信息传递方式回访。回访人员可用电话、邮件、传真等信息传递方式与业主进行回访，如果遇到某一方不满意，首先应表示歉意，再问清细节，了解要求，并做好记录，及时向上汇报，落实责任人，告之处理结果，做好妥善处理，并立刻组织人员进行现场回访，最后得到客户满意。

（4）技术性回访。组织各工程技术负责人了解施工过程中所采用的材料、工艺、技术等的技术性能和使用后的效果，听取并及时解决业主所指出的问题。总结经验，寻找科学依据，并不断改进和完善自身技术能力。

（5）制度性回访。工程竣工后，每季度或每半年，对在保修期内的工程项目，统一进行制度性的回访，目的在于对已完成项目的质量进行普查，同时应密切与业主联系，便于工程质量回访工作的开展。

（6）保修期满之前的回访。在工程保修期即将届满之前进行，既可以解决出现的问题，又标志着保修期即将结束，提醒业主注意维护和使用。

提示

此外，工程回访还可采用巡回式回访、座谈会式回访等形式。组织座谈会的单位是建设单位。

回访过程中，回访人员应做好回访记录，双方签字，各执一份存档保存。对回访不满意的用户应进一步调查落实，对不符合规定的处理，应予以纠正；对符合规定的处理，应向用户做好解释说明工作。

第三章 机电工程项目施工相关法规与标准

第一节 机电工程项目施工相关法规

模块一 计量的法律规定

本部分主要依据《中华人民共和国计量法》《中华人民共和国计量法实施细则》对计量有关内容进行详细讲解。

一、计量器具的概念

计量器具是指能用以直接或间接测出被测对象量值的装置、仪器仪表、量具和用于统一量值的标准物质,包括计量基准器具、计量标准器具、工作计量器具。

二、计量器具的分类

为了加强施工企业在用计量器具的科学管理,达到"保证重点、兼顾普遍、区别管理、全面监督",确保量值准确一致,施工企业根据计量器具的技术特性、使用条件、在施工和管理中的作用及国家对该种计量器具的管理要求等情况,将其分为 A,B,C 三类。

下列计量器具按 A 类进行管理,包括但不限于:

(1)用于量值传递的公司级最高计量标准器具及其配套的计量器具。

(2)《中华人民共和国计量法》规定的用于贸易结算、安全防护、环境监测、医疗卫生等方面列入强制检定目录的工作用计量器具。

(3)经政府计量行政部门认证授权的社会公用计量标准器具。

(4)用于量值传递的工作标准器具及其配套的计量器具。

(5)用于产品质量检验、能源、经营管理和生产科研过程控制中关键参数检测的计量器具。

(6)用于统一量值的标准物质。

(7)使用频繁,环境恶劣,寿命较短而准确度要求高的计量器具。精密测试中精度要求较高的计量器具。

下列计量器具按 B 类进行管理，包括但不限于：

(1)质量检测有计量数据要求的计量器具。

(2)用于生产工艺过程控制、企业内部物料经济核算的计量器具。

(3)固定安装在生产线和装置上，计量数据要求较高但平时不允许拆装，实际检定周期必须和设备检修同步的计量器具。

(4)对计量数据准确可靠有一定要求，但计量器具寿命较长，可靠性较高的计量器具。

(5)计量性能稳定，量值不易改变且使用不频繁的计量器具。

(6)专用计量器具、限定使用范围的计量器具及固定指示点使用的计量器具。

下列计量器具按 C 类进行管理，包括但不限于：

(1)对计量数据无严格要求的指示或自制专用的计量器具。

(2)准确性要求较低，性能稳定，可靠性高，使用不频繁，计量性能不易改变的低值易耗和简易的计量器具。

(3)与设备配套不能拆卸的指示仪表、盘装表等计量器具。

(4)非标准计量器具。

(5)国家计量行政部门明令一次性使用或实行有效期管理的计量器具。

A 类计量器具的具体范围下面以典型例题的形式进行讲解。

典型例题

【单选题】下列计量器具中，应纳入企业最高计量标准器具管理的是(　　)。

A. 温度计　　B. 兆欧表

C. 压力表　　D. 万用表

B。【解析】兆欧表属于 A 类计量器具，应纳入企业最高计量标准器具管理。温度计、压力表、万用表均属于 B 类计量器具，主要用于工艺控制过程、物资管理及质量检验等。

三、计量基准器具和计量标准器具

计量基准器具(简称计量基准，下同)的使用必须具备下列条件：

(1)经国家鉴定合格。

(2)具有正常工作所需要的环境条件。

(3)具有称职的保存、维护、使用人员。

(4)具有完善的管理制度。

符合上述条件的，经国务院计量行政部门审批并颁发计量基准证书后，方可使用。

链接

计量基准器具是国家计量基准器具。国务院计量行政部门负责建立各种计量基准器具，作为统一全国量值的最高依据。

非经国务院计量行政部门批准，任何单位和个人不得拆卸、改装计量基准，或者自行中断其计量检定工作。

计量基准的量值应当与国际上的量值保持一致。国务院计量行政部门有权废除技术水平落后或者工作状况不适应需要的计量基准。

计量标准器具(简称计量标准,下同)的使用,必须具备下列条件:

(1)经计量检定合格。

(2)具有正常工作所需要的环境条件。

(3)具有称职的保存、维护、使用人员。

(4)具有完善的管理制度。

社会公用计量标准对社会上实施计量监督具有公证作用。县级以上地方人民政府计量行政部门建立的本行政区域内最高等级的社会公用计量标准,须向上一级人民政府计量行政部门申请考核;其他等级的,由当地人民政府计量行政部门主持考核。经考核符合规定条件并取得考核合格证的,由当地县级以上人民政府计量行政部门审批颁发社会公用计量标准证书后,方可使用。

国务院有关主管部门和省、自治区、直辖市人民政府有关主管部门建立的本部门各项最高计量标准,经同级人民政府计量行政部门考核,符合规定条件并取得考核合格证的,由有关主管部门批准使用。

企业、事业单位建立本单位各项最高计量标准,须向与其主管部门同级的人民政府计量行政部门申请考核。乡镇企业向当地县级人民政府计量行政部门申请考核。经考核符合规定条件并取得考核合格证的,企业、事业单位方可使用,并向其主管部门备案。

四、计量检定

(一)计量检定的管理

使用实行强制检定的计量标准的单位和个人,应当向主持考核该项计量标准的有关人民政府计量行政部门申请周期检定。使用实行强制检定的工作计量器具的单位和个人,应当向当地县(市)级人民政府计量行政部门指定的计量检定机构申请周期检定。当地不能检定的,向上一级人民政府计量行政部门指定的计量检定机构申请周期检定。

企业、事业单位应当配备与生产、科研、经营管理相适应的计量检测设施,制定具体的检定管理办法和规章制度,规定本单位管理的计量器具明细目录及相应的检定周期,保证使用的非强制检定的计量器具定期检定。

计量检定工作应当符合经济合理、就地就近的原则,不受行政区划和部门管辖的限制。

提示

根据《计量法》相关内容可知,计量检定可分为强制检定和非强制检定。县级以上人民政府计量行政部门对社会公用计量标准器具,部门和企业、事业单位使用的最高计量标准器具,以及用于贸易结算、安全防护、医疗卫生、环境监测方面的列入强制检定目录的工作计量器具,实行强制检定。未按照规定申请检定或者检定不合格的,不得使用。实行强制检定的工作计量器具的目录和管理办法,由国务院制定。对前款规定以外的其他计量标准器具和工作计量器具,使用单位应当自行定期检定或者送其他计量检定机构检定。需要注意,强制检定与非强制检定均属于法制检定。

（二）计量检定的类型

计量检定的类型如下：

（1）首次检定，是对未曾检定过的新计量器具进行的一种检定。

（2）后续检定，是计量器具首次检定后的任何一种检定，包括：

①强制性周期检定。

②修理后检定。

③周期检定有效期内的检定，不论它是由用户提出请求，或由于某种原因使有效期内的封印失效而进行的检定。

提示

周期检定是按时间间隔和规定程序，对计量器具定期进行的一种后续检定。

（3）使用中检定，是为了检查计量器具的检定标记或检定证书是否有效，保护标记是否损坏，检定后的计量器具状态是否受到明显变动，及其误差是否超过使用中的最大允许误差。例如，控制计量器具使用状态的检定是使用中检定。

此外，常见的还有仲裁检定。仲裁检定是用计量基准或社会公用计量标准进行的以裁决为目的的检定活动。

典型例题

【单选题】计量器具修理后的检定属于(　　)。

A. 使用中检定　　B. 周期检定

C. 后续检定　　D. 仲裁检定

C。【解析】后续检定是相对于首次检定而言的，是计量器具首次检定后的任何一种检定，包括强制性周期检定、修理后检定、周期检定有效期内的检定。

五、计量器具的制造、修理、销售和使用

凡制造在全国范围内从未生产过的计量器具新产品，必须经过定型鉴定。定型鉴定合格后，应当履行型式批准手续，颁发证书。在全国范围内已经定型，而本单位未生产过的计量器具新产品，应当进行样机试验。样机试验合格后，发给合格证书。凡未经型式批准或者未取得样机试验合格证书的计量器具，不准生产。

对企业、事业单位制造、修理计量器具的质量，各有关主管部门应当加强管理，县级以上人民政府计量行政部门有权进行监督检查，包括抽检和监督试验。凡无产品合格印、证，或者经检定不合格的计量器具，不准出厂。

外商在中国销售计量器具，须向国务院计量行政部门申请型式批准。

县级以上地方人民政府计量行政部门对当地销售的计量器具实施监督检查。凡没有产品合格印、证标志的计量器具不得销售。

任何单位和个人不得经营销售残次计量器具零配件，不得使用残次零配件组装和修理计量器具。

任何单位和个人不准在工作岗位上使用无检定合格印、证或者超过检定周期,以及经检定不合格的计量器具。在教学示范中使用计量器具不受此限。

关于计量器具的使用,除了上述内容,还需掌握下面典型例题相关内容。

典型例题

【单选题】关于计量器具的说法,正确的是(　　)。

A. 检测器具的测量误差极限大于被测对象的测量误差极限

B. 封存的计量器具重新启用时,无需检定

C. 不同检测仪器可以混存

D. 测量仪器标记不清视为不合格

D。【解析】计量器具使用应遵循下列规定:(1)计量检测器具的测量误差极限必须小于或等于被测对象的测量误差极限,方可保证被测对象的检测要求。(2)若需重新启用经过封存的计量器具,必须经检定合格后才能使用。(3)不同检测仪器应分类存放、标识清楚。(4)测量仪器标记不清视为不合格。

六、计量调解和仲裁检定

县级以上人民政府计量行政部门负责计量纠纷的调解和仲裁检定,并可根据司法机关、合同管理机关、涉外仲裁机关或者其他单位的委托,指定有关计量检定机构进行仲裁检定。

在调解、仲裁及案件审理过程中,任何一方当事人均不得改变与计量纠纷有关的计量器具的技术状态。

计量纠纷当事人对仲裁检定不服的,可以在接到仲裁检定通知书之日起 15 日内向上一级人民政府计量行政部门申诉。上一级人民政府计量行政部门进行的仲裁检定为终局仲裁检定。

模块二　建设用电及施工的法律规定

一、工程建设用电规定

(一)新装、增容与变更用电

任何单位或个人需新装用电或增加用电容量、变更用电都必须按规定,事先到供电企业用电营业场所提出申请,办理手续。供电企业应在用电营业场所公告办理各项用电业务的程序、制度和收费标准。

提示

申请临时用电和终止用电,也应当到当地供电企业办理手续。

供电企业的用电营业机构统一归口办理用户的用电申请和报装接电工作,包括用电申请书的发放及审核、供电条件勘查、供电方案确定及批复、有关费用收取、受电工程设计的审核、施工中间检查、竣工检验、供用电合同(协议)签约、装表接电等项业务。

用户申请新装或增加用电时，应向供电企业提供用电工程项目批准的文件及有关的用电资料，包括用电地点、电力用途、用电性质、用电设备清单、用电负荷、保安电力、用电规划等，并依照供电企业规定的格式如实填写用电申请书及办理所需手续。新建受电工程项目在立项阶段，用户应与供电企业联系，就工程供电的可能性、用电容量和供电条件等达成意向性协议，方可定址，确定项目。未按前款规定办理的，供电企业有权拒绝受理其用电申请。如因供电企业供电能力不足或政府规定限制的用电项目，供电企业可通知用户暂缓办理。

供电企业对已受理的用电申请，应尽速确定供电方案，在下列期限内正式书面通知用户：居民用户最长不超过 5 天；低压电力用户最长不超过 10 天；高压单电源用户最长不超过 1 个月；高压双电源用户最长不超过 2 个月。若不能如期确定供电方案时，供电企业应向用户说明原因。用户对供电企业答复的供电方案有不同意见时，应在 1 个月内提出意见，双方可再行协商确定。用户应根据确定的供电方案进行受电工程设计。

用户新装或增加用电，在供电方案确定后，应按国家的有关规定向供电企业交纳新装增容供电工程贴费（以下简称供电贴费）。

供电方案的有效期，是指从供电方案正式通知书发出之日起至交纳供电贴费并受电工程开工日为止。高压供电方案的有效期为 1 年，低压供电方案的有效期为 3 个月，逾期注销。用户遇有特殊情况，需延长供电方案有效期的，应在有效期到期前 10 天向供电企业提出申请，供电企业视情况予以办理延长手续。但延长时间不得超过前款规定期限。

有下列情况之一者，为变更用电。用户需变更用电时，应事先提出申请，并携带有关证明文件，到供电企业用电营业场所办理手续，变更供用电合同：

（1）减少合同约定的用电容量（简称减容）。

（2）暂时停止全部或部分受电设备的用电（简称暂停）。

（3）临时更换大容量变压器（简称暂换）。

（4）迁移受电装置用电地址（简称迁址）。

（5）移动用电计量装置安装位置（简称移表）。

（6）暂时停止用电并拆表（简称暂拆）。

（7）改变用户的名称（简称更名或过户）。

（8）一户分列为两户及以上的用户（简称分户）。

（9）两户及以上用户合并为一户（简称并户）。

（10）合同到期终止用电（简称销户）。

（11）改变供电电压等级（简称改压）。

（12）改变用电类别（简称改类）。

（二）受电设施建设与维护管理

用户受电工程设计文件和有关资料应一式两份送交供电企业审核。高压供电的用户应提供：受电工程设计及说明书；用电负荷分布图；负荷组成、性质及保安负荷；影响电能质量的用电设备清单；主要电气设备一览表；节能篇及主要生产设备、生产工艺耗电及允许中断供电时间；高压受电装置一、二次接线图与平面布置图；用电功率因数计算及无功补偿方式；继电保护、过电压保护及电能计量装置的方式；隐蔽工程设计资料；配电网络布置图；自备电源及接线方式;供电企业认为必须提供的其他资料。低压供电的用户应提供负荷组成和用电设备清单。

用户受电工程的设计文件,未经供电企业审核同意,用户不得据以施工,否则,供电企业将不予检验和接电。

(三)电力使用

用户发生下列用电事故,应及时向供电企业报告:

(1)人身触电死亡。

(2)导致电力系统停电。

(3)专线掉闸或全厂停电。

(4)电气火灾。

(5)重要或大型电气设备损坏。

(6)停电期间向电力系统倒送电。

供电企业接到用户上述事故报告后,应派员赴现场调查,在7天内协助用户提出事故调查报告。

链接

供电企业和用户应当采用先进技术、采取科学管理措施,安全供电、用电,避免发生事故,维护公共安全。用户不得有下列危害供电、用电安全,扰乱正常供电、用电秩序的行为:

(1)擅自改变用电类别。

(2)擅自超过合同约定的容量用电。

(3)擅自超过计划分配的用电指标的。

(4)擅自使用已经在供电企业办理暂停使用手续的电力设备,或者擅自启用已经被供电企业查封的电力设备。

(5)擅自迁移、更动或者擅自操作供电企业的用电计量装置、电力负荷控制装置、供电设施,以及约定由供电企业调度的用户受电设备。

(6)未经供电企业许可,擅自引入、供出电源或者将自备电源擅自并网。

(四)用电计量与电费计收

供电企业应在用户每一个受电点内按不同电价类别,分别安装用电计量装置。每个受电点作为用户的一个计费单位。

在用户受电点内难以按电价类别分别装设用电计量装置时,可装设总的用电计量装置,然后按其不同电价类别的用电设备容量的比例或实际可能的用电量,确定不同电价类别用电量的比例或定量进行分算,分别计价。供电企业每年至少对上述比例或定量核定一次,用户不得拒绝。

用电计量装置包括计费电能表(有功、无功电能表及最大需量表)和电压、电流互感器及二次连接线导线。计费电能表及附件的购置、安装、移动、更换、校验、拆除、加封、启封及表计接线等,均由供电企业负责办理,用户应提供工作上的方便。高压用户的成套设备中装有自备电能表及附件时，经供电企业检验合格、加封并移交供电企业维护管理的，可作为计费电能表。用户销户时，供电企业应将该设备交还用户。供电企业在新装、换装及现场校验后应对用电计量装置加封，并请用户在工作凭证上签章。

对10 kV及以下电压供电的用户，应配置专用的电能计量柜(箱)；对35 kV及以上电压供电的用户，应有专用的电流互感器二次线圈和专用的电压互感器二次连接线，并不得与保护、测量回路共用。电压互感器专用回路的电压降不得超过允许值。超过允许值时，应予以改造或采取必要的技术措施予以更正。

用电计量装置原则上应装在供电设施的产权分界处。如产权分界处不适宜装表的，对专线供电的高压用户，可在供电变压器出口装表计量；对公用线路供电的高压用户，可在用户受电装置的低压侧计量。当用电计量装置不安装在产权分界处时，线路与变压器损耗的有功与无功电量均须由产权所有者负担。在计算用户基本电费(按最大需量计收时)、电度电费及功率因数调整电费时，应将上述损耗电量计算在内。

临时用电的用户，应安装用电计量装置。对不具备安装条件的，可按其用电容量、使用时间、规定的电价计收电费。

计费电能表装设后，用户应妥为保护，不应在表前堆放影响抄表或计量准确及安全的物品。如发生计费电能表丢失、损坏或过负荷烧坏等情况，用户应及时告知供电企业，以便供电企业采取措施。如因供电企业责任或不可抗力致使计费电能表出现或发生故障的，供电企业应负责换表，不收费用；其他原因引起的，用户应负担赔偿费或修理费。

供电企业必须按规定的周期校验、轮换计费电能表，并对计费电能表进行不定期检查。发现计量失常时，应查明原因。用户认为供电企业装设的计费电能表不准时，有权向供电企业提出校验申请，在用户交付验表费后，供电企业应在7天内检验，并将检验结果通知用户。如计费电能表的误差在允许范围内，验表费不退；如计费电能表的误差超出允许范围时，除退还验表费外，并应按规定退补电费。用户对检验结果有异议时，可向供电企业上级计量检定机构申请检定。用户在申请验表期间，其电费仍应按期交纳，验表结果确认后，再行退补电费。

由于计费计量的互感器、电能表的误差及其连接线电压降超出允许范围或其他非人为原因致使计量记录不准时，供电企业应按规定退补相应电量的电费。

用电计量装置接线错误、保险熔断、倍率不符等原因，使电能计量或计算出现差错时，供电企业应按规定退补相应电量的电费。

用户应按供电企业规定的期限和交费方式交清电费，不得拖延或拒交电费。

供电企业应在规定的日期抄录计费电能表读数。

基本电费以月计算，但新装、增容、变更与终止用电当月的基本电费，可按实用天数(日用电不足24 h的，按一天计算)每日按全月基本电费1/30计算。事故停电、检修停电、计划限电不扣减基本电费。

临时用电用户未装用电计量装置的，供电企业应根据其用电容量，按双方约定的每日使用时数和使用期限预收全部电费。用电终止时，如实际使用时间不足约定期限1/2的，可退还预收电费的1/2；超过约定期限1/2的，预收电费不退；到约定期限时，得终止供电。

（五）供用电合同

供电企业和用户应当在正式供电前，根据用户用电需求和供电企业的供电能力，以及办理用电申请时双方已认可或协商一致的相关文件，签订供用电合同。

供用电合同应采用书面形式。经双方协商同意的有关修改合同的文书、电报、电传和图表也是合同的组成部分。

链接

供用电合同应当具备以下条款：

(1)供电方式、供电质量和供电时间。

(2)用电容量和用电地址、用电性质。

(3)计量方式和电价、电费结算方式。

(4)供用电设施维护责任的划分。

(5)合同的有效期限。

(6)违约责任。

(7)双方共同认为应当约定的其他条款。

供用电合同的变更或者解除，必须依法进行。

二、电力设施保护区内施工作业的规定

电力设施的保护，实行电力管理部门、公安部门、电力企业和人民群众相结合的原则。

（一）电力设施的保护范围和保护区

电力设施的保护范围如表 3-1 所示。

表 3-1　电力设施的保护范围

电力设施	保护范围
发电设施、变电设施	(1)发电厂、变电站、换流站、开关站等厂、站内的设施。 (2)发电厂、变电站外各种专用的管道（沟）、储灰场、水井、泵站、冷却水塔、油库、堤坝、铁路、道路、桥梁、码头、燃料装卸设施、避雷装置、消防设施及其有关辅助设施。 (3)水力发电厂使用的水库、大坝、取水口、引水隧洞（含支洞口）、引水渠道、调压井（塔）、露天高压管道、厂房、尾水渠、厂房与大坝间的通信设施及其有关辅助设施
电力线路设施	(1)架空电力线路：杆塔、基础、拉线、接地装置、导线、避雷线、金具、绝缘子、登杆塔的爬梯和脚钉，导线跨越航道的保护设施，巡（保）线站，巡视检修专用道路、船舶和桥梁，标志牌及其有关辅助设施。 (2)电力电缆线路：架空、地下、水底电力电缆和电缆联结装置，电缆管道、电缆隧道、电缆沟、电缆桥，电缆井、盖板、入孔、标石、水线标志牌及其有关辅助设施。 (3)电力线路上的变压器、电容器、电抗器、断路器、隔离开关、避雷器、互感器、熔断器、计量仪表装置、配电室、箱式变电站及其有关辅助设施。 (4)电力调度设施：电力调度场所、电力调度通信设施、电网调度自动化设施、电网运行控制设施

电力线路保护区：

（1）架空电力线路保护区。导线边线向外侧水平延伸并垂直于地面所形成的两平行面内的区域，在一般地区各级电压导线的边线延伸距离如下：1～10 kV，5 m；35～110 kV，10 m；154～330 kV，15 m；500 kV，20 m。在厂矿、城镇等人口密集地区，架空电力线路保护区的区域可略小于上述规定。但各级电压导线边线延伸的距离，不应小于导线边线在最大计算弧垂及最大计算风偏后的水平距离和风偏后距建筑物的安全距离之和。

（2）电力电缆线路保护区。地下电缆为电缆线路地面标桩两侧各 0.75 m 所形成的两平行线内的区域；海底电缆一般为线路两侧各 2 海里（港内为两侧各 100 m），江河电缆一般不小于线路两侧各 100 m（中、小河流一般不小于各 50 m）所形成的两平行线内的水域。

典型例题

【单选题】110 kV 高压电力线路的水平安全距离为 10 m，当该线路最大风偏水平距离为 0.5 m 时，则导线边缘延伸的水平安全距离应为（　　）。

A. 9 m　　B. 9.5 m

C. 10 m　　D. 10.5 m

D。【解析】架空电力线路保护区是导线边线向外侧水平延伸并垂直于地面所形成的两平行面内的区域，在一般地区各级电压导线的边线延伸距离如下：1～10 kV，5 m；35～110 kV，10 m；154～330 kV，15 m；500 kV，20 m。在厂矿、城镇等人口密集地区，架空电力线路保护区的区域可略小于上述规定。但各级电压导线边线延伸的距离，不应小于导线边线在最大计算弧垂及最大计算风偏后的水平距离和风偏后距建筑物的安全距离之和。因此，本题中导线边缘延伸的水平安全距离应为 10＋0.5＝10.5（m）。

（二）电力设施的保护

1.《电力设施保护条例》中的相关规定

任何单位或个人在架空电力线路保护区内，必须遵守下列规定：

（1）不得堆放谷物、草料、垃圾、矿渣、易燃物、易爆物及其他影响安全供电的物品。

（2）不得烧窑、烧荒。

（3）不得兴建建筑物、构筑物。

（4）不得种植可能危及电力设施安全的植物。

任何单位或个人在电力电缆线路保护区内，必须遵守下列规定：

（1）不得在地下电缆保护区内堆放垃圾、矿渣、易燃物、易爆物，倾倒酸、碱、盐及其他有害化学物品，兴建建筑物、构筑物或种植树木、竹子。

（2）不得在海底电缆保护区内抛锚、拖锚。

（3）不得在江河电缆保护区内抛锚、拖锚、炸鱼、挖沙。

任何单位或个人必须经县级以上地方电力管理部门批准，并采取安全措施后，方可进行下列作业或活动：

（1）在架空电力线路保护区内进行农田水利基本建设工程及打桩、钻探、开挖等作业。

（2）起重机械的任何部位进入架空电力线路保护区进行施工。

(3)小于导线距穿越物体之间的安全距离,通过架空电力线路保护区。

(4)在电力电缆线路保护区内进行作业。

2.《电力设施保护条例实施细则》中的相关规定

任何单位和个人不得在距电力设施周围500 m范围内(指水平距离)进行爆破作业。因工作需要必须进行爆破时,应当按国家颁发的有关爆破作业的法律法规,采取可靠的安全防范措施,确保电力设施安全,并征得当地电力设施产权单位或管理部门的书面同意,报经政府有关管理部门批准。在规定范围外进行的爆破作业必须确保电力设施的安全。

在杆塔、拉线基础的规范距离范围外进行取土、堆物、打桩、钻探、开挖活动时,必须遵守下列要求:

(1)预留出通往杆塔、拉线基础供巡视和检修人员、车辆通行的道路。

(2)不得影响基础的稳定,如可能引起基础周围土壤、砂石滑坡,进行上述活动的单位或个人应当负责修筑护坡加固。

(3)不得损坏电力设施接地装置或改变其埋设深度。

链接

在电力设施保护区内规定的半径范围以内禁止取土。35 kV、110～220 kV、330～500 kV杆塔周围禁止取土的半径范围分别是4 m、5 m和8 m。

模块三　特种设备的法律规定

一、特种设备的概述

与特种设备密切相关的法律、行政法规主要有《中华人民共和国特种设备安全法》和《特种设备安全监察条例》。

根据《中华人民共和国特种设备安全法》(以下简称《特种设备安全法》),特种设备的生产(包括设计、制造、安装、改造、修理)、经营、使用、检验、检测和特种设备安全的监督管理,适用《中华人民共和国特种设备安全法》。特种设备,是指对人身和财产安全有较大危险性的锅炉、压力容器(含气瓶)、压力管道、电梯、起重机械、客运索道、大型游乐设施、场(厂)内专用机动车辆,以及法律、行政法规规定适用《特种设备安全法》的其他特种设备。国家对特种设备实行目录管理。特种设备目录如表3-2所示。

表3-2　特种设备目录

种类	类别	品种
锅炉	锅炉,是指利用各种燃料、电或者其他能源,将所盛装的液体加热到一定的参数,并通过对外输出介质的形式提供热能的设备,其范围规定为设计正常水位容积大于或者等于30 L,且额定蒸汽压力大于或者等于0.1 MPa(表压)的承压蒸汽锅炉;出口水压大于或者等于0.1 MPa(表压),且额定功率大于或者等于0.1 MW的承压热水锅炉;额定功率大于或者等于0.1 MW的有机热载体锅炉	

（续表）

种类	类别	品种
锅炉	承压蒸汽锅炉	—
	承压热水锅炉	—
	有机热载体锅炉	有机热载体气相炉;有机热载体液相炉
压力容器	压力容器,是指盛装气体或者液体,承载一定压力的密闭设备,其范围规定为最高工作压力大于或者等于 0.1 MPa(表压)的气体、液化气体和最高工作温度高于或者等于标准沸点的液体、容积大于或者等于 30 L 且内直径(非圆形截面指截面内边界最大几何尺寸)大于或者等于 150 mm 的固定式容器和移动式容器;盛装公称工作压力大于或者等于 0.2 MPa(表压),且压力与容积的乘积大于或者等于 1.0 MPa · L 的气体、液化气体和标准沸点等于或者低于 60 ℃液体的气瓶;氧舱	
	固定式压力容器	超高压容器;第三类压力容器;第二类压力容器;第一类压力容器
	移动式压力容器	铁路罐车;汽车罐车;长管拖车;罐式集装箱;管束式集装箱
	气瓶	无缝气瓶;焊接气瓶;特种气瓶(内装填料气瓶、纤维缠绕气瓶、低温绝热气瓶)
	氧舱	医用氧舱;高气压舱
压力管道	压力管道,是指利用一定的压力,用于输送气体或者液体的管状设备,其范围规定为最高工作压力大于或者等于 0.1 MPa(表压),介质为气体、液化气体、蒸汽或者可燃、易爆、有毒、有腐蚀性、最高工作温度高于或者等于标准沸点的液体,且公称直径大于或者等于 50 mm 的管道。公称直径小于 150 mm,且其最高工作压力小于 1.6 MPa(表压)的输送无毒、不可燃、无腐蚀性气体的管道和设备本体所属管道除外。其中,石油天然气管道的安全监督管理还应按照《中华人民共和国安全生产法》《中华人民共和国石油天然气管道保护法》等法律法规实施	
	长输管道	输油管道;输气管道
	公用管道	燃气管道;热力管道
	工业管道	工艺管道;动力管道;制冷管道
压力管道元件	压力管道管子	无缝钢管;焊接钢管;有色金属管;球墨铸铁管;复合管;非金属材料管
	压力管道管件	非焊接管件(无缝管件);焊接管件(有缝管件);锻制管件;复合管件;非金属管件
	压力管道阀门	金属阀门;非金属阀门;特种阀门
	压力管道法兰	钢制锻造法兰;非金属法兰
	补偿器	金属波纹膨胀节;旋转补偿器;非金属膨胀节
	压力管道密封元件	金属密封元件;非金属密封元件
	压力管道特种元件	防腐管道元件;元件组合装置

（续表）

种类	类别	品种
电梯	电梯，是指动力驱动，利用沿刚性导轨运行的箱体或者沿固定线路运行的梯级（踏步），进行升降或者平行运送人、货物的机电设备，包括载人（货）电梯、自动扶梯、自动人行道等。非公共场所安装且仅供单一家庭使用的电梯除外	
	曳引与强制驱动电梯	曳引驱动乘客电梯；曳引驱动载货电梯；强制驱动载货电梯
	液压驱动电梯	液压乘客电梯；液压载货电梯
	自动扶梯与自动人行道	自动扶梯；自动人行道
	其他类型电梯	防爆电梯；消防员电梯；杂物电梯
起重机械	起重机械，是指用于垂直升降或者垂直升降并水平移动重物的机电设备，其范围规定为额定起重量大于或者等于0.5 t的升降机；额定起重量大于或者等于3 t（或额定起重力矩大于或者等于40 t·m的塔式起重机，或生产率大于或者等于300 t/h的装卸桥），且提升高度大于或者等于2 m的起重机；层数大于或者等于2层的机械式停车设备	
	桥式起重机	通用桥式起重机；防爆桥式起重机；绝缘桥式起重机；冶金桥式起重机；电动单梁起重机；电动葫芦桥式起重机
	门式起重机	通用门式起重机；防爆门式起重机；轨道式集装箱门式起重机；轮胎式集装箱门式起重机；岸边集装箱起重机；造船门式起重机；电动葫芦门式起重机；装卸桥；架桥机
	塔式起重机	普通塔式起重机；电站塔式起重机
	流动式起重机	轮胎起重机；履带起重机；集装箱正面吊运起重机；铁路起重机
	门座式起重机	门座起重机；固定式起重机
	升降机	施工升降机；简易升降机
	缆索式起重机	—
	桅杆式起重机	—
	机械式停车设备	—
客运索道	客运索道，是指动力驱动，利用柔性绳索牵引箱体等运载工具运送人员的机电设备，包括客运架空索道、客运缆车、客运拖牵索道等。非公用客运索道和专用于单位内部通勤的客运索道除外	
	客运架空索道	往复式客运架空索道；循环式客运架空索道
	客运缆车	往复式客运缆车；循环式客运缆车
	客运拖牵索道	低位客运拖牵索道；高位客运拖牵索道

（续表）

<table>
<tr><th>种类</th><th>类别</th><th>品种</th></tr>
<tr><td rowspan="15">大型游乐设施</td><td colspan="2">大型游乐设施，是指用于经营目的，承载乘客游乐的设施，其范围规定为设计最大运行线速度大于或者等于 2 m/s，或者运行高度距地面高于或者等于 2 m 的载人大型游乐设施。用于体育运动、文艺演出和非经营活动的大型游乐设施除外</td></tr>
<tr><td>观览车类</td><td>—</td></tr>
<tr><td>滑行车类</td><td>—</td></tr>
<tr><td>架空游览车类</td><td>—</td></tr>
<tr><td>陀螺类</td><td>—</td></tr>
<tr><td>飞行塔类</td><td>—</td></tr>
<tr><td>转马类</td><td>—</td></tr>
<tr><td>自控飞机类</td><td>—</td></tr>
<tr><td>赛车类</td><td>—</td></tr>
<tr><td>小火车类</td><td>—</td></tr>
<tr><td>碰碰车类</td><td>—</td></tr>
<tr><td>滑道类</td><td>—</td></tr>
<tr><td>水上游乐设施</td><td>峡谷漂流系列；水滑梯系列；碰碰船系列</td></tr>
<tr><td>无动力游乐设施</td><td>蹦极系列；滑索系列；空中飞人系列；系留式观光气球系列</td></tr>
<tr><td rowspan="3">场（厂）内专用机动车辆</td><td colspan="2">场（厂）内专用机动车辆，是指除道路交通、农用车辆以外仅在工厂厂区、旅游景区、游乐场所等特定区域使用的专用机动车辆</td></tr>
<tr><td>机动工业车辆</td><td>叉车</td></tr>
<tr><td>非公路用旅游观光车辆</td><td>—</td></tr>
<tr><td>安全附件</td><td>—</td><td>安全阀；爆破片装置；紧急切断阀；气瓶阀门</td></tr>
</table>

根据《特种设备安全监察条例》，特种设备的生产（含设计、制造、安装、改造、维修，下同）、使用、检验检测及其监督检查，应当遵守《特种设备安全监察条例》，但《特种设备安全监察条例》另有规定的除外。军事装备、核设施、航空航天器、铁路机车、海上设施和船舶，以及矿山井下使用的特种设备、民用机场专用设备的安全监察不适用《特种设备安全监察条例》。房屋建筑工地和市政工程工地用起重机械、场（厂）内专用机动车辆的安装、使用的监督管理，由建设行政主管部门依照有关法律、法规的规定执行。

二、特种设备生产的相关规定

（一）特种设备生产许可制度

国家按照分类监督管理的原则对特种设备生产实行许可制度。特种设备生产单位应当具备下列条件，并经负责特种设备安全监督管理的部门许可，方可从事生产活动：

(1)有与生产相适应的专业技术人员。

(2)有与生产相适应的设备、设施和工作场所。

(3)有健全的质量保证、安全管理和岗位责任等制度。

特种设备生产单位应当保证特种设备生产符合安全技术规范及相关标准的要求,对其生产的特种设备的安全性能负责。不得生产不符合安全性能要求和能效指标及国家明令淘汰的特种设备。

特种设备出厂时,应当随附安全技术规范要求的设计文件、产品质量合格证明、安装及使用维护保养说明、监督检验证明等相关技术资料和文件,并在特种设备显著位置设置产品铭牌、安全警示标志及其说明。

特种设备安装、改造、修理的施工单位应当在施工前将拟进行的特种设备安装、改造、修理情况书面告知直辖市或者设区的市级人民政府负责特种设备安全监督管理的部门。

专家解读

告知的性质:实施施工告知的目的是让特种设备安全监督管理部门及时获取现场施工的信息,方便开展现场安全监察,督促施工单位申报监督检验。施工告知不是行政许可,施工单位告知后即可施工。

告知内容及方式:

(1)施工单位办理特种设备安装改造维修告知,只需填写《特种设备安装改造维修告知书》(以下简称"告知书"),提交给办理使用登记的特种设备安全监督管理部门,同时抄送给实施监督检验的特种设备检验机构。接收告知的特种设备安全监督管理部门不得要求施工单位补充告知书内容以外的其他信息,不得要求提供除特种设备许可证书复印件以外的其他材料。

(2)施工单位可以采用派人送达、挂号邮寄或特快专递、网上告知、传真、电子邮件等方式进行安装改造维修告知。

特种设备安装、改造、修理竣工后,安装、改造、修理的施工单位应当在验收后30日内将相关技术资料和文件移交特种设备使用单位。特种设备使用单位应当将其存入该特种设备的安全技术档案。

链接

除了相关技术资料和文件外,高耗能特种设备还应当按照安全技术规范的要求提交能效测试报告。

国家建立缺陷特种设备召回制度。因生产原因造成特种设备存在危及安全的同一性缺陷的,特种设备生产单位应当立即停止生产,主动召回。

(二)特种设备生产许可目录

压力容器制造(含安装、修理、改造)许可项目如表3-3所示。

表 3-3　压力容器制造（含安装、修理、改造）许可项目

项目	由总局实施的子项目	总局授权省级市场监管部门实施或由省级市场监管部门实施的子项目	备注
压力容器制造（含安装、修理、改造）	1. 固定式压力容器： （1）大型高压容器（A1）。 （2）超高压容器（A6）。 2. 移动式压力容器： 铁路罐车（C1）。 3. 氧舱（A5）。 4. 气瓶： 特种气瓶［纤维缠绕气瓶（B3）］	1. 固定式压力容器： （1）其他高压容器（A2）。 （2）球罐（A3）。 （3）非金属压力容器（A4）。 （4）中、低压容器（D）。 2. 移动式压力容器： （1）汽车罐车、罐式集装箱（C2）。 （2）长管拖车、管束式集装箱（C3）。 3. 气瓶： （1）无缝气瓶（B1）。 （2）焊接气瓶（B2）。 （3）特种气瓶［低温绝热气瓶（B4）、内装填料气瓶（B5）］	1. 固定式压力容器压力分级方法按照《固定式压力容器安全技术监察规程》执行。 2. 大型高压容器指内径大于或者等于 2 m 的高压容器。 3. 超大型压力容器是指因直径过大无法整体通过公路、铁路运输的压力容器。从事超大型中低压非球形压力容器现场制造的单位，应取得相应级别的压力容器制造许可（许可证书注明含超大型中低压非球形压力容器现场制造），持有 A3 级压力容器制造许可证的制造单位可以从事超大型中低压非球形压力容器现场制造。 4. 特种气瓶包括纤维缠绕气瓶（B3）、低温绝热气瓶（B4）、内装填料气瓶（B5）。 5. 覆盖关系：A1 级覆盖 A2 级、D 级，A2 级、C1 级、C2 级覆盖 D 级。 6. 取得 A5 级压力容器制造许可的单位可以制造与其产品配套的中低压压力容器

承压类特种设备安装、修理、改造许可项目如表 3-4 所示。

表 3-4　承压类特种设备安装、修理、改造许可项目

项目	由总局实施的子项目	总局授权省级市场监管部门实施或由省级市场监管部门实施的子项目	备注
承压类特种设备安装、修理、改造	长输管道安装（含修理、改造）（GA1）	（1）锅炉安装（含修理、改造）（A，B）。 （2）长输管道安装（含修理、改造）（GA2）。 （3）公用管道安装（GB1，GB2）。 （4）工业管道安装（GC1，GC2，GCD）	1. 锅炉安装许可参数级别如表 3-5 所示。 2. 压力管道安装许可参数级别如表 3-6 所示。 3. 固定式压力容器安装不单独进行许可，各类车用气瓶安装无需许可。 4. 压力容器改造和重大修理由取得相应级别制造许可的单位进行，不单独进行许可；A2 级压力容器制造单位可以修理和改造 A1 级大型高压容器。 5. 公用管道、工业管道改造和重大修理由取得相应级别安装许可的单位进行，不单独进行许可

锅炉制造、安装许可参数级别如表3-5所示。

表3-5 锅炉制造、安装许可参数级别

许可参数级别	许可范围	备注
A	额定出口压力大于2.5 MPa的蒸汽和热水锅炉	A级覆盖B级
B	额定出口压力小于等于2.5 MPa的蒸汽和热水锅炉；有机热载体锅炉	—

注：a. A级锅炉制造许可范围还包括锅筒、集箱、蛇形管、膜式壁、锅炉范围内管道及管道元件、鳍片式省煤器，其他A级承压部件制造由上述制造许可覆盖，不单独进行许可。

b. B级许可范围的锅炉承压部件由持锅炉制造许可证的单位制造，不单独进行许可。

c. 锅炉制造单位可以安装本单位制造的锅炉（散装锅炉除外）。

d. 锅炉改造和修理，应由取得相应级别的锅炉安装资格的单位或相应级别的锅炉制造资格的单位进行，不单独进行许可。

e. 锅炉范围内管道可以由锅炉制造单位设计，也可以由取得GCD级压力管道设计许可的单位设计；锅炉范围内管道中使用的管件和元件组合装置[减温减压装置、流量计（壳体）、工厂化预制管段]，由相应级别的锅炉制造单位制造或者由取得相应压力管道元件制造许可的单位制造；锅炉范围内管道中使用的管子、阀门、补偿器等压力管道元件，由取得相应压力管道元件制造许可的单位制造。

压力管道设计、安装许可参数级别如表3-6所示。

表3-6 压力管道设计、安装许可参数级别

许可级别	许可范围	备注
GA1	设计压力大于4.0 MPa（表压，下同）的长输输油输气管道	GA1级覆盖GA2级
GA2	GA1级以外的其他长输管道	—
GB1	燃气管道	—
GB2	热力管道	—
GC1	（1）输送《危险化学品目录》中规定的毒性程度为急性毒性类别1介质、急性毒性类别2气体介质和工作温度高于其标准沸点的急性毒性类别2液体介质的工艺管道。 （2）输送《石油化工企业设计防火标准》《建筑设计防火规范》中规定的火灾危险性为甲、乙类可燃气体或者甲类可燃液体（包括液化烃），并且设计压力大于或者等于4.0 MPa的工艺管道。 （3）输送流体介质，并且设计压力大于或者等于10.0 MPa，或者设计压力大于或者等于4.0 MPa且设计温度高于或者等于400 ℃的工艺管道	GC1级、GCD级覆盖GC2级
GC2	（1）GC1级以外的工艺管道。 （2）制冷管道	—
GCD	动力管道	—

三、特种设备的检测检验

从事《特种设备安全法》规定的监督检验、定期检验的特种设备检验机构，以及为特种设

备生产、经营、使用提供检测服务的特种设备检测机构，应当具备下列条件，并经负责特种设备安全监督管理的部门核准，方可从事检验、检测工作：

（1）有与检验、检测工作相适应的检验、检测人员。

（2）有与检验、检测工作相适应的检验、检测仪器和设备。

（3）有健全的检验、检测管理制度和责任制度。

机电工程施工常涉及大型设备的起重吊装作业，此部分重点介绍起重机械的监督检验、定期检验相关规定。

（一）起重机械的监督检验相关规定

起重机械的安装（包括新装、移装）、改造、重大修理（以下统称施工）监督检验（以下简称监检），是指起重机械施工过程中，在施工单位自检合格的基础上，由国家市场监督管理总局核准的检验机构对施工过程进行的强制性、验证性检验。

起重机械安装的监检范围按照《实施安装监督检验的起重机械目录》（如表 3-7 所示）实施。起重机械改造、重大修理的监检范围按照《特种设备目录》实施。安装安全监控管理系统的大型起重机械范围按照《起重机械安装改造重大修理监督检验规则》的相关规定。

表 3-7　实施安装监督检验的起重机械目录

类别	品种	备注
桥式起重机	通用桥式起重机	—
	防爆桥式起重机	—
	绝缘桥式起重机	—
	冶金桥式起重机	—
	电动葫芦桥式起重机	—
门式起重机	通用门式起重机	—
	防爆门式起重机	—
	造船门式起重机	—
	电动葫芦门式起重机	—
	架桥机	—
	轮胎式集装箱门式起重机	—
	轨道式集装箱门式起重机	—
	岸边集装箱起重机	—
	架桥机	—
	轮胎式集装箱门式起重机	指采用非整机滚装形式出厂的
	轨道式集装箱门式起重机	
	岸边集装箱起重机	
	装卸桥	

（续表）

类别	品种	备注
塔式起重机	普通塔式起重机	—
	电站塔式起重机	—
门座式起重机	门座起重机	—
	固定式起重机	—
升降机	施工升降机	—
	简易升降机	—
机械式停车设备	—	—

注：a. 整机滚装形式出厂的起重机械是指在厂内通电调试后不再拆卸，整体运输至使用现场不需要重新组装的起重机械。以整机滚装形式出厂的起重机械，应当在产品质量证明书中予以注明，同时还应当附有整机船运证明、照片等材料。

b. 机械式停车设备包括升降横移类机械式停车设备、垂直循环类机械式停车设备、多层循环类机械式停车设备、平面移动类机械式停车设备、巷道堆垛类机械式停车设备、水平循环类机械式停车设备、垂直升降类机械式停车设备、简易升降类机械式停车设备、汽车专用升降机类停车设备。

门式起重机中的轮胎式集装箱门式起重机、轨道式集装箱门式起重机、岸边集装箱起重机、装卸桥（特指卸船机）如果采取整机滚装形式出厂，不实施安装监检，按照《起重机械定期检验规则》的要求实施使用前的首次检验。起重机械的主要受力结构件（指主梁、主支撑腿、主副吊臂、标准节，下同），在现场分段组装焊接时，其过程纳入安装监检。塔式起重机、施工升降机在安装监检结束后，塔式起重机的爬升和施工升降机的加节作业过程不实施安装监检，使用单位应当制定其作业的操作规程，保证作业安全和使用安全性能。对于流动作业的起重机械（指通用门式起重机、架桥机），出厂后首次安装时，应当实施安装监督检验。经拆卸后再次安装时不再实施安装监督检验，但应当按照《起重机械定期检验规则》的要求实施定期检验。对定期检验有效期内未进行拆装的，按照正常检验周期进行后续的定期检验；对定期检验有效期内拆装的，拆装后即应进行定期检验。

（二）起重机械的定期检验相关规定

起重机械的定期检验，是指在起重机械使用单位进行经常性维护保养（以下简称维保）和自行检查（以下简称自检）的基础上，由国家市场监督管理总局核准的特种设备检验机构（以下简称检验机构），依据《起重机械定期检验规则》对纳入使用登记的在用起重机械按照一定的周期进行的检验。首次检验是指在起重机械使用单位自检的基础上，由检验机构依据《起重机械定期检验规则》对不实施安装监督检验的起重机械，在投入使用之前进行的检验。

实施首次检验的起重机械范围按照《实施首次检验的起重机械目录》（如表 3-8 所示）。安装安全监控管理系统的大型起重机械，具体范围按照《起重机械定期检验规则》的相关规定，其首次检验项目应当包括安全监控管理系统的相关内容。

表 3-8　实施首次检验的起重机械目录

类别	品种	备注
桥式起重机	电动单梁起重机	—

（续表）

类别	品种	备注
流动式起重机	轮胎起重机	—
	履带起重机	—
	集装箱正面吊运起重机	—
	铁路起重机	—
缆索式起重机	—	—
桅杆式起重机	—	—
门式起重机	轮胎式集装箱门式起重机	指采用整机滚装形式出厂的
	轨道式集装箱门式起重机	
	岸边集装箱起重机	
	装卸桥（指卸船机）	

注：a. 缆索式起重机包括固定式缆索起重机、摇摆式缆索起重机、平移式缆索起重机、辐射式缆索起重机。

b. 桅杆式起重机包括固定式桅杆起重机、移动式桅杆起重机。

c. 整机滚装形式出厂的起重机械是指在厂内通电调试后不再拆卸，整体运输至使用现场不需要重新组装的起重机械。

在用起重机械定期检验周期如下：

（1）塔式起重机、升降机、流动式起重机，每年1次。

（2）桥式起重机、门式起重机、门座式起重机、缆索式起重机、桅杆式起重机、机械式停车设备，每2年1次，其中涉及吊运熔融金属的起重机，每年1次。

提示

定期检验日期以安装改造重大修理监督检验、首次检验、停用后重新检验的检验合格日期为基准计算，下次定期检验日期不因本周期内的复检、不合格整改或者逾期检验而变动。

实施首次检验的起重机械，其产权单位应当在使用前向产权所在地的检验机构申请首次检验。实施定期检验的起重机械，其使用单位应当在起重机械检验合格有效期届满前1个月向检验机构申请定期检验。

四、特种设备的监督管理

负责特种设备安全监督管理的部门依照《特种设备安全法》规定，对特种设备生产、经营、使用单位和检验、检测机构实施监督检查。

负责特种设备安全监督管理的部门对依法办理使用登记的特种设备应当建立完整的监督管理档案和信息查询系统；对达到报废条件的特种设备，应当及时督促特种设备使用单位依法履行报废义务。

第二节　机电工程项目施工相关标准

模块一　工业安装工程施工质量验收统一要求

一、基本规定

工程项目相关方应有健全的质量管理体系。

工程施工质量应符合设计文件的要求。

施工相关方现场应有相应的施工技术标准。

工业安装工程施工项目应有施工组织设计和施工技术方案,并应经审核批准。

施工现场质量管理的检查可按标准的规定进行。

工业安装工程施工质量的检验应符合下列规定:工程采用的设备、材料和半成品应按各专业工程设计要求及施工质量验收标准进行检验。各专业工程应根据相应的施工标准对施工过程进行质量控制,并应按工序进行质量检验。相关专业之间应进行施工工序交接检验,并应形成记录。各专业工程应根据相应的施工标准进行最终检验和试验。

参加工程施工质量验收的各方人员均应具有相应的资格。

工程施工质量的验收应在施工单位自行检验合格的基础上进行。

隐蔽工程应在隐蔽前由施工单位通知有关单位进行验收,并应形成验收文件。未经检查验收或检验不合格的,不得进入下道工序。

检验项目的质量应按主控项目和一般项目进行检验和验收。

施工质量的检验方法、检验数量、检验结果记录应符合各专业工程施工质量验收标准的规定。

二、施工质量验收的工程划分

(一)一般规定

工业安装工程施工质量验收应划分为单位工程、分部工程和分项工程。其中土建工程、钢结构工程、防腐蚀工程、绝热工程和炉窑砌筑工程可根据相应标准划分检验批。

单位工程应按区域、装置或工业厂房、车间(工号)进行划分,较大的单位工程可划分为若干个子单位工程。当一个专业工程规模较大,具有独立施工条件或独立使用功能时,也可单独构成单位工程或子单位工程。

分部工程应按土建、钢结构、设备、管道、电气、自动化仪表、防腐蚀、绝热和炉窑砌筑专业划分。较大的分部工程可划分为若干个子分部工程。

分项工程划分应符合相关专业施工质量验收标准的规定。

当一个单位工程中仅有某一专业分部工程时,该分部工程应为单位工程。当一个分部工程中仅有一个分项工程时,该分项工程应为分部工程。

（二）土建工程

检验批可根据施工质量控制和专业验收需要，按设备基础、楼层、施工段或变形缝进行划分。

分项工程可由一个或若干个检验批组成，分项工程可按设备基础、施工工艺、主要工种、材料进行划分。较大型的设备基础可划分为分部或子分部工程。

分部工程的划分应按设备基础类别、建（构）筑物部位或专业确定。

具有独立施工条件并能形成独立使用功能的建（构）筑物可划分为一个单位工程（或子单位工程）。

（三）钢结构工程

钢结构安装工程可按变形缝、施工段或空间刚度单元等划分成一个或若干个检验批，多层及高层可按楼层或施工段等划分一个或若干个检验批，压型金属板的制作和安装可按变形缝、楼层、施工段或屋面、墙面、楼面划分为一个或若干个检验批。

钢结构的分项工程应由若干个检验批组成，分项工程可按施工工艺、钢结构制作、钢结构焊接、钢结构栓接、钢结构涂装或钢结构防火划分。较大的且具有独立施工条件的分项工程可划分为分部或子分部工程。

钢结构安装工程可划分为分部工程，大型钢结构安装工程可划分为若干个子分部工程。

专家解读

对于大型钢结构工程，可根据施工特点、施工工序、专业类别、材料种类划分为若干个子分部工程。

（四）设备工程

分项工程应按设备的台（套）或机组划分。

同一个单位工程中的设备安装工程可划分为一个分部工程或若干个子分部工程。

大型、特殊的设备安装工程可单独构成单位（子单位）工程或划分为若干个分部工程，其分项工程可按工序划分。

（五）管道工程

分项工程应按管道介质、级别或材质进行划分。

专家解读

工业管道按介质划分应视为主要分项工程的有煤气管道、天然气管道、氧气管道。这类管道安装质量若不符合要求，投入使用后将成为重大安全隐患，容易引发重大事故。

同一个单位工程中的管道工程可划分为一个分部工程或若干个子分部工程。

当管道工程具有独立施工条件或使用功能时，可构成一个单位（子单位）工程。

（六）电气工程

分项工程应按电气设备或电气线路进行划分。

同一个单位工程中的电气安装工程可划分为一个分部工程或若干子分部工程。

当电气安装工程具有独立施工条件或使用功能时，可构成一个单位（子单位）工程。

（七）自动化仪表工程

分项工程应按仪表类别和安装试验工序划分。

专家解读

仪表工程按仪表类别和安装工作内容可划分为取源部件安装、仪表盘柜箱安装、仪表设备安装、仪表单台试验、仪表线路安装、仪表管道安装、脱脂、接地、防护等分项工程。主控制室的仪表分部工程可划分为盘柜安装、电源设备安装、仪表线路安装、接地、系统硬件和软件试验等分项工程。

同一个单位工程中的自动化仪表安装工程可划分为一个分部工程或若干个子分部工程。

（八）防腐蚀工程

防腐蚀工程可按施工顺序、区段、部位或工程量划分为一个或若干个检验批。

分项工程可由一个或若干个检验批组成，分项工程应按设备台（套）、管道、钢结构及建（构）筑物所采用防腐蚀材料或衬里的种类划分。

金属设备及管道的基层表面处理可单独构成分项工程。

同一个单位工程中的设备、管道、钢结构及建（构）筑物防腐蚀工程可划分为一个分部工程或若干个子分部工程。

（九）绝热工程

绝热工程检验批可根据工程特点按相同的工作介质、相同的工作压力等级、相同的绝热结构划分为同一批次。

分项工程可由一个或若干个检验批组成，分项工程中设备、管道绝热工程应按系统、区段进行划分。

同一单位工程中的设备及管道绝热工程可划分为一个分部工程或若干个子分部工程。

（十）炉窑砌筑工程

检验批应按部位、层数、施工段或膨胀缝进行划分。

分项工程应按炉窑结构组成或区段进行划分，分项工程可由一个或若干个检验批组成。

专家解读

分项工程按炉窑的结构组成或区段进行划分，如高炉炉底、炉缸等，转化炉辐射段、过渡段和对流段等。当炉窑砌体工程量小于100 m^3 时，可将一座（台）炉窑作为一个分项工程。

分部工程应按炉窑的座（台）进行划分。较大的分部工程可划分为若干个子分部工程。

一个独立生产系统或大型的炉窑砌筑工程可划分为一个单位工程。较大的单位工程可划分为若干个子单位工程。

三、施工质量的验收

检验项目质量验收合格应符合下列规定：

(1)主控项目的施工质量应符合相应专业施工质量验收标准的规定。

(2)一般项目每项抽检处(抽样)的施工质量应符合相应专业施工质量验收标准的规定。

(3)应具有完整施工依据、施工记录及质量检查、检验和试验记录。

链接

主控项目是指对安全、健康、环境保护和公众利益，以及对工程质量起决定性作用的检验项目。一般项目是指除主控项目以外的检验项目。历年考试会考查主控项目与一般项目的判断。常见的主控项目有风管系统测定、阀门压力试验、管道焊接材料、电梯试运行等，都是与重要材料设备的工程性能或技术性能相关的项目。

检验批质量验收合格应符合下列规定：

(1)检验批应符合合格质量的规定。

(2)检验批的质量控制资料应齐全。

分项工程质量验收合格应符合下列规定：

(1)分项工程所含的检验项目(检验批)均应符合合格质量的规定。

(2)分项工程的质量控制资料应齐全。

分部(子分部)工程质量验收合格应符合下列规定：

(1)分部(子分部)工程所含分项工程的质量应全部合格。

(2)分部(子分部)工程的质量控制资料应齐全。

单位(子单位)工程质量验收合格应符合下列规定：

(1)单位(子单位)工程所含分部工程的质量应全部合格。

(2)单位(子单位)工程的质量控制资料应齐全。

当检验项目(检验批)的质量不符合相应专业质量验收标准的规定时，应按下列规定进行处理：

(1)经返工或返修的检验项目(检验批)，应重新进行验收。

(2)经有资质的检测机构检测鉴定能够达到设计要求的检验项目(检验批)，应予以验收。

(3)经有资质的检测机构检测鉴定达不到设计要求，但经原设计单位核算认可能够满足安全和使用功能的检验项目(检验批)，可予以验收。

(4)经返修或加固处理的分项、分部(子分部)工程，虽然改变了几何尺寸但仍能满足安全和使用要求，可按技术处理方案和协商文件的要求予以验收。

通过返修后仍不能满足安全和使用功能的分部(子分部)工程、单位(子单位)工程，严禁验收。

四、施工质量验收的程序及组织

工业安装工程施工质量验收应按检验项目(检验批)、分项工程、分部工程、单位工程顺序逐级进行验收。

检验项目（检验批）、分项工程应在施工单位自检合格的基础上，由施工单位（总承包单位）向建设单位（监理单位）提出报验申请，由建设单位专业工程师（监理工程师）组织施工单位（总承包单位）项目专业工程师进行验收，并应填写验收记录。

分部工程应在各分项工程验收合格的基础上，由施工单位（总承包单位）向建设单位（监理单位）提出报验申请，由建设单位质量技术负责人（总监理工程师）组织监理、设计、施工等有关单位质量技术负责人进行验收，并应填写验收记录。

单位（子单位）工程的验收应在各分部工程验收合格的基础上，由施工单位（总承包单位）向监理（建设）单位提出报验申请，由建设单位项目负责人组织监理、设计、施工单位等项目负责人及质量技术负责人进行验收，并应填写验收记录。

当工程由分包单位施工时，其总承包单位应对工程质量全面负责，并由总承包单位报验。

工业安装工程质量验收记录宜按《工业安装工程施工质量验收统一标准》中的表格进行，并符合下列规定：

（1）施工现场质量管理检查记录宜按规定填写。

（2）分项工程质量验收记录宜按规定填写。分部（子分部）工程质量验收记录宜按规定填写。单位（子单位）工程质量验收记录宜按规定填写。工业安装工程质量验收记录表填写要求如表 3-9 所示。

表 3-9　工业安装工程质量验收记录表填写要求

项目	分项工程	分部（子分部）工程	单位（子单位）工程
质量验收记录表主要填写内容	检验项目（检验批）、施工单位检验结果、建设（监理）单位验收结论（合格/不合格）。 质量控制资料的施工单位检验结果、建设（监理）单位验收结论（符合/不符合）	分项工程名称、检验项目数、施工单位检查验收结论（合格/不合格）、建设（监理）单位验收结论（合格/不合格）。 质量控制资料的施工单位检查验收结论（符合/不符合）、建设（监理）单位验收结论（符合/不符合）	分部工程的验收记录和结论、质量控制资料的验收记录和结论
质量验收记录表盖章和签字人	建设/监理单位的专业工程师、总承包/设计单位的专业工程师、施工单位的质量检验员和专业工程师	建设单位项目质量技术负责人、监理单位总监理工程师、总承包/设计单位的项目负责人和项目质量技术负责人、施工单位的项目负责人和项目质量技术负责人	建设单位（盖章）、建设单位项目负责人、监理单位（盖章）、监理单位总监理工程师、总承包/设计单位（盖章）、总承包/设计单位项目负责人、施工单位（盖章）、施工单位项目负责人

（3）单位（子单位）工程质量控制资料检查记录宜按规定填写，主要填写内容包括资料

名称、自检结论、检查意见、检查人、结论；签字人包括建设/监理单位项目负责人、总承包/设计单位项目负责人、施工单位项目负责人。

链接

单位(子单位)工程质量控制资料检查记录中的资料名称包括图纸会审、设计变更、工程联络单、材料合格证及检验试验报告、工序交接记录、施工试验记录和观测记录、检测报告、隐蔽工程验收记录、试运转记录、质量事故处理记录、中间交接记录、竣工图、分部分项工程质量验收记录、其他。自检结论应由施工单位填写。检查意见、检查人应由建设/监理单位填写。结论应由建设单位填写。

模块二　建筑安装工程施工质量验收统一要求

此部分主要介绍建筑工程施工质量验收。安装工程施工质量验收与建筑工程类似。

一、基本规定

当专业验收规范对工程中的验收项目未作出相应规定时，应由建设单位组织监理、设计、施工等相关单位制定专项验收要求。涉及安全、节能、环境保护等项目的专项验收要求应由建设单位组织专家论证。

建筑工程施工质量应按下列要求进行验收：

(1)工程质量验收均应在施工单位自检合格的基础上进行。

(2)参加工程施工质量验收的各方人员应具备相应的资格。

(3)检验批的质量应按主控项目和一般项目验收。

(4)对涉及结构安全、节能、环境保护和主要使用功能的试块、试件及材料，应在进场时或施工中按规定进行见证检验。

(5)隐蔽工程在隐蔽前应由施工单位通知监理单位进行验收，并应形成验收文件，验收合格后方可继续施工。

(6)对涉及结构安全、节能、环境保护和使用功能的重要分部工程，应在验收前按规定进行抽样检验。

(7)工程的观感质量应由验收人员现场检查，并应共同确认。

二、建筑工程质量验收的划分

建筑工程施工质量验收应划分为单位工程、分部工程、分项工程和检验批。

单位工程应按下列原则划分：

(1)具备独立施工条件并能形成独立使用功能的建筑物或构筑物为一个单位工程。

(2)对于规模较大的单位工程，可将其能形成独立使用功能的部分划分为一个子单位工程。

分部工程应按下列原则划分：

(1)可按专业性质、工程部位确定。

(2)当分部工程较大或较复杂时,可按材料种类、施工特点、施工程序、专业系统及类别将分部工程划分为若干子分部工程。

分项工程可按主要工种、材料、施工工艺、设备类别进行划分。

检验批可根据施工、质量控制和专业验收的需要,按工程量、楼层、施工段、变形缝进行划分。

链接

此外,检验批还可按设计系统、区域、设备类别进行划分。

三、建筑工程质量验收

检验批质量验收合格应符合下列规定:

(1)主控项目的质量经抽样检验均应合格。

(2)一般项目的质量经抽样检验合格。当采用计数抽样时,合格点率应符合有关专业验收规范的规定,且不得存在严重缺陷。对于计数抽样的一般项目,正常检验一次、二次抽样可按相关标准进行判定。

(3)具有完整的施工操作依据、质量验收记录。

链接

主控项目是指建筑工程中对安全、节能、环境保护和主要使用功能起决定性作用的检验项目。一般项目是指除主控项目以外的检验项目。历年考试会考查主控项目与一般项目的判断。常见的主控项目有风管系统漏风量测试、管道压力试验、电梯试运行等,都是与重要材料设备的工程性能或技术性能相关的项目,是保证安全和使用功能的重要检验项目,也是确定该检验批主要性能的项目。常见的一般项目有灯具垂直偏差、卫生器具给水配件安装、给水配件接口、管道接口等,是允许存在一定偏差或缺陷的项目。因无法定量而采取定性检验的项目也属于一般项目。

分项工程质量验收合格应符合下列规定:

(1)所含检验批的质量均应验收合格。

(2)所含检验批的质量验收记录应完整。

分部工程质量验收合格应符合下列规定:

(1)所含分项工程的质量均应验收合格。

(2)质量控制资料应完整。

(3)有关安全、节能、环境保护和主要使用功能的抽样检验结果应符合相应规定。

(4)观感质量应符合要求。

单位工程质量验收合格应符合下列规定:

(1)所含分部工程的质量均应验收合格。

(2)质量控制资料应完整。

(3)所含分部工程中有关安全、节能、环境保护和主要使用功能的检验资料应完整。

(4)主要使用功能的抽查结果应符合相关专业验收规范的规定。

(5)观感质量应符合要求。

建筑工程施工质量验收记录可按下列规定填写:

(1)检验批质量验收记录可按规定填写,填写时应具有现场验收检查原始记录。

(2)分项工程质量验收记录可按规定填写。分部工程质量验收记录可按规定填写。单位工程质量竣工验收记录、质量控制资料核查记录、安全和功能检验资料核查及主要功能抽查记录、观感质量检查记录应按规定填写。建筑工程质量验收记录表填写要求如表 3-10 所示。

表 3-10 建筑工程质量验收记录表填写要求

项目	分项工程	分部工程	单位工程
质量验收记录表主要填写内容	检验批名称、检验批容量、部位/区段、施工单位检查结果、监理单位验收结论(合格/不合格)	子分部工程名称、分项工程名称、检验批数量、施工单位检查结果、监理单位验收结论(合格/不合格)。 质量控制资料的施工单位检查结果、监理单位验收结论。 安全和功能检验结果的施工单位检查结果、监理单位验收结论。 观感质量检验结果的施工单位检查结果、监理单位验收结论。 综合验收结论	分部工程验收的验收记录和验收结论。 质量控制资料核查的验收记录和验收结论。 安全和使用功能核查及抽查结果的验收记录和验收结论。 观感质量验收的验收记录和验收结论。 综合验收结论
质量验收记录表盖章和签字人	施工单位项目专业技术负责人、监理单位专业监理工程师	施工单位项目负责人、勘察单位项目负责人、设计单位项目负责人、监理单位总监理工程师	建设单位(盖章)、建设单位项目负责人、监理单位(盖章)、监理单位总监理工程师、施工单位(盖章)、施工单位项目负责人、设计单位(盖章)、设计单位项目负责人、勘察单位(盖章)、勘察单位项目负责人

链接

单位工程质量控制资料核查记录填写要求:资料名称和份数应按分部工程分别列项填写,并填写施工单位核查意见和核查人、监理单位核查意见和核查人。结论应由建设单位填写。签字人包括施工单位项目负责人、监理单位总监理工程师。

当建筑工程施工质量不符合要求时，应按下列规定进行处理：

(1)经返工或返修的检验批，应重新进行验收。

(2)经有资质的检测机构检测鉴定能够达到设计要求的检验批，应予以验收。

(3)经有资质的检测机构检测鉴定达不到设计要求、但经原设计单位核算认可能够满足安全和使用功能的检验批，可予以验收。

(4)经返修或加固处理的分项、分部工程，满足安全及使用功能要求时，可按技术处理方案和协商文件的要求予以验收。

工程质量控制资料应齐全完整。当部分资料缺失时，应委托有资质的检测机构按有关标准进行相应的实体检验或抽样试验。

经返修或加固处理仍不能满足安全或重要使用功能要求的分部工程及单位工程，严禁验收。

四、建筑工程质量验收的程序及组织

检验批应由专业监理工程师组织施工单位项目专业质量检查员、专业工长等进行验收。

分项工程应由专业监理工程师组织施工单位项目专业技术负责人等进行验收。

分部工程应由总监理工程师组织施工单位项目负责人和项目技术负责人等进行验收。勘察、设计单位项目负责人和施工单位技术、质量部门负责人应参加地基与基础分部工程的验收。设计单位项目负责人和施工单位技术、质量部门负责人应参加主体结构、节能分部工程的验收。

单位工程中的分包工程完工后，分包单位应对所承包的工程项目进行自检，并应按《建筑工程施工质量验收统一标准》规定的程序进行验收。验收时，总包单位应派人参加。分包单位应将所分包工程的质量控制资料整理完整，并移交给总包单位。

单位工程完工后，施工单位应组织有关人员进行自检。总监理工程师应组织各专业监理工程师对工程质量进行竣工预验收。存在施工质量问题时，应由施工单位整改。整改完毕后，由施工单位向建设单位提交工程竣工报告，申请工程竣工验收。

单位工程完工后，各相关单位应按下列要求进行工程竣工验收：

(1)勘察单位应编制勘察工程质量检查报告，按规定程序审批后向建设单位提交。

(2)设计单位应对设计文件及施工过程的设计变更进行检查，并应编制设计工程质量检查报告，按规定程序审批后向建设单位提交。

(3)施工单位应自检合格，并应编制工程竣工报告，按规定程序审批后向建设单位提交。

(4)监理单位应在自检合格后组织工程竣工预验收，预验收合格后应编制工程质量评估报告，按规定程序审批后向建设单位提交。

(5)建设单位应在竣工预验收合格后组织监理、施工、设计、勘察单位等相关单位项目负责人进行工程竣工验收。

专家解读

单位工程质量验收时，总包与分包单位的有关人员应参加验收。

附录　参考规范、标准及法律法规文件

[1]《铜及铜合金术语》GB/T 11086—2013
[2]《建设工程分类标准》GB/T 50841—2013
[3]《压缩机　分类》GB/T 4976—2017
[4]《电站锅炉技术条件》GB/T 34348—2017
[5]《石油化工静设备分类标准》SH/T 3163—2011
[6]《工程测量通用规范》GB 55018—2021
[7]《工程测量标准》GB 50026—2020
[8]《起重机械分类》GB/T 20776—2006
[9]《建筑施工起重吊装工程安全技术规范》JGJ 276—2012
[10]《石油化工大型设备吊装工程施工技术规程》SH/T 3515—2017
[11]《石油化工大型设备吊装工程规范》GB 50798—2012
[12]《焊接术语》GB/T 3375—1994
[13]《现场设备、工业管道焊接工程施工规范》GB 50236—2011
[14]《机械设备安装工程施工及验收通用规范》GB 50231—2009
[15]《电气装置安装工程　电气设备交接试验标准》GB 50150—2016
[16]《电气装置安装工程　66kV 及以下架空电力线路施工及验收规范》GB 50173—2014
[17]《电气装置安装工程　电缆线路施工及验收标准》GB 50168—2018
[18]《电气装置安装工程　接地装置施工及验收规范》GB 50169—2016
[19]《工业金属管道工程施工规范》GB 50235—2010
[20]《石油化工静设备安装工程施工质量验收规范》GB 50461—2008
[21]《球形储罐施工规范》GB 50094—2010
[22]《石油化工球形储罐施工技术规程》SH/T 3512—2011
[23]《立式圆筒形钢制焊接储罐施工规范》GB 50128—2014
[24]《钢结构工程施工规范》GB 50755—2012
[25]《电力建设施工技术规范　第 2 部分：锅炉机组》DL 5190.2—2019
[26]《电力建设施工技术规范　第 3 部分：汽轮发电机组》DL 5190.3—2019
[27]《光伏发电站施工规范》GB 50794—2012
[28]《自动化仪表工程施工及质量验收规范》GB 50093—2013
[29]《工业设备及管道防腐蚀工程施工规范》GB 50726—2011
[30]《工业设备及管道绝热工程施工规范》GB 50126—2008
[31]《工业炉砌筑工程施工与验收规范》GB 50211—2014
[32]《建筑给水排水及采暖工程施工质量验收规范》GB 50242—2002
[33]《建筑给水排水与节水通用规范》GB 55020—2021
[34]《建筑给水排水设计标准》GB 50015—2019
[35]《建筑电气工程施工质量验收规范》GB 50303—2015
[36]《建筑电气与智能化通用规范》GB 55024—2022
[37]《通风与空调工程施工规范》GB 50738—2011
[38]《通风与空调工程施工质量验收规范》GB 50243—2016

[39]《智能建筑工程施工规范》GB 50606—2010
[40]《智能建筑工程质量验收规范》GB 50339—2013
[41]《安全防范工程技术标准》GB 50348—2018
[42]《电梯工程施工质量验收规范》GB 50310—2002
[43]《自动喷水灭火系统施工及验收规范》GB 50261—2017
[44]《建筑防烟排烟系统技术标准》GB 51251—2017
[45]《建设工程消防设计审查验收管理暂行规定》住房和城乡建设部令第 51 号
[46]《建设工程项目管理规范》GB/T 50326—2017
[47]《建设项目工程总承包管理规范》GB/T 50358—2017
[48]《中华人民共和国招标投标法》2017 年修正
[49]《中华人民共和国招标投标法实施条例》2019 年修订
[50]《中华人民共和国标准施工招标文件》2007 年版
[51]《电子招标投标办法》国家发改委等八部委令第 20 号
[52]《建设工程施工合同(示范文本)》GF—2017—0201
[53]《建筑施工组织设计规范》GB/T 50502—2009
[54]《危险性较大的分部分项工程安全管理规定》2019 年修订
[55]《工程网络计划技术规程》JGJ/T 121—2015
[56]《建设项目施工图预算编审规程》CECA/GC 5—2010
[57]《建设工程工程量清单计价规范》GB 50500—2013
[58]《生产安全事故报告和调查处理条例》国务院令第 493 号
[59]《施工企业安全生产管理规范》GB 50656—2011
[60]《生产安全事故应急预案管理办法》2019 年修订
[61]《绿色施工导则》建质〔2007〕223 号
[62]《工程建设施工企业质量管理规范》GB/T 50430—2017
[63]《关于做好房屋建筑和市政基础设施工程质量事故报告和调查处理工作的通知》建质〔2010〕111 号
[64]《风机、压缩机、泵安装工程施工及验收规范》GB 50275—2010
[65]《中华人民共和国计量法实施细则》2022 年修订
[66]《供电营业规则》电力工业部令第 8 号
[67]《电力设施保护条例》2011 年修订
[68]《中华人民共和国特种设备安全法》中华人民共和国主席令第四号
[69]《特种设备目录》质检总局 2014 年第 114 号
[70]《特种设备安全监察条例》2019 年修订
[71]《特种设备生产单位许可目录》2021 年修订
[72]《起重机械安装改造重大修理监督检验规则》TSG Q7016—2016
[73]《起重机械定期检验规则》TSG Q7015—2016
[74]《工业安装工程施工质量验收统一标准》GB/T 50252—2018
[75]《建筑工程施工质量验收统一标准》GB 50300—2013